普通高等教育
计算机类专业教材

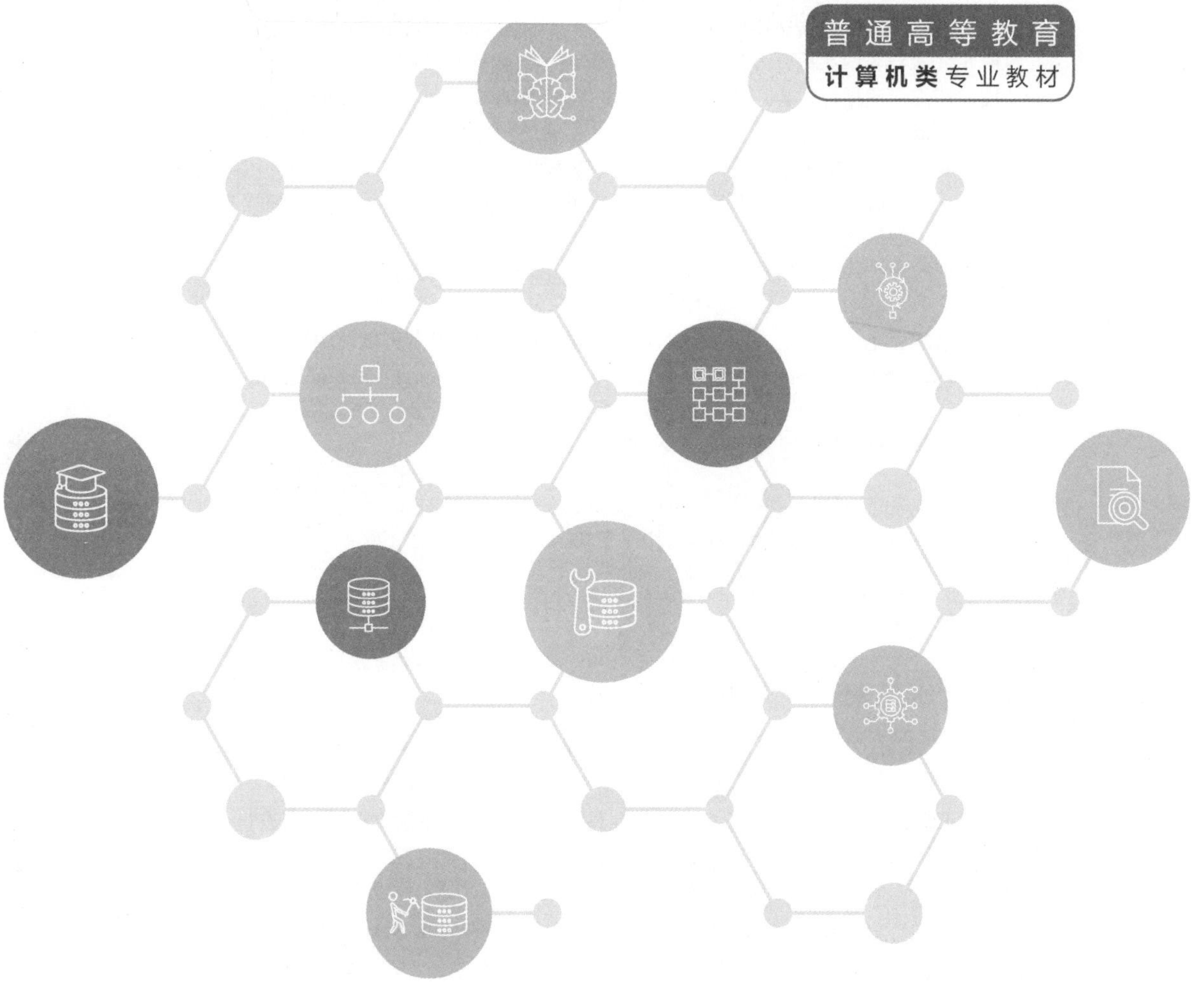

主　编　严　晖　刘卫国
副主编　周肆清　奎晓燕
主　审　王小玲　施荣华

数据库技术与应用 SQL Server 2019

·北京·

内 容 提 要

本书以 SQL Server 2019 为数据库管理平台，以 Visual Studio 2019 为应用开发工具，从数据库技术与应用系统开发的角度系统地介绍了数据库系统的基础理论、基本设计方法、操作技术和综合应用等内容。全书共 10 章：数据库技术概论、数据库的创建和管理、数据表和表数据操作、数据库查询、索引与视图、存储过程与触发器、数据库维护、数据库安全管理、数据库系统开发工具、数据访问方法。本书结合教学过程与学生学习的实际需求进行章节安排，语言通俗易懂、案例典型丰富，循序渐进地介绍了数据库技术、编程方法和应用程序开发等方面的内容。

本书既可作为高等院校数据库技术或 SQL Server 相关课程的教材，又可供计算机应用人员学习参考。

本书配有电子教案、习题答案、配套数据库等资源，读者可以从中国水利水电出版社网站（www.waterpub.com.cn）或万水书苑网站（www.wsbookshow.com）免费下载。

图书在版编目（CIP）数据

数据库技术与应用 : SQL Server 2019 / 严晖, 刘卫国主编. -- 北京 : 中国水利水电出版社, 2022.11
普通高等教育计算机类专业教材
ISBN 978-7-5226-0990-4

Ⅰ. ①数… Ⅱ. ①严… ②刘… Ⅲ. ①关系数据库系统－高等学校－教材 Ⅳ. ①TP311.132.3

中国版本图书馆CIP数据核字(2022)第165058号

策划编辑：周益丹　责任编辑：周益丹　加工编辑：白绍昀　封面设计：梁　燕

书　　名	普通高等教育计算机类专业教材 数据库技术与应用（SQL Server 2019） SHUJUKU JISHU YU YINGYONG（SQL Server 2019）
作　　者	主　编　严　晖　刘卫国 副主编　周肆清　奎晓燕 主　审　王小玲　施荣华
出版发行	中国水利水电出版社 （北京市海淀区玉渊潭南路 1 号 D 座　100038） 网址：www.waterpub.com.cn E-mail：mchannel@263.net（万水） sales@mwr.gov.cn 电话：（010）68545888（营销中心）、82562819（万水）
经　　售	北京科水图书销售有限公司 电话：（010）68545874、63202643 全国各地新华书店和相关出版物销售网点
排　　版	北京万水电子信息有限公司
印　　刷	三河市德贤弘印务有限公司
规　　格	184mm×260mm　16 开本　18 印张　449 千字
版　　次	2022 年 11 月第 1 版　2022 年 11 月第 1 次印刷
印　　数	0001—3000 册
定　　价	49.00 元

前　言

随着大数据和人工智能时代的到来，数据库技术几乎应用到现实生活的各个领域，为各种应用管理、数据挖掘系统、人工智能应用等方面提供重要的技术支撑。当前，不仅计算机类专业将数据库技术设置为核心课程，很多信息类、管理类、医学类专业也将数据库相关课程设置为必修课程。掌握数据库技术与程序设计方法，已经成为大学生信息素养和能力结构的重要组成部分，也是社会对计算机应用与开发人才水平的要求。

本书结合当前数据库技术的发展情况及教学体会，从面向能力的教学改革定位出发，以操作案例为驱动，构建完整的数据库知识体系。用一个具有代表性的实例数据库——“学生信息数据库”贯穿全书，并设计了 100 多个在工作和学习中可能遇到的数据库问题，指导读者循序渐进地寻找答案。每章配有精心设计的思考题，引导读者在解决问题的过程中加深对知识的理解，在实际运用中拓展思维。

本书以 SQL Server 2019 作为数据库管理平台，以 Visual Studio 2019 为开发工具，以 Windows 10 为运行环境，介绍 SQL Server 的主要功能、数据库的操作技术和程序设计方法，其中 T-SQL 语法均用实例验证，大部分例题配有图片说明，全部例题均在系统环境中运行通过。

为了方便教学和读者上机操作练习，作者还编写了与本书配套的实验教材《数据库技术与应用实践教程（SQL Server 2019）》，配备了习题、MOOC（https://www.icourse163.org/course/CSU-1450057174）等立体化教学资源，帮助读者全面掌握数据库应用、开发、管理和维护技能。

本书由严晖、刘卫国任主编（负责统稿和整理），周肆清、奎晓燕任副主编，王小玲、施荣华任主审。另外，参加本书部分编写工作的还有曹岳辉、刘泽星、李小兰、裘嵘、温国海、杨长兴、童键、孙岱等。在本书编写过程中，作者得到了相关领导和教学管理人员、计算机基础教学中心全体老师的大力支持和指导，在此表示衷心感谢。

由于本书编写人员都是奋战在教学一线的老师，教学、教改和科研任务繁重，书中不当或错误之处在所难免，恳请广大读者批评指正。

编　者

2022 年 8 月

目　　录

第 1 章　数据库技术概论

- 了解：数据与数据处理的概念、数据库技术的产生背景与发展概况、SQL Server 的特点、常用管理工具、T-SQL 语言的功能。
- 理解：数据库系统的组成与特点、数据独立性的概念、数据模型的概念。
- 掌握：关系模型的基本知识、关系数据库的设计方法、SQL Server 的数据类型及各种运算符和语句。

1.1　数据库技术的产生与发展

数据库技术是一门研究如何存储、使用和管理数据的技术，是计算机数据管理技术的最新发展阶段，它能把大量的数据按照一定的结构存储起来，在数据库管理系统的集中管理下实现数据共享。

人类在长期的社会生产实践中会产生大量数据，如何对数据进行分类、组织、存储、检索和维护成为迫切的实际需要，在计算机成为数据处理的工具之后，数据处理现代化成为可能。数据库系统的核心任务是数据管理，但并不是一开始就有数据库技术，它是随着数据管理技术的不断发展而逐步产生与发展的。

1. 人工管理阶段

20 世纪 50 年代中期以前，计算机主要应用于科学计算，虽然也有数据管理的问题，但这时的数据管理是以人工管理方式进行的。在硬件方面，外存储器只有磁带、卡片和纸带等，没有磁盘等可以直接存取的外存储器。在软件方面，只有汇编语言，没有操作系统，也没有对数据进行管理的软件，数据处理方式基本上是批处理。在此阶段，数据管理的特点如下：

（1）数据不保存。此阶段处理的数据量较少，一般不需要将数据长期保存，只是在计算时将数据随程序一起输入，计算完后将结果输出，而数据和程序则一起从内存中被释放。若再计算，则需重新输入数据和程序。

（2）由应用程序管理数据。由于系统没有专门的软件对数据进行管理，数据需要由应用程序自行管理。每个应用程序不仅要规定数据的逻辑结构，而且要设计数据的存储结构及输入/输出方法等，程序设计任务繁重。

（3）数据有冗余，无法实现共享。程序与数据是一个整体，一个程序中的数据无法被其他程序使用，因此程序与程序之间存在大量的重复数据，数据无法实现共享。

（4）数据对程序不具有独立性。由于程序对数据的依赖性，数据的逻辑结构或存储结构一旦有所改变，则必须修改相应的程序，这就进一步加重了程序设计的负担。

2. 文件管理阶段

20 世纪 50 年代后期至 60 年代中期，计算机开始大量用于数据管理。硬件上出现了可以直接存取的大容量外存储器，如磁盘、磁鼓等，这为计算机数据管理提供了物质基础。软件上出现了高级语言和操作系统。操作系统中的文件系统专门用于管理数据，这又为数据管理提供了技术支持。数据处理方式不仅有批处理，而且有联机实时处理。

数据处理应用程序利用操作系统的文件管理功能将相关数据按一定的规则构成文件，通过文件系统对文件中的数据进行存取和管理，实现数据的文件管理方式，其特点如下：

（1）数据可以长期保存。文件系统在程序和数据之间提供了一个公共接口，使应用程序采用统一的存取方法来存取和操作数据。数据可以组织成文件，能够长期保存、反复使用。

（2）数据对程序有一定的独立性。程序和数据不再是一个整体，而是通过文件系统把数据组织成一个独立的数据文件，由文件系统对数据的存取进行管理，程序员只需通过文件名来访问数据文件，不必过多考虑数据的物理存储细节，因此程序员可集中精力进行算法设计，从而大大减少了程序维护的工作量。

文件管理使计算机在数据管理方面有了长足的进步。时至今日，文件系统仍是一般高级语言普遍采用的数据管理方式。

3. 数据库管理阶段

20 世纪 60 年代后期，计算机用于数据管理的规模更加庞大，数据量急剧增加，数据共享的需求也更加强烈。同时，计算机硬件价格下降，软件价格上升，编制和维护软件所需成本相对增加，其中维护成本更高，这些都成为数据管理技术在文件管理的基础上发展到数据库管理的原动力。

数据库（Database，DB）是按照一定的组织方式存储起来的、相互关联的数据集合。在数据库管理阶段，由一种叫作数据库管理系统（Database Management System，DBMS）的系统软件来对数据进行统一的控制和管理，把所有应用程序中使用的相关数据汇集起来，按照统一的数据模型存储在数据库中，为各个应用程序所使用。在应用程序和数据库之间保持较高的独立性，数据具有完整性、一致性和安全性高等特点，并且具有充分的共享性，有效地减少了数据冗余。

4. 新型数据库系统

数据库技术的发展先后经历了层次数据库、网状数据库和关系数据库三个阶段。层次数据库和网状数据库可以看作是第一代数据库系统，关系数据库可以看作是第二代数据库系统。自 20 世纪 70 年代提出关系数据模型和关系数据库后，数据库技术得到了蓬勃发展，应用也越来越广泛。但随着应用的不断深入，占主导地位的关系数据库系统已不能满足新应用领域的需求。例如，在实际应用中，除了需要处理数字、字符数据的简单应用外，还需要存储并检索复杂的复合数据（如集合、数组、结构）、多媒体数据、计算机辅助设计绘制的工程图纸和地理信息系统（Geographic Information Systems，GIS）提供的空间数据等。对于这些复杂数据，关系数据库无法实现对它们的管理。正是这些实际应用中涌现出的问题促使数据库技术不断向前发展，出现了许多不同类型的新型数据库系统，下面就进行简要介绍。

（1）分布式数据库系统。分布式数据库系统（Distributed Database System，DDBS）是数据库技术与计算机网络技术、分布式处理技术相结合的产物。分布式数据库系统是系统中的数据地理上分布在计算机网络的不同节点，但逻辑上属于一个整体的数据库系统，它不同于将数据存储在服务器上供用户共享存取的网络数据库系统，分布式数据库系统不仅能支持局部应用（访问本地数据库），而且能支持全局应用（访问异地数据库）。分布式数据库系统主要应用于航空、铁路、旅游订票系统，银行通存通兑系统，水陆空联运系统，跨国公司管理系统和连锁配送管理系统等。

（2）面向对象数据库系统。面向对象数据库系统（Object-Oriented Database System，OODBS）是将面向对象的模型、方法和机制与先进的数据库技术有机结合而形成的新型数据库系统。它从关系模型中脱离出来，强调在数据库框架中发展类型、数据抽象、继承和持久性。它的基本设计思想是：把面向对象语言向数据库方向扩展，使应用程序能够存取并处理对象；扩展数据库系统，使其具有面向对象的特征，提供一种综合的语义数据建模概念集，以便对现实世界中复杂应用的实体和联系建模。因此，面向对象数据库系统首先是一个数据库系统，具备数据库系统的基本功能；其次是一个面向对象的系统，针对面向对象程序设计语言的永久性对象存储管理而设计，充分支持完整的面向对象概念和机制。对一些特定应用领域（如 CAD 等），面向对象数据库系统能较好地满足其应用需求。

（3）多媒体数据库系统。多媒体数据库系统（Multimedia Database System，MDBS）是数据库技术与多媒体技术相结合的产物。随着信息技术的发展，数据库应用从传统的企业信息管理扩展到计算机辅助设计（CAD）、计算机辅助制造（CAM）、办公自动化（OA）、人工智能（AI）等多个应用领域。这些领域中处理的数据不仅包括传统的数字、字符等格式化数据，还包括大量多媒体形式的非格式化数据，如图形、图像、声音等。这种能存储和管理多媒体数据的数据库称为多媒体数据库。多媒体数据库系统主要应用于军事、医学病例管理、航天测控、商标管理、地理信息、数字图书馆和期刊出版系统等。

（4）数据仓库技术。随着信息技术的高速发展，数据库应用的规模、范围和深度不断扩大，一般的事务处理已不能满足应用的需要，企业需要在大量数据基础上的决策支持，数据仓库（Data Warehouse，DW）技术的兴起满足了这一需求。数据仓库作为决策支持系统（Decision Support System，DSS）的有效解决方案，涉及 3 个方面的技术内容：数据仓库技术、联机分析处理（On-Line Analytical Processing，OLAP）技术和数据挖掘（Data Mining，DM）技术。

数据仓库、联机分析处理和数据挖掘是作为 3 种独立的数据处理技术出现的。数据仓库用于数据的存储和组织，联机分析处理集中于数据的分析，数据挖掘则致力于知识的自动发现。它们都可以分别应用到信息系统的设计和实现中，以提高相应部分的处理能力。但是，由于这 3 种技术内在的联系性和互补性，将它们结合起来即是一种新的 DSS 架构。这一架构以数据库中的大量数据为基础，系统则由数据驱动。数据仓库技术应用遍及通信、零售业、金融和制造业等领域。

（5）内存数据库系统。内存数据库（Main Memory Database，MMDB）系统是实时系统和数据库系统的有机结合。它抛弃了磁盘数据管理的传统方式，基于全部数据都在内存中这一前提重新设计了体系结构，并且在数据缓存、快速算法、并行操作方面进行了相应的改进，所以数据处理速度比传统数据库的数据处理速度要快很多，一般都在 10 倍以上。内存数据库的最大特点是其“主拷贝”或“工作版本”常驻内存，即活动事务只与实时内存数据库的内存拷贝打交道。内存数据库系统目前广泛应用于航空、军事、电信、电力及工业控制等领域。

1.2 数据库系统

数据库系统（Database System，DBS）是指基于数据库的计算机应用系统。和一般的应用系统相比，数据库系统有其自身的特点，它涉及一些既相互联系又有区别的基本概念。

1.2.1 数据库系统的组成

数据库系统组成

数据库系统是一个计算机应用系统，它是把有关计算机硬件、软件、数据和人员组合起来为用户提供信息服务的系统。因此，数据库系统是由计算机系统、数据库及其描述机制、数据库管理系统和有关人员组成的具有高度组织性的整体。

1. 计算机硬件

计算机硬件系统是数据库系统的物质基础，是存储数据库及运行数据库管理系统的硬件资源，主要包括计算机主机、存储设备、输入/输出设备及计算机网络环境。

2. 计算机软件

数据库系统中的软件包括操作系统、数据库管理系统、数据库应用系统等。

数据库管理系统是数据库系统的核心软件之一，它提供数据定义、数据操纵、数据库管理、数据库建立和维护及通信等功能。数据库管理系统提供对数据库中的数据资源进行统一管理和控制的功能，将用户、应用程序与数据库数据相互隔离，是数据库系统的核心，其功能的强弱是衡量数据库系统性能优劣的主要指标。数据库管理系统必须运行在相应的系统平台上，有操作系统和相关系统软件的支持。

数据库管理系统功能的强弱随系统而异，大系统功能较强、较全，小系统功能较弱、较少。目前较流行的数据库管理系统有 Access、MySQL、SQL Server、Oracle 和 Sybase 等。

数据库应用系统是指系统开发人员利用数据库系统资源开发出来的、面向某一类实际应用的应用软件系统。从实现技术角度而言，它是以数据库技术为基础的计算机应用系统。

3. 数据库

数据库是指数据库系统中按照一定的方式组织的、存储在外部存储设备上的、能为多个用户共享的、与应用程序相互独立的相关数据集合。它不仅包括描述事物的数据本身，而且还包括相关事物之间的联系。

数据库中的数据往往不像文件系统那样只面向某一项特定应用，而是面向多种应用，可以被多个用户、多个应用程序共享。其数据结构独立于使用数据的程序，对数据的增加、删除、修改和检索由数据库管理系统进行统一管理和控制，用户对数据库进行的各种操作都是由数据库管理系统实现的。

4. 数据库系统的有关人员

数据库系统的有关人员主要有 3 类：最终用户、数据库应用系统开发人员和数据库管理员（Database Administrator，DBA）。最终用户指通过应用系统的用户界面使用数据库的人员，他们一般对数据库知识了解不多。数据库应用系统开发人员包括系统分析员、系统设计员和程序员。系统分析员负责应用系统的分析，他们和用户、数据库管理员相配合，参与系统分析；系统设计员负责应用系统设计和数据库设计；程序员则根据设计要求进行编码。数据库管理员是数据管理机构的一组人员，他们负责对整个数据库系统进行总体控制和维护，以保证数据库系统的正常运行。

综上所述，数据库中包含的数据是存储在存储介质上的数据文件的集合；每个用户均可使用其中的数据，不同用户使用的数据可以重叠，同一组数据可以为多个用户共享；数据库管理系统为用户提供对数据的存储组织、操作管理等功能；用户通过数据库管理系统和应用程序实现对数据库系统的操作与应用。

1.2.2 数据库的结构体系

数据库系统的三级模式

为了有效地组织、管理数据，提高数据库的逻辑独立性和物理独立性，人们为数据库设计了一个严谨的结构体系，数据库领域公认的标准结构是三级模式及二级映射。三级模式包括外模式、概念模式和内模式；二级映射是概念模式/内模式的映射和外模式/概念模式的映射。这种三级模式与二级映射结构构成了数据库的结构体系，如图 1.1 所示。

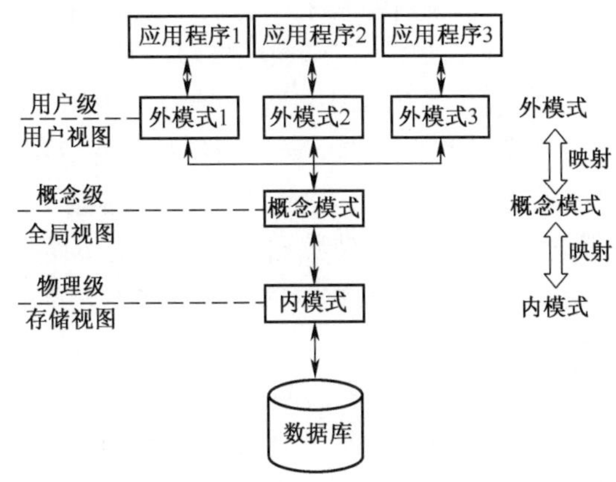

图 1.1 数据库的三级模式与二级映射

1. 数据库的三级模式

美国国家标准协会（American National Standards Institute，ANSI）的数据库管理系统研究小组于 1978 年提出了标准化的建议，将数据库结构体系分为三级：面向用户或应用程序员的用户级、面向建立和维护数据库人员的概念级、面向系统程序员的物理级。用户级对应外模式，概念级对应概念模式，物理级对应内模式，使不同级别的用户对数据库形成不同的视图。视图是指观察、认识和理解数据的范围、角度和方法，是数据库在用户眼中的反映。很显然，不同层次（级别）用户所看到的数据库是不相同的。

（1）概念模式。概念模式又称逻辑模式，或简称模式，对应于概念级。它是由数据库设计者综合所有用户的数据，按照统一的观点构造的全局逻辑结构，是对数据库中全部数据的逻辑结构和特征的总体描述，是所有用户的公共数据视图（全局视图）。它由数据库系统提供的数据定义语言（Data Definition Language，DDL）来描述和定义，体现并反映了数据库系统的整体观。

（2）外模式。外模式又称子模式或用户模式，对应于用户级。它是某个或某几个用户所看到的数据库的数据视图，是与某一应用有关的数据的逻辑表示。外模式是从概念模式导出的一个子集，包含概念模式中允许特定用户使用的那部分数据。用户可以通过外模式定义语言（外模式 DDL）来描述、定义对应于用户的数据记录（用户视图），也可以利用数据操纵语言（Data

Manipulation Language，DML）对这些数据记录进行操作。外模式反映了数据库的用户观。

（3）内模式。内模式又称存储模式或物理模式，对应于物理级。它是数据库中全体数据的内部表示或底层描述，是数据库最低一级的逻辑描述，它描述了数据在存储介质上的存储方式和物理结构，对应着实际存储在外存储介质上的数据库。内模式由内模式定义语言（内模式DDL）来描述和定义，它体现了数据库的存储观。

在一个数据库系统中只有唯一的数据库，因而作为定义、描述数据库存储结构的内模式和定义、描述数据库逻辑结构的模式也是唯一的，但建立在数据库系统之上的应用则是非常广泛多样的，所以对应的外模式不是唯一的，也不可能唯一。

2. 三级模式间的二级映射

数据库的三级模式是数据在 3 个级别（层次）上的抽象，使用户能够逻辑地、抽象地处理数据，而不必关心数据在计算机中的物理表示和存储方式，把数据的具体组织交给数据库管理系统去完成。为了实现这 3 个抽象级别的联系和转换，数据库管理系统在三级模式之间提供了二级映射，正是这二级映射保证了数据库中的数据具有较高的物理独立性和逻辑独立性。

（1）概念模式/内模式的映射。数据库中的概念模式和内模式都只有一个，所以概念模式/内模式的映射是唯一的。它确定了数据的全局逻辑结构与存储结构之间的对应关系。存储结构变化时，概念模式/内模式的映射也应有相应的变化，使其概念模式仍保持不变，即把存储结构变化的影响限制在概念模式之下，这使数据的存储结构和存储方法独立于应用程序，通过映射功能保证数据存储结构的变化不影响数据的全局逻辑结构的改变，从而不必修改应用程序，即确保了数据的物理独立性。

（2）外模式/概念模式的映射。数据库中的同一概念模式可以有多个外模式，对于每一个外模式，都存在一个外模式/概念模式的映射，用于定义该外模式和概念模式之间的对应关系。当概念模式发生改变时，如增加新的属性或改变属性的数据类型等，只需对外模式/概念模式的映射进行相应的修改，而外模式（即数据的局部逻辑结构）保持不变。由于应用程序是依据数据的局部逻辑结构编写的，所以应用程序不必修改，从而保证了数据与程序间的逻辑独立性。

1.2.3 数据库系统的特点

数据库系统的出现是计算机数据管理技术的重大进步，它克服了文件系统的缺陷，提供了对数据更高级、更有效的管理。

1. 数据结构化

在文件系统中，文件的记录内部是有结构的。例如，学生数据文件的每个记录是由学号、姓名、性别、出生年月、籍贯、简历等数据项组成的。但这种结构只适用于特定的应用，对其他应用并不适用。

在数据库系统中，每一个数据库都是为某一应用领域服务的。例如，学校信息管理涉及多个方面的应用，包括对学生的学籍管理、课程管理、学生成绩管理等，还包括教工的人事管理、教学管理、科研管理、住房管理和工资管理等，这些应用彼此之间都有着密切的联系。因此，在数据库系统中不仅要考虑某个应用的数据结构，还要考虑整个组织（即多个应用）的数据结构。这种数据组织方式使数据结构化了，这就要求在描述数据时不仅要描述数据本身，还要描述数据之间的联系。而在文件系统中，尽管其记录内部已有了某些结构，但记录之间没有联系。数据库系统实现整体数据的结构化，这是数据库的主要特点之一，也是数据库系统与文件系统的本质区别。

2. 数据共享性高、冗余度低

数据共享是指多个用户或应用程序可以访问同一个数据库中的数据，而且数据库管理系统提供并发和协调机制，保证在多个应用程序同时访问、存取和操作数据库数据时不产生任何冲突，从而保证数据不遭到破坏。

数据冗余既浪费存储空间，又容易产生数据的不一致。在文件系统中，由于每个应用程序都有自己的数据文件，所以存在着大量重复的数据。

数据库从全局观念来组织和存储数据，数据已经根据特定的数据模型结构化。在数据库中，用户的逻辑数据文件和具体的物理数据文件不必一一对应，从而有效地节省了存储资源，减少了数据冗余，保证了数据的一致性。

3. 具有较高的数据独立性

数据独立性是指应用程序与数据库的数据结构之间相互独立。在数据库系统中，因为采用了数据库的三级模式结构，从而保证了数据库中数据的独立性。在数据存储结构改变时，不影响数据的全局逻辑结构，这样保证了数据的物理独立性。在全局逻辑结构改变时，不影响用户的局部逻辑结构和应用程序，这样就保证了数据的逻辑独立性。

4. 具有统一的数据控制功能

在数据库系统中，数据由数据库管理系统进行统一控制和管理。数据库管理系统提供了一套有效的数据控制手段，包括数据库安全性控制、数据库完整性控制、数据库的并发控制和数据库的恢复等，增强了多用户环境下数据库的安全性和一致性保护。

1.3　数据模型

数据库是现实世界中某种应用环境（一个单位或部门）所涉及的数据集合，它不仅要反映数据本身的内容，而且要反映数据之间的联系。由于计算机不能直接处理现实世界中的具体事物，所以必须将这些具体事物转换成计算机能够处理的数据。在数据库技术中，用数据模型（Data Model）来对现实世界中的数据进行抽象和表示。

1.3.1　数据模型的组成要素

一般而言，数据模型是一种形式化描述数据、数据之间的联系以及有关语义约束规则的方法，这些规则分为 3 个方面：描述实体静态特征的数据结构、描述实体动态特征的数据操作规则和描述实体语义要求的数据完整性约束规则。因此，数据结构、数据操作及数据的完整性约束也被称为数据模型的 3 个组成要素。

1. 数据结构

数据结构研究数据之间的组织形式（数据的逻辑结构）、数据的存储形式（数据的物理结构）、数据对象的类型等。存储在数据库中的对象类型的集合是数据库的组成部分。例如在教学管理系统中，要管理的数据对象有学生、课程、选课成绩等；在课程对象集合中，每门课程包括课程号、课程名、学分等信息，这些基本信息描述了每门课程的特性，构成在数据库中存储的框架，即对象类型。

数据结构用于描述系统的静态特性，是刻画一个数据模型性质最重要的方面。因此，在数据库系统中，通常按照数据结构的类型来命名数据模型，如层次结构、网状结构和关系结构的数据模型分别命名为层次模型、网状模型和关系模型。

2. 数据操作

数据操作用于描述系统的动态特性，是指对数据库中的各种数据所允许执行的操作的集合，包括操作及有关的操作规则。数据库主要有查询和更新（包括插入、删除和修改等）两大类操作。数据模型必须定义这些操作的确切含义、操作符号、操作规则（如优先级）、实现操作的语言等。

3. 数据的完整性约束

数据的完整性约束是一组完整性规则的集合。完整性规则是给定的数据模型中数据及其联系所具有的约束和依存规则，用以限定符合数据模型的数据库状态和状态的变化，以保证数据的正确、有效和相容。

数据模型应该反映和规定数据必须遵守的、基本的、通用的完整性约束。此外，数据模型还应该提供定义完整性约束条件的机制，以反映具体涉及的数据必须遵守的、特定的语义约束条件，如学生信息中的“性别”只能为“男”或“女”，学生选课信息中的“课程号”的值必须取自学校已开设课程的课程号等。

1.3.2 数据抽象的过程

从现实世界中的客观事物到数据库中存储的数据是一个逐步抽象的过程，这个过程经历了现实世界、观念世界和机器世界 3 个阶段，对应于数据抽象的不同阶段采用不同的数据模型。首先将现实世界的事物及其联系抽象成观念世界的概念模型，然后再转换成机器世界的数据模型。概念模型并不依赖于具体的计算机系统，它不是数据库管理系统所支持的数据模型，它是现实世界中客观事物的抽象表示。概念模型经过转换成为计算机上某一数据库管理系统支持的逻辑数据模型。所以说，数据模型是对现实世界进行抽象和转换的结果，这一过程如图 1.2 所示。

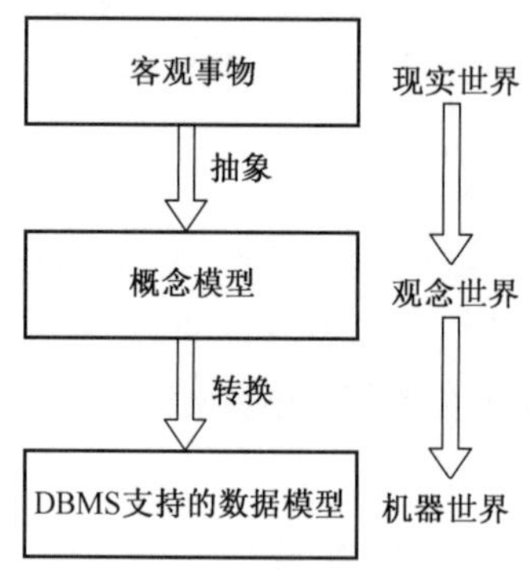

图 1.2 数据抽象的过程

1. 对现实世界的抽象

现实世界就是客观存在的世界，其中存在着各种客观事物及其相互之间的联系，而且每个事物都有自己的特征或性质。计算机处理的对象是现实世界中的客观事物，在对其实施处理的过程中，首先应了解和熟悉现实世界，从对现实世界的调查和观察中抽象出大量描述客观事物的事实，再对这些事实进行整理、分类和规范，进而将规范化的事实数据化，最终实现数据库系统的存储和处理。

2. 观念世界中的概念模型

观念世界是对现实世界的一种抽象，通过对客观事物及其联系所进行的抽象描述构造出概念模型（Conceptual Model）。概念模型的特征是按用户需求观点对数据进行建模，表达了数据的全局逻辑结构，是系统用户对整个应用项目涉及数据的全面描述。概念模型主要用于数据库设计，它独立于现实世界的数据库管理系统，也就是说选择何种数据库管理系统不会影响概念模型的设计。

概念模型的表示方法很多，目前较常用的是实体联系模型（Entity Relationship Model），简称 E-R 模型。E-R 模型主要用 E-R 图来表示。

3. 机器世界中的逻辑模型和物理模型

机器世界是指现实世界在计算机中的体现与反映。现实世界中的客观事物及其联系在机器世界中以逻辑模型（Logical Model）描述。在选定数据库管理系统后，就要将 E-R 图表示的概念模型转换为具体的数据库管理系统支持的逻辑模型。逻辑模型的特征是按计算机实现的观点对数据进行建模，表达了数据库的全局逻辑结构，是设计人员对整个应用项目数据库的全面描述，逻辑模型服务于数据库管理系统的应用实现。通常也把数据的逻辑模型直接称为数据模型。数据库系统中主要的逻辑模型有层次模型、网状模型和关系模型。

物理模型（Physical Model）是对数据最底层的抽象，用以描述数据在物理存储介质上的组织结构，与具体的数据库管理系统、操作系统和硬件有关。

从概念模型到逻辑模型的转换是由数据库设计人员完成的，从逻辑模型到物理模型的转换是由数据库管理系统完成的，一般人员不必考虑物理实现细节，因而逻辑模型是数据库系统的基础，也是应用过程中要考虑的核心问题。

1.3.3　概念模型

E-R 模型的作用

当分析某种应用环境所需的数据时，首先要找出涉及的实体及实体之间的联系，进而得到概念模型，这是数据库设计的先导。

1. 实体与实体集

实体（Entity）是现实世界中任何可以相互区分和识别的事物，它既可以是能触摸的客观对象（如一位教师、一名学生、一种商品等），也可以是抽象的事件（如一场足球比赛、一次借书等）。

性质相同的同类实体的集合称为实体集（Entity Set），如一个学院的所有教师、一届世界杯足球赛的全部场次的比赛等。

2. 属性

每个实体都具有一定的特征或性质，这样才能区分不同的实体。例如，教师的编号、姓名、性别、职称等都是教师实体具有的特征；足球赛的比赛时间、地点、参赛队、比分、裁判姓名等都是足球赛实体的特征。实体的特征称为属性（Attribute），一个实体可用若干个属性来标识。

能唯一标识实体的属性或属性集称为实体标识符，如教师的编号可以作为教师实体的标识符。

3. 类型与值

属性和实体都有类型（Type）和值（Value）之分。属性类型就是属性名及其取值类型，属性值就是属性所取的具体值。例如，教师实体中的“姓名”属性，属性名“姓名”和取字符类型的值是属性类型，而“黎德瑟”“王德浩”等是属性值。每个属性都有特定的取值范围，即值域（Domain），超出值域的属性值则被认为无实际意义，如“性别”属性的值域为（男，女）、“职称”属性的值域为（助教，讲师，副教授，教授）等。由此可见，属性类型是个变量，属性值是变量所取的值，而值域是变量的取值范围。

实体类型（Entity Type）就是实体的结构描述，通常是实体名和属性名的集合；具有相同属性的实体有相同的实体类型。实体值是一个具体的实体，是属性值的集合。例如，教师实体类型是：

教师（编号，姓名，性别，出生日期，职称，基本工资，研究方向）

教师“王德浩”的实体值是：

（T6，王德浩，男，09/21/75，教授，4750，数据库技术）

由此可见，属性值所组成的集合表征为一个实体，相应的这些属性名的集合表征为一个实体类型，相同类型实体的集合称为实体集。

在 SQL Server 2019 中，用“表”来表示同一类实体，即实体集；用“记录”来表示一个具体的实体；用“字段”来表示实体的属性。显然，字段的集合组成一个记录，记录的集合组成一个表。实体类型则代表了表的结构。

4. 实体间的联系

实体之间的对应关系称为联系（Relationship），它反映了现实世界事物之间的相互关联。例如，图书和出版社之间的关联关系为：一个出版社可以出版多种书，同一种书只能在一个出版社出版。

实体间的联系是指一个实体集中可能出现的每一个实体与另一实体集中多少个具体实体存在联系。实体之间有各种各样的联系，归纳起来有 3 种类型：

（1）一对一联系。如果对于实体集 A 中的每一个实体，实体集 B 中至多只有一个实体与之联系，反之亦然，则称实体集 A 与实体集 B 具有一对一联系，记为 1:1。例如，一个工厂只有一个厂长，一个厂长只在一个工厂任职，则厂长与工厂之间的联系是一对一的联系。

（2）一对多联系。如果对于实体集 A 中的每一个实体，实体集 B 中可以有多个实体与之联系，反之，对于实体集 B 中的每一个实体，实体集 A 中至多只有一个实体与之联系，则称实体集 A 与实体集 B 具有一对多联系，记为 1:n。例如，一个公司有许多职员，但一个职员只能在一个公司就职，所以公司和职员之间的联系是一对多的联系。

（3）多对多联系。如果对于实体集 A 中的每一个实体，实体集 B 中可以有多个实体与之联系，而对于实体集 B 中的每一个实体，实体集 A 中也可以有多个实体与之联系，则称实体集 A 与实体集 B 之间有多对多的联系，记为 m:n。例如，一个读者可以借阅多种图书，任何一种图书可以被多个读者借阅，所以读者和图书之间的联系是多对多的联系。

5. E-R 图

概念模型是反映实体及实体之间联系的模型。在建立概念模型时，要逐一给实体命名以示区别，并描述它们之间的各种联系。E-R 图是用一种直观的图形方式建立现实世界中实体及其联系模型的工具，也是数据库设计的一种基本工具。

E-R 模型用矩形框表示现实世界中的实体，用菱形框表示实体间的联系，用椭圆框表示实体和联系的属性，实体名、联系名和属性名分别写在相应框内。对于作为实体标识符的属性，在属性名下画一条横线。实体与相应的属性之间、联系与相应的属性之间用线段连接。联系与其涉及的实体之间也用线段连接，同时在线段旁标注联系的类型（1:1、1:n 或 m:n）。

图 1.3 所示为学生信息系统中的 E-R 图，该图建立了学生、课程和学院 3 个不同的实体及其联系的模型。其中“课程号”属性作为课程实体的标识符（不同课程的课程号不同），“学号”属性作为学生实体的标识符，“学院编号”属性作为学院实体的标识符。联系也可以有自己的属性，如学生实体和课程实体之间的“选课”联系可以有“成绩”属性。

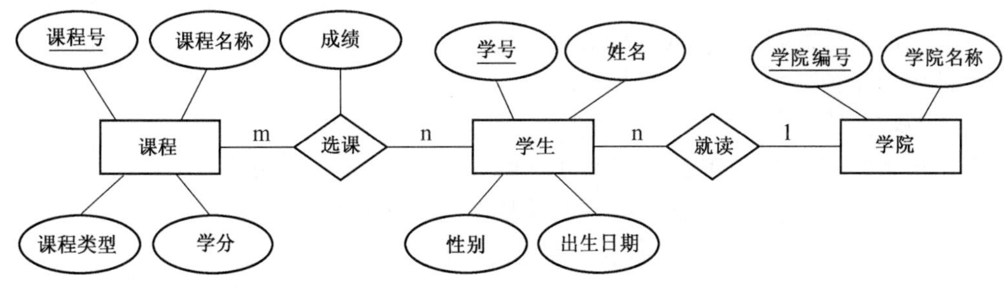

图 1.3　学生信息系统中的 E-R 模型

1.3.4　逻辑模型

E-R 模型只能说明实体间语义的联系，不能进一步说明详细的数据结构。在进行数据库设计时，总是先设计 E-R 模型，然后再把 E-R 模型转换成计算机能实现的逻辑数据模型，如关系模型。逻辑模型不同，描述和实现方法也不同，相应的支持软件（即数据库管理系统）也不同。在数据库系统中，常用的逻辑模型有层次模型、网状模型和关系模型 3 种。

1. *层次模型*

层次模型（Hierarchical Model）用树型结构来表示实体及其之间的联系。在这种模型中，数据被组织成由“根”开始的“树”，每个实体由根开始沿着不同的分枝放在不同的层次上。树中的每一个节点代表一个实体类型，连线则表示它们之间的关系。根据树型结构的特点，建立数据的层次模型需要满足以下两个条件：

（1）有一个节点没有父节点，这个节点即根节点。

（2）其他节点有且仅有一个父节点。

事实上，许多实体间的联系本身就是自然的层次关系。如一个单位的行政机构、一个家庭的世代关系等。

层次模型的特点是各实体之间的联系通过指针来实现，查询效率较高。但由于受到以上两个条件的限制，它能够比较方便地表示出一对一和一对多的实体联系，而不能直接表示出多对多的实体联系。对于多对多的联系，必须先将其分解为几个一对多的联系才能表示出来。因此，对于复杂的数据关系，实现起来较为麻烦，这就是层次模型的局限性。

采用层次模型来设计的数据库称为层次数据库。层次模型的数据库管理系统是最早出现的，它的典型代表是 IBM 公司在 1968 年推出的信息管理系统（Information Management System，IMS），这是世界上最早出现的大型数据库系统。

2. 网状模型

网状模型（Network Model）用以实体类型为节点的有向图来表示各实体及其之间的联系。其特点如下：

（1）可以有一个以上的节点无父节点。

（2）至少有一个节点有多于一个的父节点。

网状模型比层次模型复杂，但它可以直接用来表示多对多联系。然而由于技术上的困难，一些已实现的网状数据库管理系统（如 20 世纪 70 年代数据库系统语言协会下属的数据库任务组提出的 DBTG 系统）中仍然只允许处理一对多联系。

网状模型的特点是各实体之间的联系通过指针实现，查询效率较高，多对多联系也容易实现。但是当实体集和实体集中实体的数目都较多时，大量的指针使得管理工作相当复杂，对用户来说使用也比较麻烦。

3. 关系模型

与层次模型和网状模型相比，关系模型（Relational Model）有着本质的差别，它是用二维表格来表示实体及其相互之间的联系。在关系模型中，把实体集看成一个二维表，每个二维表称为一个关系。每个关系均有一个名字，称为关系名。

关系模型是由若干个关系模式（Relation Schema）组成的集合，关系模式就相当于前面提到的实体类型，它的实例称为关系（Relation）。例如，教师关系模式：教师（编号，姓名，性别，出生日期，职称，基本工资，研究方向），其关系实例如表 1.1 所示，表 1.1 就是一个教师关系。

表 1.1　教师关系

编号	姓名	性别	出生日期	职称	基本工资	研究方向
T1	黎德瑟	女	09/24/66	教授	5200	软件工程
T2	蔡理仁	男	11/27/83	讲师	3960	数据库技术
T3	张肆谦	男	12/23/91	助教	3450	网络技术
T4	李豆豆	男	01/27/73	副教授	4100	信息系统
T5	周武士	女	07/15/89	助教	3600	信息安全
T6	王德浩	男	09/21/75	教授	4750	数据库技术

一个关系就是没有重复行和重复列的二维表，二维表的每一行在关系中称为元组，每一列在关系中称为属性。教师关系的每一行代表一个教师的记录，每一列代表教师记录的一个字段。

虽然关系模型比层次模型和网状模型发展得晚，但其数据结构简单、容易理解，而且建立在严谨的数学理论基础之上，所以是目前比较流行的一种数据模型。自 20 世纪 80 年代以来，推出的数据库管理系统几乎都支持关系模型，本书讨论的 SQL Server 2019 就是一种关系数据库管理系统。

1.4　关系数据库

在关系数据库中，数据的逻辑结构是采用关系模型（即二维表格）来描述实体及其相互间的联系。关系数据库一经问世，即赢得了用户的广泛青睐和数据库开发商的积极支持，使其迅速成为继层次数据库、网状数据库之后的一种崭新的数据组织方式，在数据库技术领域的市场占有量不断提高并最终占据统治地位。

1.4.1　关系数据库的基本概念

关系数据库的基本数据结构是关系，即平时所说的二维表格，在 E-R 模型中对应于实体集，而在数据库中又对应于表。因此二维表格、实体集、关系、表指的是同一个概念，只是使用的场合不同而已。

1. 关系

通常将一个没有重复行、重复列，并且每个行、列的交叉点只有一个基本数据的二维表格看成一个关系。二维表格包括表头和表中的内容，相应地，关系包括关系模式和记录的值，表包括表结构（记录类型）和表的记录，而满足一定条件的规范化关系的集合就构成了关系模型。

尽管关系与二维表格、传统的数据文件有相似之处，但它们之间又有着重要的区别。严格地说，关系是一种规范化了的二维表格。在关系模型中，对关系做了种种规范性限制，关系具有以下六个性质：

（1）关系必须规范化，每一个属性都必须是不可再分的数据项。规范化是指关系模型中每个关系模式都必须满足一定的要求，最基本的要求是关系必须是一个二维表格，每个属性值必须是不可分割的最小数据单元，即表中不能再包含表。例如，表 1.2 就不能直接作为一个关系。因为该表的“工资标准”一列有 3 个子列，这与每个属性不可再分割的要求不符。只要去掉“工资标准”项，而将“基本工资”“标准津贴”“业绩津贴”直接作为基本的数据项就可以了。

表 1.2　不能直接作为关系的表格示例

编号	姓名	工资标准		
		基本工资/元	标准津贴/元	业绩津贴/元
E1	张东	4350	2500	1780
E2	王南	3450	1350	1560
E3	李西	4245	2900	1870
E4	陈北	3780	2300	1780

（2）列是同质的（Homogeneous），即每一列中的分量是同一类型的数据，来自同一个域。

（3）在同一关系中不允许出现相同的属性名。

（4）关系中不允许有完全相同的元组。

（5）在同一关系中元组的次序无关紧要，也就是说，任意交换两行的位置并不影响数据的实际含义。

（6）在同一关系中属性的次序无关紧要，任意交换两列的位置也并不影响数据的实际含义，不会改变关系模式。

以上是关系的基本性质，也是衡量一个二维表格是否构成关系的基本要素。在这些基本要素中，属性不可再分割是关键，这构成关系的基本规范。

在关系模型中，数据结构简单、清晰，同时有严谨的数学理论作为指导，为用户提供了较为全面的操作支持，所以关系数据库成为当今数据库应用的主流。

2. 元组

二维表格的每一行在关系中称为元组（Tuple），相当于表的一个记录（Record）。每一行描述了现实世界中的一个实体。如表 1.1 中，每行描述了一个教师的基本信息。在关系数据库中，行是不能重复的，即不允许两行的全部元素完全对应相同。

3. 属性

二维表格的每一列在关系中称为属性（Attribute），相当于记录中的一个字段（Field）或数据项。每个属性有一个属性名，一个属性在其每个元组上的值称为属性值，因此，一个属性包括多个属性值，只有在指定元组的情况下属性值才是确定的。同时，每个属性有一定的取值范围，称为该属性的值域，如表 1.1 中的第 3 列，属性名是“性别”，取值是“男”或“女”，不是“男”或“女”的数据应被拒绝存入该表，对进入表的数据进行了约束。同样，在关系数据库中，列是不能重复的，即关系的属性不允许重复。属性必须是不可再分的，即属性是一个基本的数据项，不能是几个数据的组合项。

有了属性概念后，可以这样定义关系模式和关系模型：关系模式是属性名及属性值域的集合；关系模型是一组相互关联的关系模式的集合。

4. 关键字

关系中能唯一区分和确定不同元组的单个属性或属性组合，称为该关系的一个关键字。关键字又称为键（Key）或码。单个属性组成的关键字称为单关键字，多个属性组合的关键字称为组合关键字。需要强调的是，关键字的属性值不能取空值。空值就是不知道或不确定的值，因为空值无法唯一地区分、确定元组。

在表 1.1 所示的关系中，“性别”属性无疑不能充当关键字，“职称”属性也不能充当关键字，从该关系现有的数据分析，“编号”和“姓名”属性均可单独作为关键字，但“编号”作为关键字会更好一些，因为可能会有教师重名的现象，而教师的编号是不会相同的。这也说明，某个属性能否作为关键字，不能仅凭对现有数据进行归纳确定，还应根据该属性的取值范围进行分析判断。

关系中能够作为关键字的属性或属性组合可能不是唯一的。凡在关系中能够唯一区分、确定不同元组的属性或属性组合称为候选关键字（Candidate Key）。例如，表 1.1 所示关系中的“编号”和“姓名”属性都是候选关键字（假定没有重名的教师）。

在候选关键字中选定一个作为关键字，称为该关系的主关键字或主键（Primary Key）。关系中主关键字是唯一的。

5. 外部关键字

如果关系中某个属性或属性组合并非本关系的关键字，但却是另一个关系的关键字，则称这样的属性或属性组合为本关系的外部关键字或外键（Foreign Key）。在关系数据库中，用外部关键字表示两个表之间的联系。例如，在表 1.1 所示的教师关系中，增加“部门代码”属性，则“部门代码”属性就是一个外部关键字，该属性是“部门”关系的关键字，该外部关键字描述了“教师”和“部门”两个实体之间的联系。

1.4.2 关系运算

在关系模型中，数据是以二维表格的形式存在的，这是一种非形式化的定义。由于关系是属性个数相同的元组的集合，因此可以从集合论角度对关系进行集合运算。

利用集合论的观点，关系是元组的集合，每个元组包含的属性数目相同，其中属性的个数称为元组的维数。通常元组用小括号括起来的属性值表示，属性值间用逗号隔开。例如，（E1,张东,女）是三元组。

设 $A_1,A_2,\ldots,A_n$ 是关系 R 的属性，通常用 $R(A_1,A_2,\ldots,A_n)$来表示这个关系的一个框架，即 R 的关系模式。属性的名字唯一，属性 A_i 的取值范围 D_i（i=1,2,…,n）称为值域。

将关系与二维表进行比较可以看出两者存在简单的对应关系，关系模式对应一个二维表的表头，而关系的一个元组就是二维表的一行，很多时候甚至不加区别地使用这两个概念。例如，职工关系 R={(E1,张东,女),(E2,王南,男),(E3,李西,男),(E4,陈北,女)}，相应的二维表格表示形式如表 1.3 所示。

表 1.3 职工关系 R

编号	姓名	性别
E1	张东	女
E2	王南	男
E3	李西	男
E4	陈北	女

在关系运算中，并、交、差运算是从元组（即表格中的一行）的角度来进行的，沿用了传统的集合运算规则，也称为传统的关系运算。而连接、投影、选择运算是关系数据库中专门建立的运算规则，不仅涉及行而且涉及列，故称作专门的关系运算。

1. 传统的关系运算

传统的关系运算有并、差、交、广义笛卡尔积等运算。

（1）并（Union）。设 R、S 同为 n 元关系，且相应的属性取自同一个域，则 R、S 的并也是一个 n 元关系，记作 $R\cup S$。$R\cup S$ 包含了所有分属于 R、S 或同属于 R、S 的元组。因为集合中不允许有重复元素，因此同时属于 R、S 的元组在 $R\cup S$ 中只出现一次。

（2）差（Difference）。设 R、S 同为 n 元关系，且相应的属性取自同一个域，则 R、S 的差也是一个 n 元关系，记作 R-S。R-S 包含了所有属于 R 但不属于 S 的元组。

（3）交（Intersection）。设 R、S 同为 n 元关系，且相应的属性取自同一个域，则 R、S 的交也是一个 n 元关系，记作 $R\cap S$。$R\cap S$ 包含了所有同属于 R、S 的元组。

实际上，交运算可以通过差运算的组合来实现，如 $A\cap B=A-(A-B)$或 $B-(B-A)$。

（4）广义笛卡尔积（Extended Cartesian Product）。设 R 是一个包含 m 个元组的 j 元关系，S 是一个包含 n 个元组的 k 元关系，则 R、S 的广义笛卡尔积是一个包含 m×n 个元组的 j+k 元关系，记作 R×S，并定义 $R\times S=\{(r_1,r_2,\ldots,r_j,s_1,s_2,\ldots,s_k)|(r_1,r_2,\ldots,r_j)\in R 且 \{s_1,s_2,\ldots,s_k\}\in S\}$，即 R×S 的每个元组的前 j 个分量是 R 中的一个元组，而后 k 个分量是 S 中的一个元组。

【例 1.1】设 $R=\{(a_1,b_1,c_1),(a_1,b_2,c_2),(a_2,b_2,c_1)\}$，$S=\{(a_1,b_2,c_2),(a_1,b_3,c_2),(a_2,b_2,c_1)\}$，求 $R\cup S$、R-S、$R\cap S$、R×S。

根据运算规则，有以下结果：

$R\cup S=\{(a_1,b_1,c_1),(a_1,b_2,c_2),(a_2,b_2,c_1),(a_1,b_3,c_2)\}$

$R-S=\{(a_1,b_1,c_1)\}$

$R \cap S=\{(a_1,b_2,c_2),(a_2,b_2,c_1)\}$

$R\times S=\{(a_1,b_1,c_1,a_1,b_2,c_2),(a_1,b_1,c_1,a_1,b_3,c_2),(a_1,b_1,c_1,a_2,b_2,c_1),$
$(a_1,b_2,c_2,a_1,b_2,c_2),(a_1,b_2,c_2,a_1,b_3,c_2),(a_1,b_2,c_2,a_2,b_2,c_1),$
$(a_2,b_2,c_1,a_1,b_2,c_2),(a_2,b_2,c_1,a_1,b_3,c_2),(a_2,b_2,c_1,a_2,b_2,c_1)\}$

R×S 是一个包含 9 个元组的六元关系。

2. 专门的关系运算

专门的关系运算包括选择、投影、连接三种类型。

选择运算

（1）选择（Selection）。设 $R=\{(a_1,a_2,\ldots,a_n)\}$是一个 n 元关系，F 是关于$(a_1,a_2,\ldots,a_n)$的一个条件，R 中所有满足 F 条件的元组组成的子关系称为 R 的一个选择，记做$\sigma_F(R)$，并定义$\sigma_F(R)=\{(a_1,a_2,\ldots,a_n)|(a_1,a_2,\ldots,a_n)\in R$ 且$(a_1,a_2,\ldots,a_n)$满足条件 F$\}$。

简而言之，对 R 关系按一定规则筛选一个子集的过程就是对 R 施加了一次选择运算。

投影运算

（2）投影（Projection）。设 $R(A_1,A_2,\ldots,A_n)$是一个 n 元关系，$\{i_1,i_2,\ldots,i_m\}$是$\{1,2,\ldots,n\}$的一个子集，并且 $i_1<i_2<\ldots<i_m$，定义$\Pi(R)=R_1(A_{i_1},A_{i_2},\ldots,A_{i_m})$，即$\Pi(R)$是 R 中只保留属性 $A_{i_1},A_{i_2},\ldots,A_{i_m}$ 的新关系，称$\Pi(R)$是 R 在 $A_{i_1},A_{i_2},\ldots,A_{i_m}$ 属性上的一个投影，通常记作$\Pi_{(A_{i_1},A_{i_2},\ldots,A_{i_m})}(R)$。

通俗地讲，关系 R 上的投影是从 R 中选择出若干属性列组成新的关系。

（3）连接（Join）。连接是从两个关系的笛卡尔积中选取属性间满足一定条件的元组，记做$R\underset{A\theta B}{\bowtie}S$，其中 A 和 B 分别为 R 和 S 上维数相等且可比的属性组，θ 是比较运算符。连接运算从 R 和 S 的笛卡尔积 R×S 中选取关系 R 在 A 属性组上的值与关系 S 在 B 属性组上的值满足比较关系 θ 的元组。

连接运算中有两种常用的连接：等值连接和自然连接。θ 为等号“=”的连接运算，称为等值连接，它是从关系 R 与关系 S 的笛卡尔积中选取 A、B 属性值相等的那些元组。自然连接是一种特殊的等值连接，它要求关系 R 中的属性 A 和关系 S 中的属性 B 名字相同，并且在结果中把重复的属性去掉。一般的连接操作是从行的角度进行运算，但自然连接还需要取消重复列，所以是同时从行和列的角度进行运算。

在关系 R 和关系 S 进行自然连接时，选择两个关系在公共属性上的值相等的元组构成新的关系，此时，关系 R 中的某些元组可能在关系 S 中不存在公共属性上值相等的元组，造成关系 R 中这些元组的值在操作时被舍弃。由于同样的原因，关系 S 中的某些元组也有可能被舍弃。为了在操作时能保存这些将被舍弃的元组，提出了外连接（Outer Join）操作。

如果 R 和 S 进行自然连接时，把该舍弃的元组也保存在新关系中，同时在这些元组新增加的属性上填上空值（Null），这种连接就称为外连接。如果只把 R 中要舍弃的元组放到新关系中，那么这种连接称为左外连接；如果只把 S 中要舍弃的元组放到新关系中，那么这种连接称为右外连接；如果把 R 和 S 中要舍弃的元组都放到新关系中，那么这种连接称为全外连接。

【例 1.2】设有两个关系模式 R(A,B,C)和 S(B,C,D)，其中关系 R={(a,b,c),(b,b,f),(c,a,d)}，关系 S={(b,c,d),(b,c,e),(a,d,b),(e,f,g)}，分别求$\Pi_{(A,B)}(R)$、$\sigma_{A=b}(R)$、$R\underset{R.A=S.B}{\bowtie}S$、R 和 S 自然连接、R 和 S 全外连接、R 和 S 左外连接、R 和 S 右外连接的结果。

根据连接运算的规则，结果如下：

$\Pi_{(A,B)}(R)=\{(a,b),(b,b),(c,a)\}$

$\sigma_{A=b}(R)=\{(b,b,f)\}$

$R \underset{R.A=S.B}{\bowtie} S=\{(a,b,c,a,d,b),(b,b,f,b,c,d),(b,b,f,b,c,e)\}$

R 和 S 自然连接={(a,b,c,d),(a,b,c,e),(c,a,d,b)}

R 和 S 全外连接={(a,b,c,d),(a,b,c,e),(c,a,d,b),(b,b,f,Null),(Null,e,f,g)}

R 和 S 左外连接={(a,b,c,d),(a,b,c,e),(c,a,d,b),(b,b,f,Null)}

R 和 S 右外连接={(a,b,c,d),(a,b,c,e),(c,a,d,b),(Null,e,f,g)}

【例 1.3】一个关系数据库由职工关系 E 和工资关系 W 组成，关系模式如下：

E（编号，姓名，性别）

W（编号，基本工资，标准津贴，业绩津贴）

写出实现以下功能的关系运算表达式：

（1）查询全体男职工的信息。

（2）查询全体男职工的编号和姓名。

（3）查询全体职工的基本工资、标准津贴和业绩津贴。

根据运算规则，写出关系运算表达式如下：

（1）对职工关系 E 进行选择运算，条件是“性别='男'”，关系运算表达式：

$\sigma_{性别='男'}(E)$

（2）先对职工关系 E 进行选择运算，条件是“性别='男'”，这时得到一个“男”职工关系，再对“男”职工关系在属性“编号”和“姓名”上做投影运算，关系运算表达式：

$\Pi_{(编号,\ 姓名)}(\sigma_{性别='男'}(E))$

（3）先对职工关系 E 和工资关系 W 进行连接运算，连接条件是“E.编号=W.编号”，这时得到一个职工工资关系，再对职工工资关系作投影计算，关系运算表达式：

$\Pi_{(编号,\ 姓名,\ 基本工资,\ 标准津贴,\ 业绩津贴)}(E \underset{E.编号=W.编号}{\bowtie} W)$

1.4.3　关系的完整性约束

为了防止不符合规则的数据进入数据库，数据库管理系统提供了一种对数据的监控机制，这种机制允许用户按照具体应用环境定义数据有效性和相容性条件。在对数据进行插入、删除、修改等操作时，数据库管理系统自动按照用户定义的条件对数据实施监控，使不符合条件的数据不能进入数据库，以确保数据库中存储的数据正确、有效、相容。这种监控机制称为数据完整性保护，用户定义的条件称为完整性约束条件。在关系模型中，数据完整性包括实体完整性（Entity Integrity）、参照完整性（Referential Integrity）和用户自定义完整性（User-defined Integrity）3 种类型。

1. 实体完整性

现实世界中的实体是可区分的，即它们具有某种唯一性标识。相应地，关系模型中以主关键字作为唯一性标识。主关键字中的属性（即主属性）不能取空值。如果主属性取空值，就说明存在某个不可标识的实体，即存在不可区分的实体，这与现实世界的应用环境相矛盾，因此这个实体一定不是一个完整的实体。

实体完整性就是指关系的主属性不能取空值，并且不允许两个元组的关键字的值相同。也就是说，一个二维表中没有两个完全相同的行，因此实体完整性也称为行完整性。

2. 参照完整性

现实世界中的实体之间往往存在某种联系，在关系模型中实体及实体间的联系都是用关系来描述的，这样就自然存在着关系与关系间的引用。

设 F 是关系 R 的一个或一组属性，但不是关系 R 的关键字，如果 F 与关系 S 的主关键字 Ks 相对应，则称 F 是关系 R 的外部关键字，并称关系 R 为参照关系（Referencing Relation），关系 S 为被参照关系（Referenced Relation）或目标关系（Target Relation）。

参照完整性就是定义外部关键字与主关键字之间的引用规则，即对于 R 中每个元组在 F 上的值必须取空值或等于 S 中某个元组的主关键字值。

3. 用户定义完整性

实体完整性和参照完整性适用于任何关系数据库系统。此外，不同的关系数据库系统根据其应用环境的不同，往往还需要一些特殊的约束条件。用户定义完整性就是针对某一具体关系数据库的约束条件，它反映某一具体应用所涉及的数据必须满足的语义要求，如规定关系中某一属性的取值范围。

1.4.4 关系数据库设计实例

前面介绍了关系模型和关系数据库的基本概念，下面以图 1.3 为例，按实体间不同的联系方式来分别讨论将 E-R 图转化为关系模型的一般方法，进而讨论一个关系数据库的实例。

1. 1:n 联系到关系模型的转化

在图 1.3 中，学院与学生的联系是一对多的联系。这种联系在进行关系模型转化时，把每个实体分别转化为一个关系，实体名作为关系名，实体属性作为关系属性，并在 1:n 联系的 n 方（本例是学生实体）中增加一个属性，该属性为与该实体相联系的另一个实体（本例是学院）的关键字，即学院编号属性。这样，根据学院与学生两个实体所转化的关系是：

学生（<u>学号</u>，姓名，性别，出生日期，编号），其中学号作为关键字；

学院（<u>学院编号</u>，学院名称），其中编号作为关键字。

对照图 1.3，在学生关系中增加了学院的关键字“学院编号”作为它的一个属性，引入该属性的意义在于描述这两个实体间的联系。从与之相联系的另一个实体引入的属性称为外部关键字，外部关键字描述的不是本实体的一个属性，而是描述本实体与另一个实体的联系。

2. m:n 联系到关系模型的转化

图 1.3 中学生与课程的联系是多对多的联系。对这样的联系进行关系模型转化时，需把两个实体独立地转化为两个关系，将实体名作为关系名，实体属性转化为关系属性。此外要单独设置一个关系来描述两个实体间的联系，其属性由两个实体的关键字及联系本身的属性组成。这样，根据学生和课程两个实体及其联系转化所得到的关系共有 3 个：

学生（<u>学号</u>，姓名，性别，出生日期），其中学号作为关键字；

课程（<u>课程号</u>，课程名称，课程类型，学分），其中课程号作为关键字；

选课（<u>学号</u>，<u>课程号</u>，成绩），其中学号和课程号的组合作为关键字。

3. 1:1 联系到关系模型的转化

其转化方法是将两个实体按上述实体转化方法分别转化为两个关系，并在每一个关系中增加一个外部关键字，外部关键字由与本实体相联系的对方实体的关键字组成。图 1.3 中没有一对一的联系。

将一个 E-R 图中的每组联系的两个实体按上述方法分别转化为关系后，还需要对转化所得到的关系进行整理。如本例，学生实体既与学院实体有联系，也与课程有联系，上述转化过程中得到了两个不同的学生关系，像这种情况应取包含较多属性的关系作为最后结果。因此，根据图 1.3 转化的关系模型应该是：

学生（<u>学号</u>，姓名，性别，出生日期，编号）；

学院（<u>学院编号</u>，学院名称）；

课程（<u>课程号</u>，课程名称，课程类型，学分）；

选课（<u>学号</u>，<u>课程号</u>，成绩）。

4. 学生信息数据库

相应地，学生信息数据库（Student）中有学生信息表（StInfo）、课程信息表（CInfo）、选课信息表（SCInfo）和学院信息表（DInfo），它们在机器中的物理存储结构也有其相应的形式。各表的结构分别如表 1.4 至表 1.7 所示。表中的数据类型和宽度表示该属性所含数据的类型和长度，在 1.5 节中将详细介绍。

表 1.4 学生信息表的结构

列名	数据类型	宽度	说明	列名	数据类型	宽度	说明
StID	char	10	学号（主关键字）	StName	varchar	20	姓名
StSex	char	2	性别	Birthdate	datetime	8	出生日期
Class	varchar	30	班级名称	Telephone	varchar	20	联系电话
PSTS	char	4	政治面貌	Address	varchar	150	联系地址
DID	char	2	学院编号（外部关键字）	Resume	varchar	255	简历

说明：Student 数据库规定学生关系中的学号由 10 位数字组成，其中从左边数起的前两位表示所在学院，其后的两位表示专业，中间两位表示年级，再后两位表示班级，最后两位表示所在班级的学生编号。

表 1.5 课程信息表的结构

列名	数据类型	宽度	说明	列名	数据类型	宽度	说明
CNo	char	7	课程号（主关键字）	CName	varchar	30	课程名称
CType	char	4	课程类型	Credit	smallint	2	学分
CDes	varchar	100	备注				

表 1.6 选课信息表的结构

列名	数据类型	宽度	说明	列名	数据类型	宽度	说明
StID	char	10	学号（外部关键字）	Score	int	4	成绩
CNo	char	7	课程号（外部关键字）				

表 1.7 学院信息表的结构

列名	数据类型	宽度	说明	列名	数据类型	宽度	说明
DID	char	2	学院编号（主关键字）	DName	varchar	30	学院名称

由以上例子可知，关系模型中的各个关系模式不是随意组合在一起的，要使关系模型准确地反映事物及其之间的联系，需要进行关系数据库的设计。

1.5 SQL Server 2019 概述

SQL Server 2019 是由 Microsoft 公司开发和推广的关系数据库管理系统，是一个全面的数据库管理平台，为用户提供开发语言、数据类型、本地或云环境以及操作系统等方面的选择，可以满足成千上万用户的海量数据管理需求，快速构建相应的解决方案以实现私有云和公有云之间数据的扩展与应用的迁移，帮助用户进行各种数据分析、管理和操作。

1.5.1 服务器组件

SQL Server 2019 是一个功能全面整合的数据库平台，它包含了数据库引擎（Database Engine）、分析服务（Analysis Services）、报表服务（Reporting Services）、集成服务（Integration Services）等服务器组件。SQL Server 2019 的不同版本提供的服务器组件也会有所不同。

1. 数据库引擎

数据库引擎（SQL Server Database Engine，SSDE）是用于存储、处理和保护数据的核心服务。数据库引擎提供了受控访问和快速事务处理，以满足企业内最苛刻的数据应用程序的要求。数据库引擎还提供了大量的支持以保持高可用性。使用数据库引擎可以创建用于联机事务处理或联机分析处理的关系数据库。例如，创建数据库、创建表、数据查询、访问数据库等操作都是由数据库引擎完成的。一般来说，使用数据库系统实际上就是在使用数据库引擎。

2. 分析服务

SQL Server 分析服务（SQL Server Analysis Services，SSAS）是一种核心组件服务，支持对业务数据的快速分析，以及为商业智能应用程序提供联机分析处理（Online Analytical Processing，OLAP）和数据挖掘功能。

可以使用分析服务来设计、创建和管理包含来自多个数据源的详细数据和聚合数据的多维结构，这些数据源（如关系数据库）都存在于内置计算支持的单个统一逻辑模型中。

分析服务为统一的数据模型构建的大量数据提供快速、直观、由上至下的分析，这样可以采用多种语言向用户提供数据。分析服务使用数据仓库、数据集市、生产数据库和操作数据存储区来支持历史数据和实时数据分析。

3. 报表服务

SQL Server 报表服务（SQL Server Reporting Services，SSRS）是一个完整的基于服务器的报表平台，可以建立、管理、发布传统的基于纸张的报表或者交互的、基于 Web 的报表，而且可以将 SQL Server 和 Windows Server 的数据管理功能与 Office 应用系统相结合，实现信息的实时传递、转换，并展示数据的改变。

SQL Server 2019 报表服务不仅提供了对关系数据库的支持，而且对分析服务的多维数据也提供了支持，扩展了微软商业智能（BI）平台，以迎合那些需要访问商业数据的应用。报表服务是一个基于服务器的企业级报表环境，可借助 Web Services 进行管理。

4. 集成服务

SQL Server 集成服务（SQL Server Integration Services，SSIS）是一个数据集成平台，负责完成有关数据的提取、转换和加载等操作。其他三种服务就是通过 Integration Services 来进行联系的。除此之处，使用数据集成服务可以高效地处理各种各样的数据，例如：SQL Server、Oracle、Excel、XML 文档、文本文件等。

1.5.2　常用管理工具

SQLServer 系统环境

SQL Server 2019 系统提供了大量的管理工具，通过这些管理工具，可以快速、高效地管理系统。这些管理工具主要包括 SQL Server Management Studio、SQL Server 配置管理器、SQL Server Profiler 等以及大量的命令行实用工具。表 1.8 列举了用来管理 SQL Server 2019 的管理工具及功能。

表 1.8　SQL Server 2019 管理工具及功能

管理工具	功能
SQL Server Management Studio	用于编辑和执行查询，以及启动标准向导任务
SQL Server 配置管理器	管理服务器和客户端网络配置设置
SQL Server Profiler	提供用于监视 SQL Server 数据库引擎实例或 Analysis Services 实例的图形用户界面
数据库引擎优化顾问	是协助创建索引、索引视图和分区的最佳组合
SQL Server Business Intelligence Development Studio	用于包括 Analysis Services、Integration Service 和 Reporting Services 项目在内的商业解决方案的集成开发环境
Reporting Services 配置管理器	提供报表服务器配置的统一的查看、设置和管理方式
SQL Server 安装中心	安装、升级或更改 SQL Server 2019 实例中的组件

下面介绍 3 个重要工具。

1. SQL Server Management Studio

SQL Server Management Studio（SQL 服务器管理工作室，SSMS）是一个集成管理工具组。它将各种图形化工具和多功能的脚本编辑器组合在一起，完成访问、配置、控制、管理和开发 SQL Server 的所有工作，大大方便了技术人员和数据库管理员对 SQL Server 系统的各种访问。

单击“开始”→Microsoft SQL Server 2019→SQL Server Management Studio 18 命令启动 SSMS，系统将自动打开“连接到服务器”对话框，如图 1.4 所示。“连接到服务器”对话框中有“服务器类型”“服务器名称”“身份验证”3 个选项供用户进行选择。

“服务器类型”选项中的“数据库引擎”为默认选项，单击此选项中的下拉箭头，可以看到系统提供了数据库引擎、Analysis Services、Reporting Services、Integration Services 4 种服务。

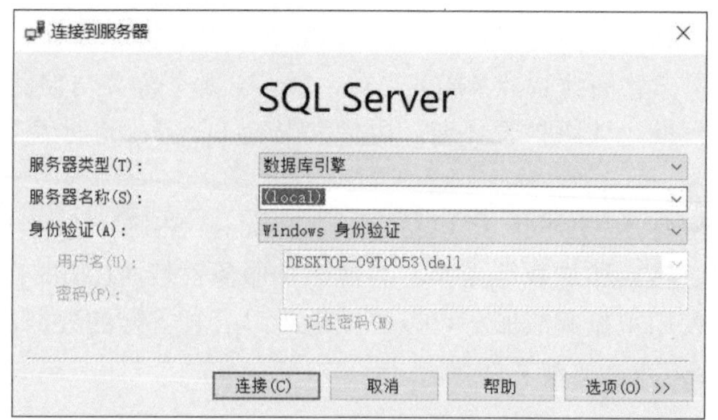

图 1.4 “连接到服务器”对话框

“服务器名称”下拉列表列出所有可以连接的服务器的名称，可以在其中选择一个进行连接，或者输入“(local)”表示本地服务器。如果要连接到远程数据服务器，则需要输入服务器的 IP 地址。

“身份验证”下拉列表指定连接类型，可选择“Windows 身份验证”或“SQL Server 身份验证”。Windows 身份验证直接利用 Windows 用户的权限登录；SQL Server 身份验证要求用户输入用户名和密码。单击“连接”按钮，即可连接 SQL Server 服务器并打开 SSMS 主窗口，如图 1.5 所示。默认情况下主窗口包含“对象资源管理器”“已注册的服务器”和“对象资源管理器详细信息”三个组件。

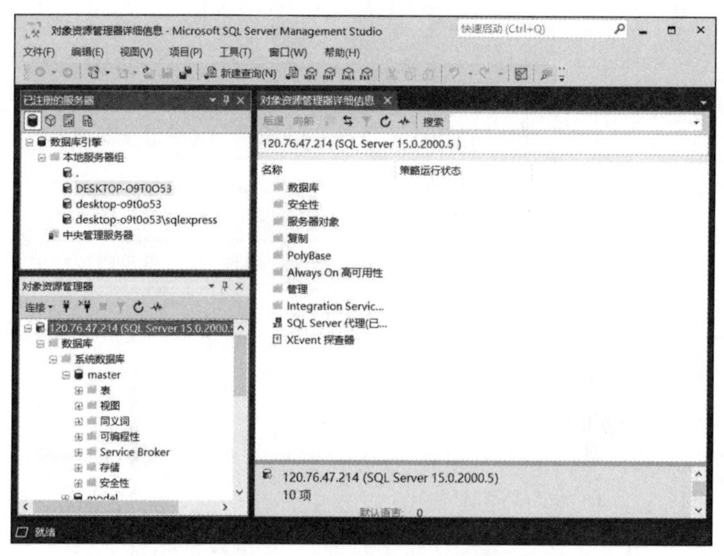

图 1.5 SQL Server Management Studio 主窗口

（1）对象资源管理器。SSMS 的左侧下窗格为“对象资源管理器”，它提供一个层次结构的用户界面，用于查看和管理每个 SQL Server 实例（即 SQL 服务器引擎）中的对象。用户可以直接通过“对象资源管理器”来操作数据库。如果“对象资源管理器”窗格不可见，可通过“视图”菜单中的选项打开。“对象资源管理器”的功能根据服务器的类型稍有不同，但一般都包括用于数据库的开发功能和所有服务器类型的管理功能。

例如，使用“对象资源管理器”查看 master 系统数据库的对象。只要在“对象资源管理器”中展开“数据库”节点，选择系统数据库中的 master 数据库并展开，将列出该数据库中包含的所有对象，如表、视图、存储过程等。

（2）已注册的服务器。SSMS 可以管理多台服务器，系统使用“已注册的服务器”窗格来组织经常访问的服务器，该窗格中显示了所有已注册的 SQL Server 服务器，单击 SSMS 的“视图”→“已注册的服务器”命令打开。如果用户需要注册一个其他服务，可以右击“本地服务器”节点，在弹出的快捷菜单中选择“新建服务器注册”命令进行创建。

（3）对象资源管理器详细信息。“对象资源管理器详细信息”是 SSMS 的一个组件，它提供服务器中所有对象的表格视图，并显示一个用于管理这些对象的用户界面。默认情况下，“对象资源管理器详细信息”窗格在 SSMS 中是可见的。如果“对象资源管理器详细信息”窗格不可见，可通过“视图”菜单中的选项将其打开。

（4）查询编辑器。在 SSMS 主窗口中集成了“查询编辑器”，这样可以在对服务器进行图形化管理的同时编写 T-SQL 脚本。“查询编辑器”支持彩色代码关键字、可视化地显示语法错误、允许开发人员运行和诊断代码等功能。因此，“查询编辑器”具有很高的集成性和灵活性。

在 SSMS 主窗口的工具栏上，单击“新建查询”按钮，即可打开 SQL Server 2019 的“查询编辑器”，同时在 SSMS 的主菜单中显示“查询”菜单项，如图 1.6 所示。默认情况下，“查询编辑器”窗格中语句关键字显示为蓝色；语句参数和连接器显示为红色；系统函数为洋红色；运算符为深灰色　；无法确定的项，如列名和表名显示为黑色。

例如，查询学生数据库 Student 中学生的基本信息。只要在“查询编辑器”窗格输入以下命令：

```
USE Student
SELECT * FROM StInfo
WHERE StSex ='男'
```

单击工具栏中的“执行”按钮 ! 执行(X)，该查询的结果如图 1.6 所示。

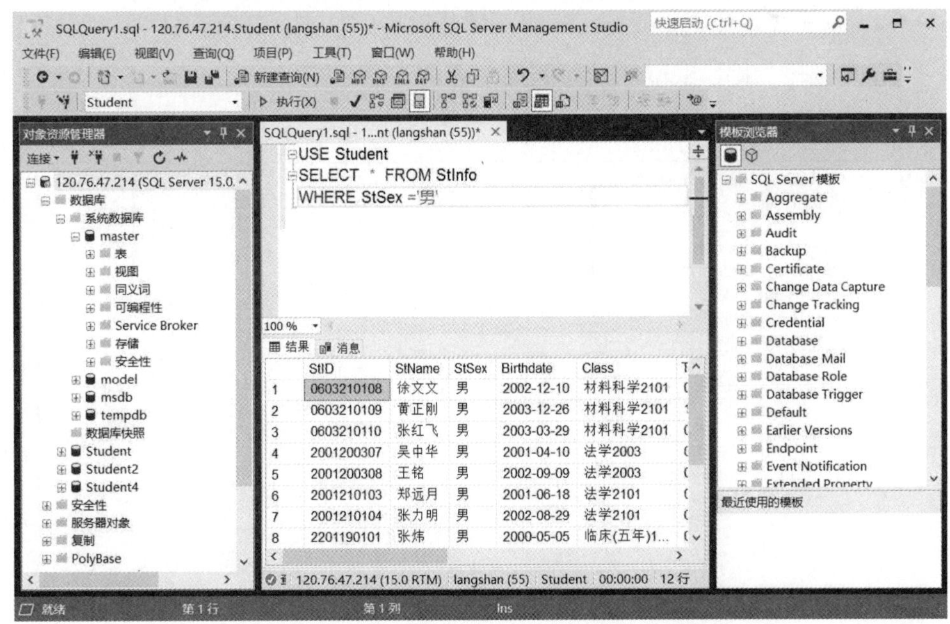

图 1.6　SQL Server Management Studio 集成环境操作效果

注意：SQL Server 2019 中的“查询编辑器”既可以工作在连接模式下，也可以工作在断开模式下。查询编辑器几乎可以处理任何数据源，允许设计 SELECT、INSERT、UPDATE 和 DELETE 等 DML 语句。

（5）模板资源管理器。在“模板资源管理器”中，提供了大量与 SQL Server 和分析服务相关的脚本模板。脚本模板提供了编写 T-SQL 语句的起点。模板实际上就是保存在文件中的脚本片段，可以在 SQL 查询视图中打开并且进行修改，使之适合需要。也就是说，使用模板资源管理器可以降低编写脚本的难度。

“模板资源管理器”窗格是可选的，打开后默认位于 SSMS 主窗口的右侧。用户可以在“模板资源管理器”中浏览可用模板，然后打开该模板以便将代码纳入“查询编辑器”窗口中，也可以创建自定义模板。如果“模板资源管理器”窗格不可见，可单击“视图”菜单中的选项或者按 Ctrl+Alt+T 组合键将其打开。

例如，想了解创建触发器的代码如何编写，只要在“模板资源管理器”窗格找到“Create Server Trigger”模板，双击打开创建触发器的模板便可进行学习。

（6）命令行实用工具。SQL Server 2019 不仅提供了大量的图形化工具，还提供了大量的命令行实用工具。通过这些命令，可以与 SQL Server 2019 进行交互，但不能在图形界面下运行，只能在 Windows 命令提示符下输入命令及参数执行（即相当于 DOS 命令）。这些命令行实用工具主要包括 bcp、dta、dtexec、dtutil 等。若想了解它们的功能、使用方法和其他更多的实用工具，读者可使用 SQL Server 2019 提供的联机帮助获取，这里不作介绍。

2. SQL Server 配置管理器

SQL Server 配置管理器（SQL Server Configuration Manager，SSCM）是一种工具，用于管理与 SQL Server 相关的服务、配置 SQL Server 使用的网络协议以及从 SQL 客户端计算机进行网络连接配置管理。

（1）管理与 SQL Server 相关的服务。在 Microsoft SQL Server 系统中，可以通过“SQL Server 配置管理器”或“计算机管理”工具查看和控制 SQL Server 的服务。

单击“开始”→“SQL Server 2019 配置管理器”命令打开 SSCM 窗口，如图 1.7 所示。在此窗口中用户可以配置每次启动数据库引擎时要使用的选项。

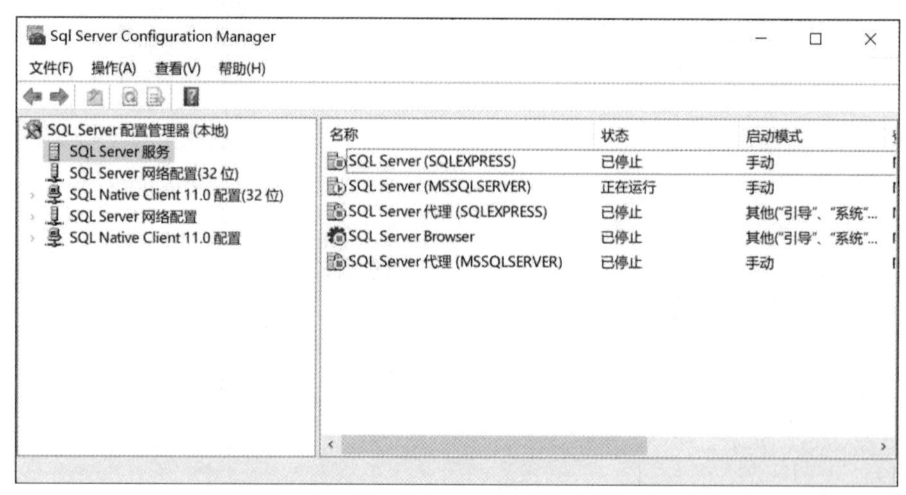

图 1.7 SQL Server Configuration Manager 窗口

通过右击某个服务名称，可以查看该服务的属性以及启动、停止、暂停、重新启动相应的服务。

注意：也可以按 Win+R 组合键，在运行对话框中输入 SQLServerManager15.msc，单击“确定”按钮打开配置管理器。还可以通过“控制面板”→“管理工具”→“计算机管理”选项打开“计算机管理”窗口，展开“服务”节点，单击“SQL Server 配置管理器”目录项，对 SQL Server 2019 的服务进行管理。在“服务”窗格中列出了所有系统中的服务，从列表中找到 9 种有关 SQL Server 2019 的服务，右击服务名称，在弹出的快捷菜单中选择“属性”命令进行配置。

（2）配置 SQL Server 使用的网络协议。在 SQL Server 配置管理器中，展开“SQL Server 网络配置”节点，单击“MSSQLSERVER 的协议”，在右侧详细信息窗格中将显示协议名称及其状态，如图 1.8 所示。用户可以“启用”和“禁用”相关的协议。

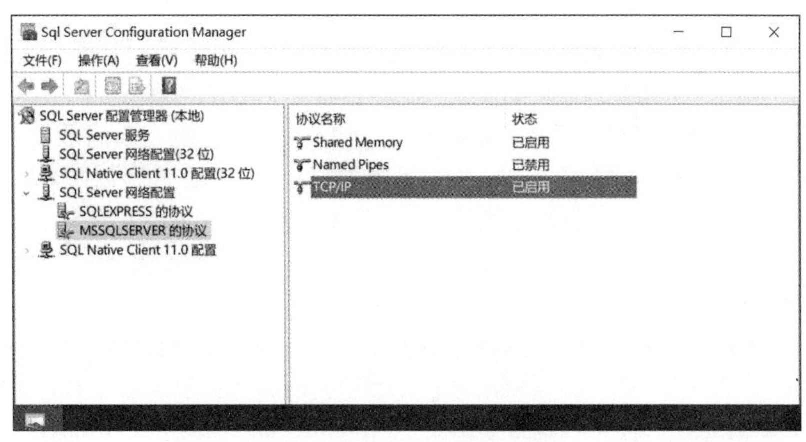

图 1.8 显示协议及其状态窗口

（3）客户端计算机管理网络连接配置。在 SQL Server 配置管理器左侧窗格中，展开“SQL Native Client 11.0 配置”节点，单击“客户端协议”，在右侧详细信息窗格中将显示客户端协议名称、所使用的协议顺序和启用状态，如图 1.9 所示。用户可以“启用”和“禁用”相关的协议。

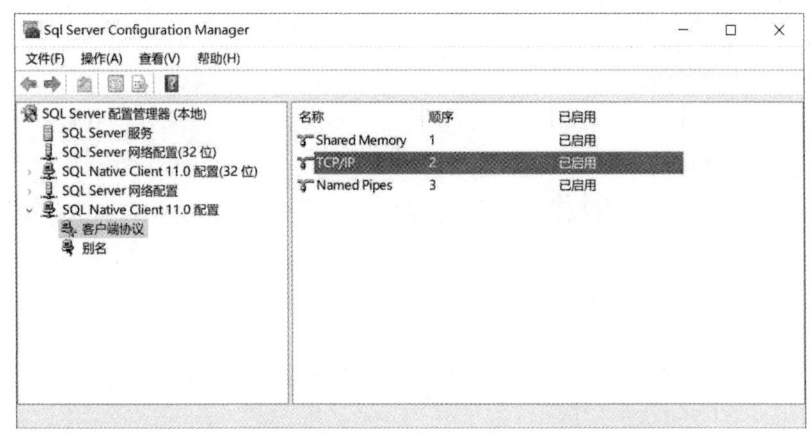

图 1.9 显示客户端协议名称、所使用的协议顺序和启用状态窗口

若要配置客户端所使用的协议顺序，只要在左侧窗格中右击“客户端协议”，在快捷菜单中选择“属性”命令，或者在右侧详细信息窗格中右击某个协议，在弹出的快捷菜单中选择“顺序”命令即可。

3. SQL Server Profiler

SQL Server Profiler（事件探查器）是图形化实时监视工具，它可以从服务器中捕获 SQL Server 事件，能帮助系统管理员监视数据库和服务器的行为，比如死锁的数量、致命的错误、跟踪 Transact SQL 语句和存储过程。可以把这些监视数据存入表或文件中，并在以后某一时间重新显示这些事件来一步一步地进行分析。

例如，若要对 SQL Server 2019 系统的运行过程进行摄录，使用 SQL Server Profiler 工具可以实现。在 SSMS 主窗口中，单击“工具”→Server Profiler 命令即可运行 SQL Server Profiler。

1.5.3 数据类型

在 SQL Server 中，表与视图中的列、变量、存储过程或函数中的参数和返回值等对象都具有数据类型。当指定了某个对象的数据类型时，也就定义了该对象所含的数据类型、存储值的长度、大小、数字精度（仅用于数字数据类型）和数值小数位数（仅用于数字数据类型）。

SQL Server 支持 4 种基本数据类型：数值数据类型、字符和二进制数据类型、日期时间数据类型、逻辑数据类型，用于各类数据值的存储、检索和解释。此外，还有其他一些数据类型，如可变数据类型、表类型等。

1. 数值数据类型

SQL Server 提供了多种方法存储数值，SQL Server 的数值数据类型大致可分为 4 种基本类型。

（1）整数数据类型。有 4 种整数数据类型：bigint、int、smallint 和 tinyint，用于存储不同范围的整数值。

1）bigint 数据类型的存储长度为 8 字节，其中一个二进制位表示符号，其他 63 个二进制位表示大小，可存储取-2^{63}～$2^{63}-1$之间的整数。

2）int 数据类型的存储长度是 4 字节，其中一个二进制位表示符号，其他 31 个二进制位表示大小，取值范围是-2^{31}～$2^{31}-1$之间的整数。

3）smallint 数据类型的存储长度为 2 字节，其中一个二进制位表示符号，其他 15 个二进制位表示大小，取值范围是-2^{15}～$2^{15}-1$。

4）tinyint 数据类型的存储长度为 1 字节，取值范围是 0～255。

整数可以用较少的字节存储较大的精确数字，考虑到其高效的存储机制，只要有可能，对数值列应尽量使用整数。

（2）浮点数据类型。浮点数据用来存储系统所能提供的最大精度保留的实数数据。近似数字的运算存在误差，因此浮点数据不能用于需要精度固定的运算，如货币数据的运算。

1）real 数据类型可精确到第 7 位小数，表示范围为-3.40×10^{38}～3.40×10^{38}。每个 real 类型的数据占用 4 字节的存储空间。

2）float 数据类型可精确到第 15 位小数，表示范围为-1.79×10^{308}～1.79×10^{308}。每个 float 类型的数据占用 8 字节的存储空间。

3）float 数据类型可写成 float(n)的形式，n 指定 float 数据的精度，为 1～53 之间的整数，默认值为 53。当 n 取 1～24 时，实际上定义了一个 real 类型的数据，系统用 4 个字节存储；当 n 取 25～53 时，系统认为是 float 类型的数据，用 8 个字节存储。

（3）精确数值数据类型。精确数值数据类型用于存储有小数点且小数点后位数确定的实数。SQL Server 支持两种精确的数值数据类型：decimal 和 numeric。这两种数据类型几乎是相同的，定义格式如下：

```
decimal[(p[, s])]
numeric[(p[, s])]
```

其中，p 指定精度，定义了总位数，即小数点左边和右边可以存储的十进制数字的最大个数；s 指定小数位数，即小数点右边可以存储的十进制数字的最大个数，0≤s≤p。有效存储空间为 2～17 个字节，使用最大精度时，有效值为$-10^{38}+1$～$10^{38}-1$。例如，decimal(10, 5)表示共有 10 位数，其中整数部分为 5 位，小数部分为 5 位。

（4）货币数据类型。除了 decimal 和 numeric 类型适用于货币数据的处理外，SQL Server 还专门提供了两种货币数据类型：money 和 smallmoney。

1）money 数据类型的存储长度是 8 字节，整数部分包含 19 位数字，小数部分包含 4 位数字，货币数据值介于-2^{63}～$2^{63}-1$ 之间。

2）smallmoney 数据类型与 money 数据类型类似，存储长度是 4 字节，取值范围为-2^{31}～$2^{31}-1$。

输入货币数据时必须在货币数据前加$符号，如果未提供该符号，值被当成浮点数，可能会损失值的精度。在显示货币值时，数值的小数部分仅保留两位有效位。

2. 字符和二进制数据类型

在 SQL Server 中字符和二进制数据类型是一种常用的基本数据类型。

（1）字符数据类型。字符数据类型用于存储汉字、各种字母、数字符号和特殊符号。输入字符型数据时要用单引号（'）将字符括起来。字符型数据有定长字符型（char）、变长字符型（varchar）和文本型（text）三种。

1）char 数据类型的定义形式为 char[(n)]，占用 n 个字节空间，n 的取值为 1～8000，即最多可存储 8000 个字符。通常采用 ANSI 字符集，即单个英文字符占用 1 字节，中文字符等会占用 2 个字节。在用 char(n)数据类型对数据表的列进行说明时，n 指示列长度。如果不指定 n，系统将长度默认为 1。输入字符的长度大于 n 时将会截掉超出的部分，输入字符的长度短于 n 时系统自动用空格填满剩余空间。

2）varchar 数据类型的定义形式为 varchar[(n)]，n 的取值为 1～8000。varchar 数据类型的结构与 char 数据类型一致，它们的主要区别是当输入 varchar 字符长度小于 n 时，剩余空间不用空格来填满，按输入字符的实际长度存储。若输入的数据超过 n 个字符，则截断后存储。varchar 类型数据所需要的存储空间要比 char 类型数据少一些，但 varchar 列的存取速度要比 char 列慢一些。

3）text 数据类型用于存储数据量庞大且长度会变的字符文本数据。text 列的长度可变，最多可包含 2^{31}-1 个字符。若用户要求表中的某列能存储 255 个字符以上的数据，可使用 text 数据类型。

SQL Server 允许使用多国语言，支持 Unicode 标准字符集。为此，SQL Server 提供了多字节的字符数据类型：nchar(n)、nvarchar(n)和 ntext。

nchar 可存放 Unicode 字符的固定长度字符类型，最大长度为 4000 个字符。

nvarchar 可存放 Unicode 字符的可变长度字符类型，最大长度为 4000 字符。

ntext 可存放 Unicode 字符的文本类型，最大长度为 2^{30}-1 个字符。

nchar、nvarchar 和 ntext 的用法分别与 char、varchar 和 text 相同，只是 Unicode 支持的字符范围更大，存储 Unicode 字符所需要的空间更大。

（2）二进制数据类型。SQL Server 二进制数据类型用于存储二进制数或字符串。与字符数据类型相似，在列中插入二进制数据时，用 0x 开头的两个十六进制数构成一个字节，例如输入 0x1AA5 代表十六进制数 1AA5。SQL Server 有 3 种有效二进制数据类型，即定长二进制类型 binary、变长二进制类型 varbinary 和大块二进制类型 image。

1）binary 数据类型的定义形式为 binary[(n)]，n 的取值为 1～8000，若不指定长度则 n 默认为 1。binary 数据用于存储二进制字符，如程序代码和图像数据。数据所需的存储空间为 n 个字节，若输入的数据不足 n 个字节，则补足后存储；若输入的数据超过 n 个字节，则截断超出部分后存储。

2）varbinary[(n)]数据类型与 binary 数据类型基本相同，n 的取值为 1～8000。通过存储输入数据的实际长度而节省存储空间，但存取速度比 binary 类型要慢。varbinary 数据类型的存储长度为实际数据长度+4 个字节。若输入的数据超过 n+4 个字节，则截断后存储。

3）image 数据类型与 text 数据类型类似，可存储 1～2^{31}-1 个字节的二进制数据。不同点在于 image 数据类型存储的是二进制数据而不是文本字符。

除非数据长度超过 8KB，一般宜用 varbinary 类型来存储二进制数据，建议列宽的定义不超过所存储的二进制数据可能的最大长度。image 数据列可以用来存储超过 8KB 的可变长度的二进制数据，如 Word 文档、Excel 电子表格、图像或其他文件。

注意：对于局部变量，text、ntext、image 数据类型无效。

3. 日期时间数据类型

日期时间数据类型用于存储日期和时间数据。SQL Server 支持 6 种日期时间数据类型：date、time、datetime、datetime2、smalldatetime 和 datetimeoffset。

（1）date 数据类型。存储用字符串表示的日期数据，可以表示 0001-01-01 到 9999-12-31（即公元元年 1 月 1 日到公元 9999 年 12 月 31 日）间的任意日期值，占用 3 个字节空间。数据格式为 YYYY-MM-DD，其中，YYYY 表示年份的 4 位数字（0001～9999），MM 表示月份的 2 位数字（01～12），DD 表示天数 2 位数字（01～31）。

（2）time 数据类型。以字符串形式记录一天中的某个时间，占用 5 个字节空间，取值范围为 00:00:00.0000000～23:59:59.9999999。数据格式为 hh:mm:ss[.nnnnnnn]，其中，hh 表示小时的 2 位数字（00～23），mm 表示分钟的 2 位数字（00～59），ss 表示秒的 2 位数字（00～59），n 为 0～7 位数字，表示秒的小数部分（0～9999999）。

（3）datetime 数据类型。用于存储从 1753-01-01 到 9999-12-31 的日期和时间数据，存储 8 字节空间。数据格式为 YYYY-MM-DD hh:mm:ss[.nnn]，其含义与 date 和 time 类型相同。对于定义为 datetime 数据类型的列，并不需要同时输入日期和时间，可省略其中一个。

（4）datetime2 数据类型。是 datetime 类型的扩展，取值范围 0001-01-01 到 9999-12-31，其数据范围更大，默认的小数精度更高。

（5）smalldatetime 数据类型。与 datetime 类型相似，取值范围 1900-01-01 到 2079-06-06，

精确到分钟，占用 4 个字节的存储空间。

（6）datetimeoffset 数据类型。用于定义 24 小时制和可识别时区的日内时间（世界标准时间值，UTC），占用 10 字节空间。数据格式为 hh:mm:ss[.nnnnnnn][{+|-}hh:mm]，其中，第 2 个 hh 表示时区偏移量（-14～+14），第 2 个 mm 表示分钟偏移值（00～59）。例如要存储北京时间 2011 年 11 月 11 日 12 点整，存储时该值将是 2011-11-11 12:00:00+08:00，即北京处于东八区，比 UTC 早 8 个小时。

4. 逻辑数据类型

SQL Server 的逻辑数据类型为 bit，适用于判断真假的场合，长度为 1 个字节。bit 数据类型取值为 1（真）、0（假）或 NULL。非 0 的数据被当成 1 处理，bit 列不允许建立索引，多个 bit 列可以占用同一个字节。如果一个表有不多于 8 个的 bit 列，SQL Server 将这些列合在一起用一个字节存储。如果表中有 9～16 个 bit 列，这些列将作为两个字节存储，更多列的情况依此类推。

5. uniqueidentifier 数据类型

uniqueidentifier 数据类型可存储 16 字节的二进制值，其作用与全局唯一标记符（Globally Unique IDentifier，GUID）一样。GUID 是唯一的二进制数：世界上的任何两台计算机都不会生成重复的 GUID 值。它的数据是形如 xxxxxxxx-xxxx-xxxx-xxxx-xxxxxxxxxxxx 的字符串，共 36 个字符，其中每个 x 是一个十六进制数字，范围为 0～9 或 A～F，如 6F9619FF-8B86-D011-B42D-00C04FC964FF 是一个有效 uniqueidentifier 类型的数据值。每次调用 NEWID()函数可以生成一个全局唯一的 GUID 数据。GUID 主要用于多个节点、多台计算机的网络中，分配必须具有唯一性的标识符。

注意：SQL Server 会自动限制每个系统数据类型的值的范围，当插入数据库中的值超过了数据类型允许的范围时，SQL Server 就会报错。

1.6　Transact-SQL 简介

结构化查询语言（Structured Query Language，SQL）是一种关系数据库标准查询语言，每一个具体的数据库系统都对这种标准的 SQL 有一些功能上的调整（一般是扩展），语句格式也有个别变化，从而形成了各自不完全相同的 SQL 版本。Transact-SQL 就是 SQL Server 中使用的 SQL 版本。本节主要介绍 Transact-SQL 语言基础，数据定义和数据操作语句将在后续章节学习。

1.6.1　SQL 与 Transact-SQL

SQL 是一种介于关系代数与关系演算之间的语言。Transact-SQL（简称 T-SQL）是 Microsoft 公司在关系型数据库管理系统 SQL Server 中实现的一种计算机高级语言，是微软对 SQL 的扩展。

1. SQL 语言

SQL 语言最早是在 20 世纪 70 年代由 IBM 公司开发出来的，并被应用在 DB2 关系数据库系统中，主要用于关系数据库中的信息检索。

SQL 语言被提出后，由于其具有功能丰富、使用灵活、语言简洁易学等突出优点，在计算机工业界和计算机用户中备受欢迎。1986 年 10 月，美国国家标准协会（ANSI）的数据库委员会批准了 SQL 作为关系数据库语言的美国标准。1987 年 6 月，国际标准化组织（ISO）将其采纳为国际标准，这个标准也称为 SQL 86。SQL 语言标准的出台使 SQL 语言作为标准关系数据库语言的地位得到了加强。随后，SQL 语言标准几经修改和完善，其间经历了 SQL 89、SQL 92、SQL 99，一直到 2003 年的 SQL 2003 等多个版本，每个新版本都较前面的版本有重大改进。随着数据库技术的发展，将来还会推出更新的标准。但是需要说明的是，公布的 SQL 语言标准只是一个建议标准，目前一些主流数据库产品也只达到了基本的要求，并没有完全实现这些标准。

按照 ANSI 的规定，SQL 语言被作为关系数据库的标准语言。SQL 语言中的语句可以用来执行各种各样的操作。目前流行的关系数据库管理系统，如 Access、SQL Server、Oracle、Sybase 等，都采用了 SQL 语言标准，而且很多数据库都对 SQL 语言中的语句进行了再开发和扩展。

尽管设计 SQL 语言的最初目的是查询，但 SQL 语言绝不仅仅是一个查询工具，它可以独立完成数据库的全部操作。根据其实现的功能可以将 SQL 语言划分为以下几类：

（1）数据查询语言（Data Query Language，DQL）：按一定的查询条件从数据库对象中检索符合条件的数据。

（2）数据定义语言（Data Definition Language，DDL）：用于定义数据的逻辑结构以及数据项之间的关系。

（3）数据操纵语言（Data Manipulation Language，DML）：用于更改数据库，包括增加新数据、删除旧数据、修改已有数据等。

（4）数据控制语言（Data Control Language，DCL）：用于控制对数据库中数据的操作，包括基本表和视图等对象的授权、完整性规则的描述、事务开始和结束控制语句等。

可见，SQL 语言是一种能够控制数据库管理系统并能与之交互的综合性语言。但 SQL 语言并不是一种像 C、Pascal 那样完整的程序设计语言，没有用于程序流程控制的 IF 语句、WHILE 语句等，它是一种数据库子语言；SQL 语言也并非严格的结构化语言，同 C、Pascal 这种高度结构化的程序设计语言相比，SQL 语言更像是英语句子，其中包括了不少用于提高可读性的词汇。

2. Transact-SQL

Transact-SQL 最早由 Sybase 公司和 Microsoft 公司联合开发，Microsoft 公司将其应用在 SQL Server 上，并将其作为 SQL Server 的核心组件，与 SQL Server 通信，并访问 SQL Server 中的对象。它在 ANSI SQL 92 标准的基础上进行了扩展，对语法也做了精简，增强了可编程性和灵活性，使其功能更为强大、使用更为方便。随着 SQL Server 2019 的应用普及，T-SQL 也越来越重要了。

T-SQL 对 SQL 的扩展主要包含以下 3 个方面：

（1）增加了流程控制语句。SQL 作为一种功能强大的结构化标准查询语言并没有包含流程控制语句，因此不能单纯使用 SQL 构造出一种最简单的分支程序。T-SQL 在这方面进行了多方面的扩展，增加了块语句、分支判断语句、循环语句和跳转语句等。

（2）加入了局部变量、全局变量等许多新概念，可以编写出更复杂的查询语句。

（3）增加了新的数据类型，处理能力更强。

为了使读者更好地了解和使用 T-SQL，这里对 T-SQL 的语法进行约定，如表 1.9 所示。

表 1.9　T-SQL 的语法约定及使用说明

约定	使用说明
大写	T-SQL 关键字
|（竖线）	分隔括号或大括号中的语法项。只能使用其中一项
{ }（大括号）	必选语法项。不要输入大括号
[ ]（方括号）	可选语法项。不要输入方括号
[, ... n]	指示前面的项可以重复 n 次。各项之间以逗号分隔
[... n]	指示前面的项可以重复 n 次。每一项由空格分隔
[;]	可选的 T-SQL 语句终止符
<>	对象名称

1.6.2　运算符与表达式

运算符是一种符号，通过运算符连接运算量构成表达式。简单表达式可以是一个常量、变量、列或标量函数。可以用运算符将两个或更多的简单表达式连接起来组成复杂表达式。运算符用来指定要在一个或多个表达式中执行的操作。

1. 标识符

@和#标识符

标识符是用户编程时使用的名字。每一个对象都用一个标识符来唯一地标识。对象标识符是在定义对象时创建的，该标识符随后用于引用该对象。标识符包含的字符数必须在 1～128 之间。标识符有两种类型：常规标识符和分隔标识符。

（1）常规标识符。又称为规则标识符，它的第一个字符必须是字母、下划线（_）、@符号或数字符号（#），后续字符可以为字母、数字、@符号、$符号、数字符号或下划线。在 SQL Server 中，某些处于标识符开始位置的符号具有特殊意义。例如，以符号@开头的标识符表示局部变量或参数；以#符号开头的标识符表示临时表或过程；以##符号开头的标识符表示全局临时对象。T-SQL 中的某些函数名称以@@符号开始，为避免混淆这些函数，建议用户不要使用以@@开始的标识符。

（2）分隔标识符。又称为界定标识符，包含在双引号（"）或方括号（[]）内的标识符就是分隔标识符。如果标识符是保留字或包含空格，则需要使用分隔标识符进行处理。例如，在 SELECT * FROM "My Table"命令中，标识符"My Table"有空格，所以使用双引号（"）分隔，即使用分隔标识符。

2. 常量与变量

在程序运行过程中不能改变其值的数据称为常量，相应地，在程序运行过程中可以改变其值的数据称为变量。

（1）常量。常量是表示特定数据值的符号，其格式取决于其数据类型。SQL Server 具有以下几种类型：字符串和二进制常量、日期时间常量、数值常量、逻辑数据常量、空值等。

1）字符串和二进制常量。字符串常量是用单引号括起来的字符系列。若字符串中本身又有单引号字符，则要用两个单引号来表示这个单引号，如 'China'、'O''Brien'、'X+Y=' 均为字符串常量。

在 SQL Server 中，字符串常量还可以采用 Unicode 字符串的格式，即在字符串前面用 N 标识，如 N'A SQL Server string' 表示字符串'A SQL Server string'为 Unicode 字符串。

二进制常量具有前缀 0x，并且是十六进制数字字符串，它们不使用引号，如 0xAE、0x12EF、0x69048AEFDD010E、0x（空串）为二进制常量。

2）日期时间常量。datetime 常量使用特定格式的字符日期值表示，用单引号括起来。表 1.10 列出了几种日期时间格式。

表 1.10 SQL Server 日期时间格式

输入格式	datetime 值	smalldatetime 值
Sep 3, 2021 1:34:34.122	2021-09-03 01:34:34.123	2021-09-03 01:35:00
9/3/2021 1PM	2021-09-03 13:00:00.000	2021-09-03 13:00:00
9.3.2021 13:00	2021-09-03 13:00:00.000	2021-09-03 13:00:00
13:25:19	1900-01-01 13:25:19.000	1900-01-01 13:25:00
9/3/2021	2021-09-03 00:00:00.000	2021-09-03 00:00:00

输入时，可以使用“/”“.”“-”作日期时间常量的分隔符。默认情况下，服务器按照 mm/dd/yy 的格式（即月/日/年的顺序）来处理日期类型数据。SQL Server 支持的日期格式有 mdy、dmy、ymd、myd、dym，用 SET DATEFORMAT 命令来设定格式。

对于没有日期的时间值，服务器将其日期指定为 1900 年 1 月 1 日。

3）数值常量。数值常量包括整型常量、浮点常量、精确数值常量、货币常量等。

- 整型常量由没有用引号括起来且不含小数点的一串数字表示，如 1894 和 2 为整型常量。
- 浮点常量主要采用科学记数法表示。如 101.5E5 和 0.5E-2 为浮点常量。
- 精确数值常量由没有用引号括起来且包含小数点的一串数字表示，如 1894.1204 和 2.0 为精确数值常量。
- 货币常量是以$为前缀的一个整型或实型常量数据，不使用引号，如$12.5 和 $542023.14 为货币常量。

4）逻辑数据常量。逻辑数据常量使用数字 0 或 1 表示，并且不使用引号。非 0 的数字当作 1 处理。

5）空值。在数据列定义之后，还需要确定该列是否允许空值（NULL），允许空值意味着用户在向表中插入数据时可以忽略该列值。空值可以表示整型、实型、字符型数据。

（2）变量。变量用于临时存放数据，变量中的值随着程序的运行而改变，变量有名字和数据类型两个属性。变量的命名使用常规标识符，即以字母、下划线（_）、@符号、数字符号（#）开头，后续接字母、数字、@符号、美元符号（$）、下划线（_）的字符序列，不允许嵌入空格或其他特殊字符。SQL Server 将变量分为全局变量和局部变量两类，其中全局变量由系统定义并维护。全局变量在名称前面加@@（两个@），局部变量的首字母为单个@。

1）局部变量。局部变量使用 DECLARE 语句定义，仅存在于声明它的批处理、存储过程或触发器中，处理结束后，存储在局部变量中的信息将丢失。

DECLARE 语句的语法格式：

```
DECLARE @<变量名> <数据类型> [, ...n ]
```

参数说明：

- @<变量名>：指定局部变量的名称。局部变量名必须以@符号开头，且必须符合标识符规则，最大长度为 30 个字符。
- <数据类型>：是任何由系统提供或用户定义的数据类型。用 DECLARE 定义的变量不能是 text、ntext 或 image 数据类型。
- [, ...n]：表示可以定义多个变量，变量之间以逗号分隔。

在使用 DECLARE 语句来声明局部变量时，必须提供变量名称及其数据类型。变量名前必须有一个@符号。一条 DECLARE 语句可以定义多个变量，各变量之间用逗号隔开，例如：

```
DECLARE @name varchar(30), @type int
```

局部变量的值使用 SELECT 或 PRINT 语句显示。局部变量的赋值可以通过 SELECT、UPDATE 和 SET 语句进行。例如，对于上面定义的局部变量@name 和@type，使用以下语句实现赋值与输出：

```
SET @name ='江山'          ' 通过 SET 赋值
SELECT @type =5           ' 通过 SELECT 赋值
PRINT @name               ' 将@name 的值“江山”显示在“消息”窗格
SELECT @type              ' 将@type 的值 5 显示在“结果”窗格
```

2）全局变量。全局变量通常被服务器用来跟踪服务器范围和特定会话期间的信息，不能显式地被赋值或声明。全局变量不能由用户定义，也不能被应用程序用来在处理器之间交叉传递信息。全局变量由系统提供，在某个给定的时刻，各用户的变量值互不相同。表 1.11 列出了 SQL Server 中常用的全局变量。

表 1.11 SQL Server 中常用的全局变量

变 量	说 明
@@rowcount	前一条命令处理的行数
@@error	前一条 SQL 语句报告的错误号
@@trancount	事务嵌套的级别
@@transtate	事务的当前状态
@@tranchained	当前事务的模式（链接的、非链接的）
@@servername	本地 SQL Server 的名称
@@version	SQL Server 和 OS 版本级别
@@spid	当前进程 id
@@identity	上次 INSERT 操作中使用的 identity 值
@@nestlevel	存储过程/触发器中的嵌套层
@@fetch_status	游标中上条 FETCH 语句的状态

3. 函数

函数是一组编译好的 T-SQL 语句，它们可以带一个或一组数值作为参数，也可不带参数，它返回一个数值、数值集合，或执行一些操作。函数能够重复执行一些操作，从而避免重写代码。

SQL Server 支持两种函数类型：内置函数和用户定义函数。

（1）内置函数。内置函数是一组预定义的函数，是 T-SQL 的一部分，按 T-SQL 中定义的方式运行且不能修改。在 SQL Server 中，函数主要用来获得系统的有关信息、执行数学计算和统计、实现数据类型的转换等。SQL Server 提供的函数包括字符串函数、数学函数、日期函数、系统函数等。

（2）用户定义函数。在 SQL Server 中，由用户定义的 T-SQL 函数即为用户定义函数。它将频繁执行的功能语句块封装到一个命名实体中，该实体可以由 T-SQL 语句调用。

4. 运算符

T-SQL 语言运算符共有 5 类，即算术运算符、位运算符、比较运算符、逻辑运算符和连接运算符。

（1）算术运算符。算术运算符用于数值型列或变量间的算术运算。算术运算符包括加（+）、减（-）、乘（*）、除（/）和取模（%）等。表 1.12 列出了所有的算术运算符及其可操作的数据类型。

表 1.12　算术运算符及其可操作的数据类型

算术运算符	数据类型
+、-、*、/	int、smallint、tinyint、numeric、decimal、float、real、money、smallmoney
%	int、smallint、tinyint

如果表达式中有多个算术运算符，则先计算乘、除和求余，然后计算加减。如果表达式中所有算术运算符具有相同的优先顺序，则执行顺序为从左到右。括号中的表达式比所有其他运算都要优先。算术运算的结果为优先级较高的参数的数据类型。

（2）位运算符。位运算符用于对数据进行按位与（&）、或（\）、异或（^）、求反（～）等运算。在 T-SQL 语句中进行整型数据的位运算时，SQL Server 先将它们转换为二进制数，然后再进行计算。其中与、或、异或运算符需要两个操作数，求反运算符仅需要一个操作数。表 1.13 列出了位运算符及其可操作的数据类型。

表 1.13　位运算符及其可操作的数据类型

位运算符	左操作数	右操作数
&	int、smallint、tinyint	int、smallint、tinyint、bigint
\	int、smallint、tinyint	int、smallint、tinyint、binary
^	binary、varbinary、int	int、smallint、tinyint、bit
～	无左操作数	int、smallint、tinyint、bit

1）做&运算时，只有当两个表达式中的两个位都为 1，结果中的位才被设置为 1，否则结果中的位被设置为 0。

2）做\运算时，如果两个表达式的任一位为 1，或者两个位均为 1，则结果的对应位被设置为 1；如果表达式中的两个位都不为 1，则结果中该位被设置为 0。

3）做^运算时，如果在两个表达式中，只有一个位为 1，则结果中该位被设置为 1；如果两个位都为 0 或者都为 1，则结果中该位被设置为 0。

4）做～运算时，如果表达式的某位为 1，则结果中该位为 0，否则相反。

（3）比较运算符。比较运算符用来比较两个表达式的值，除了 text、ntext 或 image 数据类型外，可用于字符、数字或日期等其他类型的数据运算。SQL Server 中的比较运算符有大于（>）、小于（<）、大于等于（>=）、小于等于（<=）、等于（=）、不等于（!=、<>）、不小于（!<）、不大于（!>）等，通常出现在条件表达式中。

比较运算符的结果为布尔数据类型，其值为 TRUE、FALSE 和 UNKNOWN，如表达式 2=3 的运算结果为 FALSE。一般情况下，带有一个或两个 NULL 表达式的运算符返回 UNKNOWN。当 SET ANSI_ NULLS 为 OFF 且两个表达式都为 NULL 时，那么“=”运算符返回 TRUE。

（4）逻辑运算符。逻辑运算符有与（AND）、或（OR）、非（NOT）等，用于对某个条件进行测试，以获得其真实情况。逻辑运算符和比较运算符一样，返回 TRUE 或 FALSE 的布尔数据值。表 1.14 列出了逻辑运算符及其运算情况。

表 1.14　逻辑运算符及其运算情况

运算符	含义
AND	如果两个布尔表达式都为 TRUE，那么结果为 TRUE
OR	如果两个布尔表达式中的一个为 TRUE，那么结果就为 TRUE
NOT	对任何其他布尔运算符的值取反
LIKE	如果操作数与一种模式相匹配，那么值为 TRUE
IN	如果操作数等于表达式列表中的一个，那么值为 TRUE
ALL	如果一系列的比较都为 TRUE，那么值为 TRUE
ANY	如果一系列的比较中任何一个为 TRUE，那么值为 TRUE
BETWEEN	如果操作数在某个范围之内，那么值为 TRUE
EXISTS	如果子查询包含一些行，那么值为 TRUE

例如，NOT TRUE 为假；TRUE AND FALSE 为假；TRUE OR FALSE 为真。

逻辑运算符通常和比较运算符一起构成更为复杂的表达式。与比较运算符不同的是，逻辑运算符的操作数都只能是布尔型数据。

（5）连接运算符。连接运算符（+）用于两个字符串数据的连接，通常也称为字符串运算符。在 SQL Server 中，对字符串的其他操作通过字符串函数进行。字符串连接运算符的操作数类型有 char、varchar 和 text 等。例如，'Dr.'+'Computer'中的“+”运算符将两个字符串连接成一个字符串'Dr. Computer'。

5. 运算符的优先级别

不同运算符具有不同的运算优先级，在一个表达式中，运算符的优先级决定了运算的顺序。SQL Server 中各种运算符的优先顺序为：

()→～→^→&→\→*、/、%→+、-→NOT→AND →OR。

排在前面的运算符的优先级高于其后的运算符。在一个表达式中，先计算优先级高的运算，后计算优先级低的运算，相同优先级的运算按自左向右的顺序依次进行。

1.6.3 语句块和注释

在程序设计中，往往需要根据实际情况将需要执行的操作设计为一个逻辑单元，用一组 T-SQL 语句实现。这就需要使用 BEGIN...END 语句将各语句组合起来。此外，对于程序中的源代码，为了方便阅读或调试，可在其中加入注释。

1. 语句块

用 BEGIN...END 来设定一个语句块，将 BEGIN...END 中的所有语句视为一个逻辑单元执行。

语法格式：

```
BEGIN
  <SQL 语句 | 语句块>
END
```

<SQL 语句 | 语句块>是任何有效的 T-SQL 语句或以语句块定义的语句分组。

在 BEGIN...END 中可嵌套另外的 BEGIN...END 来定义另一程序块。

2. 注释

有两种方法来声明注释：单行注释和多行注释。

（1）单行注释。在语句中，使用两个连字符“--”开头，则从此开始的整行或者行的一部分就成为了注释，注释在行的末尾结束。注释的部分不会被 SQL Server 执行。

（2）多行注释。多行注释方法是 SQL Server 自带的特性，可以注释跨越多行的代码，它必须用一对分隔符“/* */”将余下的其他代码分隔开。

注释并没有长度限制。SQL Server 文档禁止嵌套多行注释，但单行注释可以嵌套在多行注释中。

1.6.4 流程控制语句

T-SQL 提供了一些可以用于改变语句执行顺序的命令，称为流程控制语句。流程控制语句允许用户更好地组织存储过程中的语句，方便程序功能的实现。流程控制语句与常见的程序设计语言类似，主要包含以下几种。

1. 选择控制

根据条件来改变程序流程的控制叫作选择控制。T-SQL 中，IF…ELSE 语句是最常用的控制流语句，CASE 语句可以判断多个条件值，GOTO 语句无条件地改变流程，RETURN 语句会将当前正在执行的批处理、存储过程等中断。

（1）IF…ELSE 条件执行语句。通常是按顺序执行程序中的语句，但在许多情况下，语句执行的顺序和是否执行依赖于程序运行的中间结果。在这种情况下，必须根据条件表达式的值来决定执行哪些语句，这时，利用 IF...ELSE 结构可以实现这种控制。

语法格式：

```
IF <布尔表达式>
     <SQL 语句 | 语句块 1>              --条件表达式为真时执行
[ ELSE
     <SQL 语句 | 语句块 2> ]            --条件表达式为假时执行
```

参数说明：

- <布尔表达式>：是值为 TRUE 或 FALSE 的布尔表达式。
- <SQL 语句 | 语句块>：是 T-SQL 语句或语句块。IF 或 ELSE 条件只能影响一个 T-SQL 语句。若要执行多个语句，则必须使用 BEGIN…END 将其定义成语句块。

IF...ELSE 语句可以嵌套。两个嵌套的 IF…ELSE 语句可以实现 3 个条件分支。

（2）CASE 语句。如果有多个条件要判断，可以使用多个嵌套的 IF...ELSE 语句，但这样会造成程序的可读性差，此时使用 CASE 语句来取代多个嵌套的 IF...ELSE 语句更为合适。CASE 语句具有以下两种格式。

格式 1：简单 CASE 语句，将某个表达式与一组简单表达式进行比较以确定结果。

```
CASE <输入表达式>
    WHEN <表达式> THEN <结果表达式> [ ... n ]
    [ ELSE <结果表达式> ]
END
```

格式 2：CASE 搜索语句，CASE 计算一组逻辑表达式以确定结果。

```
CASE
  WHEN <布尔表达式> THEN <结果表达式> [ ... n ]
  [ ELSE <结果表达式>]
END
```

参数说明：

- <输入表达式>：在简单 CASE 语句中指定所要判断的表达式。
- WHEN <表达式>：在简单 CASE 语句中指定与<输入表达式>进行比较的表达式。
- THEN <结果表达式>：当<输入表达式>等于<表达式>或<布尔表达式>为 TRUE 时，执行 THEN 后面的<结果表达式>。
- ELSE <结果表达式>：当<输入表达式>不等于<表达式>或<布尔表达式>为 FALSE 时，执行 ELSE 后面的<结果表达式>。
- WHEN <布尔表达式>：指定搜索 CASE 格式时所计算的布尔表达式。
- 表明可以使用多个 WHEN 子句。

在格式 2 中，CASE 关键字后面没有表达式，多个 WHEN 子句中的布尔表达式依次执行，如果布尔表达式结果为TRUE，则执行相应THEN关键字后面的表达式，执行完毕后跳出CASE语句。如果所有 WHEN 语句的布尔表达式为 FALSE，则执行 ELSE 子句中的表达式。

注意：所有<结果表达式>的数据类型必须相同，或者必须是隐性转换。

（3）GOTO 跳转语句。GOTO 语句允许程序的执行转移到标签处，跟随在 GOTO 语句之后的 T-SQL 语句被忽略，而从标签处继续处理，这增加了程序设计的灵活性。但是，GOTO 语句破坏了程序结构化的特点，使程序结构变得复杂且难以测试，建议尽量少使用。

语法格式：

```
GOTO <标签>
```

<标签>为 GOTO 语句处理的起点。<标签>的名称必须符合标识符规则。

（4）RETURN 语句。RETURN 语句可使程序从批处理、存储过程或触发器中无条件退出，不再执行本语句之后的任何语句。

语法格式：

```
RETURN [ <整数表达式> ]
```

<整数表达式>表示返回的整型值，可选项。如果没有指定返回值，SQL Server 系统会根据程序执行的结果返回一个内定状态值，如表 1.15 所示。

表 1.15 RETURN 命令返回的内定状态值

返回值	含义	返回值	含义
0	程序执行成功	-7	资源错误，如磁盘空间不足
-1	找不到对象	-8	非致命的内部错误
-2	数据类型错误	-9	已达到系统的极限
-3	死锁	-10、-11	致命的内部不一致性错误
-4	违反权限原则	-12	表或指针破坏
-5	语法错误	-13	数据库破坏
-6	用户造成的一般错误	-14	硬件错误

（5）WAITFOR 调度执行语句。WAITFOR 语句允许定义一个时间或者一个时间间隔，在定义的时间内或者经过定义的时间间隔时，其后的 T-SQL 语句会被执行。

语句格式：

```
WAITFOR { DELAY '<等待时间>' | TIME '<执行时间>' }
```

参数说明：

- DELAY '<等待时间>'：指定运行批处理、存储过程、事务的时间必须等待的时间，最长可达 24 小时。
- TIME '<执行时间>'：指定运行批处理、存储过程、事务的时间，表示 WAITFOR 语句完成的时间。

2. 循环控制

WHILE 语句根据条件表达式控制 T-SQL 语句或语句块重复执行的次数。条件为真（TRUE）时，在 WHILE 循环体内的 T-SQL 语句会一直重复执行，直到条件为假（FALSE）为止。在 WHILE 语句中可以使用 BREAK 与 CONTINUE 语句跳出循环。

语法格式：

```
WHILE <布尔表达式>
    <SQL 语句 | 语句块>
    [ BREAK | CONTINUE ]
```

参数说明：

- <布尔表达式>：返回值为 TRUE 或 FALSE。如果该表达式含有 SELECT 语句，必须用小括号将 SELECT 语句括起来。
- <SQL 语句 | 语句块>：T-SQL 语句或语句块。语句块定义应使用控制流关键字 BEGIN 和 END。
- BREAK：用于从最内层的 WHILE 循环中退出。将执行出现在 END 关键字后面的任何语句，END 关键字为循环结束标记。
- CONTINUE：使 WHILE 循环重新开始执行，忽略 CONTINUE 关键字后的任何语句。

在 WHILE 循环中，只要<布尔表达式>的值为 TRUE，就会重复执行循环体内的语句或语句块。

一、选择题

1. 数据库系统与文件系统的主要区别是（　　）。
   A．数据库系统复杂，而文件系统简单
   B．文件系统只能管理程序文件，而数据库系统能够管理各种类型的文件
   C．文件系统管理的数据量较少，而数据库系统可以管理庞大的数据量
   D．文件系统不能解决数据冗余和数据独立性问题，而数据库系统可以解决
2. 在关系数据库系统中，当关系的模型改变时，用户程序可以不变，这是因（　　）所致。
   A．数据的物理独立性　　B．数据的逻辑独立性
   C．数据的位置独立性　　D．数据的存储独立性
3. 在数据库三级模式中，对用户所用到的那部分数据的逻辑描述是（　　）。
   A．外模式　　B．概念模式
   C．内模式　　D．逻辑模式
4. E-R 图用于描述数据库的（　　）。
   A．概念模型　　B．数据模型
   C．存储模型　　D．逻辑模型
5. 以下对关系模型性质的描述中，不正确的是（　　）。
   A．在一个关系中，每个数据项不可再分，它是最基本的数据单位
   B．在一个关系中，同一列数据具有相同的数据类型
   C．在一个关系中，各列的顺序不可以任意排列
   D．在一个关系中，不允许有相同的字段名
6. 已知两个关系：
   职工（<u>职工号</u>，职工名，性别，职务，工资）
   设备（<u>设备号</u>，职工号，设备名，数量）

其中“职工号”和“设备号”分别为职工关系和设备关系的关键字，则两个关系的属性中，存在一个外部关键字为（　　）。
   A．设备关系的“职工号”　　B．职工关系的“职工号”
   C．设备号　　D．设备号和职工号
7. 在建立表时，将年龄字段值限制在 18～40 之间，这种约束属于（　　）。
   A．实体完整性约束　　B．用户定义完整性约束
   C．参照完整性约束　　D．视图完整性约束
8. 下列标识符可以作为局部变量使用的是（　　）。
   A．[@Myvar]　　B．My var　　C．@Myvar　　D．@My var
9. T-SQL 支持的一种程序结构语句是（　　）。
   A．BEGIN…END　　B．IF…THEN…ELSE
   C．DO CASE　　D．DO WHILE

10．字符串常量使用（　　）作为定界符。

A．单引号　　B．双引号

C．方括号　　D．大括号

11．SQL Server 中使用的 SQL 是（　　）。

A．ANSI-SQL　　B．PL/SQL

C．T-SQL　　D．MYSQL

12．字符（　　）可以用于 T-SQL 的注释。

A．～～　　B．//

C．/*　*/　　D．@@

13．下列数据类型中，（　　）所占字节最少。

A．tinyint　　B．float

C．char(30)　　D．datetime

14．SQL Server 组织数据采用（　　）。

A．层次模型　　B．网状模型

C．数据模型　　D．关系模型

15．下列属于实体属性的是（　　）。

A．红色　　B．汽车

C．盘子　　D．高铁

二、思考题

1．什么是数据库、数据库管理系统、数据库系统？它们之间有什么联系？

2．当前，主要有哪几种新型数据库系统？它们各有什么特点？用于什么领域？试举例说明。

3．什么是逻辑数据模型？目前数据库主要有哪几种逻辑数据模型？它们各有什么特点？

4．关系数据库中选择、投影、连接运算的含义是什么？

5．关键字段的含义是什么？它的作用是什么？

6．什么是 E-R 图？E-R 图是由哪几种基本要素组成的？这些要素如何表示？

7．简述 char 与 varchar 数据类型之间的区别、char 与 nchar 之间的区别。

8．如何定义局部变量？如何给局部变量赋值？

第 2 章　数据库的创建和管理

- 了解：SQL Server 数据库的存储结构；数据库类型；数据库文件和文件组的基本概念。
- 理解：数据库文件的组织结构；数据库对象的概念。
- 掌握：数据库的创建和管理方法。

2.1　数据库的存储结构

SQL Server 数据库管理是有关建立、存储、修改和存取数据库中信息的技术和手段，是为了保证数据库系统正常运行和提供实际的数据服务的一项技术管理工作。了解和掌握 SQL Server 数据库的组织结构和存储方式对使用、管理和维护数据库十分重要。SQL Server 数据库的存储结构分为逻辑存储结构和物理存储结构两种形式。

2.1.1　逻辑存储结构

数据库的逻辑存储结构指的是数据库是由哪些性质的信息所组成。SQL Server 的数据库由若干个用户可视的对象构成，如表、视图、存储过程等，由于这些对象存储在数据库中，因此称为数据库对象。

SQL Server 的数据库对象也称为逻辑组件，是具体存储数据或对数据进行操作的实体，主要包括数据库关系图、表、视图、同义词、可编程性、Service Broker、存储和安全性等，如表 2.1 所示。它们分别用来存储特定信息并支持特定功能，构成数据库的逻辑存储结构。当一个用户连接到数据库后，就能看到这些逻辑对象。

表 2.1　SQL Server 的数据库对象及功能

对象名称	功能
数据库关系图	用来描述数据库中表和表之间的对应关系，是数据库设计的常用方法。在数据库技术领域中，这种关系图也常常被称为 E-R 图、ERD 图或 EAR 图等
表	由数据的行和列组成，格式与工作表类似。一行代表一个唯一的记录，一列代表记录中的一个字段。类型定义规定了某个列中可以存放的数据类型
视图	是从某个特定的角度来查看的数据库中的数据，可以由一张或多张表中的数据组成，从数据库系统外部来看，视图就如同一张表一样
同义词	同义词是数据库对象的别名，使用同义词对象可以大大简化对复杂数据库对象名称的引用方式

续表

对象名称	功能
可编程性	是一个逻辑组合，它包括存储过程、函数、数据库触发器、程序集、类型、规则、默认值、计划指南等对象
Service Broker	Service Broker（服务代理）可帮助数据库开发人员生成可靠且可扩展的应用程序。它包含了用来支持异步通信机制的对象，这些对象包括消息类型、约定、队列、服务、路由、远程服务绑定、Broker 优先级等对象
存储	在“存储”节点中包含了 4 类对象，即全文目录、分区方案、分区函数和全文非索引字表，这些对象都与数据存储有关
安全性	与安全有关的数据库对象被组织在“安全性”节点中，这些对象包括用户、角色、架构、证书、非对称密钥、对称密钥、数据库审核规范等

2.1.2 物理存储结构

数据库的物理存储结构指的是数据库文件在磁盘中是如何存储的。SQL Server 以文件来存放数据库，即数据库会映射到操作系统的文件上。一个数据库由一个或多个磁盘上的文件组成。

1. 数据库文件

数据库文件是存放数据库数据和数据库对象的文件。在 SQL Server 系统中组成数据库的文件有两种类型：数据文件（包括主数据文件和次数据文件）和事务日志文件。

（1）主数据文件（Primary Database File）。一个数据库可以有一个或多个数据文件，当有多个数据文件时，有一个文件被定义为主数据文件，它用来存储数据库的启动信息和部分或全部数据，一个数据库只能有一个主数据文件，主数据文件名称的默认后缀是.mdf。

（2）次数据文件（Secondary Database File）。次数据文件用来存储主数据文件中没存储的其他数据。使用次数据文件来存储数据的优点在于可以在不同的物理磁盘上创建次数据文件，并将数据存储在这些文件中，这样可以提高数据处理的效率。另外，如果数据库大小超过了单个 Windows 文件的最大文件限制，可以使用次数据文件，这样数据库就能存储更多的文件。一个数据库可以有零个或多个次数据文件，次数据文件名称的默认后缀是.ndf。

注意：在 Windows 中，文件为 FAT 格式时，单个文件存储容量最大为 4GB; 文件为 NTFS 格式时，单个文件存储容量无限制。

（3）事务日志文件（Transaction Log File）。事务是一个单元的工作，该单元的工作要么全部完成，要么全部不完成。SQL Server 系统使用数据库的事务日志来实现事务的功能。事务日志记录了每一个事务的开始、对数据的改变和取消修改等信息。如使用 INSERT、UPDATE、DELETE 等对数据库进行操作都会记录在此文件中。当数据库发生损坏时，可以根据日志文件来分析出错的原因，或者数据丢失时，还可以使用事务日志恢复数据库。一个数据库可以有一个或多个事务日志文件，事务日志文件名称的默认后缀是.ldf。

说明：SQL Server 2019 不强制使用.mdf、.ndf 或者.ldf 作为文件的扩展名，但建议使用这些扩展名帮助标识文件的用途。

数据库的每个数据文件和日志文件都具有一个逻辑文件名和一个物理文件名。逻辑文件名是在所有 T-SQL 语句中引用物理文件时所使用的名称，该文件名必须符合 SQL Server 标识符规则，而且在一个数据库中，逻辑文件名必须是唯一的。物理文件名是操作系统识别的文件，创建时要指明存储文件的路径以及物理文件名称，物理文件名的命名必须符合操作系统文件命名规则。一般情况下，如果有多个数据文件，为了获得更好的性能，建议将文件分散存储在多个物理磁盘上。

2．数据库文件组

出于分配和管理目的，可以将数据库文件分成不同的文件组（File Group）。SQL Server 提供了主文件组和用户定义文件组。

（1）主文件组。每个数据库有一个主文件组。当建立数据库时，主文件组包括主数据文件和未指定组的数据文件。一个文件只能存在于一个文件组中，一个文件组也只能被一个数据库使用。

（2）用户定义文件组。用户定义文件组是指用户首次创建数据库或以后修改数据库时明确创建的任何文件组。创建这类文件组主要用于将数据文件集合起来，以便于数据管理、分配和放置。

每个数据库中都有一个文件组作为默认文件组运行。如果在数据库中创建对象时，没有指定对象所属的文件组，对象将被分配给默认文件组。不管何时，只能将一个文件组指定为默认文件组。默认文件组中的文件必须足够大，能够容纳未分配给其他文件组的所有新对象。如果没有指定默认文件组，则主文件组是默认文件组。

注意：文件组只能包含数据文件。事务日志文件不属于任何文件组。文件组中的文件不全自动增长，除非文件组中的文件全都没有可用空间。

2.2　数据库的创建

数据库的创建过程实际上就是数据库的逻辑设计到物理实现的过程。在 SQL Server 中创建数据库的方法主要有两种：一种是使用 SSMS 中的“对象资源管理器”以图形化的方式完成对数据库的创建；另一种是通过编写 T-SQL 语句创建。在创建数据库前需要先了解数据库类型。

2.2.1　数据库类型

SQL Server 的数据库分为系统数据库和用户数据库。

1．系统数据库

系统数据库是由系统创建和维护的数据库，在 SQL Server 的“对象资源管理器”中可以看到 master、model、msdb 和 tempdb 等 4 个默认系统数据库。系统数据库中记录着 SQL Server 的配置情况、任务情况和用户数据库情况等系统管理的信息，SQL Server 使用这些系统级信息管理和控制整个数据库服务器系统。表 2.2 列出了 SQL Server 系统数据库及相应的描述。

表 2.2　SQL Server 系统数据库及描述

数据库名称	数据库描述
master	master 是 SQL Server 系统中最重要的数据库，是整个数据库服务器的核心，记录着所有用户的登录信息、用户所在的组、所有系统的配置选项、服务器中本地数据库的名称和信息、SQL Server 的初始化方式等内容

续表

数据库名称	数据库描述
model	model 是 SQL Server 中创建数据库的模板
msdb	msdb 提供运行 SQL Server Agent 工作的信息。SQL Server Agent 是 SQL Server 中的一个 Windows 服务，该服务用来运行制定的计划任务。计划任务是 SQL Server 中定义的一个程序，不需要干预即可自动开始执行。例如，当用户对数据进行存储或者备份时，msdb 数据库会记录与这些任务相关的一些信息
tempdb	tempdb 是 SQL Server 中的一个临时数据库，用于存放临时用户对象或中间结果，SQL Server 关闭后，该数据库中的内容将被清空，当重新启动服务器后，tempdb 数据库又将被重建

系统数据库是 SQL Server 管理数据库的依据。如果系统数据库遭到删除或破坏，那么 SQL Server 将不能正常启动。

2. 用户数据库

用户数据库是用户根据需要而设计创建的数据库。用户数据库与系统数据库结构相同。创建用户数据库必须具有适当权限的用户在任意服务器上登录，根据管理对象的要求创建的数据库，此数据库中保存着用户直接需要的数据信息。

2.2.2 使用对象资源管理器创建数据库

创建数据库

在创建数据库时，不管使用哪种方式，都必须对数据库进行规划，如数据库的名称、大小、存放位置、增量等。数据库的名称必须满足系统的标识符规则。在命名数据库时，一定要使数据库名称简短并有一定的含义。

在 SSMS 中使用“对象资源管理器”创建学生数据库 Student。

操作步骤：

（1）以管理员身份启动 SSMS，并连接到 SQL Server 的数据库服务器。在“对象资源管理器”窗口中展开“数据库”节点，可以看到服务器中的“系统数据库”节点，如图 2.1 所示。

（2）右击“数据库”节点，在弹出的快捷菜单中选择“新建数据库”命令，如图 2.2 所示。

图 2.1 “数据库”节点

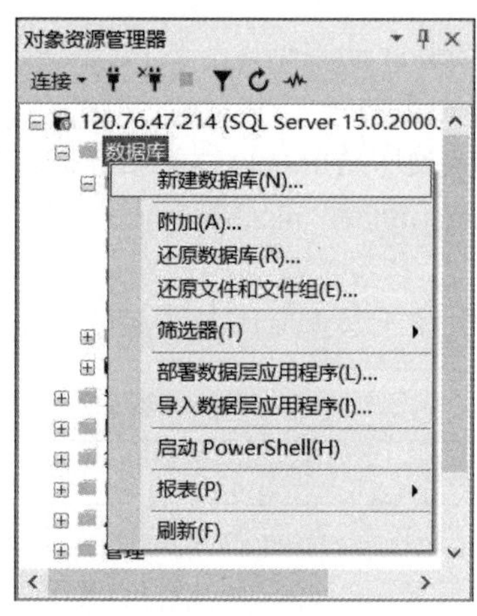

图 2.2 “新建数据库”命令

（3）打开“新建数据库”窗口，如图 2.3 所示。在该窗口左侧的“选择页”中有“常规”“选项”和“文件组”等 3 个选择页。通过这 3 个选项页可以为新建数据库设置参数。

图 2.3　“新建数据库”窗口中的“常规”选择页

1）“常规”选择页，用于设置数据库的名称、所有者、数据库文件等参数。

参数说明：

- 数据库名称：指定要创建的数据库的名称，数据库名称最长为 128 个字符，且不区分大小写。这里输入“Student”。
- 所有者：用于指定任意一个拥有创建数据库权限的账户。此处为默认账户“<默认>”，即当前登录到 SQL Server 的账户。如果要更改所有者，可以单击“所有者”文本框右侧的“浏览”按钮[...]，在弹出的下拉列表框中选择数据库的所有者，如“sa”。
- 使用全文检索：如果想让数据库具有搜索特定内容的字段，需要选择此复选项。
- 逻辑名称：在 T-SQL 语句中引用物理文件时使用的名称。此处因为“数据库名称”的设置，系统自动在“数据库文件”列表框中产生一个逻辑名称为“Student”的主数据文件，一个逻辑名称为“Student_log”的日志文件。
- 文件类型：表示该文件存放的内容。行数据表示这是一个数据库文件，其中存储了数据库中的数据；日志文件中记录的是用户对数据进行的操作。
- 文件组：为数据库中的文件指定文件组。数据文件可以指定值为 PRIMARY，事务日志文件不属于任何文件组，默认值为“不适用”。
- 初始大小：表示数据库文件的初始大小，初始默认大小为 8MB（以 MB 为单位）。
- 自动增长/最大大小：自动增长是指数据库文件增长时，按什么规则增长；最大大小是指数据库文件增长的最大值。通过单击“自动增长”列右侧的浏览按钮[...]，在弹出的对话框（如图 2.4 所示）中设置数据库是否自动增长、增长方式、数据库文件的最大文件大小。事务日志文件的自动增长设置与数据文件的设置类似。

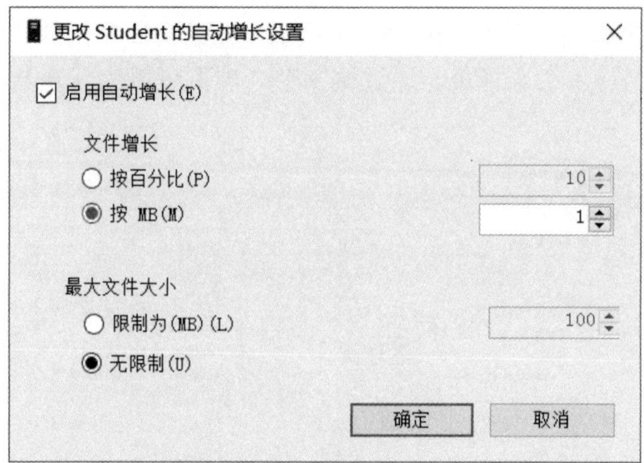

图 2.4　数据文件的“自动增长设置”对话框

- 路径：指定数据文件、事务日志文件的保存位置，默认位置为 C:\Program Files\Microsoft SQL Server\MSSQL15.MSSQLSERVER\MSSQL\DATA。
- 文件名：指定存储在磁盘上的数据库文件的名称，它必须符合操作系统文件命名规则。
- 添加：“添加”按钮用于添加多个数据文件或者日志文件。
- 删除：“删除”按钮用于删除指定的数据文件和日志文件。

注意：主数据文件不能被删除。

2）“选项”选择页用于设置数据库的排序规则、恢复模式、兼容级别等，如图 2.5 所示。这里保持默认值。

图 2.5　“新建数据库”窗口中的“选项”页

3)“文件组”选择页用于设置已有文件组的属性和添加新的文件组等操作，如图 2.6 所示。这里也采用默认值。

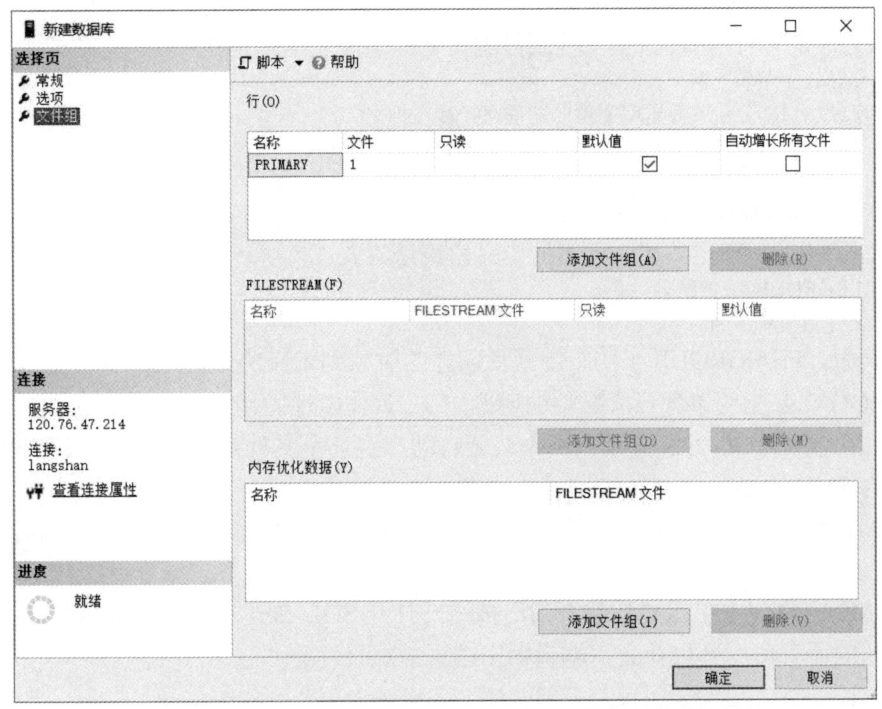

图 2.6　“新建数据库”窗口中的“文件组”页

(4）设置完以上参数后，单击“确定”按钮，开始创建数据库。SQL Server 在执行创建过程中将对数据库进行检验，如果存在一个相同名称的数据库，则创建操作失败，并提示错误信息。创建成功后，回到 SSMS 窗口中，在“对象资源管理器”中看到创建的名称为 Student 的数据库，如图 2.7 所示。

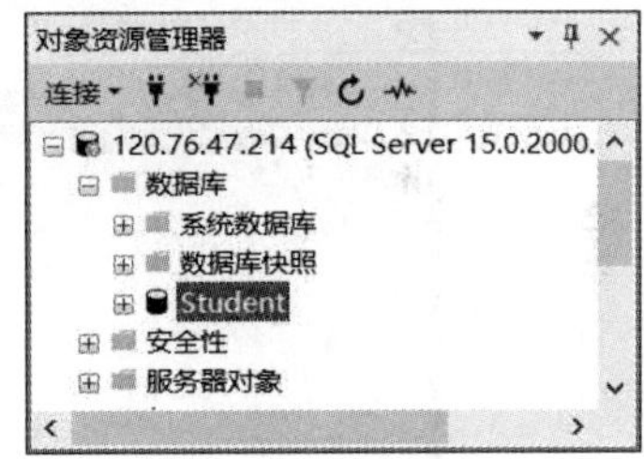

图 2.7　新创建的数据库

2.2.3　使用 T-SQL 创建数据库

使用 T-SQL 创建数据库的命令是 CREATE DATABASE。

语法格式：

```
CREATE DATABASE <数据库名>
[ ON [PRIMARY]
  [ <文件定义> [, ...n] ]
  [ , <文件组> [, ...n] ]
]
[ LOG ON { <文件定义> [, ...n] } ]
```

参数说明：

- <数据库名>：指定要创建的数据库的名称。
- ON：指定数据库文件及文件组属性，属性值在<文件定义>中指定。

- PRIMARY：指定关联的<文件定义>声明的主数据文件。主文件组的第一个文件被认为是主数据文件。如果没有指定 PRIMARY，则 CREATE DATABASE 语句中列出的第一个文件将成为主数据文件。
- <文件定义>：指定数据文件或日志文件的定义，语法格式：

```
( NAME ='逻辑名称' ,
FILENAME = '存放数据库文件的物理路径和文件名'
[ , SIZE = 数据库文件的初始大小[ KB | MB | GB | TB ]]
[ , MAXSIZE = 最大容量[ KB | MB | GB | TB ] | UNLIMITED ]
[ , FILEGROWTH = 文件增量] ) [, ...n]
```

- <文件组>：指定数据文件组的定义，语法格式：

```
FILEGROUP 文件组名
<文件定义> [, ...n]
```

  其中，FILEGROUP 子句指定其后创建的对象到定义的文件组。
- LOG ON：指明事务日志文件的明确定义，具体属性文件定义值在<文件定义>中指定。如果没有 LOG ON 选项，则系统会自动产生一个文件名前缀与数据库名相同、大小为 8MB 的事务日志文件。

说明： 数据库文件大小的默认单位为 MB。UNLIMITED 表示文件可以一直增长到磁盘装满。

在 SSMS 主窗口中单击“新建查询”按钮，打开 SQL Server 的查询编辑器，如图 2.8 所示，T-SQL 的所有命令都可在查询编辑器中编写与执行。

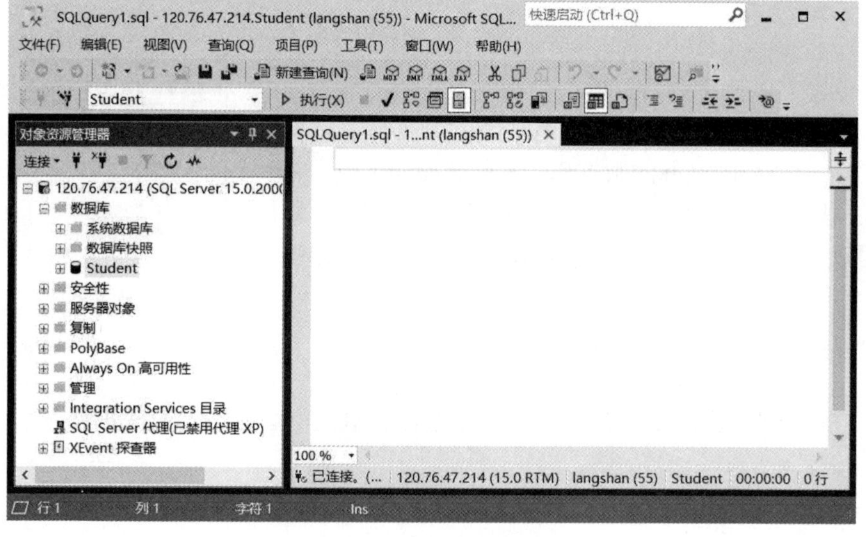

图 2.8 “查询编辑器”窗口

【例 2.1】 创建一个名称为 Exercise_db1 的数据库，文件的所有属性均取默认值。

```
CREATE DATABASE Exercise_db1
GO
```

在“查询编辑器”窗口中输入上面的语句，单击工具栏的“执行”按钮 ▷ 执行(X)，如图 2.9 所示。从图中可以看到，CREATE DATABASE 语句执行后，在“消息”窗格中显示命令的执行情况。

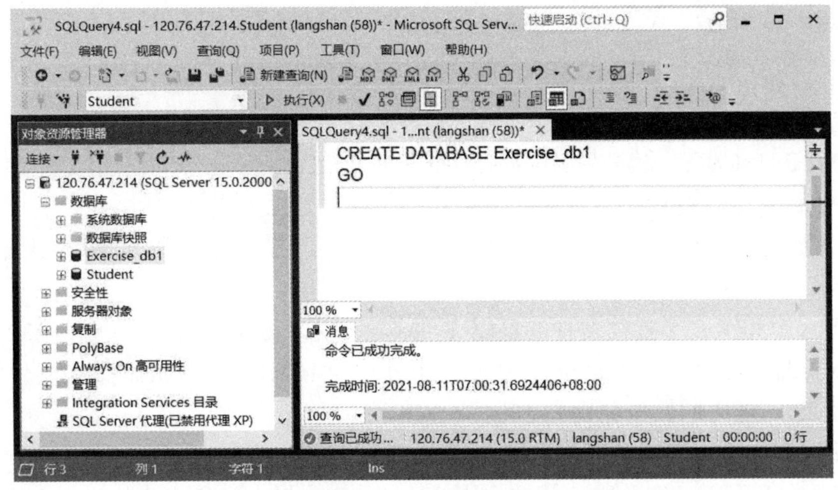

图 2.9　在“查询编辑器”中编辑并执行创建数据库命令

语句成功执行后，在“对象资源管理器”中展开“数据库”节点，可以看到新建的数据库 Exercise_db1 就显示其中。如果没有发现 Exercise_db1，则右击“数据库”节点，在弹出的快捷菜单中选择“刷新”命令。

注意：

（1）新建的 Exercise_db1 数据库在默认安装目录下，即 C:\Program Files\Microsoft SQL Server\MSSQL15.MSSQLSERVER\MSSQL\DATA。

（2）GO 不是 T-SQL 中的一个语句（即不能被 T-SQL 识别），而是可以为 Osql 和 Isql 实用工具及 SQL Server 查询编辑器识别的命令，它用来通知执行 GO 之前的一个或多个 SQL 语句。GO 命令和 T-SQL 语句不可处于同一行。

【例 2.2】创建一个指定主数据文件和事务日志文件的数据库，数据库的名称为 Exercise_db2，要求如下：

（1）数据库的主数据文件逻辑文件名为 Exercise_Data，物理文件名为 Exercise.mdf，初始大小为 5MB，最大文件大小无限制，自动增长量为 10%。

（2）事务日志文件逻辑文件名为 Exercise_LOG，物理文件名为 Exercise.ldf，初始大小为 1MB，最大文件大小为 10MB，自动增长量为 2MB。

（3）文件存储的物理位置均为 D:\mydb（假定 mydb 文件夹已经建立在指定位置）。

创建此数据库的语句为：

```
CREATE DATABASE Exercise_db2
ON
PRIMARY
( NAME=Exercise_Data,
  FILENAME= 'D:\mydb\Exercise.mdf',
  SIZE=5MB,
  MAXSIZE=UNLIMITED,
  FILEGROWTH=10% )
LOG ON
( NAME=Exercise_LOG,
  FILENAME= 'D:\mydb\Exercise.ldf',
```

```
SIZE=1024KB,
MAXSIZE=10,
FILEGROWTH=2 )
GO
```

语句使用 PRIMARY 关键字指出了主数据文件。FILENAME 选项中指定的数据文件和事务日志文件的目录必须存在，否则将产生错误，即创建数据库失败。

【例 2.3】创建一个指定多个数据文件和事务日志文件的数据库，数据库名称为 Exercise_db3，要求如下：

（1）第一个和第二个数据文件的逻辑文件名分别为 Exercise31 和 Exercise32，物理文件名分别为 Ex31dat.mdf 和 Ex32dat.ndf，初始大小分别为 10MB 和 15MB，最大文件大小分别为无限制和 50MB，自动增长量分别为 10%和 1MB。

（2）事务日志文件逻辑文件名分别为 Exercise_LOG31 和 Exercise_LOG32，物理文件名分别为 Ex31log.ldf 和 Ex32log.ldf，初始大小均为 10MB，最大文件大小均为 10MB，自动增长量均为 1MB。

（3）文件存储的物理位置均在 D:\mydb 文件下。

创建此数据库的语句为：

```
CREATE DATABASE Exercise_db3
ON
( NAME=Exercise31,
FILENAME= 'D:\mydb\Ex31dat.mdf',
SIZE=10,
MAXSIZE=UNLIMITED,
FILEGROWTH=10% ),
( NAME=Exercise32,
FILENAME= 'D:\mydb\Ex32dat.ndf',
SIZE=15,
MAXSIZE=50,
FILEGROWTH=1 )
LOG ON
( NAME=Exercise_LOG31,
FILENAME= 'D:\mydb\Ex31log.ldf',
SIZE=10,
MAXSIZE=10,
FILEGROWTH=1 ),
( NAME=Exercise_LOG32,
FILENAME= 'D:\mydb\Ex32log.ldf',
SIZE=10,
MAXSIZE=10,
FILEGROWTH=1 )
```

注意：语句中没有使用关键字 PRIMARY，则第一个数据文件 Exercise31 被分配给默认文件组，即主文件组。

【例 2.4】创建具有两个文件组的数据库，数据库名称为 Exercise_db4。要求如下：

（1）主文件组包含两个文件，分别是 Ex41dat 和 Ex42dat，初始大小分别为 10MB 和 15MB，最大文件大小分别为无限制和 50MB，自动增长量分别为 10%和 1MB，文件存储的物理位置及文件名分别为 D:\mydb\Ex41dat.mdf 和 D:\mydb\Ex42dat.ndf。

（2）文件组 Ex4G1 包含文件 Ex4G11dat 和 Ex4G12dat，初始大小均为 10MB，最大文件大小均为无限制，自动增长量分别为 15%和 3MB，文件存储的物理位置及文件名分别为 D:\mydb\Ex4G11dat.ndf 和 D:\mydb\Ex4G12dat.ndf。

（3）事务日志文件名为 Ex4LOG，初始大小为 5MB，最大文件大小为 35MB，自动增长量为 5MB，文件存储的物理位置及文件名为 D:\mydb\Ex4log.ldf。

创建此数据库的语句为：

```
CREATE DATABASE Exercise_db4
/* 创建主文件组 */
ON
PRIMARY
( NAME=Ex41dat,
  FILENAME= 'D:\mydb\Ex41dat.mdf',
  SIZE=10,
  MAXSIZE=UNLIMITED,
  FILEGROWTH=10% ),
( NAME=Ex42dat,
  FILENAME= 'D:\mydb\Ex42dat.ndf',
  SIZE=15,
  MAXSIZE=50MB,
  FILEGROWTH=1 ),
/* 创建用户定义文件组 Ex4G1 */
FILEGROUP Ex4G1
( NAME=Ex4G11dat,
  FILENAME= 'D:\mydb\Ex4G11dat.ndf',
  SIZE=10,
  MAXSIZE=UNLIMITED,
  FILEGROWTH=15% ),
( NAME=Ex4G12dat,
  FILENAME= 'D:\mydb\Ex4G12dat.ndf',
  SIZE=10,
  MAXSIZE=UNLIMITED,
  FILEGROWTH=3 )
/* 创建事务日志文件 */
LOG ON
( NAME=Ex4LOG,
  FILENAME= 'D:\mydb\Ex4log.ldf',
  SIZE=5,
  MAXSIZE=35,
  FILEGROWTH=5 )
```

语句在创建数据库的同时创建了用户定义文件组 Ex4G1，其后创建的数据文件 Ex4G11dat 和 Ex4G12dat 被分派在该文件组。而数据文件 Ex41dat 和 Ex42dat 处于主文件组。

2.2.4　打开、切换和关闭数据库

在实际应用中，需要先打开数据库才能操作（使用）数据库、数据表、数据、视图等对

象。当用户登录 SQL Server 服务器并连接后，需打开（连接）服务器中的一个数据库，才能使用该数据库中的数据。

用户可以在“查询编辑器”中利用 USE 命令打开或切换至不同的数据库。

语法格式：

```
USE <数据库名>
```

说明：

（1）必须先打开或切换到指定数据库之后，才能操作此数据库中的对象（如数据表、视图、索引等）及其有关的数据。

（2）<数据库名>为指定要打开或切换的数据库名称。

（3）切换是指在已经打开某个数据库的情况下，切换到另一个其他数据库成为当前数据库时，同时关闭原数据库的过程。

（4）在后续案例中，限于篇幅都将省略 USE 语句。

2.3 数据库的修改

创建数据库之后，可以在 SSMS 中使用“对象资源管理器”或使用 T-SQL 对数据库的原始定义进行修改，如修改数据库的所有者、数据库文件的逻辑名称、数据文件自动增长的方式和最大文件大小等参数。

使用数据库

2.3.1 使用对象资源管理器查看与修改数据库

使用 SSMS 的“对象资源管理器”可以查看或修改数据库的相关设置。查看与修改数据库的操作步骤：

（1）在“对象资源管理器”中，选中要查看或修改的数据库，这里选定 Exercise_db1 数据库并右击鼠标，在弹出的快捷菜单中选择“属性”命令，如图 2.10 所示。

图 2.10 选择数据库“属性”命令

（2）弹出“数据库属性”窗口，如图 2.11 所示。此窗口中有“常规”“文件”“文件组”“选项”“更改跟踪”“权限”“扩展属性”“镜像”“事务日志传送”和“查询存储”共 10 个选择页。其中“常规”“选项”“文件组”选择页与“新建数据库”窗口中的选择页的设置相似。

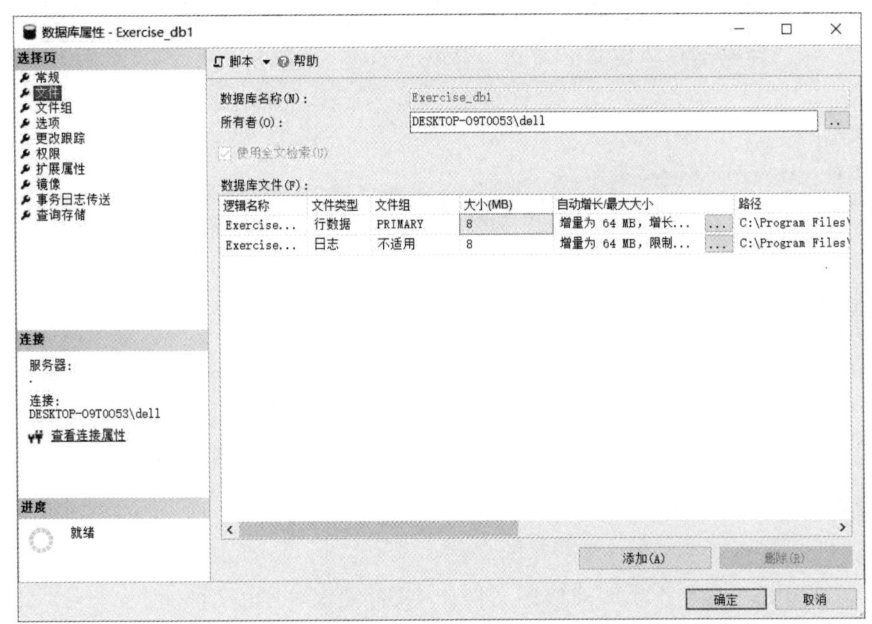

图 2.11 “数据库属性”窗口“文件”选择页

1）在“常规”选择页中，可以查看选定数据库 Exercise_db1 的名称、状态、所有者、创建日期、大小、可用空间、用户数、数据库和事务日志上次备份的日期和时间、数据库排序规则类型。

2）在“文件”选择页中，可以查看选定的数据库文件的名称、位置、分配的空间和文件组，还可以修改数据库的所有者、数据库文件的逻辑名称、数据文件自动增长的方式和最大文件大小，但不能修改数据文件的物理文件名。

3）在“文件组”选择页中，可以查看文件组的名称、文件数和文件组的状态，还可以添加新的文件组或删除 PRIMARY 主文件组以外的其他文件组。

4）在“选项”选择页中，可以设置数据库的很多属性，如排序规则、还原模式、兼容级别等。

5）在“更改跟踪”选择页中，可以查看或修改所选数据库的更改跟踪设置。

6）在“权限”选择页中，可以设置用户对该数据库的使用权限。

7）在“扩展属性”选择页中，可以向数据库对象添加自定义属性，可以查看或修改所选对象的扩展属性。使用扩展属性，可以添加文本（如描述性或指导性内容）、输入掩码和格式规则，将它们作为数据库中的对象或数据库自身的属性。

8）在“镜像”选择页中，可以配置并修改数据库的镜像属性，还可以启动配置数据库镜像安全向导，以查看镜像会话的状态，并可以暂停或删除数据库镜像会话。

9）在“事务日志传送”选择页中，可以配置和修改数据库的日志传送属性。

10）在“查询存储”选择页中，可以查看查询计划选项和性能。

修改数据库时需要注意的问题

2.3.2 使用 T-SQL 修改数据库

在 SQL Server 中使用 T-SQL 的 ALTER DATABASE 命令，可以在数据库中添加或删除文件和文件组，也可以更改文件和文件组的属性，如更改数据库的存放位置和容量、数据库名称、文件组名称以及数据文件和日志文件的逻辑名称。

语法格式：

```
ALTER DATABASE <数据库名>
{ ADD FILE <文件定义> [, ...n] [ TO FILEGROUP <文件组名> ]
| ADD LOG FILE <文件定义> [, ...n]
| REMOVE FILE <逻辑文件名>
| ADD FILEGROUP <文件组名>
| REMOVE FILEGROUP <文件组名>
| MODIFY FILE <文件定义>
| MODIFY FILE ( NAME=<原逻辑文件名>, NEWNAME =<新逻辑文件名> )
| MODIFY NAME = <新数据库名>
}
```

参数说明：

- <数据库名>：要更改的数据库的名称。
- ADD FILE：指定要添加的数据文件，<文件定义>指定文件属性。
- TO FILEGROUP：指定要添加的数据文件。
- ADD LOG FILE：指定要添加的事务日志文件。
- REMOVE FILE：从系统中删除文件描述和物理文件。
- ADD FILEGROUP：指定要添加的文件组。
- REMOVE FILEGROUP：从系统中删除文件组。
- MODIFY FILE：指定要更改的文件及文件属性。根据<文件定义>（格式参见 2.2.3）修改文件的属性，或者用“新逻辑文件名”替换“原逻辑文件名”。
- MODIFY NAME：重命名数据库为<新数据库名>。

【例 2.5】向数据库中添加文件。要求：

（1）在 Exercise_db2 数据库中添加一个新数据文件，数据文件的逻辑文件名、物理位置及文件名分别为 Ex2dat1 和 D:\mydb\Ex2dat1.ndf。

（2）数据文件的初始大小为 5MB，最大文件大小为 30MB，自动增长量为 2MB。

完成操作的语句为：

```
ALTER DATABASE Exercise_db2
ADD FILE
(
 NAME=Ex2dat1,
 FILENAME='D:\mydb\Ex2dat1.ndf',
 SIZE=5,
 MAXSIZE=30,
 FILEGROWTH=2
)
```

语句执行后，消息框显示的信息为：

命令已成功完成。

在 Exercise_db2 的“属性”窗口的“文件”选择页中可以看到新增的数据文件 Ex2dat1，所在文件组默认为 PRIMARY。

【例 2.6】 向当前数据库 Exercise_db2 中添加由两个文件组成的文件组。要求：

（1）在 Exercise_db2 数据库中添加 Ex2_FG1 文件组。

（2）将数据文件 Ex2dat2 和 Ex2dat3 添加至 Ex2FG1 文件组，文件 Ex2dat2 和 Ex2dat3 的物理位置及文件名分别为 D:\mydb\Ex2dat2.ndf 和 D:\mydb\Ex2dat3.ndf。

（3）两个数据文件的初始大小均为 2MB，最大文件大小均为 30MB，自动增长量均为 2MB。

完成操作的语句为：

```
/* 向 Exercise_db2 数据库添加文件组 Ex2_FG1 */
ALTER DATABASE Exercise_db2
ADD FILEGROUP Ex2_FG1
GO
/* 将文件 Ex2dat2 和 Ex2dat3 添加至文件组 */
ALTER DATABASE Exercise_db2
ADD FILE
( NAME=Ex2dat2,
  FILENAME='D:\mydb\Ex2dat2.ndf',
  SIZE=2,
  MAXSIZE=30,
  FILEGROWTH=2),
( NAME=Ex2dat3,
  FILENAME='D:\mydb\Ex2dat3.ndf',
  SIZE=2,
  MAXSIZE=30,
  FILEGROWTH=2)
TO FILEGROUP Ex2_FG1
GO
```

语句执行后，Exercise_db2 属性设置如图 2.12 所示，Ex2dat2 和 Ex2dat3 为 Ex2_FG1 文件组的文件。

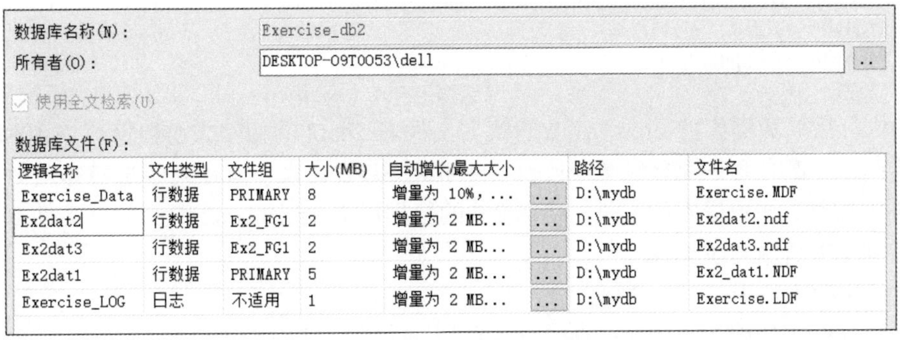

数据库名称(N)： Exercise_db2

所有者(O)： DESKTOP-09T0053\dell

☑ 使用全文检索(U)

数据库文件(F)：

逻辑名称	文件类型	文件组	大小(MB)	自动增长/最大大小	路径	文件名
Exercise_Data	行数据	PRIMARY	8	增量为 10%，...	D:\mydb	Exercise.MDF
Ex2dat2	行数据	Ex2_FG1	2	增量为 2 MB...	D:\mydb	Ex2dat2.ndf
Ex2dat3	行数据	Ex2_FG1	2	增量为 2 MB...	D:\mydb	Ex2dat3.ndf
Ex2dat1	行数据	PRIMARY	5	增量为 2 MB...	D:\mydb	Ex2_dat1.NDF
Exercise_LOG	日志	不适用	1	增量为 2 MB...	D:\mydb	Exercise.LDF

图 2.12 添加文件组及文件

注意： 一条 ALTER DATABASE 语句一次只能更改一项属性。本例中，先在数据库中添加文件组，再将数据库文件放到文件组中。

【例 2.7】向数据库中添加两个事务日志文件。要求如下：

（1）在 Exercise_db2 数据库中添加两个事务日志文件 Ex2log2 和 Ex2log3，它们的物理位置及文件名分别为 D:\mydb\Ex2log2.ldf 和 D:\mydb\Ex2log3.ldf。

（2）两个事务日志文件的初始大小均为 2MB，最大文件大小均为 30MB，自动增长量均为 2MB。

完成操作的语句为：

```
ALTER DATABASE Exercise_db2
ADD LOG FILE
( NAME=Ex2log2,
  FILENAME='D:\mydb\Ex2log2.ldf',
  SIZE=2,
  MAXSIZE=30,
  FILEGROWTH=2),
( NAME=Ex2log3,
  FILENAME='D:\mydb\Ex2log3.ldf',
  SIZE=2MB,
  MAXSIZE=30MB,
  FILEGROWTH=2)
```

语句执行后，在 Exercise_db2 数据库属性窗口中可以看到事务日志文件 Ex2log2 和 Ex2log3 已添加。

【例 2.8】从 Exercise_db2 数据库中删除数据文件 Ex2dat3 和事务日志文件 Ex2log3。

完成操作的语句为：

```
ALTER DATABASE Exercise_db2
REMOVE FILE Ex2dat3
ALTER DATABASE Exercise_db2
REMOVE FILE Ex2log3
GO
```

注意：不能从数据库中删除主数据文件或主日志文件（默认为第 1 个创建的日志文件）。

【例 2.9】修改现有文件的初始大小，将例 2.6 的数据库 Exercise_db2 中的数据文件 Ex2dat2 的初始大小增加至 10MB。

完成操作的语句为：

```
ALTER DATABASE Exercise_db2
MODIFY FILE
( NAME = Ex2dat2,
 SIZE = 10 )
```

语句执行后，数据库 Exercise_db2 的数据文件 Ex2dat2 的初始大小被修改为 10MB。

注意：在对现有文件进行容量修改时，新指定 SIZE 的大小必须大于当前容量的大小。

【例 2.10】增加数据库的容量，将例 2.9 的数据库 Exercise_db2 中的数据文件 Ex2dat2 的最大值从 30MB 增加到 50MB。

完成操作的语句为：

```
ALTER DATABASE Exercise_db2
MODIFY FILE
( NAME = Ex2dat2,
 MAXSIZE = 50 )
```

语句执行后，Exercise_db2 的 Ex2dat2 文件的最大限制值变为 50MB。

【例 2.11】修改数据库文件名称，将数据库 Exercise_db2 名称修改为 Ex_db2。

完成操作的语句为：

```
ALTER DATABASE Exercise_db2
MODIFY NAME=Ex_db2
GO
```

语句执行后，在消息框显示的信息为：

数据库 名称 'Ex_db2' 已设置。

注意：在对数据库的名称进行修改前，应保证当前没有用户使用该数据库。对数据库文件名称进行修改时，必须遵循标识符的规则。

2.4　数据库的删除

不需要的数据库可以删除，这样可以释放在磁盘上所占用的空间。删除数据库有多种方法，既可使用图形界面方式，也可使用 T-SQL 完成操作。

2.4.1　使用图形界面方式删除数据库

在 SSMS 图形界面中，可以使用快捷菜单、主菜单命令和 Delete 键来删除数据库。

1. 使用快捷菜单删除数据库

使用快捷菜单删除选定数据库的操作步骤如下：

（1）在“对象资源管理器”中展开“数据库”节点，选中要删除的数据库（这里选定 Exercise_db1 数据库）并右击，在弹出的快捷菜单中选择“删除”命令，如图 2.13 所示。

图 2.13　“删除”数据库命令

（2）打开“删除对象”窗口，如图 2.14 所示，在此窗口中勾选“删除数据库备份和还原历史记录信息”和“关闭现有连接”复选项，单击“确定”按钮即可删除选定的数据库。

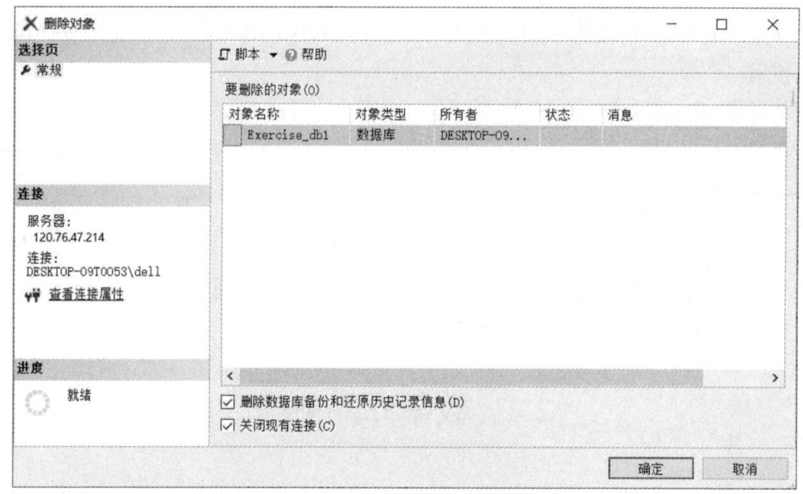

图 2.14　数据库“删除对象”窗口

注意：删除数据库时一定要慎重，因为系统无法轻易恢复被删除的数据，除非做过数据库的备份。每次只能删除一个数据库。

2. 使用 SSMS 中主菜单命令或按 Delete 键

在“对象资源管理器”中，选中要删除的数据库，选择“编辑”→“删除”命令或按 Delete 键，在弹出的“删除对象”窗口中单击“确定”按钮，即可删除选定的数据库。

注意：当数据库正在使用、正在被还原或包含用于复制的已经存在的对象时，数据库不能删除。SQL Server 的系统数据库也不能删除。

2.4.2　使用 T-SQL 删除数据库

使用 T-SQL 的 DROP DATABASE 命令，可以一次删除一个或多个数据库。语法格式：

```
DROP DATABASE 数据库名 [, ...n]
```

【例 2.12】删除例 2.11 的数据库 Ex_db2。

完成操作的语句：

```
DROP DATABASE Ex_db2
```

【例 2.13】同时删除 Exercise_db3 和 Exercise_db4 两个数据库。

完成操作的语句：

```
DROP DATABASE Exercise_db3, Exercise_db4
```

一、选择题

1. 数据库属性窗口中不包含的选择页有（　　）。

　A. 常规　　B. 选项　　C. 文件组　　D. 文件夹

2. SQL Server 数据库对象中最基本的元素是（　　）。

　A. 表和语句　　B. 表和视图　　C. 文件和文件组　　D. 用户和视图

3．事务日志用于保存（　　）。

A．程序运行过程　　B．程序的执行结果

C．对数据的更新操作　　D．数据操作

4．master 数据库是 SQL Server 系统最重要的数据库，如果该数据库被损坏，SQL Server 将无法正常工作。该数据库记录了 SQL Server 系统的所有（　　）。

A．系统设置信息　　B．用户信息

C．对数据库操作的信息　　D．系统信息

5．SQL Server 中创建数据库时，至少需要明确（　　）。

A．存储路径　　B．逻辑名　　C．数据文件名　　D．数据库名

6．每个数据库可以有（　　）个文件组。

A．1 个　　B．1 个以上　　C．没有或多个　　D．2 个

7．每个数据库至少包含（　　）个文件。

A．1　　B．2　　C．3　　D．4

8．下面描述错误的是（　　）。

A．每个数据文件中有且只有一个主数据文件

B．日志文件可以存在于任意文件组中

C．主数据文件默认为 PRIMARY 文件组

D．文件组是为了更好地实现数据库文件组织

9．有关修改数据库，下列说法不正确的是（　　）。

A．数据库名可以直接修改

B．一次可以修改数据文件多个属性

C．不能修改数据文件名

D．修改数据库时，必须断开服务器连接

10．（　　）不能放在任何文件组中。

A．主数据文件　　B．次数据文件

C．事务日志文件　　D．数据文件

二、思考题

1．SQL Server 的数据库中包含哪些对象？其中什么对象是必不可少的？其作用又是什么？

2．SQL Server 提供的系统数据库 master 的作用是什么？用户可以删除和修改吗？为什么？

3．什么文件是数据库文件？组成数据库的文件有哪些类型？

4．删除数据库的命令是什么？举例用一条 T-SQL 语句删除两个以上的数据库。

5．数据库建立时，默认文件组是什么？

6．对于数据库，在什么情况下不允许进行删除操作？

7．修改数据库的 T-SQL 命令是什么？从数据库中删除数据库文件的子句是什么？写出从 S 数据库中删除数据文件 sdat 的语句。

8．写出在 S 数据库中增加 sg 文件组，并在 sg 文件组中定义数据文件 sgdat，存放到 D:\mydb 文件夹中的操作语句。

第 3 章　数据表和表数据操作

- 了解：SQL Server 的数据类型和数据库完整性的类型。
- 理解：数据表和表数据的概念；表对象的管理和维护。
- 掌握：使用对象资源管理器和 T-SQL 语句创建、管理和维护表的操作方法；数据库完整性的设置方法。

3.1　数据表的分类

数据表（简称表）是数据库系统最核心的对象，用于存放数据库中的数据。按照创建来源划分，SQL Server 中的数据表可为系统表和用户表两类。

1. 系统表

默认情况下，每个数据库都有一组系统表，系统表主要记录所有服务器活动的信息。这些信息包括用户数据库、数据库服务器登录账号、数据表及表结构、视图、存储过程等。在“对象资源管理器”的“数据库”→“系统数据库”→master→“表”→“系统表”节点下，即可看到系统表。任何用户都不能直接修改和访问系统表，但可以通过系统存储过程访问。

2. 用户表

用户表是用户自定义的表，用来存储用户特定的数据。可分为永久表（或称为基本表）和临时表。永久表存储在用户数据库中，用户数据通常存储在永久表中，只要用户不删除永久表，永久表将永久存在。临时表存放在 tempdb 数据库中，当 SQL Server 关闭后或临时表不再使用时，系统会自动删除。

3.2　数据表的创建

一个数据库可以拥有多个表，每个表都代表一个关系，如学生数据库可能包含学生个人信息、院系信息、课程信息、成绩信息等多个表，由行和列组成。每列又称为一个字段，对应关系的属性；每行称为一条记录，对应关系的一个元组。

创建好数据库后，就可以向数据库中添加数据表。在 SQL Server 中，数据表的创建可以使用图形界面方式完成，也可以使用 T-SQL 命令完成。

创建数据表

3.2.1　使用对象资源管理器创建数据表

在创建数据表之前应首先确定数据表的结构，即确定数据表的字段个数、字段名、字段类型、字段宽度及小数位数等，然后再输入相应的记录。

使用“对象资源管理器”创建数据库 Student 中的学生信息表 StInfo，其表结构见 1.4.4 节中表 1.4。操作步骤如下：

（1）在“对象资源管理器”中，选择要添加表的数据库 Student 并展开，右击“表”节点，如图 3.1 所示。

（2）在弹出的快捷菜单中选择“新建”→“表”命令，如图 3.2 所示。在 SSMS 的右侧窗格中打开“表设计器”窗口，同时在 SSMS 的主菜单栏中出现“表设计器”菜单，可以使用此菜单下的命令对表进行相关操作，当关闭“表设计器”窗口时，此菜单也随之关闭。

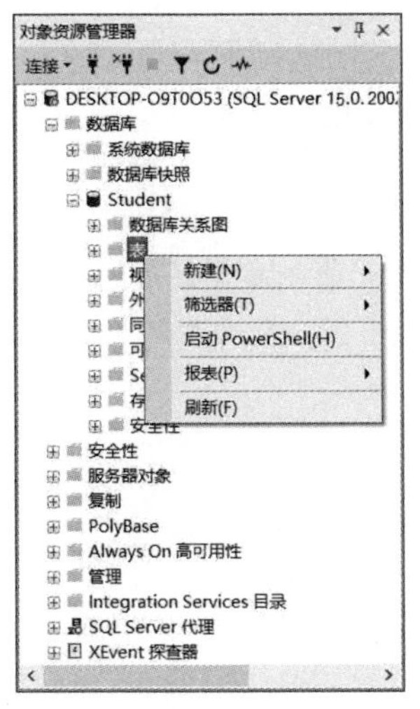

图 3.1　选择“新建”命令

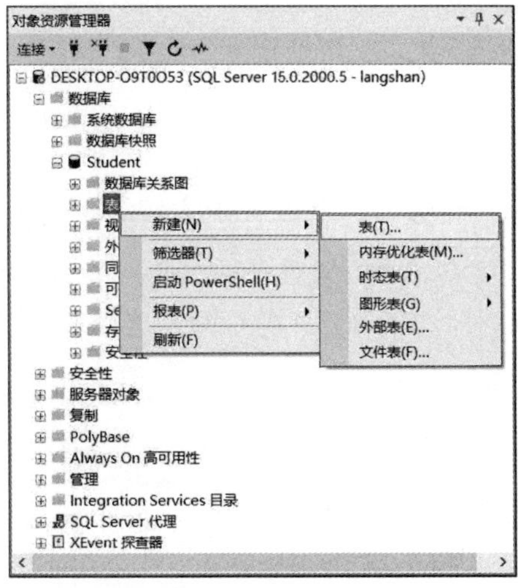

图 3.2　“新建”→“表”命令

（3）在“表设计器”中，根据设计好的表结构对列名、数据类型（包括长度）、是否允许为空进行相应的设置。其中，列名对应关系 StInfo（学生）的属性名，数据类型对应该属性的数据类型，长度为该数据类型所占字节数，如图 3.3 所示。

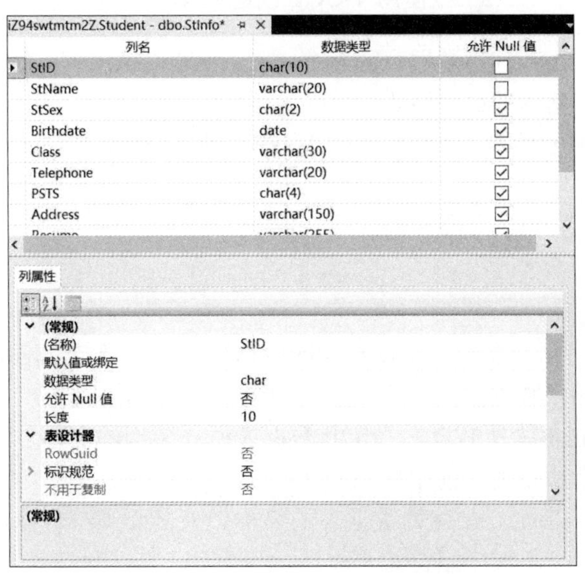

图 3.3　StInfo 表结构设计完成情况

说明：在 SQL Server 中，一个汉字占据两个字符的位置，因此计算一个字段长度时，一个汉字的长度是 2 字节。

（4）设置完成后，单击工具栏上的“保存”按钮或单击“表设计器”的“关闭”按钮×，在弹出的“选择名称”对话框中输入表名为 StInfo，如图 3.4 所示。单击“确定”按钮，完成数据表的创建。

图 3.4 “选择名称”对话框

此时可在“对象资源管理器”的 Student→“表”节点下看到新建立的 StInfo 数据表。

注意：单击“表设计器”的“关闭”按钮时，将先弹出图 3.5 所示的对话框，单击“是”之后，才会弹出图 3.4 所示的“选择名称”对话框。

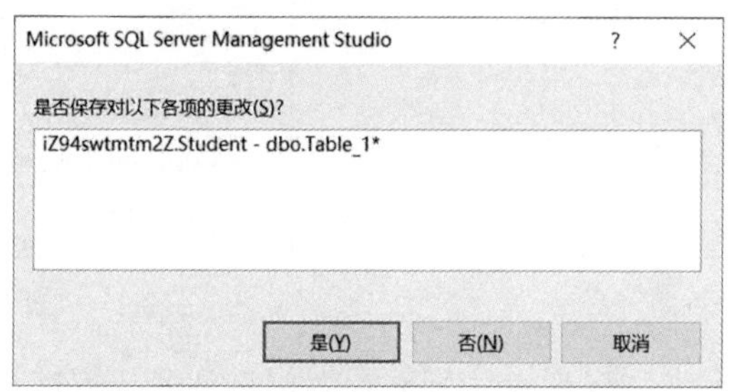

图 3.5 询问是否保存更改对话框

数据表与字段命名规范

3.2.2 使用 T-SQL 创建数据表

创建数据表的命令是 CREATE TABLE，此语句带有很多参数，最基本的语法格式：

```
CREATE TABLE [ <数据库名> . <架构名> . | <架构名>. ] <数据表名>
( <列定义>
    | <列名> AS <计算列表达式>
      [ , … n ]
)
```

参数说明：

- <数据库名>：指定要在其中创建表的数据库名称。数据库名必须是现有数据库的名称。如果不指定数据库名称，则默认为当前数据库。
- <架构名>：也称为所有者，指定新数据表所属架构的名称，若此项为空，则默认为新表的创建者所在的当前架构（如 dbo）。
- <数据表名>：指定要创建的数据表的名称。表名必须符合标识符规则且命名必须唯一，最多可包含 128 个字符。
- <列定义>：列定义包含列名、数据类型、字节数等，列定义之间用逗号隔开。

- <列名>：指定表中列的名称。列名必须符合标识符规则，并且在表内唯一。
- <计算列表达式>：指定定义计算列值的表达式。计算列是物理上并不存储在表中的虚拟列。计算列由同一表中的其他列通过表达式计算得到。

【例 3.1】在 Student 数据库中创建学生信息表，名称为 STD，要求包含 S_NO（学号）、SNAME（姓名）、AGE（年龄）、SEX（性别）信息。

操作步骤如下：

（1）在 SSMS 主窗口中，单击工具栏中的“新建查询”按钮。

（2）在“查询编辑器”窗口中输入创建表的语句。使用以下 T-SQL 语句：

```
USE Student
Go
CREATE TABLE STD
(S_NO char(7) ,
 SNAME char(10),
 AGE smallint,
 SEX char(1)
)
```

注意：第一条语句 USE Student 表示打开 Student 数据库。在对数据库进行操作之前，必须打开数据库。如果是当前数据库，则该语句可以省略。Go 为批处理语句结束标志。

（3）单击工具栏上的“分析”按钮✔，若结果窗格无错误信息，再单击“执行”按钮 ▷ 执行(X)，系统在“消息”窗格返回“命令已成功完成”的提示信息，如图 3.6 所示，至此完成 STD（学生信息）表的创建。

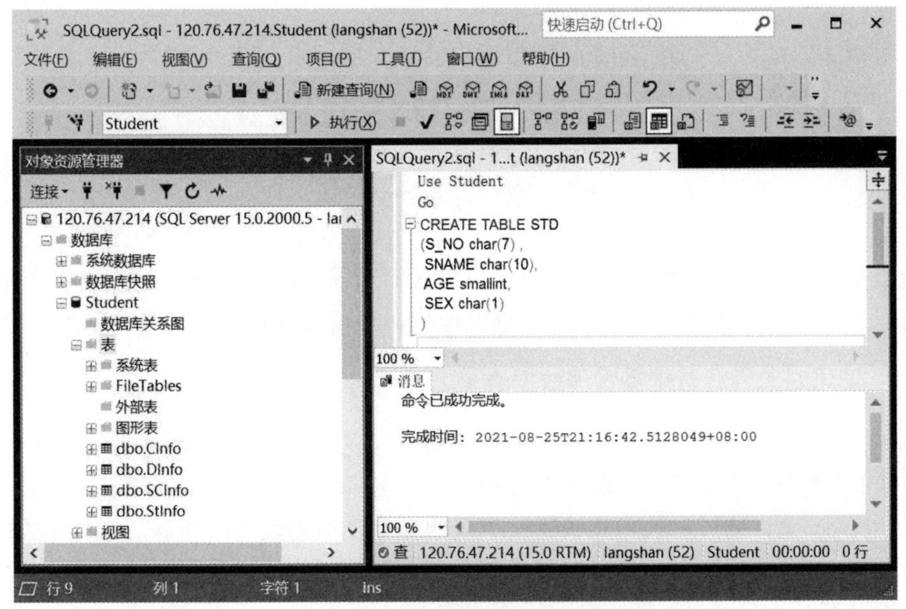

图 3.6　创建 STD 表

语句中，S_NO、SNAME、SEX 三列都是字符数据类型，字符类型不能自动确定列的长度，定义时需要指定字节数，如 char(7)指定 S_NO 列为字符型、列长为 7 字节；AGE 为 smallint 数据类型，长度默认为 2 字节，该列定义时不需要指定字节数。

有时需要临时创建一个数据表，完成一些临时存储数据的功能，在完成临时功能之后，再删除这些临时表。可用 CREATE TABLE 来创建临时表。

【例 3.2】创建临时表#temp_student。

语句如下：

```
CREATE  TABLE  #temp_student                    /* #说明#temp_student 为本地临时表 */
( 学号 smallint ,
  姓名 varchar(30) ,
  年龄 int
)
```

运行以上语句后，可以在系统数据库 tempdb 的临时表列表中看到#temp_student 数据表，该表使用了 smallint、varchar、int 三种数据类型。

说明：临时表名前需要以“#”或“##”符号为前缀。本地临时表以单个“#”开头，它们在当前数据库内使用，当用户与 SQL Server 断开连接时被删除。全局临时表以“##”开头，可在所有数据库内使用，当所有引用该表的用户与 SQL Server 断开连接时被删除。

【例 3.3】在 Student 数据库中创建课程信息表 CInfo，表结构和要求参见 1.4.4 节的表 1.5。

语句如下：

```
CREATE TABLE CInfo
(   CNo char(10) ,
    CName varchar(30) ,
    CType char(4),
    Credit smallint,
    CDes varchar(255)
)
```

读者可以参照此方法创建 Student 数据库中的选课信息表 SCInfo 和学院信息表 DInfo，这两个表的结构和要求参见 1.4.4 节中的表 1.6 和表 1.7。

3.3 数据表的管理

创建数据表后，可以根据需要使用“对象资源管理器”或 T-SQL 对数据表进行管理，用户除了可以对表的字段进行增加、删除、修改操作，还可以进行更改表名、删除表等操作。

3.3.1 使用对象资源管理器管理数据表

可以使用“对象资源管理器”查看或修改表名、表结构，实现对数据表的管理。

1. 使用对象资源管理器更改数据表名称

SQL Server 允许通过界面方式改变一个表的名字，但当表名改变后，与此相关的某种对象（如视图），以及与表名相关的存储过程将全部无效。因此，建议不要随意更改一个已有的表名，特别是在其上定义了视图或建立了相关的表时。

使用“对象资源管理器”更改数据表名称的操作步骤：

（1）在“对象资源管理器”中右击要更改的数据表节点，在弹出的快捷菜单中选择“重命名”命令，如图 3.7 所示。

图 3.7 数据表“重命名”操作

（2）待重命名的表显示高亮的蓝色状态后，输入数据表的新名称，然后按回车键，完成选定数据表重命名的操作。

2. 使用对象资源管理器删除数据表

当数据表不再使用时，可以将其删除。使用“对象资源管理器”可以删除数据表。

操作步骤：

（1）在“对象资源管理器”中右击要删除的数据表，在弹出的快捷菜单中选择“删除”命令。

（2）打开“删除对象”窗口，如图 3.8 所示，显示待删除的表的名称，单击“确定”按钮，进行删除表的操作。

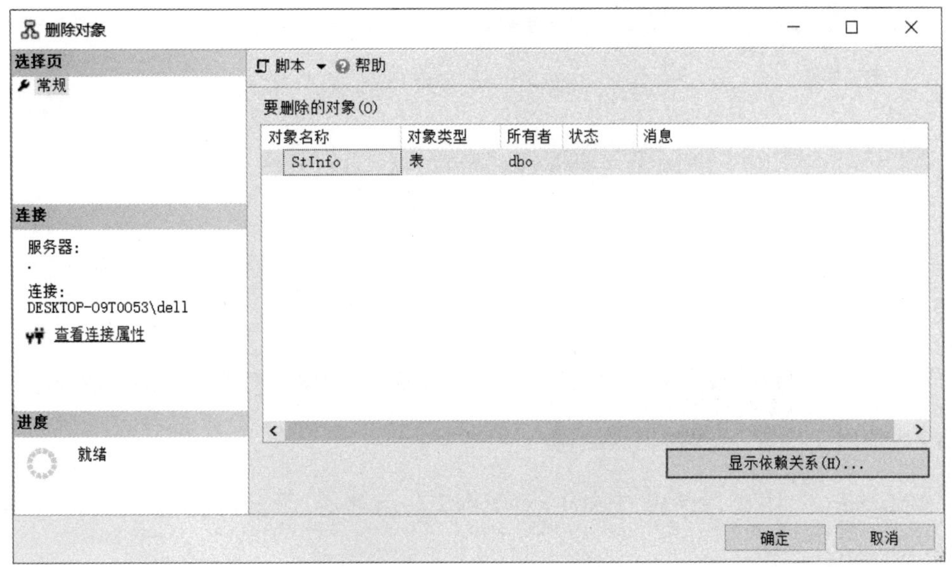

图 3.8 “删除对象”窗口

注意：删除数据表时，表的定义、表中的所有数据以及表的索引、触发器、约束等对象均被删除。在 SQL Server 中不能删除系统表和外键约束所参照的表。

3．使用表设计器修改数据表结构

修改数据表的字段包含增加一个新字段、删除数据表中原有的一个字段，或修改原有字段的数据类型等操作，可以采用表设计器修改数据表结构。

操作步骤：

（1）在“对象资源管理器”中选择要修改表结构的数据表，右击鼠标，在弹出的快捷菜单中选择“设计”命令，参见图 3.7 所示的快捷菜单。

（2）打开图 3.3 所示的“表设计器”，可以在“表设计器”中修改数据表的相关选项。修改完成后，若单击“表设计器”的“关闭”按钮，系统弹出如图 3.5 所示的对话框，单击“是”按钮，修改有效；单击“否”按钮，修改无效；单击“取消”按钮，系统返回“表设计器”界面。

在安装 SQL Server 后，系统默认禁止使用“对象资源管理器”修改数据表结构。如需启用“对象资源管理器”对数据表的修改操作，则需要进行以下设置：

单击“工具”→“选项”命令，弹出“选项”对话框，如图 3.9 所示。在左侧窗格中选择“设计器”的“表设计器和数据库设计器”节点，在右侧窗格中取消勾选“阻止保存要求重新创建表的更改”复选框。

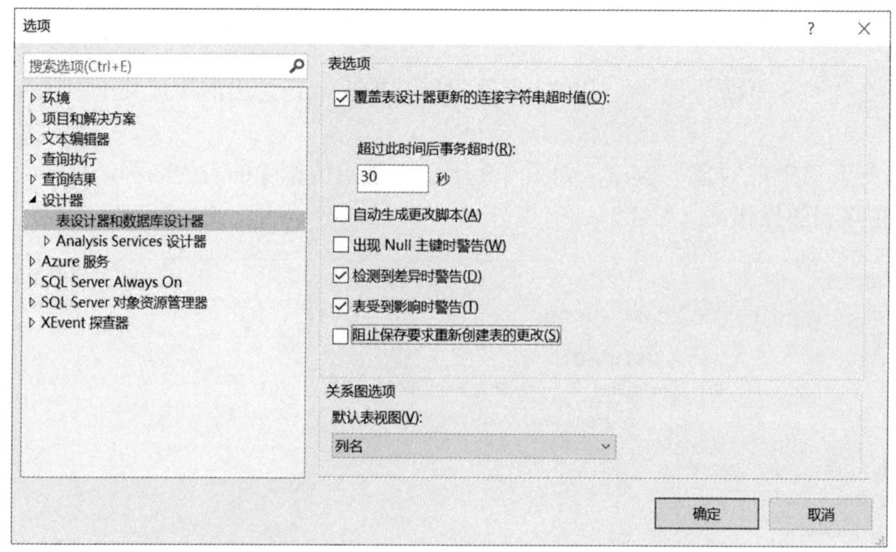

图 3.9 “选项”对话框

完成阻止保存更改的设置后，就可以在修改操作完成后保存对数据表的修改设置了。

3.3.2 使用 T-SQL 修改数据表结构

在 SQL Server 中可以使用 T-SQL 对数据表进行修改。修改数据表的语句为 ALTER TABLE，语法格式：

```
ALTER TABLE <数据表名>
  ALTER COLUMN <列名> <新数据类型>
```

```
    | ADD <列名> <数据类型>
    | DROP COLUMN <列名>
```

参数说明：

- <数据表名>：指定要更改的数据表的名称。
- ALTER COLUMN：修改数据表指定字段的数据类型。
- <列名>：指定要更改、添加、删除的列的名称。
- <新数据类型>：新增字段的数据类型。如果要修改表中已经存在的列，必须指定与该列相兼容的新数据类型。
- ADD：在数据表中添加指定字段。
- DROP COLUMN：删除数据表中指定字段。

【例 3.4】在例 3.1 的 STD 表中增加 zzmm（政治面貌）字段。

```
ALTER TABLE STD ADD zzmm char(4)
```

在“查询编辑器”窗口中输入以上语句，执行之后，可以在“表设计”窗口看到 STD 修改后的数据表结构。

注意：新增字段时，不管原来的表中是否有数据，新增加的字段值一律为空。

【例 3.5】将例 3.4 中 STD 表增加的字段 zzmm 的宽度由 4 修改为 8。

```
ALTER TABLE STD ALTER COLUMN zzmm char(8)
```

注意：修改原有字段（包括数据类型）要慎重，修改操作可能改变原有的约束条件或破坏原有数据。

【例 3.6】删除例 3.4 中 STD 表增加的 zzmm 字段。

```
ALTER TABLE STD DROP COLUMN zzmm
```

3.3.3　使用 T-SQL 删除数据表

在 SQL Server 中可以使用 T-SQL 对数据表进行删除。删除数据表可以使用 DROP TABLE 语句，语法格式：

```
DROP TABLE    [ <数据库名>.<架构名>. | <架构名>.] <数据表名> [ , … n ]
```

参数说明：

- [<数据库名>.<架构名>. | <架构名>.]：指定要删除的数据表所属的数据库与架构名。
- <数据表名>：表示要删除的表名。
- [, … n]：表示可以删除 n 个表，表之间以逗号分隔。

注意：DROP TABLE 不能直接用于删除由 FOREIGN KEY 约束引用的表，必须先删除引用的 FOREIGN KEY 约束或引用的表；在系统表上不能使用 DROP TABLE 语句。

【例 3.7】删除当前数据库中的 STD。

```
DROP TABLE STD
```

【例 3.8】在同一个语句中指定多个表并对它们进行删除。假设在 stu 数据库中存在 book 表和 temp2 表。

```
DROP TABLE book, temp2
```

【例 3.9】在当前数据库删除指定数据库中的表。假设 stu 数据库内有 temp1 表，可以在任何数据库内执行以下语句，完成删除 temp1 表的操作。

```
DROP TABLE stu.dbo.temp1
```

注意：删除的表不在当前数据库中时，必须加前缀，即加上该表所属数据库名和架构名，并用点运算符连接。

【例 3.10】 删除 tempdb 数据库中的临时表#temp_student。

```
DROP TABLE #temp_student
```

3.3.4 在数据库关系图中管理数据表

数据库关系图是 SQL Server 以图形方式显示部分或全部数据库结构及联系的工具。使用数据库关系图可以方便地创建和修改数据表、列、键以及表跟表之间的关系，还可以修改索引和约束。操作步骤如下：

（1）在“对象资源管理器”中展开 Student 数据库，右击“数据库关系图”节点，在弹出的快捷菜单中选择“新建数据库关系图”命令，如图 3.10 所示。

图 3.10 选择“新建数据库关系图”命令

（2）弹出“添加表”对话框，如图 3.11 所示。在此对话框中，选择要建立关系的表，单击“添加”按钮加入关系图的列表框中。

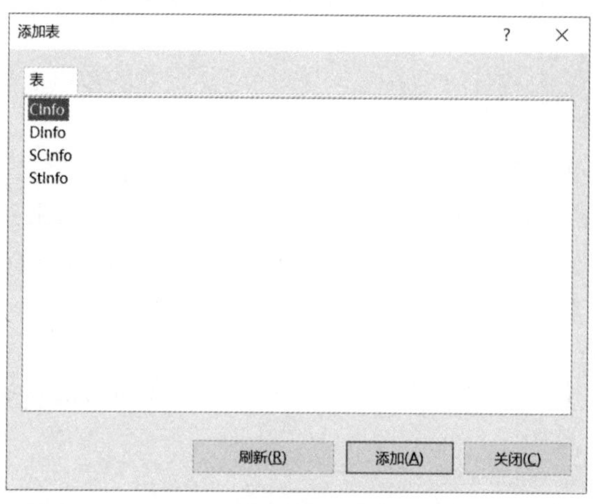

图 3.11 “添加表”对话框

（3）在关系列表中，可以新建表、删除选定表；可以给表设置主键、删除列、插入列、修改列，即在选定表的快捷菜单中选择对应命令进行操作即可。

（4）在关系列表中还可以创建表之间的联系。图 3.12 是 StInfo 表、CInfo 表和 SCInfo 表的联系图。可以看到表 StInfo 与表 SCInfo 有一条连线，表 CInfo 与表 SCInfo 也有一条连线，这就是三个表之间的联系。这些连线可以通过鼠标将一个表中的一个字段（如 StInfo 表的 StID）拖拽到另一个表的一个字段（如 SCInfo 表的 StID）上来创建。当鼠标指针移到该连线上时，会弹出提示框显示该关系的名称信息。

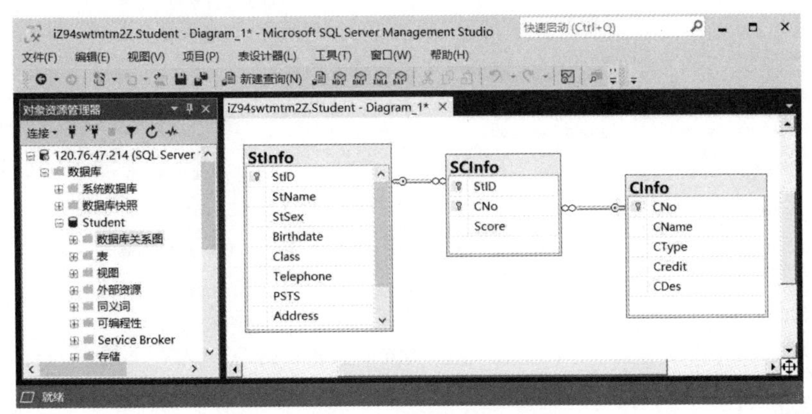

图 3.12 学生、课程和选课关系图

（5）当关闭关系图窗格时，弹出如图 3.13 所示的对话框，单击“是”按钮，保存对关系图的更改；单击“否”按钮，不保存对关系图的更改；单击“取消”按钮，返回关系图窗格。这里单击“是”按钮，弹出如图 3.14 所示的“选择名称”对话框。

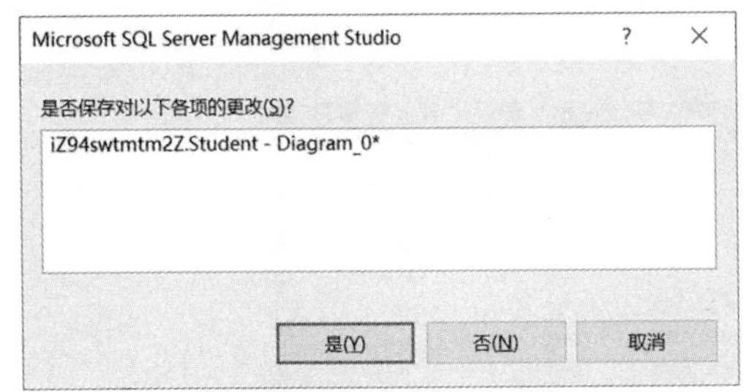

图 3.13 保存更改对话框

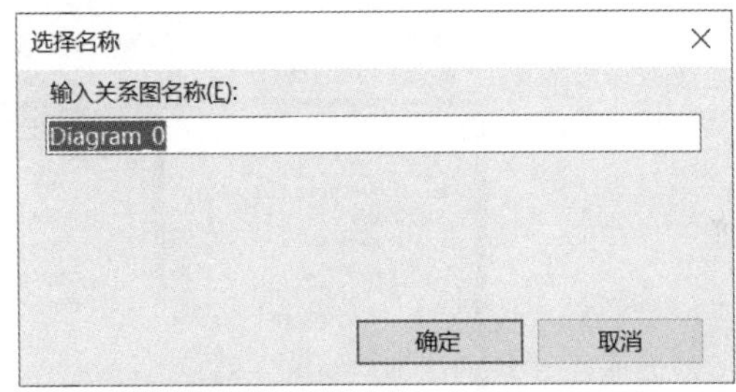

图 3.14 “选择名称”对话框

（5）在“选择名称”对话框的文本框中，输入数据库关系图的名称 Student_Diagram（默认名称是 Diagram_0）。单击“确定”按钮，完成数据库关系图的创建。

3.4 表数据的操作

表数据的操作主要是指对表进行添加或插入新数据、更改或更新现有数据、删除数据、查询数据等操作。这些操作可以使用“对象资源管理器”或 T-SQL 语句完成。

3.4.1 使用对象资源管理器管理数据

表数据的添加、修改、删除

数据表创建后，通过“查询设计器”窗口可以添加、修改和删除数据。查询设计器是协助用户建立查询 SQL Server 数据库的图形用户界面。

【例 3.11】使用对象资源管理器，完成 Student 数据库中 StInfo 表的数据输入。StInfo 表的数据如图 3.15 所示。

StID	StName	StSex	Birthdate	Class	Telephone	PSTS	Address	Resume	DID
0603210108	徐文文	男	2002-12-10	材料科学2101	0731_20223388	团员	湖南省长沙市...	NULL	06
0603210109	黄正刚	男	2003-12-26	材料科学2101	18518473582	党员	NULL	NULL	06
0603210110	张红飞	男	2003-03-29	材料科学2101	0370_74586321	团员	河南省焦作市...	NULL	06
0603210211	曾莉娟	女	2002-08-15	材料科学2102	13917773587	团员	湖北省天门市...	NULL	06
0603210212	李晓红	女	2002-03-29	材料科学2102	0370_54586336	NULL	河南省焦作市...	NULL	06
2001200115	邓红艳	女	2001-07-03	法学2001	0770_35687957	无	广西桂林市兴...	NULL	20
2001200206	金萍	女	2000-11-06	法学2002	NULL	团员	广西桂平市社...	NULL	20
2001200307	吴中华	男	2001-04-10	法学2003	0370_84586326	党员	河北省邯郸市...	NULL	20
2001200308	王铭	男	2002-09-09	法学2003	0371_64586366	团员	NULL	2018年...	20
2001210103	郑远月	男	2001-06-18	法学2101	0731_88837342	团员	湖南省邵阳市...	2019年...	20
2001210104	张力明	男	2002-08-29	法学2101	0550_88341023	NULL	安徽省太湖县...	NULL	20
2001210205	张好然	女	2003-04-19	法学2102	010_86634234	无	北京市西城区...	NULL	20
2001210206	李娜	女	2003-10-21	法学2102	13518473581	无	重庆市黔江中学	NULL	20
2201190101	张炜	男	2000-05-05	临床(五年)1901	020_44614259	团员	广东省中山市...	NULL	22
2201190204	宋羽佳	女	2001-06-07	临床(五年)1902	0550_78341025	团员	安徽省黄山市...	NULL	22
2201190205	赵彦	男	2002-08-05	临床(五年)1902	NULL	团员	湖北省汉阳市...	NULL	22
2212190102	刘永州	男	2000-04-06	临床(五年)1901	0591_54514289	无	福州泉秀花园...	NULL	22
2602210105	杨平娟	女	2002-05-20	口腔(七)2101	010_11425867	团员	北京市西城区...	NULL	26
2602210106	王小维	男	2002-12-11	口腔(七)2101	NULL	团员	NULL	NULL	26
2602210107	刘小玲	女	2003-05-20	口腔(七)2101	0592_45142586	无	厦门市前埔二...	NULL	26
2602210108	何邵阳	男	2002-06-01	口腔(七)2101	020_34514258	NULL	广东省韶关市...	NULL	26

图 3.15　输入 StInfo 表的数据

操作步骤如下：

（1）在“对象资源管理器”中，展开 Student 数据库节点，选择 StInfo 数据表并右击，在弹出的快捷菜单中选择“编辑前 200 行”命令，如图 3.16 所示。此时在 SSMS 窗口的菜单栏中出现“查询设计器”菜单，并提供相关的命令操作数据表。

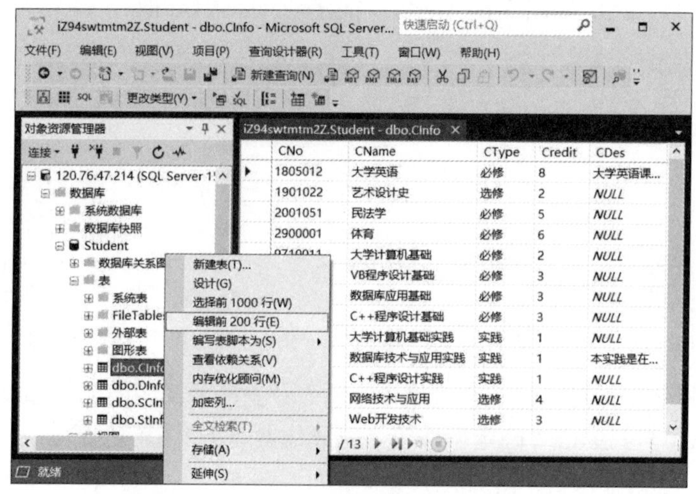

图 3.16　“编辑前 200 行”快捷菜单命令

（2）打开查询设计器窗口，显示 StInfo 表，在此进行数据的添加、修改和删除操作。

1）在查询设计器窗口中添加记录。操作方法是：在表数据输入框内（有*标识的行）输入一条记录，单击下一行，继续输入记录，重复此操作，直到输入全部记录。然后关闭表数据窗口。

说明：在 SQL Server 的查询设计器中，每输入一条记录，系统会自动保存该记录。

2）若要修改数据表中的数据，先在查询设计器窗口定位要修改的记录字段，然后对该字段值进行修改，修改之后将光标移到下一行即可保存修改的内容。

3）若要删除数据表中某些记录，在查询设计器窗口先定位要删除的记录，单击该行最前面的黑色箭头选择全行并右击鼠标，在弹出的快捷菜单中选择“删除”命令，如图 3.17 所示。

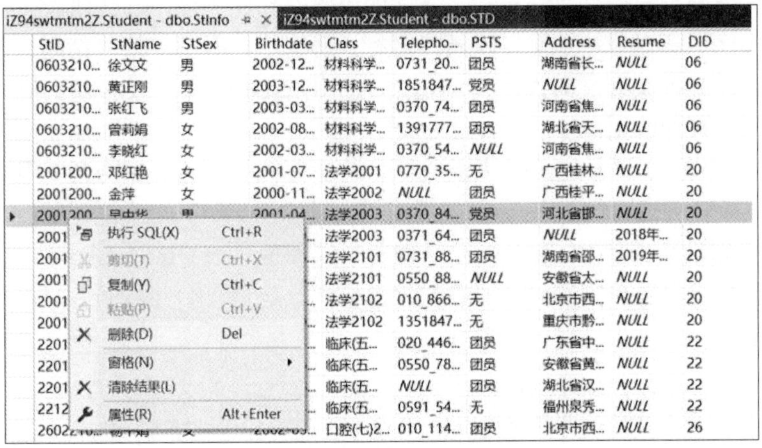

图 3.17　选择“删除”快捷命令

4）在弹出的删除确认对话框中，单击“是”按钮将删除所选择的记录，单击“否”按钮将不删除选择的记录，如图 3.18 所示。

图 3.18　删除记录确认对话框

3.4.2　使用 T-SQL 更新数据

在查询编辑器中，可以使用 T-SQL 对表中数据进行添加、修改和删除，与界面操作表数据相比，操作更灵活，功能更为强大。

1. *表数据的添加*

在 T-SQL 中，可以使用 INSERT 语句在数据表中插入记录。

语法格式：

INSERT [INTO] <数据表名> [(<列名列表>)] VALUES (<数据列表>)

参数说明：

- INTO：可选关键字，可以用于 INSERT 和数据表之间。
- <数据表名>：指定插入数据的表名。
- <列名列表>：用于指定要插入数据的一列或多列的列名。可选项，必须用小括号括起来，列名与列名之间用逗号分隔。
- VALUES：指定插入表中的值。

- <数据列表>：用于指定向数据表插入的一行或多行数据值。这些值也必须放在小括号内，如果指定的值为多个时，值与值之间必须用逗号隔开。如果指定了列名，那么数据列表必须与列名列表一一对应。如果没有指定列名，数据列表必须与数据表中各列的顺序一一对应。如果一次插入多行，则每行数据以小括号括起来，每行之间以逗号分隔。如果某列没有指定对应值，则使用 NULL 值（或者默认值）替代，这些列都必须允许 NULL 值。

注意：如果 INSERT 语句违反约束或规则，或者出现与列的数据类型不兼容的值，那么该语句就会执行失败，并且 SQL Server 将显示错误信息。

【例 3.13】假设数据库 Student 中已经创建了课程信息表 CInfo（参考 1.4.4 节表 1.5 的表结构）。试将新课程记录（9720044，网络技术与应用，选修，4）添加到课程信息表 CInfo 中，如图 3.19 所示。

CNo	CName	CType	Credit	CDes
1805012	大学英语	必修	8	大学英语课程...
1901022	艺术设计史	选修	2	NULL
2001051	民法学	必修	5	NULL
2900001	体育	必修	6	NULL
9710011	大学计算机基础	必修	2	NULL
9710021	VB程序设计基础	必修	3	NULL
9710031	数据库应用基础	必修	3	NULL
9710041	C++程序设计基础	必修	3	NULL
9720013	大学计算机基础实践	实践	1	NULL
9720033	数据库技术与应用实践	实践	1	本实践是在学...
9720043	C++程序设计实践	实践	1	NULL
9720044	网络技术与应用	选修	4	NULL

图 3.19　课程信息数据表

添加新课程记录的语句如下：

```
INSERT INTO CInfo VALUES ('9720044', '网络技术与应用', '选修', 4, NULL)
```

由于 CInfo 表没有指定列名，数据列表必须与数据表中各列的顺序一一对应，CDes 列无值，所以用 NULL 值替代。

注意：由于 CNo、CName 和 CType 字段均为字符型数据，所以数据列表中与字段对应的值需加上单引号。

【例 3.14】在 CInfo 表中添加一条新记录，CType 和 Cdes 列的值暂缺。

根据题意知，要求添加 3 个字段的数据，可以使用以下语句：

```
INSERT CInfo(CNO, CName, Credit)
VALUES ('9720045', 'Web 开发技术', 3)
```

本例提供的值的个数与数据表中列的个数不一致，插入时必须指明列名；由于系统实际插入的数据只有 3 个：'9720045'、'Web 开发技术'、3，因此 CInfo 表中的 CType 和 Cdes 列都必须允许为 NULL。

【例 3.15】在 Student 数据库的学院信息表 DInfo（参考 1.4.4 节中表 1.7 的表结构）中，将学院记录（16，商学院）、（17，文学院）、（20，法学院）添加到 DInfo 表中。

根据题意可知，要求一次添加三条记录的数据，使用以下语句：

```
INSERT INTO DInfo
VALUES ('16','商学院'), ('17','文学院'), ('20','法学院')
```

执行以上命令，在 DInfo 表中添加了 3 个学院的记录。每条记录包含两个数据，数据之间以逗号分隔，以小括号括起来；三条记录之间再以逗号分隔。

2. *表数据的修改*

在 T-SQL 中，UPDATE 语句用来修改数据表中的数据行。

语法格式：

```
UPDATE <数据表名>
SET <列名> = <表达式>   [ , ... n ]
[ WHERE <条件表达式> ]
```

参数说明：

- <数据表名>：指定要修改数据的表名。
- <列名> = <表达式>：指定要更改数据的列的名称和它们的新值。[, ... n]表示可以给 n 个列赋值，“列名=表达式”之间以逗号分隔。
- WHERE <条件表达式>：指明只对满足条件的行进行修改，可选子句。条件由<条件表达式>指定。如果省略 WHERE 子句，默认修改所有行。

【例 3.16】将 CInfo 表中的所有课程的学分加 1。

```
UPDATE CInfo SET Credit = Credit+1
```

语句无条件修改 CInfo 表中 Credit 列的所有数据，使得每门课程的学分都加 1。

【例 3.17】将 CInfo 表中课程号为 9710011 的课程学分减 1。

```
UPDATE CInfo SET C_Credit=C_Credit-1
WHERE CNO='9710011'
```

语句挑选条件表达式 CNO='9710011' 的值为 TRUE 的行修改数据，只使 9710011 号课程的学分减 1。

3. *表数据的删除*

当确定数据表中有些记录不需要时，就可以将其删除。在 SQL Server 中删除数据记录的 T-SQL 语句有 DELETE 和 TRUNCATE TABLE。

（1）DELETE 语句。

语法格式：

```
DELETE  [ FROM ] <数据表名>
 [ WHERE <条件表达式> ]
```

参数说明：

- FROM：为可选的关键字，指明删除数据的表。
- <数据表名>：指定要删除的行所在的表名或视图名。
- WHERE <条件表达式>：指明删除操作应满足条件，可选子句。如果省略 WHERE 子句，默认删除所有行。

【例 3.18】在 CInfo 表中删除课程号为 9720045 的记录。

```
DELETE FROM CInfo WHERE CNO='9720045'
```

语句按条件表达式 CNO='9720045' 值进行删除操作。

（2）TRUNCATE TABLE 语句。

使用 TRUNCATE TABLE 语句将删除指定表中的所有数据，也称为清除表数据语句。

语法格式：

```
TRUNCATE TABLE <数据表名>
```

<数据表名>指定要删除数据的表名。

【例 3.19】假设数据库 Student 中存在 Table_1 表，并且有若干记录，要求删除 Table_1 表中的全部记录，但保留数据表结构。

```
TRUNCATE TABLE Student.dbo.Table_1
```

语句无条件删除 Table_1 表中的全部记录。如果当前数据库是 Student，可以省略 Table_1 表的前缀。

TRUNCATE TABLE 语句在功能上与不带 WHERE 子句的 DELETE 语句相同，二者均删除表中的全部行。但 TRUNCATE TABLE 比 DELETE 速度快，且使用的系统和事务日志资源少。DELETE 语句每次删除一行，并在事务日志中为所删除的每一行都进行记录。而 TRUNCATE TABLE 通过释放存储表数据所用的数据页来删除数据，并且只在事务日志中记录页的释放。

TRUNCATE TABLE 删除的数据不可恢复，但表结构及其列、约束、索引等保持不变。若要删除记录的同时删除表结构，应使用 DROP TABLE 语句。

3.5 数据完整性管理

数据完整性是指存储在数据库中数据的正确性和一致性。约束是 SQL Server 提供的自动保持数据库完整性的一种方法，通过对数据库中的数据设置某种约束条件来保证数据的完整性。

3.5.1 SQL Server 约束的类型

SQL Server 中根据数据内容的不同，可以将数据完整性分为：实体完整性、参照完整性和用户定义完整性（参见 1.4.3 节）。根据约束的实现方法不同，可以将约束分为 6 种类型，分别是 PRIMARY KEY 约束、UNIQUE 约束、FOREIGN KEY 约束、CHECK 约束、NOT NULL 约束和 DEFAULT 约束。

（1）PRIMARY KEY 约束（主键约束）。指定表的一列或几列的组合的值能唯一标识一行记录，对应于实体完整性。主键约束确保用户没有输入重复的键值。主键列的数据类型不限，但此列的值必须是唯一并且非空。

（2）UNIQUE 约束（唯一性约束）指定一个或多个列的组合值具有唯一性，以防止在列中输入重复的数据。它与主键约束的区别是：一个数据表只能有一个主键约束，但可以有多个唯一性约束。

（3）FOREIGN KEY 约束（外键约束）。用于实现参照完整性，维护相关数据表之间数据一致性的手段。它作用于表级，通常用于对两个或两个以上的数据表中的列一起进行约束。如果某个表中列的值必须与其他表中列的值匹配，那就意味着需要一个参照完整性约束。

（4）NOT NULL 约束（无空值约束）。用于限制该列不允许取空值。空值（NULL）意味着数据尚未输入。它与 0 或长度为零的字符串（''）的含义不同。如果某一列必须有值才能使记录有意义，那么可以指明该列不允许取空值。

（5）CHECK 约束（检查约束）。通过约束条件表达式来限制列上可以接受的数据值和格式。

（6）DEFAULT 约束（默认约束）。数据库中每一行记录的每一列都应该有一个值，当然这个值也可以是空值。当向表中插入数据时，如果用户没有明确给出某一列的值，SQL Server 自动为该列添加空值，这样可以减少数据输入的工作量。

CHECK 约束、NOT NULL 约束和 DEFAULT 约束，用于实现用户定义完整性，对某一列的值域进行约束，如对数据类型、数据格式、取值范围和空值等进行规定。

根据约束作用范围的不同，约束可分为列约束和表约束。列约束作用于列，是对列进行的约束；表约束作用于数据表，是对表进行的约束。

列约束包含在列定义中，可以直接跟在该列的其他定义之后，用空格分隔，不用指定约束名。表约束与列定义相互独立，不包括在列定义中，通常用于对两个或两个以上的列一起进行约束。

可以在创建表时设置约束，语法格式：

```
CREATE TABLE  <数据表名> (
    <列名> <数据类型> [ <列约束> ] [ , … n ]
    [ , <表约束> [ , … n] ]
)
```

也可以修改表时设置约束，语法格式：

```
ALTER TABLE <数据表名>
ADD <列名> <数据类型> [ <列约束> ]
    | ADD <表约束>
    | DROP CONSTRAINT <约束名>
```

参数说明：

- ADD：添加约束关键字。
- <列约束>：指定作用于列的约束，可选项。设置列约束的语法格式：
  [CONSTRAINT <约束名>] <约束类型名>
- <表约束>：指定作用于表的约束。设置表约束的语法格式：
  [CONSTRAINT<约束名>] <约束类型名> (<列名列表>)
- <约束类型名>：指定约束的类型。约束类型关键字包括 NOT NULL、DEFAULT、UNIQUE、CHECK、PRIMARY KEY、FOREIGN KEY 之一。列约束使用前 5 个关键字，表约束使用后 4 个关键字。
- <约束名>：指定约束的名称。如果不指定，则系统为该约束设置约束名。
- <列名列表>：指定约束作用的列名。可以是一列或多列，如果是多列的组合，则列名之间以逗号分隔。
- DROP CONSTRAINT：删除约束关键字。

SQL Server 的约束可使用“对象资源管理器”或 T-SQL 语句实现。

3.5.2　设置主键约束

实体完整性规则

PRIMARY KEY 关键字可以用来设置主键约束。PRIMARY KEY 可以指定一个字段或多个字段中的数值具有唯一性，即不存在相同的数值，并且指定为主键约束的字段不允许有空值。一个表只能有一个主键，只有主键字段才能被作为其他表的外键所创建。

1. 使用对象资源管理器创建主键约束

【例 3.20】在 SCInfo 表中，设置 StId 和 CNo 为主关键字，并尝试输入与某个记录完全相同的学生的学号和课程号，验证数据库系统如何实现对实体完整性的保护。

操作步骤：

（1）在“对象资源管理器”中选择要修改的SCInfo数据表，右击，在弹出的快捷菜单中选择“设计”命令。

（2）在打开的“表设计器”中，选中需设置成主键的第1个字段，再按住Shift（或Ctrl）键选择第2个字段，右击，在弹出的快捷菜单中选择“设置主键”命令，此时可看到设置为主键的字段前面带有主键标识，如图3.20所示，表明SCInfo表的主键是由StId和CNo两个字段构成的组合键。

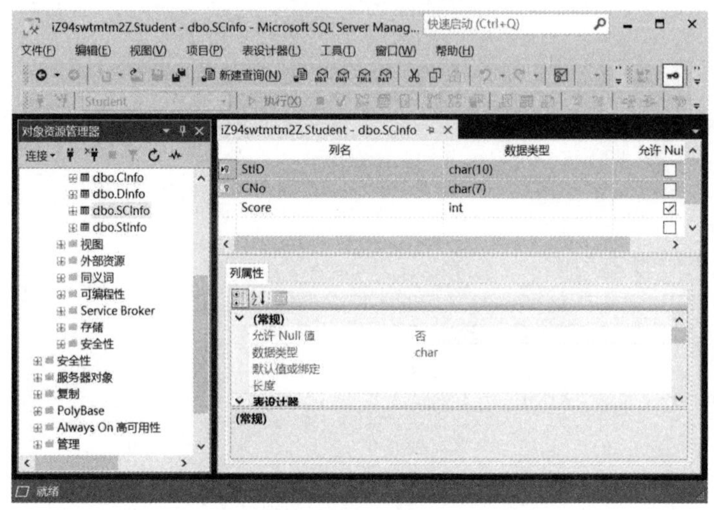

图3.20　StId和CNo设置为主键

注意：还可以单击工具栏中的“设置主键”按钮，将选择的字段设置成主键。

（3）关闭“表设计器”，在“对象资源管理器”中选择SCInfo表的快捷菜单中的“编辑前200行”命令。

（4）在打开的SCInfo表中输入与23号记录相同的学生学号（2602210108）、课程编号（2900001）和成绩（95）记录，如图3.21所示。

（5）输入新记录后单击其他任意一条记录，系统提示出错，如图3.22所示。表明DBMS对数据的实体完整性管理得以体现，即不允许数据表出现完全相同的行。

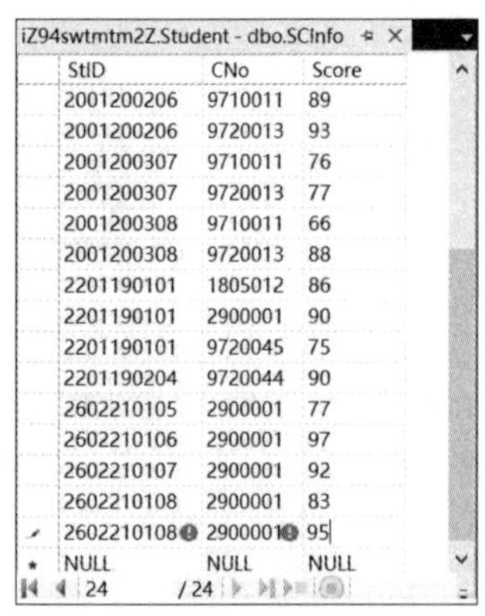

iZ94swtmtm2Z.Student - dbo.SCInfo

StID	CNo	Score
2001200206	9710011	89
2001200206	9720013	93
2001200307	9710011	76
2001200307	9720013	77
2001200308	9710011	66
2001200308	9720013	88
2201190101	1805012	86
2201190101	2900001	90
2201190101	9720045	75
2201190204	9720044	90
2602210105	2900001	77
2602210106	2900001	97
2602210107	2900001	92
2602210108	2900001	83
2602210108	2900001	95
NULL	NULL	NULL

24 / 24

图3.21　输入相同的学号和课程编号

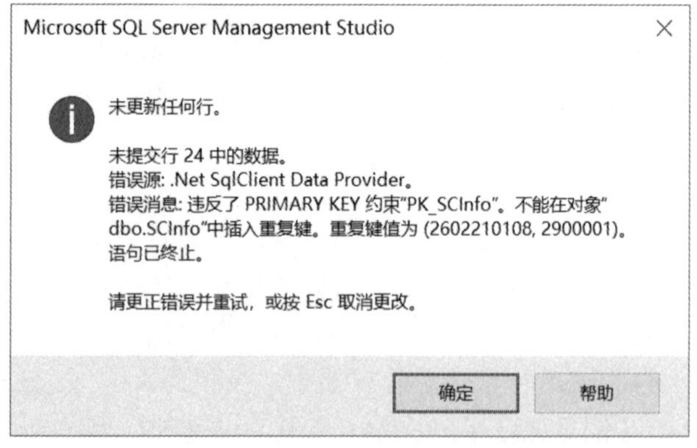

图3.22　系统提示主键约束出错

2. 使用 T-SQL 语句创建主键约束

PRIMARY KEY 约束可以是列约束，也可以为表约束。可以在创建表的时候创建主键约束，也可以在修改表时添加主键。

【例 3.21】在 Student 数据库中创建 Stu 表，要求包含 S_NO（学号）、SNAME（姓名）、AGE（年龄）、SEX（性别）字段，设置 S_NO 字段为主键。

```
CREATE TABLE Stu
(S_NO char(7) PRIMARY KEY ,
 SNAME char(10),
 AGE smallint,
 SEX char(2) )
```

语句中，主键定义在 S_NO 字段定义的后面，为列约束，表明该字段为主键。语句执行后，在 Student 数据库中创建 Stu 表的同时设置 S_NO 为主键，约束的名称由系统命名。

还可以将主键设置为表约束，指定约束名为 pk_stu，语句如下：

```
CREATE TABLE Stu
(S_NO char(7),
 SNAME char(10),
 AGE smallint,
 SEX char(2),
 CONSTRAINT pk_stu PRIMARY KEY(S_NO) )
```

语句中，CONSTRAINT 关键字指定 pk_stu 为约束名，PRIMARY KEY 关键字指定 S_NO 字段为主键。

注意：表约束在表定义语句中需要单独定义，独立于列定义，与其他列定义以逗号分隔。

主键不仅可以定义在单个列上，还可以在多列上定义组合键。

【例 3.22】在 Student 数据库的 SCInfo 表中，将 StID、CNo 字段设置为主键，主键约束名为 PK_SCInfo。

```
ALTER TABLE SCInfo
ADD CONSTRAINT PK_SCInfo PRIMARY KEY ( StID, CNo )
```

以上语句执行后，为 Stu 表添加主键 PK_SCInfo，键值为 StID、Cno 两列的组合键。

3.5.3　设置非空和默认约束

NOT NULL 约束指定的字段中不允许使用空值，插入时必须为该字段提供具体的数值，否则系统将提示错误。DEFAULT 约束通过定义一个默认值，使得用户在输入记录时，如果某个字段没有指定值，SQL Server 会自动将该默认值插入到对应的字段。

【例 3.23】使用对象资源管理器创建一个院系信息表 t_dept，系编号 DNO 列为 char 类型且非空，系名称 DName 列为 char 类型非空，系主任 dean 列为 char 类型，sex 列为字符类型且默认值为男。

按例 3.1 所示的操作步骤，在“表设计器”中输入字段名，选择数据类型，清除前 2 个字段的“允许 Null 值”栏复选框的勾选状态，结果如图 3.23。

选择 dean 列，在表设计器的“列属性”窗格中，选择“默认值或绑定”行，在右侧输入栏中输入‘男’，保存数据表即完成 NOT NULL 和 DEFAULT 约束的设置操作。

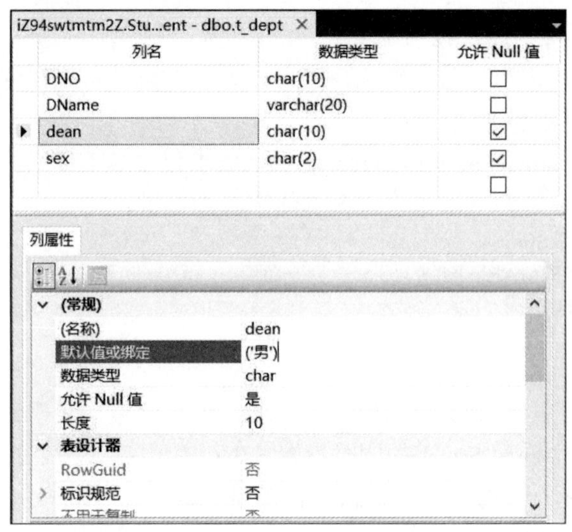

图 3.23 设置 NOT NULL 和 DEFAULT 约束

（2）通过 CREATE TABLE 语句在创建表的同时设置 NOT NULL 约束和 DEFAULT 约束。

【例 3.24】使用 T-SQL 语句在 Student 数据库中创建数据表 teacher，“教师编号”列为字符型非空，“教师姓名”列为字符型非空，“出生日期”列为 date 类型，“所在系编号”列为字符型且默认值为 1111。

语句如下：

```
CREATE TABLE teacher
(教师编号 char(4) NOT NULL ,
 教师姓名 char(10) NOT NULL,
 出生日期 date,
 所在系编号 char(4) DEFAULT  '1111' )
```

在执行上述语句后，在 teacher 表中插入一条记录：

```
INSERT  INTO  teacher(教师编号, 教师姓名, 出生日期)
VALUES('2101', '张宏', '1998-9-1')
```

语句执行后，系统提示“(1 行受影响)”表示插入成功。此时，查询 teacher 表显示如图 3.24 所示的数据。可以看出，虽然 INSERT 语句没有给“所在系编号”字段赋值，但系统给该列赋予了 DEFAULT 约束的默认值。

教师编号	教师姓名	出生日期	所在系编号
2101	张宏	1998-09-01	1111

图 3.24 teacher 表插入的数据

注意：默认值只在 INSERT 语句中使用，在 UPDATE 和 DELETE 语句中被忽略。如果在 INSERT 语句中提供了任意值，则不使用默认值。

【例 3.25】为例 3.24 创建的 teacher 表设置“出生日期”列非空。

```
ALTER TABLE teacher
ALTER COLUMN 出生日期 date NOT NULL
```

注意：当把某表的某列的约束修改为非空约束时，若该列中原本的数据有空值存在，则无法执行成功，需先将空的数据赋值才可以执行成功。

3.5.4　设置唯一性约束

主键约束和唯一约束的区别

唯一性约束即 UNIQUE 约束，它确保表中的一列数据没有相同的值。

唯一性约束与主键约束相似，都要求表中指定的列（或者列的组合）上有一个唯一值，区别在于一个表可以有多个唯一性约束，而每个表中只能有一个主键约束。

一个表一旦建立了唯一性约束，那么指定列中的每个值必须是唯一的，但允许为空且空值唯一。如果更新或者插入一条记录在该列上已经存在相同的值，则 SQL Server 将产生错误信息，拒绝这个记录的更新或插入。

唯一性约束可以使用“对象资源管理器”和 T-SQL 语句设置。

【例 3.26】使用对象资源管理器为例 3.24 创建的 teacher 表中的“教师姓名”列设置 UNIQUE 约束，约束名为 IK_tname。

操作步骤：

（1）在“对象资源管理器”的 teacher 表的快捷菜单中选择“设计”命令。

（2）打开“表设计器”，在“教师姓名”列的快捷菜单中，单击“索引/键”命令，打开“索引/键”对话框，单击“添加”按钮添加一个约束，在右侧“(名称)”栏中将约束名更改为 IK_tname，在“类型”列表中选择“唯一键”选项，在“列”栏设置“教师姓名（ASC)”，相关设置如图 3.25 所示。

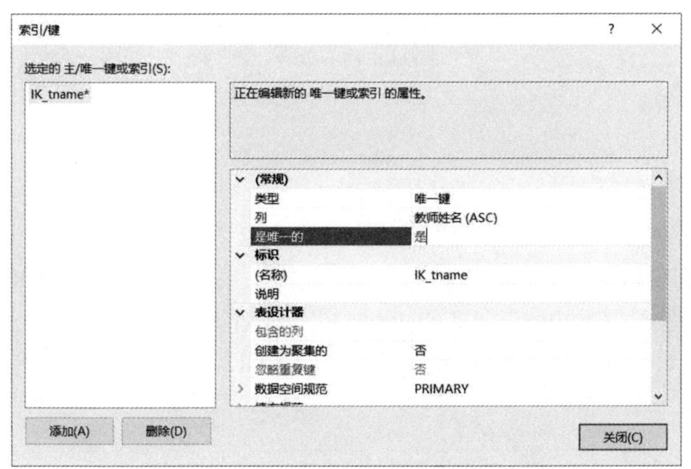

图 3.25　为“教师姓名”列创建唯一约束

（3）关闭“索引/键”对话框返回“表设计器”，保存设置的结果。

【例 3.27】使用 T-SQL 语句将例 3.23 创建的 t_dept 表的 DNO 列设置为唯一约束。

```
ALTER TABLE t_dept
ADD UNIQUE (DNO)
```

语句执行后为 DNO 列设置唯一约束，由于没有指定约束名称，由系统命名，所以可以省略 CONSTRAINT 关键字。

3.5.5　设置检查约束

设置检查约束

检查约束又叫 CHECK 约束，用于限制输入到列中的值的范围。CHECK

约束通过逻辑表达式来判断数据的有效性。当列数据更新时，输入的数据必须满足 CHECK 约束的条件，否则将无法正确输入。

可以使用“对象资源管理器”或者 T-SQL 语句设置 CHECK 约束。

【例 3.28】使用“对象资源管理器”将 Student 数据库的 CInfo 表中的 Credit（学分）字段的取值范围设置在 1～8 之间，并输入数据进行完整性验证。

操作步骤：

（1）在“对象资源管理器”中选择要创建 CHECK 约束的 CInfo 表，在弹出的快捷菜单中选择“设计”命令。

（2）打开的“表设计器”，选择 Credit 字段，在弹出的快捷菜单中选择“CHECK 约束”命令，打开“CHECK 约束”对话框。单击“添加”按钮，在“选定的 CHECK 约束”列表中添加约束 CK_CInfo，如图 3.26 所示。

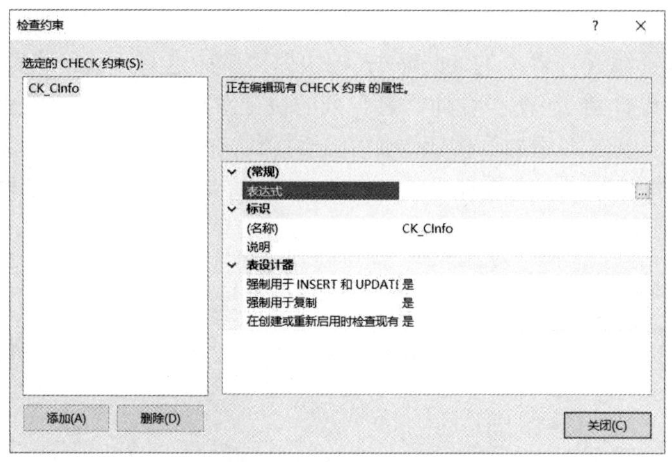

图 3.26 “检查约束”对话框

（3）单击右侧窗格中“表达式”栏右边的[...]按钮，在弹出的“CHECK 约束表达式”对话框中输入约束表达式“Credit>=1 and Credit<= 8”（或者直接在“表达式”栏中输入约束表达式），如图 3.27 所示。单击“确定”按钮，返回“CHECK 约束”对话框，单击“关闭”按钮，返回“表设计器”。

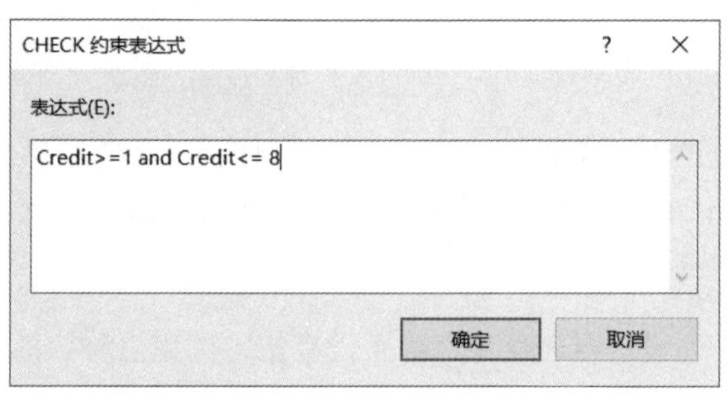

图 3.27 “CHECK 约束表达式”对话框

（4）关闭“表设计器”，在弹出的是否保存更改的对话框中，单击“是”按钮，完成 CHECK 约束设置。

（5）验证 CHECK 约束：通过“编辑前 200 行”打开 CInfo 表的“查询设计器”窗口，在“C++程序设计基础”课程的 Credit 字段中输入 9，系统提示错误信息，如图 3.28 所示，表明输入的数据不是正确的数据，超出了 CHECK 约束限制的范围。

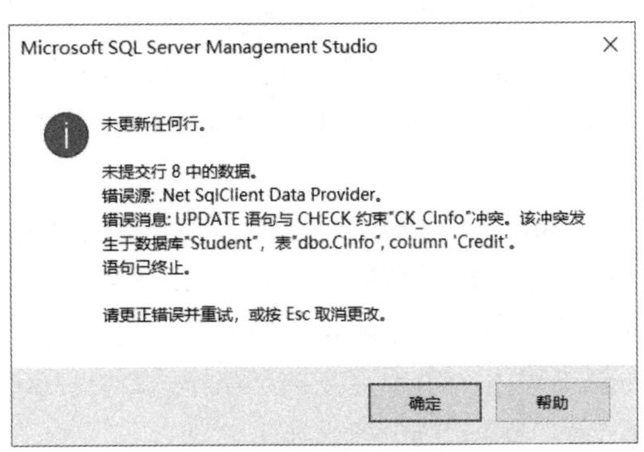

图 3.28　系统弹出 CHECK 约束产生的错误信息

【例 3.29】使用 T-SQL 语句设置例 3.1 创建的 STD 表的 AGE 列的值在 15～25 周岁之间，约束名称为 CK_age。

```
ALTER TABLE STD
ADD CONSTRAINT CK_age   CHECK   (AGE>=15 AND AGE<=25)
```

语句中，CONSTRAINT 关键字指定 CHECK 约束名为 CK_age，CHECK 关键字指定 CHECK 表达式 AGE>=15 AND AGE<=25，以小括号定界。

在 STD 表添加以下记录。

```
INSERT   INTO   STD   VALUES('1201', '张勇', 30, 'm')
```

语句执行后，出现 INSERT 语句与 CK_age 约束冲突的提示信息，如图 3.29 所示，表明输入的年龄值超出了 CK_age 约束的限制范围。

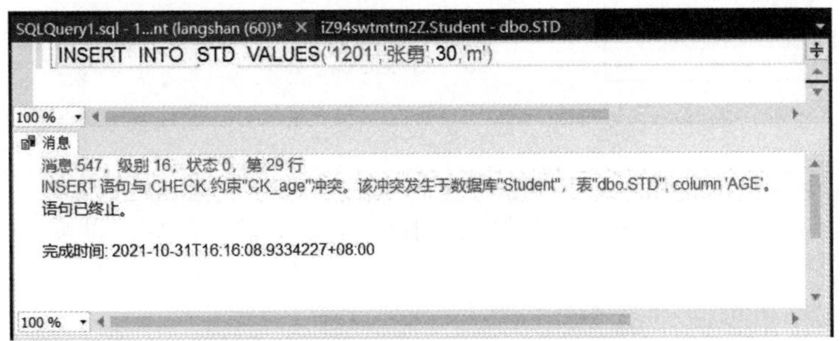

图 3.29　CHECK 约束产生的错误信息

3.5.6　设置外键约束

外键约束是用来加强两个表（主表和从表）的一列或多列数据之间的连接的。外键既能确保数据完整性，也能表现表之间的关系。添加了外键之后，要么插入引用表的记录必须被引用表中引用列的某条记录匹配，要么外键列的值必须设置为 NULL。

外键和主键不一样，每个表中的外键数目不限制唯一性。在每个表中，可有 1～253 个外键。唯一的限制是一列只能引用一个外键。一个主键可以被多个外键引用。

创建外键约束的顺序是先定义主表的主键，再对从表定义外键约束。只有主表的主键才能被从表用来作为外键使用，被约束的从表中的列可以不是主键，主表限制了从表更新和插入的操作。

可以使用“对象资源管理器”和 T-SQL 语句创建 FOREIGN KEY 约束。

【例 3.30】在选课信息表 SCInfo 中，设置 StID 和 CNo 分别为学生信息表和课程信息表的外关键字，并尝试输入某个不存在的学生学号，验证数据库系统如何实现对实体完整性的保护。

（1）为 SInfo、CInfo、SCInfo 三个表建立图 3.12 所示的选课关系图，则 SInfo 表的 StID 列为 SCInfo 表的外键，CInfo 表的 CNo 列为 SCInfo 表的外键。

（2）单击 SCInfo 表的快捷菜单的“编辑前 200 行”命令。

（3）在打开的 SCInfo 表中输入一个不存在的学生学号（如 3602060108）、课程编号（如 9710031）和成绩（90）新记录，如图 3.30 所示。

（4）单击其他任意一条记录，此时系统提示出错，限制该条记录的插入，DBMS 对数据的参照完整性管理得以体现，如图 3.31 所示。

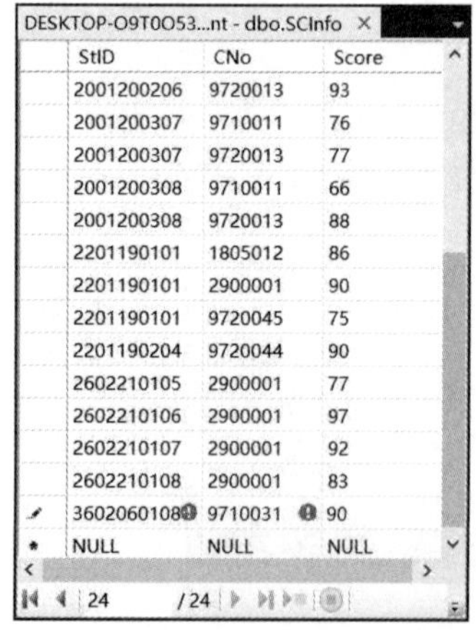

DESKTOP-O9T0O53...nt - dbo.SCInfo

StID	CNo	Score
2001200206	9720013	93
2001200307	9710011	76
2001200307	9720013	77
2001200308	9710011	66
2001200308	9720013	88
2201190101	1805012	86
2201190101	2900001	90
2201190101	9720045	75
2201190204	9720044	90
2602210105	2900001	77
2602210106	2900001	97
2602210107	2900001	92
2602210108	2900001	83
3602060108	9710031	90
NULL	NULL	NULL

24 /24

图 3.30　输入不存在的学生学号

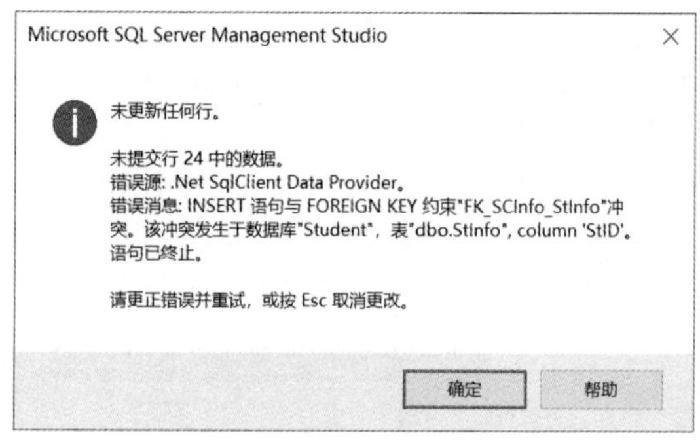

图 3.31　系统提示外键约束出错

【例 3.31】使用 T-SQL 语句在数据库 Student 中创建班级表 sclass，要求包含 CID（班级编号）、SCName（班级名称）、num（人数）、DID（学院编号）信息，设置 CID 为主键，DID 为 DInfo 的外键。

语句如下：

```
CREATE TABLE sclass
(CID char(7) PRIMARY KEY ,
 SCname char(10),
 num int,
 DID char(2),
 FOREIGN KEY (DID) REFERENCES DInfo(DID)
)
```

使用 T-SQL 语句还可以在已存在的表中添加外键。

【例 3.32】使用 T-SQL 语句将例 3.30 创建的 CInfo 表的主键 CNo 设置为 SCInfo 表的外键，外键名称为 FK_sc。

```
ALTER TABLE SCInfo
ADD CONSTRAINT FK_sc FOREIGN KEY (CNo) REFERENCES CInfo (CNo)
```

语句执行后生成外键 FK_sc，如果某行引用 CNo 不存在的课程编号值，那么就不允许把该行添加到 SCInfo 表中。

【例 3.33】综合应用示例。建立一个供货商和货物的数据库 S_P_DB，此数据库存在以下关系：

（1）供货商 S(S_NO,S_NAME,STATUS,CITY)，其属性分别表示供货商代码、名称、身份、所在的城市。

（2）货物 P(P_NO,P_NAME,WEIGHT,CITY)，其属性分别表示货物的编号、名称、重量和产地。

要求：

（1）供货商代码不能为空，且值是唯一的，供货商的名称也是唯一的。

（2）货物编号不能为空，且值是唯一的，货物的名称也不能为空。

使用以下 T-SQL 语句创建数据库 S_P_DB，创建关系 S 和关系 P 为表 S 和 P：

```
/* 创建数据库 S_P_DB */
CREATE DATABASE S_P_DB
GO
/* 创建供货商信息表 S */
CREATE TABLE S
( S_NO char(9) PRIMARY KEY,
  S_NAME char(20) UNIQUE,
  STATUS char(9),
  CITY char(10) )
/* 创建货物信息表 P */
CREATE TABLE P
( P_NO char(9) PRIMARY KEY,
  P_NAME char(20) UNIQUE,
  WEIGHT real,
  CITY char(10) )
```

表 S 和表 P 之间存在一个多对多的联系，该联系设置成关系 SP，其主键由字段 S_NO 和 P_NO 的属性组构成。SP 表包含 S_NO、P_NO 和 QTY 三列，其中 S_NO 和 P_NO 设置为外部关键字，QTY 为进货数量。创建该数据表的 T-SQL 语句如下：

```
/* 创建进货信息表 SP */
  CREATE TABLE SP
  ( S_NO char(9),
    P_NO char(9),
    QTY int,
    PRIMARY KEY(S_NO, P_NO),
    FOREIGN KEY(S_NO) REFERENCES S(S_NO),
    FOREIGN KEY(P_NO) REFERENCES P(P_NO)
  )
```

一、选择题

1．“表设计器”中的“允许空”单元格用于设置该字段是否可以输入空值，实际上就是创建该字段的（　　）约束。

A．主键　　B．外键　　C．默认　　D．检查

2．创建一个数据表时，可以指定的约束类型中不包含（　　）。

A．主键约束　　B．唯一性约束

C．共享性　　D．外键约束

3．下列关于主关键字的叙述正确的是（　　）。

A．一个表可以没有主关键字

B．只能将一个字段定义为主关键字

C．如果一个表只有一个记录，则主关键字字段可以为空值

D．都正确

4．下列语句用来删除表对象或表数据，其中不正确的语句是（　　）。

A．TRUNCATE TABLE book

B．DELETE * FROM book

C．DROP TABLE book

D．DELETE FROM book

5．CREATE TABLE 语句（　　）。

A．必须在数据表名称中指定表所属的数据库

B．必须指明数据表的所有者

C．指定的所有者和表名称组合起来在数据库中必须唯一

D．省略数据表名称时，则自动创建一个本地临时表

6．删除数据表的语句是（　　）。

A．DROP　　B．ALTER　　C．UPDATE　　D．DELETE

7．数据库完整性不包括（　　）。

A．实体完整性　　B．程序完整性

C．用户定义完整性　　D．参照完整性

8．下面关于 INSERT 语句的说法，正确的是（　　）。

A．INSERT 一次只能插入一行的元组

B．INSERT 只能插入，不能修改

C．INSERT 可以指定要插入到哪行

D．INSERT 可以加 WHERE 条件

9．表数据的删除语句是（　　）。

A．DELETE　　B．INSERT　　C．UPDATE　　D．ALTER

10．SQL 数据定义语言中，表示外键约束的关键字是（　　）。

A．CHECK　　B．FOREIGN KEY

C．PRIMARY KEY　　D．UNIQUE

二、思考题

1．数据通常存储在什么对象中？表对象存储在什么文件中？什么用户可以对表对象进行操作？

2．假定利用 CREATE TABLE 命令建立下面的 BOOK 表：

```
CREATE TABLE BOOK
(总编号 char(6),
 分类号 char(6),
 书名 char(6),
 单价 numeric(10, 2))
```

则“单价”列的数据类型是什么？列宽度是多少？是否有小数位？

3．在 SQL Server 中删除数据表和删除表数据是相同的意思吗？为什么？若要删除表的定义及其数据，应使用什么语句？

4．临时表的类别及特点是什么？

5．什么是数据完整性？数据完整性包括哪些内容？为什么要使用数据完整性？

6．什么是实体完整性？实体完整性可通过什么措施实现？主键约束和唯一性约束有什么区别？

7．什么是参照完整性？参照完整性的意义是什么？参照完整性可通过什么方法实现？

8．用户定义完整性在 SQL 中包含哪些方面？怎样实现？

第 4 章　数据库查询

- 了解：SELECT 语句的基本组成。
- 理解：SELECT 语句的语法格式及各项子句的含义；嵌套查询和连接查询的概念。
- 掌握：基本查询、嵌套查询、多表连接查询的方法；聚合函数统计汇总数据的方法；SELECT 语句的综合运用。

4.1　查询的概述

在数据库应用中，最常见的、执行频率最高的操作是数据查询，它是数据库系统中最重要的功能，也是数据库其他操作（如插入、删除、修改等）的基础。无论是创建数据库还是创建数据表，其最终的目的都是为了使用数据，而使用数据的前提是需要从数据库中获取数据信息。在 SQL Server 中查询操作就是一种获取数据信息的方法。SQL Server 的查询是对数据表中的数据进行查询，既可以使用 SSMS 图形界面的菜单方式直接查询，也可以通过编写 T-SQL 的 SELECT 语句实现查询。本章按照先简单后复杂、逐步细化的原则，重点介绍利用 SELECT 语句对数据库进行各种查询的方法。

4.1.1　图形界面的菜单方式

在 SQL Server Management Studio（SSMS）图形界面中，通过“对象资源管理器”可以直接查询数据表中的数据。其操作步骤是：在“对象资源管理器”中选择要查询的数据表（如 StInfo），右击，在弹出的快捷菜单中单击“选择前 1000 行”命令，打开“查询编辑器”窗格，如图 4.1 所示。在“查询编辑器”窗格中显示进行查询所对应的 T-SQL 的 SELECT 查询语句，同时执行该查询语句，查询结果集在“结果”窗格中默认显示以网格形式排列。用户可以在“结果”窗格中方便地浏览数据。

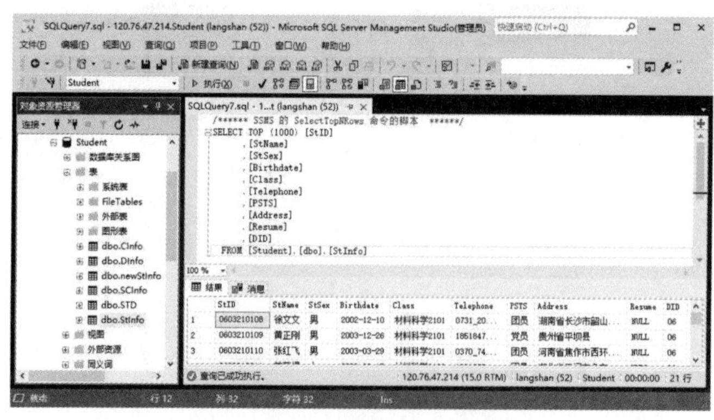

图 4.1　在 SSMS 窗口中查询数据

如果在“对象资源管理器”中选择数据表的快捷菜单“编辑前 200 行”命令，可以打开“查询设计器”窗口，也可以浏览表数据。

4.1.2　数据查询语句

对于大型表或复杂的数据查询，直接使用菜单命令查询有时显得很不方便甚至无法直接实现，必须编写 T-SQL 的查询语句来实现。也就是说，与图形界面的菜单方式相比，T-SQL 方式更为灵活且能实现复杂查询。在 SQL Server 中，使用 SELECT 语句不仅可以在数据库中精确地查找某行数据信息，而且还可以查询具有某项特征的多行数据。

SELECT 语句包含的主要子句的语法格式：

```
SELECT <输出列列表>                      /*指定要查询的字段或表达式*/
[ FROM <数据源>                          /*指定数据来源，表或视图等*/
[ WHERE <查询条件> ]                     /*指定查询条件*/
[ GROUP BY <分组表达式> ]                /*指定分组表达式*/
[ HAVING <分组筛选条件> ]                /*指定分组筛选条件*/
[ ORDER BY <列名列表> ] ]                /*指定查询结果的排序方式*/
```

在 SELECT 语句中，最简单的形式是 SELECT <表达式>，利用这个最简单的 SELECT 语句，可以进行 SQL Server 所支持的各种运算。例如，SELECT 20*21 将返回 420。

SELECT 语句结合子句使用可以对数据表进行选择、投影及连接运算（参见 1.4.2 节），能实现非常丰富的查询功能。

所有被使用的子句必须按语法说明中显示的顺序书写。例如，一个 HAVING 子句必须位于 GROUP BY 子句之后，并位于 ORDER BY 子句之前。

SELECT 语句执行后返回一个表的结果集。

使用 SELECT 语句进行查询的操作方法是：在 SSMS 主窗口单击“新建查询”按钮，打开“查询编辑器”窗口，选择要进行查询的数据库（系统默认使用 master 数据库），如图 4.2 所示。如果当前数据库不是要查询的数据库，则可以选择 SSMS 工具栏中的数据库下拉列表中要查询的数据库，或者使用 USE 语句打开数据库。

图 4.2　选择要查询的数据库

选择了数据库后，若未对操作的数据库对象进行限定，则所有的命令均是针对当前数据库进行操作。

当 SELECT 语句包含多个子句时，系统一般按照如下顺序执行。

（1）FROM 子句，指定查询语句的数据源。

（2）WHERE 子句，基于指定的条件对记录进行选择。

（3）GROUP BY 子句，将数据表的记录划分为多个分组。

（4）HAVING 子句，用于筛选分组，跟 GROUP BY 子句连在一起使用。

（5）SELECT 子句，提取指定列的输出查询结果。

（6）ORDER BY 子句，对查询结果集进行排序。

4.2 基本查询

SELECT 语句实现数据查询的基本框架是 SELECT-FROM-WHERE，各子句分别指定输出字段、数据来源和查询条件。其中 WHERE 子句可以省略，但 SELECT 子句和 FROM 子句是必需的。基本查询一般指使用 SELECT 语句基本格式获得满足要求的数据，它主要包括简单查询、条件查询和查询结果处理等操作。

简单查询

4.2.1 简单查询

简单查询是指 SELECT 语句只包含 SELECT 子句和 FROM 子句的操作，查询的对象是单表，即在查询过程中只对一个数据表的列进行操作。在单表中对列进行的操作实质是对关系的“投影”操作。

语法格式：

```
SELECT [ALL | DISTINCT] [TOP n [PERCENT]] <输出列列表> FROM <表名列表>
```

参数说明：

- ALL：表示输出所有记录，包括重复记录，默认为 ALL。
- DISTINCT：表示去掉结果中重复的记录。
- TOP n [PERCENT]：指定返回查询结果的前 n 行数据，如果指定 PERCENT 关键字，则返回查询结果的前 n%行数据。
- <输出列列表>：指查询结果的列的集合，可以是字段名、表达式或函数。
- 在输出结果中，如果需要为各列重新命名，可以根据要求设置一个列标题，称为列别名。语法格式如下：
  ```
  <列名 1> [[AS] <列别名 1>], <列名 2> [[AS] <列别名 2>][, … n ]
  ```
  其中，<列名>为查询列的名称，<列别名>指定列的标题。
- <表名列表>：指定要查询的数据表。当选择多个数据表中的字段时，可使用表别名来区分不同的表。语法格式如下：
  ```
  <表名 1> [<表别名 1>][, <表名 2> [<表别名 2>][, … n ]
  ```

1\. 查询全部字段或指定字段

若要查询数据表的全部字段，可以使用通配符“*”替代。若要查询表中指定的多个字段，则各字段之间用逗号隔开。

【例 4.1】查询 Student 数据库中 CInfo 表的所有课程的全部信息。

```
USE Student
GO
SELECT ALL * FROM CInfo
```

查询的结果如图 4.3 所示。语句执行后输出所有记录，包括重复记录。若省略 ALL 关键字，结果一样。

	CNo	CName	CType	Credit	CDes
1	1805012	大学英语	必修	8	大学英语...
2	1901022	艺术设计史	选修	4	NULL
3	2001051	民法学	必修	5	NULL
4	2900011	体育	必修	6	NULL
5	9710011	大学计算机基础	必修	2	NULL
6	9710021	VB程序设计基础	必修	4	NULL
7	9710031	数据库应用基础	必修	4	NULL
8	9710041	C++程序设计基础	必修	4	NULL
9	9720013	大学计算机基础实践	实践	2	NULL
10	9720033	数据库应用基础实践	实践	3	本实践是...
11	9720043	C++程序课程设计	实践	4	NULL
12	9720044	网络技术与应用	选修	4	NULL
13	9720045	Web开发技术	选修	3	NULL

图 4.3　CInfo 表的全部信息

注意：如果当前数据库是 Student 数据库，则“USE Student”语句可以省略。以下示例中，默认当前数据库为 Student 数据库。

【例 4.2】在 StInfo 表中，查询所有学生的 StID、StName、StSex 字段信息。

```
SELECT StID, StName, StSex FROM StInfo
```

查询的结果如图 4.4 所示，语句中字符大小写无区别。

2. 消除重复行或定义列别名

结果中重复行的操作

若查询只涉及表的部分字段，结果集可能会出现重复行（如图 4.4 中有两个姓名为张红飞的学生）。这时可用 DISTINCT 关键字消除结果集中的重复记录。

【例 4.3】查询 StInfo 表中全部学生的 StName、StSex 字段。要求去掉重复行。

```
SELECT DISTINCT StName, StSex FROM StInfo
```

查询结果如图 4.5 所示，可以看出，姓名为“张红飞”的记录只列出了一条，这是由于 DISTINCT 关键字控制查询结果集无 StName、StSex 字段重复记录的结果。若将命令改写为:

```
SELECT DISTINCT StID, StName FROM StInfo
```

则输出的结果中会出现两个“张红飞”。因为他们的学号不一样，所以不是重复记录。

为了使查询结果更直观，可以为显示的列定义列别名。列别名可以用 AS 子句命名，也可以省略 AS，还可以使用“列别名=表达式”的形式。

【例 4.4】查询 SCInfo 表中全部学生的 StID、CNo、Score 字段信息。要求用“学号”“课程编号”“成绩”作为列标题。

```
SELECT StID AS 学号, CNo 课程编号, 成绩=Score
FROM SCInfo
```

查询的结果如图 4.6 所示。

	StID	StName	StSex
1	0603210108	徐文文	男
2	0603210109	黄正刚	男
3	0603210110	张红飞	男
4	0603210211	曾莉娟	女
5	0603210212	李晓红	女
6	0603210213	张红飞	男
7	2001200115	邓红艳	女
8	2001200206	金萍	女
9	2001200307	吴中华	男
10	2001200308	王铭	男
11	2001210103	郑远月	男
12	2001210104	张力明	男
13	2001210205	张好然	女
14	2001210206	李娜	女
15	2201190101	张炜	男
16	2201190204	宋羽佳	女
17	2201190205	赵彦	男
18	2212190102	刘永州	男
19	2602210105	杨平娟	女
20	2602210106	王小维	男
21	2602210107	刘小玲	女
22	2602210108	何邵阳	男

图 4.4　学生的部分信息

	StName	StSex
1	邓红艳	女
2	何邵阳	男
3	黄正刚	男
4	金萍	女
5	李娜	女
6	李晓红	女
7	刘小玲	女
8	刘永州	男
9	宋羽佳	女
10	王铭	男
11	王小维	男
12	吴中华	男
13	徐文文	男
14	杨平娟	女
15	曾莉娟	女
16	张好然	女
17	张红飞	男
18	张力明	男
19	张炜	男
20	赵彦	男
21	郑远月	男

图 4.5　去除重复记录

	学号	课程编号	成绩
1	0603210108	9710021	56
2	0603210108	9710041	67
3	0603210109	9710041	78
4	0603210110	9710041	52
5	0603210211	1805012	85
6	0603210211	9710041	99
7	0603210212	1805012	92
8	2001200115	9710011	88
9	2001200115	9720013	90
10	2001200206	9710011	89
11	2001200206	9720013	93
12	2001200307	9710011	76
13	2001200307	9720013	77
14	2001200308	9710011	66
15	2001200308	9720013	88
16	2201190101	1805012	86
17	2201190101	2900001	90
18	2201190101	9720045	75
19	2201190204	9720044	90
20	2602210105	2900001	77
21	2602210106	2900001	97
22	2602210107	2900001	92
23	2602210108	2900001	83

图 4.6　标题为列别名

3. 限制结果集的行数

若查询的结果集行数特别多，可以使用关键字 TOP 指定返回的行数，也可以使用关键字 PERCENT 指定按百分比数目返回的行。

【例 4.5】查询 StInfo 表的 StName、StSex 列数据，返回结果集中的前 5 行，列标题为“姓名、性别”。

```
SELECT TOP 5 StName 姓名, StSex 性别
FROM StInfo
```

查询的结果如图 4.7 所示。

4. 计算列值

使用 SELECT 子句对字段进行查询时，在结果集中可以输出对字段值计算后的值，即 SELECT 子句可使用表达式的计算值作为查询结果。

语法格式：

```
SELECT <表达式 1> [ , <表达式 2> [, … n ] ]
```

【例 4.6】查询 SCInfo 表中前 5 行学生信息，其中 Score 列按 120 分制计算成绩，列标题为“学号、课程编号、成绩 120”。

```
SELECT TOP 5 StID 学号, CNo 课程编号, 成绩 120=Score*1.2
FROM SCInfo
```

查询的结果如图 4.8 所示。Score*1.2 为列表达式，将 SCInfo 表中每行的 Score 列值乘以 1.2 作为运算结果，“成绩 120”作为列别名。

	姓名	性别
1	徐文文	男
2	黄正刚	男
3	张红飞	男
4	曾莉娟	女
5	李晓红	女

图 4.7　返回结果集中的前 5 行

	学号	课程编号	成绩120
1	0603210108	9710021	67.2
2	0603210108	9710041	80.4
3	0603210109	9710041	93.6
4	0603210110	9710041	62.4
5	0603210211	1805012	102.0

图 4.8　返回计算值

4.2.2　条件查询

条件查询

条件查询是用得最多且比较复杂的一种查询方式。在 SELECT 语句中通过 WHERE 子句来指定查询条件，实现查询符合要求的数据。条件查询的本质是对数据表中的数据进行筛选，对应关系运算中的“选择”操作。

语法格式：

```
WHERE <条件表达式>
```

<条件表达式>是指查询的结果集应满足的条件，如果某行满足条件，即条件表达式的值为真（TRUE），结果集就包括该行记录。

查询条件通过判断运算来确定条件表达式的值。T-SQL 中判断运算主要有比较运算、逻辑运算、字符匹配运算、范围比较运算和空值比较运算等，判断运算的值都是逻辑真（TRUE）或逻辑假（FALSE）。

1. 比较运算

SQL Server 中的比较运算符有>（大于）、>=（大于等于）、<（小于）、<=（小于等于）、=（等于）、<>或!=（不等于）等。

【例 4.7】 查询 StInfo 表中 StID 为 2001210103 的学生情况，列出 StID、StName、Class 字段信息。

```
SELECT StID, StName, Class
FROM StInfo
WHERE StID ='2001210103'
```

查询结果如图 4.9 所示，条件运算对 StID 列的值逐个进行了判断筛选。

	StID	StName	Class
1	2001210103	郑远月	法学2101

图 4.9　列值参与条件运算的查询结果

【例 4.8】 查询 StInfo 表中 2002 年以前出生的学生情况，列标题为 StID、StName、出生年份和 Class。

```
SELECT StID, StName, YEAR(Birthdate) 出生年份, Class
FROM StInfo
WHERE YEAR(Birthdate )<2002
```

查询结果如图 4.10 所示。语句中“出生年份”是 Birthdate 字段的计算值的列别名，函数 YEAR(<日期型数据>)用于计算日期型数据的年份，为系统提供的内置函数（参见附录 1），结果为 int 型数据。例如 YEAR('2021-10-20')，返回值为整数 2021。

	StID	StName	出生年份	Class
1	2001200115	邓红艳	2001	法学2001
2	2001200206	金萍	2000	法学2002
3	2001200307	吴中华	2001	法学2003
4	2001210103	郑远月	2001	法学2101
5	2201190101	张炜	2000	临床(五年)1901
6	2201190204	宋羽佳	2001	临床(五年)1902
7	2212190102	刘永州	2000	临床(五年)1901

图 4.10　表达式参与条件运算的查询结果

2. 逻辑运算

在进行查询时，可能有多个条件，这时需要用逻辑运算 AND、OR 和 NOT 等（参见第 1 章表 1.14）来连接 WHERE 子句中的多个条件。当一个查询条件含有多个逻辑运算时，运算的优先次序依次为 NOT、AND、OR。在进行逻辑运算时，参与运算的数据为逻辑值（TRUE 或 FALSE），运算的结果也是逻辑值。

【例 4.9】查询 SCInfo 表中选课成绩大于等于 80 分且小于 90 分的学生的所有信息。

```
SELECT * FROM SCInfo
WHERE Score >=80 AND Score<90
```

查询结果如图 4.11 所示。WHERE 子句中比较运算>=与<优先于逻辑运算 AND。

	StID	CNo	Score
1	0603210211	1805012	85
2	2001200115	9710011	88
3	2001200206	9710011	89
4	2001200308	9720013	88
5	2201190101	1805012	86
6	2602210108	2900001	83

图 4.11　使用逻辑运算符的条件查询

字符匹配运算

3. 字符匹配运算

在实际应用中，有时用户并不能给出精确的查询条件，需要根据提供的线索来查询，例如查询姓“王”的学生信息。T-SQL 提供了 LIKE 字符匹配运算来实现这类模糊查询。

语法格式：

```
<表达式> [ NOT ] LIKE <模式字符串> [ ESCAPE <转义字符> ]
```

参数说明：

- <表达式>：一般为字符串表达式，在查询语句中可以是列名。
- <模式字符串>：用于<表达式>的搜索模式字符串。在搜索模式中可以使用通配符，表 4.1 列出了 LIKE 关键字可以使用的通配符及其说明。
- ESCAPE <转义字符>：用于指定转义字符。转义字符应为有效的单个 SQL Server 字符，无默认值。
- NOT LIKE：与 LIKE 的作用相反。

表 4.1　LIKE 使用的通配符

运算符	描述	示例
%	包含零个或多个字符的任意字符串	address LIKE '%公司%' 将查找地址任意位置包含“公司”的信息
_	下划线，对应任何单个字符	StName LIKE '_海燕' 将查找以“海燕”结尾的所有 3 个字符的名字
[ ]	指定范围（如[a-f]）或集合（如[abcdef]）中的任何单个字符	StName LIKE '[张李王]海燕' 将查找张海燕、李海燕、王海燕的姓名
[^]	不属于指定范围或集合的任何单个字符	StName LIKE '[^张李]海燕' 将查找不姓张、李的名为“海燕”的姓名

【例 4.10】查询 StInfo 表中姓"张"的男学生的所有信息。

```
SELECT * FROM StInfo WHERE StName LIKE '张%' AND StSex='男'
```

查询结果如图 4.12 所示。

	StID	StName	StSex	Birthdate	Class	Telephone	PSTS	Address	Resume	DID
1	0603210110	张红飞	男	2003-03-29	材料科学2101	0370_7458...	团员	河南省焦作市...	NULL	06
2	0603210213	张红飞	男	2004-06-29	材料科学2102	027_86362139	团员	湖北省武汉市	NULL	06
3	2001210104	张力明	男	2002-08-29	法学2101	0550_8834...	团员	安徽省太湖县...	NULL	20
4	2201190101	张炜	男	2000-05-05	临床(五年)1901	020_44614259	团员	广东省中山市...	NULL	22

图 4.12　查询姓"张"的男学生信息

语句中的 WHERE 子句还有等价的形式，语句格式：

```
WHERE LEFT(StName, 1)='张' AND StSex='男'
```

语句中 LEFT 是系统提供的一个内置函数，用于求字符串从左边开始指定个数的字符（参见附录 1），这里是从 StName 列值的左边开始取第 1 个字符，可以获得姓名中的姓。

【例 4.11】在 StInfo 表中查询学号倒数第 3 个字符为 1，倒数第 1 个字符在 1～4 之间的学生的学号、姓名、班级信息。

```
SELECT StID, StName, Class FROM StInfo WHERE StID LIKE '%1_[1234]'
```

查询的输出结果如图 4.13 所示。

【例 4.12】在 StInfo 表中，查询所有"口腔"班、名字后两个字为"小玲"的学生的学号、姓名、班级信息。

```
SELECT StID, StName, Class
FROM StInfo
WHERE StName LIKE '_小玲' AND Class LIKE '口腔%'
```

查询结果如图 4.14 所示。

	StID	StName	Class
1	2001210103	郑远月	法学2101
2	2001210104	张力明	法学2101
3	2201190101	张炜	临床(五年)1901
4	2212190102	刘永州	临床(五年)1901

图 4.13　学号按模式串匹配的学生信息

	StID	StName	Class
1	2602210107	刘小玲	口腔(七)2101

图 4.14　姓名和班级按模式串匹配的学生信息

如果要查找的字符中包含通配符字符本身，则使用 ESCAPE 转义字符来处理。ESCAPE 表示出现在转义字符后的第一个通配符的字符不再被视为通配符，而被视为普通字符对待。

【例 4.13】在 StInfo 表中，查询所有电话号码含区号且第 2 个字符为 1 的学生信息，要求结果集包含学生的学号、姓名、班级和电话号码等数据。注意表中 Telephone 字段值是用下划线（_）将区号和电话号码进行连接的。

```
SELECT StID, StName, Class, Telephone
FROM StInfo
WHERE Telephone LIKE '_1%#_%' ESCAPE '#'          /* 定义#为转义字符*/
```

查询的输出结果如图 4.15 所示。

	StID	StName	Class	Telephone
1	2001210205	张好然	法学2102	010_86634234
2	2602210105	杨平娟	口腔(七)2101	010_11425867

图 4.15　使用转义字符的查询

语句中使用了关键字 ESCAPE 定义“#”为转义字符，即'_1%#_%'中在“#”后面的“_”指实际字符“_”，不再具有其在 LIKE 搜索模式串中特殊的通配符含义。

4. 范围比较运算

在 T-SQL 中用于范围比较的关键字有 BETWEEN…AND 和 IN。

（1）BETWEEN…AND 运算。当要查询的条件是某个值的范围时，可以使用 BETWEEN…AND 关键字，一般应用于数值型数据或日期型数据。

语法格式：

```
<表达式> [ NOT ] BETWEEN <范围下限> AND <范围上限>
```

表示当<表达式>的值大于等于<范围下限>，同时小于等于<范围上限>时，查询条件为真。当使用 NOT 时，返回值刚好相反。

【例 4.14】在 StInfo 表中查询 2003 年出生的学生所有信息。

```
SELECT * FROM StInfo
WHERE Birthdate BETWEEN '2003-1-1' AND '2003-12-31'
```

查询结果如图 4.16 所示。

	StID	StName	StSex	Birthdate	Class	Telephone	PSTS	Address	Resume	DID
1	0603210109	黄正刚	男	2003-12-26	材料科学2101	18518473582	党员	贵州省平坝县	NULL	06
2	0603210110	张红飞	男	2003-03-29	材料科学2101	0370_745...	团员	河南省焦作市...	NULL	06
3	2001210205	张好然	女	2003-04-19	法学2102	010_8663...	团员	北京市西城区...	NULL	20
4	2001210206	李娜	女	2003-10-21	法学2102	13518473581	无	重庆市黔江中学	NULL	20
5	2602210107	刘小玲	女	2003-05-20	口腔(七)2101	0592_451...	无	厦门市前埔二...	NULL	26

图 4.16　查询 2003 年出生的学生信息

【例 4.15】在 StInfo 表中，查询年龄在 18～19 岁之间的学生所有信息。

```
SELECT * FROM StInfo
WHERE YEAR(GETDATE())-YEAR(Birthdate) BETWEEN 18 AND 19
```

查询结果如图 4.17 所示。

	StID	StName	StSex	Birthdate	Class	Telephone	PSTS	Address	Resume	DID
1	0603210109	黄正刚	男	2003-12-26	材料科学2101	18518473582	党员	贵州省平坝县	NULL	06
2	0603210110	张红飞	男	2003-03-29	材料科学2101	0370_745...	团员	河南省焦作市...	NULL	06
3	0603210213	张红飞	男	2004-06-29	材料科学2102	027_8636...	团员	湖北省武汉市	NULL	06
4	2001210205	张好然	女	2003-04-19	法学2102	010_8663...	团员	北京市西城区...	NULL	20
5	2001210206	李娜	女	2003-10-21	法学2102	13518473581	无	重庆市黔江中学	NULL	20
6	2602210107	刘小玲	女	2003-05-20	口腔(七)2101	0592_451...	无	厦门市前埔二...	NULL	26

图 4.17　年龄在 18～19 之间的学生名单

语句中 GETDATE 是系统提供的内置函数（参见附录 1），用于获取当前系统日期数据。例如，设当前日期为 2022-06-17，则 YEAR(GETDATE())表达式的返回值为数值 2022。因此 WHERE 条件中先通过表达式 YEAR(GETDATE())- YEAR(Birthdate)计算每个学生的年龄，再对年龄进行范围比较。

语句中的 WHERE 子句还有等价的形式：

```
WHERE YEAR(GETDATE())-YEAR(Birthdate)>=18 AND YEAR(GETDATE())-YEAR(Birthdate)<=19
```

该子句说明也可以使用逻辑运算来确定查询范围。

如果要判断<表达式>的值不在指定范围中，可以在 BETWEEN 前加 NOT 关键实现。

（2）IN 运算。当要判断一个表达式的值是否包含在某一个集合（是其中的元素）时，使用 IN 关键字，常应用于字符型数据。

语法格式：

<表达式> [NOT] IN (<值> [, ... n])

【例 4.16】在 StInfo 表中，查询“法学 2001”“法学 2101”和“材料科学 2101”班的学生信息。

```
SELECT * FROM StInfo
WHERE Class IN ('法学 2001', '法学 2101', '材料科学 2101')
```

查询的结果如图 4.18 所示。

	StID	StName	StSex	Birthdate	Class	Telephone	PSTS	Address	Resume	DID
1	0603210108	徐文文	男	2002-12-10	材料科学2101	0731_20223388	团员	湖南省长...	NULL	06
2	0603210109	黄正刚	男	2003-12-26	材料科学2101	18518473582	党员	NULL	NULL	06
3	0603210110	张红飞	男	2003-03-29	材料科学2101	0370_74586321	团员	河南省焦...	NULL	06
4	2001200115	邓红艳	女	2001-07-03	法学2001	0770_35687957	无	广西桂林...	NULL	20
5	2001210103	郑远月	男	2001-06-18	法学2101	0731_88837342	团员	湖南省邵...	2019年...	20
6	2001210104	张力明	男	2002-08-29	法学2101	0550_88341023	NULL	安徽省太...	NULL	20

图 4.18　使用 IN 关键字查询学生信息

当 Class 列值与 IN 后小括号列出的值中的任意一个匹配时，返回 TRUE，满足查询条件，作为查询结果输出。

如果要判断字段值不在某个集合中，可以使用 NOT IN 进行运算。

5. 空值判断运算

NULL 称为空值，表示值为空或未知。NULL 值不同于空白、零长度的字符串或零值。

使用 IS NULL 运算来测试字段值是否为 NULL，在查询时应使用“字段名 IS [NOT] NULL”的形式，而不能写成“字段名=NULL”或“字段名!=NULL”。

【例 4.17】在 StInfo 表中，查询 Telephone 字段值为 NULL 的学生所有信息。

```
SELECT * FROM StInfo WHERE Telephone IS NULL
```

查询的结果如图 4.19 所示。

StID	StName	StSex	Birthdate	Class	Telephone	PSTS	Address	Resume	DID
2001200206	金萍	女	2000-11-06	法学2002	NULL	团员	广西桂平市...	NULL	20
2201190205	赵彦	男	2002-08-05	临床(五年)1902	NULL	团员	湖北省汉阳...	NULL	22
2602210106	王小维	男	2002-12-11	口腔(七)2101	NULL	团员	NULL	NULL	26

图 4.19　Telephone 为 NULL 的学生信息

4.2.3　存储查询结果

使用 INTO 子句可以将 SELECT 查询所得到的结果保存到一个新建的表中。

语法格式：

[INTO <新表>]

<新表>是要创建的新表名。包含 INTO 子句的 SELECT 语句执行后创建的表的结构由 SELECT 所选择的列决定，新创建的表中的记录由 SELECT 的查询结果决定。

【例 4.18】由 StInfo 表创建“法学学生”表，包括学号和姓名数据。

```
SELECT StID 学号, StName 姓名 INTO 法学学生
FROM StInfo
WHERE Class LIKE '法学%'
```

查询结果如图 4.20 所示。在“对象资源管理器”中，可以看到 Student 数据中生成了新表“法学学生”，包括两个字段：学号、姓名，名称为 SELECT 子句的列别名，其数据类型与 StInfo 表的 StID、StName 字段相同，如图 4.20（a）所示。“法学学生”表记录为该查询的结果集，如图 4.20（b）所示，也就是说查询结果集没有显示在“结果”窗格，而是存储在“法学学生”表。

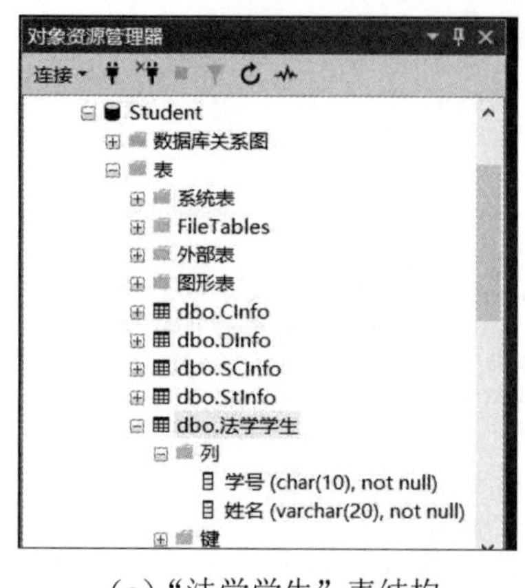

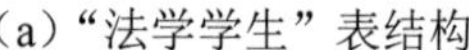
（a）“法学学生”表结构

（b）“法学学生”表

图 4.20　查询结果按指定顺序排序

注意：

（1）如果 SELECT 的查询结果为空，则创建一个只有结构而没有记录的空表。

（2）如果在 SELECT 子句中指定了计算列在新表中对应的列，则该列不是计算列而是一个实际存储在表中的列，其中的数据由执行 SELECT…INTO 时计算得出。

4.2.4　排序查询结果

使用 SELECT 语句完成查询后，所查询的结果记录按默认顺序显示在屏幕上，若需要将查询结果按一定的顺序排列显示，可使用 ORDER BY 子句实现。

语法格式：

```
ORDER BY <排序表达式 1> [ASC | DESC ][ , <排序表达式 2> [ASC | DESC ] ] [ , … n]
```

参数说明：

- <排序表达式>：为排序依据，可以是字段名和数字。字段名必须是 SELECT 子句的输出列，是所操作的表中的字段。数字是表的列序号，第 1 列为 1，其他列以此类推。
- ASC：指定按排序表达式升序排列。
- DESC：指定按排序表达式降序排列。

排序时，先按<排序表达式 1>排，该列相同的记录，再按<排序表达式 2>排，以此类推。在默认情况下，ORDER BY 子句按升序进行排序，即默认使用的是 ASC 关键字。如果用户要求按降序进行排序，必须使用 DESC 关键字。

【例 4.19】在 StInfo 表中，按性别升序列出所有学生的信息，性别相同的再按年龄由小到大排序。

```
SELECT * FROM StInfo
ORDER BY StSex, Birthdate DESC
```

查询的结果如图 4.21 所示。排序年龄由小到大相当于出生日期由大到小，可以使用“Birthdate DESC”作为排序依据。

StID	StName	StSex	Birthdate	Class	Telephone	PSTS	Address	Resume	DID
0603210213	张红飞	男	2004-06-09	材料科学2102	027_86362139	团员	NULL	NULL	06
0603210109	黄正刚	男	2003-12-26	材料科学2101	18518473582	党员	NULL	NULL	06
0603210110	张红飞	男	2003-03-29	材料科学2101	0370_74586321	团员	河南省焦作...	NULL	06
2602210106	王小维	男	2002-12-11	口腔(七)2101	NULL	团员	NULL	NULL	26
0603210108	徐文文	男	2002-12-10	材料科学2101	0731_20223388	团员	湖南省长沙...	NULL	06
2001200308	王铭	男	2002-09-09	法学2003	0371_64586366	团员	NULL	2018年...	20
2001210104	张力明	男	2002-08-29	法学2101	0550_88341023	NULL	安徽省太湖...	NULL	20
2201190205	赵彦	男	2002-08-05	临床(五年)1902	NULL	团员	湖北省汉阳...	NULL	22
2602210108	何邵阳	男	2002-06-01	口腔(七)2101	020_34514258	NULL	广东省韶关...	NULL	26
2001210103	郑远月	男	2001-06-18	法学2101	0731_88837342	团员	湖南省邵阳...	2019年...	20
2001200307	吴中华	男	2001-04-10	法学2003	0370_84586326	党员	河北省邯郸...	NULL	20
2201190101	张炜	男	2000-05-05	临床(五年)1901	020_44614259	团员	广东省中山...	NULL	22
2212190102	刘永州	男	2000-04-06	临床(五年)1901	0591_54514289	无	福州泉秀花...	NULL	22
2001210206	李娜	女	2003-10-21	法学2102	13518473581	无	重庆市黔江...	NULL	20
2602210107	刘小玲	女	2003-05-20	口腔(七)2101	0592_45142586	无	厦门市前埔...	NULL	26
2001210205	张好然	女	2003-04-19	法学2102	010_86634234	无	北京市西城...	NULL	20
0603210211	曾莉娟	女	2002-08-15	材料科学2102	13917773587	团员	湖北省天门...	NULL	06
2602210105	杨平娟	女	2002-05-20	口腔(七)2101	010_11425867	团员	北京市西城...	NULL	26
0603210212	李晓红	女	2002-03-29	材料科学2102	0370_54586336	NULL	河南省焦作...	NULL	06
2001200115	邓红艳	女	2001-07-03	法学2001	0770_35687957	无	广西桂林市...	NULL	20
2201190204	宋羽佳	女	2001-06-07	临床(五年)1902	0550_78341025	团员	安徽省黄山...	NULL	22
2001200206	金萍	女	2000-11-06	法学2002	NULL	团员	广西桂平市...	NULL	20

图 4.21　查询结果按指定顺序排序

4.2.5　汇总分组筛选

分组查询

SELECT 语句可以直接对查询结果进行汇总计算，还可以对查询结果进行分组计算。在查询中通常使用聚合函数完成汇总计算。

1. 聚合函数汇总查询

聚合函数常常用于对一组值进行计算，返回单个值，适用于对查询结果集进行汇总统计。例如，求一个结果集的最大值、最小值、平均值、总和及计数值等。表 4.2 中列出了常用的聚合函数。

表 4.2　常用的聚合函数

函数名	功能
AVG(<列名>)	求指定列值的平均值
SUM(<列名>)	求指定列值的总和
MAX(<列名>)	求指定列值的最大值
MIN(<列名>)	求指定列值的最小值
COUNT(* | <列名>)	计算数据表的记录数，或者计算指定列的值的个数

【例 4.20】计算 StInfo 表中的学生总人数和提供的电话数。

```
SELECT COUNT(*) 总人数, COUNT(Telephone) 电话数
FROM StInfo
```

使用 COUNT 函数可以统计 StInfo 表中的记录数，查询的结果如图 4.22 所示。

COUNT 函数的参数可以是除 text、image、ntext 之外的任何数据类型，可以使用列名，

也可以用“*”。COUNT(*)统计数据表的总行数，不管某字段有数值或者为空值。COUNT(<列名>)统计指定字段值的个数，忽略字段值为空的行，所以图 4.22 显示的电话数是 19。

【例 4.21】计算 StInfo 表中所有学生的平均年龄。

```
SELECT AVG(YEAR(GETDATE())- YEAR(Birthdate )) AS 平均年龄
FROM StInfo
```

查询的结果如图 4.23 所示。语句中使用表达式 YEAR(GETDATE())- YEAR(Birthdate)计算年龄，使用 AVG 函数统计年龄的平均值：AVG(YEAR(GETDATE())- YEAR(Birthdate))。

	总人数	电话数
1	22	19

图 4.22　COUNT 函数计算总数

	平均年龄
1	19

图 4.23　计算学生的平均年龄

AVG 函数的参数列的数据类型只能是数值型，如 int、smallint、decimal、float、money 等。本例 AVG 的参数表达式中参与计算的列虽然是日期型数据，但 AVG(YEAR(GETDATE())-YEAR(Birthdate))，的值为整型数据，可以进行平均值计算。

说明：图 4.23 依当前年份的不同查询结果会有不同。后续命令中与年龄有关的地方请读者进行相应调整。

【例 4.22】计算 CInfo 表中所有课程的总学分。

```
SELECT SUM(Credit) AS 总学分 FROM CInfo
```

使用 SUM 函数统计 Credit 字段值的总和，查询的结果如图 4.24 所示。SUM 函数的参数类型与 AVG 函数相同，必须是数值类型。

【例 4.23】计算 SCInfo 表中学生最高分和最低分。

```
SELECT MAX(Score) AS 最高分, MIN(Score) AS 最低分
FROM SCInfo
```

分别使用 MAX 函数和 MIN 函数统计 SCInfo 表中 Score 字段的最大值和最小值，查询的结果如图 4.25 所示。

	总学分
1	53

图 4.24　计算总学分

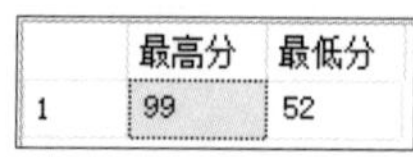

	最高分	最低分
1	99	52

图 4.25　计算最高分和最低分

MAX 和 MIN 函数的参数类型与 AVG 函数相同。

说明：使用聚合函数作为 SELECT 子句的输出列时，若不为其指定列标题（别名），则系统将对该列输出标题“(无列名)”。

2. 分组与筛选

分组查询是根据一个或多个字段对结果集进行分组，以实现对每个组而不是对整个结果集进行整合，各组产生一条记录放入结果表中。SQL Server 中使用 GROUP BY 子句对查询结果分组。

语法格式：

```
GROUP BY <字段 1> [ , <字段 2>] [ , … n ]
```

<字段>是进行分组所依据的字段名。GROUP BY 子句可以将查询结果按指定字段进行分组，该字段值相等的记录为一组。通常，在每组中通过聚合函数来计算一个或多个字段的统计

数。若在分组后还要按照一定的条件进行筛选，则需使用 HAVING 子句。

语法格式：

```
HAVING <条件表达式>
```

<条件表达式>指定 GROUP BY 分组显示时需要满足的条件。

HAVING 子句与 WHERE 子句一样，也可以起到按条件选择记录的功能，但两个子句作用对象不同，WHERE 子句作用于基本表，而 HAVING 子句作用于分组，必须与 GROUP BY 子句连用，用来指定每一分组内应满足的条件。HAVING 子句与 WHERE 子句不矛盾，在查询中可以先用 WHERE 子句选择记录，然后进行分组，最后再用 HAVING 子句筛选分组。当然，GROUP BY 子句也可单独出现。

【例 4.24】分别统计 StInfo 表中男女学生人数。

```
SELECT StSex AS 性别, COUNT(StSex) AS 人数
FROM StInfo
GROUP BY StSex
```

语句中，GROUP BY 将查询结果按 StSex 字段将学生分成男学生组和女学生组，再分别统计男、女学生人数。查询的结果如图 4.26 所示。

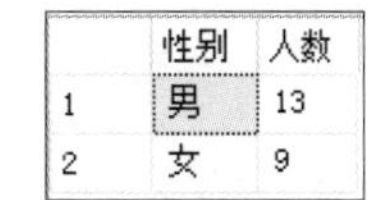

	性别	人数
1	男	13
2	女	9

图 4.26　统计男女学生人数

【例 4.25】分别统计 SCInfo 表中学习各门课程的学生人数。

```
SELECT CNo, COUNT(*) AS 人数
FROM SCInfo
GROUP BY CNo
```

语句中，先按 CNo 字段进行课程分组，再分别统计每门课程的学习人数。查询的结果如图 4.27 所示。

【例 4.26】对 SCInfo 表，查询平均成绩大于 80 分的课程的平均成绩信息，列标题为 CNo 和平均成绩。

```
SELECT CNo, AVG(Score) AS 平均成绩
FROM SCInfo
GROUP BY CNo
HAVING AVG(Score)>=80
```

查询的结果如图 4.28 所示。可以看出，本题要求统计每门课程的平均成绩，因此 GROUP BY 先按 CNo 对课程分组；HAVING 再对每个分组的平均成绩进行筛选，挑选出平均成绩大于 80 分的分组。

	CNo	人数
1	1805012	3
2	2900001	5
3	9710011	4
4	9710021	1
5	9710041	4
6	9720013	4
7	9720044	1
8	9720045	1

图 4.27　各门课程的学习人数

	CNo	平均成绩
1	1805012	87
2	2900001	87
3	9720013	87
4	9720044	90

图 4.28　平均成绩大于 80 的课程信息

注意：聚合函数可以用于 SELECT 子句的输出列和 HAVING 子句的条件表达式，但不能用于 WHERE 子句。

嵌套查询

4.3 嵌套查询

有时候一个 SELECT 语句无法完成查询任务，而需要另一个 SELECT 语句的结果作为查询的条件。这种一个查询语句嵌套在另一个查询语句内部的查询称为嵌套查询。在嵌套查询中处于内层的查询称为子查询，处于外层的查询称为父查询（或称主查询）。任何允许使用条件表达式的地方都可以使用子查询。

SQL Server 允许多层嵌套查询。嵌套查询一般的查询方法是由内向外进行处理，即每个子查询在上一级查询处理之前处理，外层查询利用内层查询的结果继续执行。子查询的返回结果可以是单值，也可以是多值，根据返回值个数的不同有不同的处理方式。

4.3.1 比较运算子查询

SQL Server 的比较运算符（>、>=、<、<=、=、<>或!=）可用于测试条件是否相等或不相等。在 WHERE 子句中使用这些运算符来确定和子查询的结果进行比较得到的查询记录。

当子查询的返回结果是一个值时，可以直接使用这些比较运算符。这种子查询也称为单值嵌套查询。

【例 4.27】在 Student 数据库中，查询选修“大学计算机基础”课程的学生的 StID、Score 信息。

```
SELECT StID, Score
FROM SCInfo
WHERE CNo= ( SELECT CNo FROM CInfo WHERE CName='大学计算机基础' )
```

查询结果如图 4.29（a）所示。该语句的执行分为两个阶段：首先子查询在 CInfo 表中找出课程名为“大学计算机基础”的 CNo 字段值（9710011），如图 4.29（b）所示；然后主查询在 SCInfo 表中找出 CNo 等于子查询返回值（971011）的各行记录，并显示这些记录的学号和成绩信息。可以看出，WHERE 子句中参与比较运算的数据来源于两个不同的表。

	StID	Score
1	2001200115	88
2	2001200206	89
3	2001200307	76
4	2001200308	66

（a）选修“大学计算机基础”的成绩信息

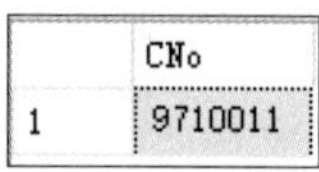

	CNo
1	9710011

（b）子查询结果

图 4.29 例 4.27 嵌套查询结果

4.3.2 IN 运算子查询

使用 IN 运算进行子查询时，内层查询语句返回一个字段值，这个字段中的值将提供给外层查询语句进行条件判断。

语法格式：

```
<字段名> [ NOT ] IN ( <查询语句> )
```

【例 4.28】在 Student 数据库中，查询选修课程名称为“体育”或“大学计算机基础”课程的学生的 StID、CNo、Score 字段信息。

```
SELECT StID, CNo, Score
FROM SCInfo
WHERE CNo IN
        ( SELECT CNo FROM CInfo
          WHERE CName='大学计算机基础' OR CName='体育' )
```

查询的结果如图 4.30（a）所示。查询时，首先子查询在 CInfo 表中找出“大学计算机基础”和“体育”课的课程号 CNo，如图 4.30（b）所示，然后主查询在 SCInfo 表中查找子查询返回的课程号（2900001、9710011）所对应的两门课程的学习记录。

	StID	CNO	Score
1	2001200115	9710011	88
2	2001200206	9710011	89
3	2001200307	9710011	76
4	2001200308	9710011	66
5	2201190101	2900001	90
6	2602210105	2900001	77
7	2602210106	2900001	97
8	2602210107	2900001	92
9	2602210108	2900001	83

（a）IN 运算嵌套查询

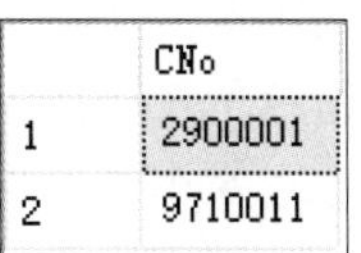

	CNo
1	2900001
2	9710011

（b）子查询结果

图 4.30　例 4.28 查询结果

【例 4.29】在 Student 数据库中，查询“法学”专业平均成绩在 80 分以上的学生的 StID 和平均成绩。

```
SELECT StID, AVG(Score)  平均成绩
FROM SCInfo
WHERE StID IN
      ( SELECT StID FROM StInfo WHERE Class LIKE '法学%' )
GROUP BY StID
HAVING AVG(Score)>80
```

StInfo 表中没有“专业”字段，而 Class 字段包含有专业信息。可以使用 LIKE 对 Class 字段进行字符匹配运算以提取相关信息，查询的结果如图 4.31 所示。

	StID	平均成绩
1	2001200115	89
2	2001200206	91

图 4.31　例 4.29 查询结果

查询中，首先通过子查询在 StInfo 表中找出所有“法学”专业的学生学号 StID，然后在 SCInfo 表中查找子查询返回的 StID（2001200115、2001200206）所指定的那些记录，再对这些记录按 StID 进行分组，统计分组的平均成绩，并将平均成绩 80 分以上的分组筛选出来。

4.3.3　使用 ANY 和 ALL 的子查询

由例 4.28 和例 4.29 可以看出，有些子查询返回一列值的个数大于 1。这种子查询的返回结果包含多个值的嵌套查询称为多值嵌套查询。多值嵌套查询在进行比较运算时，需要使用 ANY 和 ALL 等关键字参与运算。

1. 使用 ANY 运算

进行多值嵌套查询时，WHERE 子句的条件表达式可以使用 ANY 关键字配合运算。

语法格式：

<表达式> <比较运算符> ANY (<子查询>)

ANY 指定当子查询返回的结果集中的某个值满足比较条件时就返回 TRUE，否则返回 FALSE。

【例 4.30】在 Student 数据库中，查询选修 CNo 为 9710011 课程的学生的成绩比选修 CNo 为 2900001 课程的学生的最低成绩高的学生的 StID、Score 信息。

```
SELECT StID, Score
FROM SCInfo
WHERE CNo='9710011' AND Score > ANY
    ( SELECT Score FROM SCInfo WHERE CNo='2900001' )
```

查询的结果如图 4.32（a）所示。

该查询首先通过子查询找出选修 CNo 为 2900001 课程的所有学生的成绩，如图 4.32（b）所示，此结果集返回 5 个值；然后 ANY 参与外层查询的“>”运算，表示只要 9710011 课程的成绩大于 2900001 课程的 5 个成绩中的任何一个（即高于 77）即满足比较条件，就选入外层查询的结果集。语句中 ANY 关键字接在一个比较运算的后面。

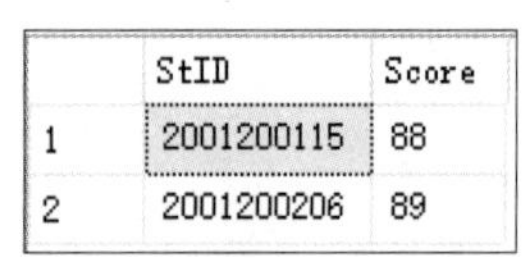

	StID	Score
1	2001200115	88
2	2001200206	89

（a）使用 ANY 的查询结果

	Score
1	90
2	77
3	97
4	92
5	83

（b）例 4.30 子查询结果

图 4.32 例 4.30 嵌套查询结果

2. 使用 ALL 运算

多值嵌套查询中，需要同时满足所有子查询的条件才符合查询需要时，可以将比较运算符配合 ALL 运算使用。

语法格式：

<表达式> <比较运算符> ALL (<子查询>)

ALL 指定子查询返回的结果集中每个值都满足比较条件时返回 TRUE，否则返回 FALSE。

【例 4.31】在 Student 数据库中，查询选修 CNo 为 2900001 课程的学生成绩比选修 9710011 课程的学生最高成绩还要高的学生的 StID、Score 信息。

```
SELECT StID, Score
FROM SCInfo
WHERE CNo='2900001' AND Score>ALL
    ( SELECT Score FROM SCInfo WHERE CNo='9710011' )
```

查询的结果如图 4.33（a）所示。

该查询首先找出 9710011 号课程的所有成绩，如图 4.33（b）所示，此结果集返回 4 个值；然后在选修 2900001 号课程的学生中选出其成绩高于 9710011 号课程的所有成绩（即高于 89）的那些学生。语句中 ALL 关键字处于一个比较运算的后面。

	StID	Score
1	2201190101	90
2	2602210106	97
3	2602210107	92

（a）使用 ALL 的嵌套查询

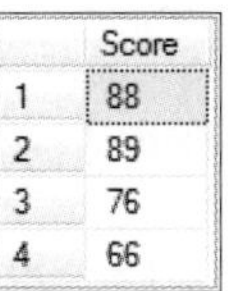

	Score
1	88
2	89
3	76
4	66

（b）例 4.31 子查询结果

图 4.33　例 4.31 的查询结果

4.3.4　内外层互相关嵌套查询

前面讨论的嵌套查询都是外层查询依赖于内层查询的结果，而内层查询与外层查询无关。事实上，SQL 还支持内、外层互相关的查询，也就是外层可以使用内层的查询结果，外层还可以向内层的查询提供值。

【例 4.32】查询 SCInfo 表中每个学生所选课程的最高成绩，列出 StId、CNo、Score 信息。

```
SELECT StID, CNo, Score
FROM SCInfo a
WHERE Score = ( SELECT MAX(Score) FROM SCInfo b WHERE a.StID = StID)
```

在这个查询中，外层查询和内层查询使用同一个数据表 SCInfo，给它们分别指定表别名 a 和 b 以示区分。外层查询提供 a 表中的每个记录的 StID 字段值给内层查询使用；内层查询利用 a.StID 字段值，在 b 表中确定对应学生的最高成绩；随后外层查询再根据 a 表的同一记录的 Score 值与该最高成绩进行比较，如果相等，则该记录被选择。查询结果如图 4.34 所示。

	StID	CNo	Score
1	0603210108	9710041	67
2	0603210109	9710041	78
3	0603210110	9710041	52
4	0603210211	9710041	99
5	0603210212	1805012	92
6	2001200115	9720013	90
7	2001200206	9720013	93
8	2001200307	9720013	77
9	2001200308	9720013	88
10	2201190101	2900001	90
11	2201190204	9720044	90
12	2602210105	2900001	77
13	2602210106	2900001	97
14	2602210107	2900001	92
15	2602210108	2900001	83

图 4.34　内外层互相关嵌套查询结果

在内外层很清晰的情况下，字段前缀 a 或 b 可以省略，在外层的语句中不加前缀引用的就是外层字段，在内层的语句中不加前缀引用的就是内层字段；只有在内层引用外层的字段，或者在外层引用内层的字段时才需要用前缀进行标识（如本例子查询的 a.StID）。

4.3.5　使用 EXISTS 的子查询

在嵌套查询中还可以使用 EXISTS 关键字测试子查询的结果是否存在记录。若存在，子查询返回值 TRUE，否则返回值 FALSE。

语法格式：

```
[ NOT ] EXISTS ( <子查询> )
```

【例 4.33】在 Student 数据库中，查询成绩在 90 分及以上的学生的姓名、班级名。

```
SELECT StName, Class
FROM StInfo
WHERE EXISTS ( SELECT * FROM SCInfo
    WHERE Score >=90 AND StInfo.StID = SCInfo.StID )
```

查询的结果如图 4.35 所示。

	StName	Class
1	曾莉娟	材料科学2102
2	李晓红	材料科学2102
3	邓红艳	法学2001
4	金萍	法学2002
5	张炜	临床(五年)1901
6	宋羽佳	临床(五年)1902
7	王小维	口腔(七)2101
8	刘小玲	口腔(七)2101

图 4.35　使用 EXISTS 的查询结果

语句中 StInfo 表和 SCInfo 表通过 StID 互相关，若在 SCInfo 表中存在 Score 大于等于 90 分的记录，则子查询返回 TRUE，外查询就选择与该记录的学号对应的学生的姓名和班级名称。

可以看出，EXISTS 只是判断子查询的结果是否存在记录，它本身并没有任何运算或比较，因此只有在子查询引用了外层的值，这种查询才有意义。

注意：子查询返回的结果集不显示；在子查询的 SELECT 语句中不能使用 ORDER BY 子句，ORDER BY 子句只能对最终查询结果排序。

4.4　连接查询

在进行数据库设计时有一个重要原则，减少数据冗余。为了达到这个目标，数据常会被拆分，并通过互相引用减少冗余。在数据查询时又要将这些被拆分的数据重新组合起来，这就需要在查询时组合多张表的数据。这种在查询时涉及将多个数据表按照一定的条件连接起来，根据一定的查询条件获取数据的查询称为连接查询（或多表查询）。连接查询是关系数据库模型的主要特点，也是区别于其他类型数据库管理系统的一个标志。

在 T-SQL 中，有两种方式实现多表连接查询。一种在 FROM 子句中指定用于查询的数据表，在 WHERE 子句中指定多表连接的条件，另一种在 FROM 子句中使用 JOIN 关键字连接表，使用 ON 关键字指定表之间的连接条件。

在 FROM 子句中指定表，WHERE 子句指定连接条件，语法格式：

```
FROM <表名 1> [<表别名 1>][, <表名 2> [<表别名 2>][, … n] WHERE <连接条件>
```

在 FROM 子句中指定连接条件，语法格式：

```
FROM <表名 1> [<表别名 1>] [ <连接类型> ] JOIN <表名 2> [<表别名 2>] ON <连接条件>
```

参数说明：

- <表名>：指出参与连接操作的表名，连接可以对同一个表操作，也可以对不同表操作。
- <连接类型>：指出连接的类型。连接类型可分为 INNER JOIN（内连接）、OUTER JOIN（外连接）和 CROSS JOIN（交叉连接）三种类型。

- <连接条件>：指出连接的条件，它由被连接表中的列和比较运算符、逻辑运算符等组成。

FROM 子句中指定连接条件有助于将连接操作与 WHERE 子句中的查询条件区分开来，在 T-SQL 中推荐使用这种方法。

4.4.1　内连接

等值连接查询

内连接（INNER JOIN）使用比较运算符进行表间某（些）列数据的比较操作，并列出这些表中与连接条件相匹配的数据行。根据所使用的比较方式不同，内连接又分为等值连接和不等值连接两种。

1．等值连接

在连接条件中使用等号“=”运算符比较被连接列的列值，按对应列的共同值将一个表中的记录与另一个表中的记录相连接，查询结果中列出被连接数据表中的所有列（包括重复列），这种连接称为等值连接。

【例 4.34】在 Student 数据库中，查询所有选课学生的学号、所选课程的课程名称和成绩。

```
SELECT StID, CName, Score
FROM SCInfo, CInfo
WHERE SCInfo.CNo=CInfo.CNo
```

查询的结果如图 4.36 所示。查询的 StID、Score 字段来源于 SCInfo 表，CName 字段来源于 CInfo 表，需要 SCInfo、CInfo 两表连接查询。连接条件在 WHERE 子句中指定，由 SCInfo 表和 CInfo 表相同的字段 CNo 值相等构成连接条件。由于 SCInfo 表和 CInfo 表存在同名的字段 CNo，为了区分需要在 CNo 名前加上表名（或表别名）作为前缀进行限定，如 SCInfo.CNo、CInfo.CNo。

	StID	CName	Score
4	0603210110	C++程序设计基础	52
5	0603210211	大学英语	85
6	0603210211	C++程序设计基础	99
7	0603210212	大学英语	92
8	2001200115	大学计算机基础	88
9	2001200115	大学计算机基础实践	90
10	2001200206	大学计算机基础	89
11	2001200206	大学计算机基础实践	93
12	2001200307	大学计算机基础	76
13	2001200307	大学计算机基础实践	77
14	2001200308	大学计算机基础	66
15	2001200308	大学计算机基础实践	88
16	2201190101	大学英语	86
17	2201190101	体育	90
18	2201190101	Web开发技术	75
19	2201190204	网络技术与应用	90
20	2602210105	体育	77
21	2602210106	体育	97
22	2602210107	体育	92
23	2602210108	体育	83

图 4.36　等值连接查询

提示：SCInfo 表中的数据记录为已选修课程的学生记录，不包含未选修课程的学生选课信息。

连接查询和嵌套查询都可能涉及两个或多个表，它们的区别是：连接可以合并两个或多个表中的数据作为查询结果，而嵌套查询的结果来自主查询，子查询的结果用来作为主查询选择数据的条件。

查询语句的连接条件可以在 FROM 子句中由 ON 关键字指定。

【例 4.35】 在 Student 数据库中，查询男学生的选课情况，要求列出学号、姓名、性别、课程名称、课程编号和成绩。

```
SELECT a.StID, StName, StSex, CName,b.CNo, Score
FROM StInfo a INNER JOIN SCInfo b ON a.StID = b.StID
     INNER JOIN CInfo c ON b.CNo = c.CNo
WHERE StSex = '男'
```

查询的结果如图 4.37 所示。查询的 StID、StName、StSex 字段来源于 StInfo 表，CNo、Score 字段来源于 SCInfo 表，CName 字段来源于 CInfo 表，需要将 StInfo、SCInfo、CInfo 三表连接查询。

	StID	StName	StSex	CName	CNo	Score
1	0603210108	徐文文	男	VB程序设计基础	9710021	56
2	0603210108	徐文文	男	C++程序设计基础	9710041	67
3	0603210109	黄正刚	男	C++程序设计基础	9710041	78
4	0603210110	张红飞	男	C++程序设计基础	9710041	52
5	2001200307	吴中华	男	大学计算机基础	9710011	76
6	2001200307	吴中华	男	大学计算机基础实践	9720013	77
7	2001200308	王铭	男	大学计算机基础	9710011	66
8	2001200308	王铭	男	大学计算机基础实践	9720013	88
9	2201190101	张炜	男	大学英语	1805012	86
10	2201190101	张炜	男	体育	2900001	90
11	2201190101	张炜	男	Web开发技术	9720045	75
12	2602210106	王小维	男	体育	2900001	97
13	2602210108	何邵阳	男	体育	2900001	83

图 4.37　男学生选课情况

此查询在 FROM 子句中使用 INNER JOIN 连接多个表，即连接类型为内连接。连接条件表达式 a.StID = b.StID 和 b.CNo = c.CNo 为等值比较，由 ON 子句给出而不是 WHERE 子句。在 WHERE 子句中只包含查询条件 StSex = '男'。这种形式的查询语句使得查询条件与连接条件处于不同子句，直观好区分。

同时 FROM 子句可以为表指定别名，一旦定义了表别名，则在此查询语句中对表的引用都要使用别名。

提示：内连接为默认连接类型，编写语句时可以省略关键字 INNER。

【例 4.36】 在 Student 数据库中，查询学生的选课情况。要求列出 SCInfo 表的所有列和 StInfo 表的 StName 列。

```
SELECT StName, b.*
FROM StInfo a JOIN SCInfo b ON a.StID =b.StID
```

查询的结果如图 4.38 所示。该查询指定了 StInfo 表中需要返回的列，去掉了两表的重复列 StID，使用 a.StID = b.StID 表达式进行等值连接。在进行等值连接时，去掉重复列的连接称为自然连接，这种连接是等值连接的特殊情况。

	StName	StID	CNo	Score
1	徐文文	0603210108	9710021	56
2	徐文文	0603210108	9710041	67
3	黄正刚	0603210109	9710041	78
4	张红飞	0603210110	9710041	52
5	曾莉娟	0603210211	1805012	85
6	曾莉娟	0603210211	9710041	99
7	李晓红	0603210212	1805012	92
8	邓红艳	2001200115	9710011	88
9	邓红艳	2001200115	9720013	90
10	金萍	2001200206	9710011	89
11	金萍	2001200206	9720013	93
12	吴中华	2001200307	9710011	76
13	吴中华	2001200307	9720013	77
14	王铭	2001200308	9710011	66
15	王铭	2001200308	9720013	88
16	张炜	2201190101	1805012	86
17	张炜	2201190101	2900001	90
18	张炜	2201190101	9720045	75
19	宋羽佳	2201190204	9720044	90
20	杨平娟	2602210105	2900001	77
21	王小维	2602210106	2900001	97
22	刘小玲	2602210107	2900001	92
23	何邵阳	2602210108	2900001	83

图 4.38 自然连接

【例 4.37】在 Student 数据库中，查询平均成绩在 85 分以上的学生的 StName 和平均成绩，标题为姓名和平均成绩，并按平均成绩降序排序。

```
SELECT StName 姓名, AVG(Score) 平均成绩
FROM StInfo a INNER JOIN SCInfo b ON a.StID = b.StID
GROUP BY StName
HAVING AVG(Score)> 85
ORDER BY 平均成绩 DESC
```

查询的结果如图 4.39 所示。这是一个综合查询，在连接查询的基础上对结果集进行了分组统计、筛选和排序。

	姓名	平均成绩
1	王小维	97
2	曾莉娟	92
3	李晓红	92
4	刘小玲	92
5	金萍	91
6	宋羽佳	90
7	邓红艳	89

图 4.39 例 4.37 查询结果

注意：ORDER BY 的排序字段可以使用别名，这与查询语句中子句的执行顺序有关。查询语句执行时先执行 WHERE、HAVING 子句，再执行 SELECT 子句，最后执行 ORDER BY 子句。SELECT 子句对某字段设置了别名，结果集中列名标题就为别名，ORDER BY 子句就可以使用别名排序。而 WHERE、HAVING 子句在 SELECT 子句前执行，此时别名还没有设置，因此不能使用别名而必须使用列名操作。

2. 不等值连接

在连接条件中，使用除“=”运算符以外的其他比较运算符来比较被连接列的列值，这种连接称为不等值连接。这些运算符包括>、>=、<、<=、!=或<>等符号。

【例 4.38】 在 CInfo 表和 SCInfo 表之间进行不等值内连接查询。

```
SELECT a.CNo, CName, b.Cno, b.StID, b.Score
FROM CInfo a JOIN SCInfo b ON a.CNo<>b.CNo
```

查询语句在 FROM 子句中使用连接条件 a.CNo<>b.CNo 进行不等值连接，执行结果如图 4.40 所示，共有 276 条连接记录，是 CInfo（13 条记录）与 SCInfo（23 条记录）的笛卡尔积去掉等值连接（23 条记录）后的记录数。

结果　消息

	CNo	CName	Cno	StID	Score
1	1805012	大学英语	9710021	0603210108	56
2	1805012	大学英语	9710041	0603210108	67
3	1805012	大学英语	9710041	0603210109	78
4	1805012	大学英语	9710041	0603210110	52
5	1805012	大学英语	9710041	0603210211	99
6	1805012	大学英语	9710011	2001200115	88
7	1805012	大学英语	9720013	2001200115	90
8	1805012	大学英语	9710011	2001200206	89
9	1805012	大学英语	9720013	2001200206	93
10	1805012	大学英语	9710011	2001200307	76

120.76.47.214 (15.0 RTM) | langshan (55) | Student | 00:00:00 | 276 行

图 4.40　不等值连接查询

3. 自连接

自连接（SELF JOIN）是指一个表自己与自己建立连接，也称为自身连接，它是内连接的特例，是指相互连接的数据表在物理上为同一个表，但可以在逻辑上分为两个表。使用自连接时需要为表指定两个别名，且对所有列的引用均要用别名限定。

【例 4.39】 在 SCInfo 表中，查询选修 9710011 号课程的成绩高于学号为 2001200308 学生这门课程成绩的修课信息。

```
SELECT a.StID, a.CNo, a.Score
FROM SCInfo a INNER JOIN SCInfo b ON a.CNo=b.CNo
WHERE a.CNo='9710011' AND b.StID='2001200308' AND a.Score>b.Score
```

查询的结果如图 4.41（c）所示，图（a）为 9710011 号课程学习记录，图（b）为 2001200308 学生学习记录。

StID	CNo	Score
2001200115	9710011	88
2001200206	9710011	89
2001200307	9710011	76
2001200308	9710011	66

（a）9710011 号课程成绩

StID	CNo	Score
2001200308	9710011	66
2001200308	9720013	88

（b）2001200308 号学生成绩

StID	CNo	Score
2001200115	9710011	88
2001200206	9710011	89
2001200307	9710011	76

（c）例 4.39 的查询结果

图 4.41　自连接查询

语句中连接的两个数据表是同一个数据表，为了防止产生查询错误，对 SCInfo 表使用了别名，将 SCInfo 表看做 a 和 b 两个独立的表。连接条件 a.CNo=b.CNo 使得 a 表和 b 表中只有课程号相同的记录才能关联，查询条件 a.Score>b.Score 进一步筛选掉 a 表中不比 b 表中 66 分大的记录。SELECT 子句明确指出返回 a 为前缀的字段，产生图 4.41（c）的查询结果。

在 SQL Server 中实现一个查询，编写的查询语句可以有多种不同形式。采用哪种形式实现查询，可从语句简单易读、操作方便、执行效率等多方面考虑。

4.4.2　外连接

多表连接查询

外连接（OUTER JOIN）分为左外连接（LEFT OUTER JOIN）、右外连接（RIGHT OUTER JOIN）和全外连接（FULL OUTER JOIN）3 种形式。在内连接查询时，返回查询结果集中仅是满足连接条件且符合查询条件（WHERE 查询条件或 HAVING 筛选条件）的行。而外连接查询返回的结果集既包含符合连接条件的行，还包括左表（左外连接时）、右表（右外连接时）或两个连接表（全外连接）中的所有数据行。

1. *左外连接*

左外连接使用 LEFT OUTER JOIN 关键字进行连接。左外连接保留了左表（第一个表）的所有行，但只包含右表（第二个表）与左表匹配的行。左表中未与右表匹配的行对应右表中的字段以 NULL 值表示。

【例 4.40】StInfo 表左外连接 SCInfo 表。

```
SELECT a.StID, StName, StSex, Score
FROM StInfo a LEFT OUTER JOIN SCInfo b ON a.StID = b.StID
WHERE StSex ='女'
```

查询的结果如图 4.42 所示。

	StID	StName	StSex	Score
1	0603210211	曾莉娟	女	85
2	0603210211	曾莉娟	女	99
3	0603210212	李晓红	女	92
4	2001200115	邓红艳	女	88
5	2001200115	邓红艳	女	90
6	2001200206	金萍	女	89
7	2001200206	金萍	女	93
8	2001210205	张好然	女	NULL
9	2001210206	李娜	女	NULL
10	2201190204	宋羽佳	女	90
11	2602210105	杨平娟	女	77
12	2602210107	刘小玲	女	92

图 4.42　StInfo 表与 SCInfo 表的左外连接

查询结果显示了女学生的选修课程情况。左外连接作用于 StInfo 和 SCInfo 两个表，它限制右表 SCInfo 中的行，而不限制左表 StInfo 中的行。也就是说，在左外连接中，StInfo 表中不满足条件的行也作为查询结果，但其对应表 SCInfo 中的字段均以 NULL 表示。

2. *右外连接*

右外连接使用 RIGHT OUTER JOIN 关键字进行连接。右外连接保留了右表的所有行，但只包含左表与右表匹配的行。右表中未与左表匹配的行对应左表中的字段以 NULL 值表示。

【例 4.41】StInfo 表右外连接 SCInfo 表。

为了说明方便，使用以下语句先在 SCInfo 表中添加一行选课信息，此信息的学号在 StInfo 表中不存在。

```
INSERT INTO SCInfo(StID, CNo, Score)
VALUES ('2001200155', '2900001', 100)
```

注意：以上信息若要添加，必须是在 SCInfo 表和 StInfo 表之间不存在外键引用主键关系的前提下进行，否则系统将报错。因为它违反了外键引用主键的规则。

StInfo 表和 SCInfo 表右外连接语句如下：

```
SELECT a.StID, StName, CNo, Score
FROM StInfo a RIGHT OUTER JOIN SCInfo b ON a.StID = b.StID
```

查询的结果如图 4.43 所示。语句中 StInfo 和 SCInfo 进行右外连接，右外连接限制 StInfo 表中的行，而不限制 SCInfo 表中的行。也就是说，在右外连接中，SCInfo 表不满足连接条件的行也显示出来了，但其在 StInfo 表中对应字段值为 NULL。

3. 全外连接

全外连接使用 FULL OUTER JOIN 关键字连接，它返回两个表的所有行。不管两个表的行是否满足连接条件，均返回查询结果集。对不满足连接条件的行，另一个表对应字段值用 NULL 表示。

【例 4.42】StInfo 表全外连接 SCInfo 表。

```
SELECT a.StID, StName, CNo, Score
FROM StInfo a FULL OUTER JOIN SCInfo b ON a.StID = b.StID
```

查询的结果如图 4.44 所示。

	StID	StName	CNo	Score
1	0603210108	徐文文	9710021	56
2	0603210108	徐文文	9710041	67
3	0603210109	黄正刚	9710041	78
4	0603210110	张红飞	9710041	52
5	0603210211	曾莉娟	1805012	85
6	0603210211	曾莉娟	9710041	99
7	0603210212	李晓红	1805012	92
8	2001200115	邓红艳	9710011	88
9	2001200115	邓红艳	9720013	90
10	2001200206	金萍	9710011	89
11	2001200206	金萍	9720013	93
12	2001200307	吴中华	9710011	76
13	2001200307	吴中华	9720013	77
14	2001200308	王铭	9710011	66
15	2001200308	王铭	9720013	88
16	2201190101	张炜	1805012	86
17	2201190101	张炜	2900001	90
18	2201190101	张炜	9720045	75
19	2201190204	宋羽佳	9720044	90
20	2602210105	杨平娟	2900001	77
21	2602210106	王小维	2900001	97
22	2602210107	刘小玲	2900001	92
23	2602210108	何邵阳	2900001	83
24	NULL	NULL	2900001	100

图 4.43 StInfo 表与 SCInfo 表的右外连接

	StID	StName	CNo	Score
1	0603210108	徐文文	9710021	56
2	0603210108	徐文文	9710041	67
3	0603210109	黄正刚	9710041	78
4	0603210110	张红飞	9710041	52
5	0603210211	曾莉娟	1805012	85
6	0603210211	曾莉娟	9710041	99
7	0603210212	李晓红	1805012	92
8	0603210213	张红飞	NULL	NULL
9	2001200115	邓红艳	9710011	88
10	2001200115	邓红艳	9720013	90
11	2001200206	金萍	9710011	89
12	2001200206	金萍	9720013	93
13	2001200307	吴中华	9710011	76
14	2001200307	吴中华	9720013	77
15	2001200308	王铭	9710011	66
16	2001200308	王铭	9720013	88
17	2001210103	郑远月	NULL	NULL
18	2001210104	张力明	NULL	NULL
19	2001210205	张好然	NULL	NULL
20	2001210206	李娜	NULL	NULL
21	2201190101	张炜	1805012	86
22	2201190101	张炜	2900001	90
23	2201190101	张炜	9720045	75
24	2201190204	宋羽佳	9720044	90
25	2201190205	赵彦	NULL	NULL
26	2212190102	刘永州	NULL	NULL
27	2602210105	杨平娟	2900001	77
28	2602210106	王小维	2900001	97
29	2602210107	刘小玲	2900001	92
30	2602210108	何邵阳	2900001	83
31	NULL	NULL	2900001	100

图 4.44 StInfo 表全外连接 SCInfo 表

提示：通常可以省略 LEFT OUTER JOIN、RIGHT OUTER JOIN 和 FULL OUTER JOIN 中的 OUTER 关键字。

4.4.3　交叉连接

交叉连接（CROSS JOIN）没有 WHERE 子句，它返回连接表中所有数据行的笛卡尔积。笛卡尔积结果集的大小为左表的行数乘以右表的行数。交叉连接使用关键字 CROSS JOIN 进行连接。

【例 4.43】StInfo 表和 SCInfo 表进行交叉连接。

```
SELECT StInfo.StName, CInfo.*
FROM StInfo CROSS JOIN CInfo
```

查询的结果如图 4.45 所示。

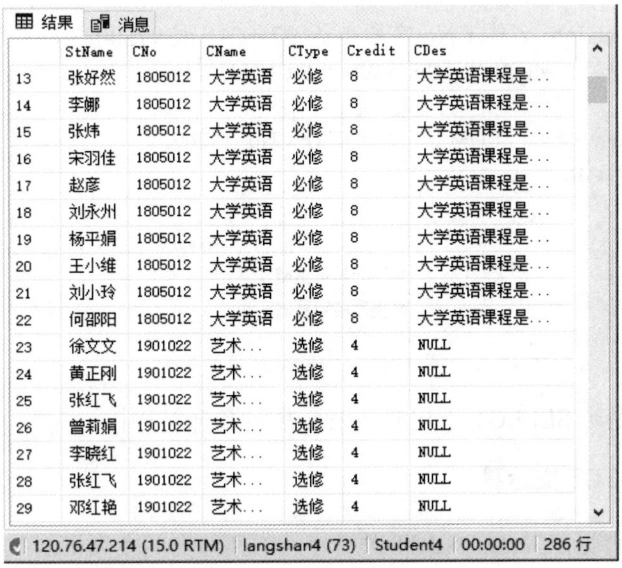

结果　消息

	StName	CNo	CName	CType	Credit	CDes
13	张好然	1805012	大学英语	必修	8	大学英语课程是...
14	李娜	1805012	大学英语	必修	8	大学英语课程是...
15	张炜	1805012	大学英语	必修	8	大学英语课程是...
16	宋羽佳	1805012	大学英语	必修	8	大学英语课程是...
17	赵彦	1805012	大学英语	必修	8	大学英语课程是...
18	刘永州	1805012	大学英语	必修	8	大学英语课程是...
19	杨平娟	1805012	大学英语	必修	8	大学英语课程是...
20	王小维	1805012	大学英语	必修	8	大学英语课程是...
21	刘小玲	1805012	大学英语	必修	8	大学英语课程是...
22	何邵阳	1805012	大学英语	必修	8	大学英语课程是...
23	徐文文	1901022	艺术...	选修	4	NULL
24	黄正刚	1901022	艺术...	选修	4	NULL
25	张红飞	1901022	艺术...	选修	4	NULL
26	曾莉娟	1901022	艺术...	选修	4	NULL
27	李晓红	1901022	艺术...	选修	4	NULL
28	张红飞	1901022	艺术...	选修	4	NULL
29	邓红艳	1901022	艺术...	选修	4	NULL

120.76.47.214 (15.0 RTM) | langshan4 (73) | Student4 | 00:00:00 | 286 行

图 4.45　StInfo 表与 CInfo 表的交叉连接

与它等价的语句为：

```
SELECT StInfo.StName, CInfo.*
FROM StInfo, CInfo
```

因为 StInfo 表中有 22 行数据，CInfo 表中有 13 行数据，所以最后的结果表中的行数是 22×13=286 行，与图 4.45 的右下角的结果集的行数一致。可以看出，交叉连接结果中很多行数据没有实际意义。

4.5　集合运算

SELECT 语句的执行结果是记录的集合，可以运用集合运算对查询结果进行再处理。SQL Server 集合运算包括 UNION、INTERSECT 和 EXCEPT 等。

4.5.1　UNION 并运算

UNION 运算合并两个或多个查询结果集并将其作为单个结果集返回，或称为联合查询。SQL Server 的 UNION 可以实现关系的并运算。

语法格式：

```
<SELECT 语句 1>
UNION
[ALL] <SELECT 语句 2>
```

参数说明：

- ALL：表示合并的结果中包括所有行，不去除重复行。若没有 ALL，则合并结果中的重复行将被自动去除。
- <SELECT 语句>：用于合并的查询语句。

合并的规则是：两个 SELECT 语句必须输出相同的列数；两个 SELECT 语句各相应列的数据类型必须兼容，如数字和字符不能合并到同一列中。

【例 4.44】查询 CInfo 表中 CNo 字段值为 9710011 或 9720033 的课程名称和学分。

```
SELECT CName, Credit FROM CInfo WHERE CNo='9710011'
UNION
SELECT CName, Credit FROM CInfo WHERE CNo='9720033'
```

查询的结果如图 4.46 所示。

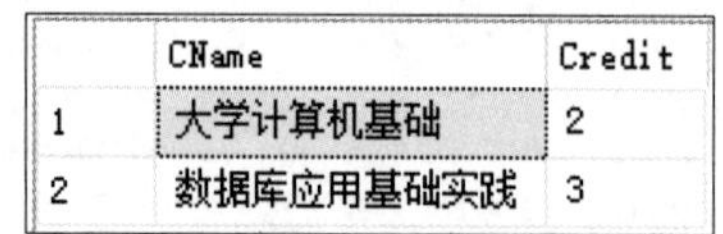

	CName	Credit
1	大学计算机基础	2
2	数据库应用基础实践	3

图 4.46　UNION 运算结果

UNION 运算将两个 SELECT 语句的结果合并到第一个表中。

4.5.2　INTERSECT 交运算

INTERSECT 运算返回 INTERSECT 关键字左右两边的两个查询均返回的所有非重复值。INTERSECT 实现关系运算的交运算。

语法格式：

```
<SELECT 语句 1>
INTERSECT
<SELECT 语句 2>
```

INTERSECT 运算的使用方法与 UNION 运算相同。

【例 4.45】在 StInfo 表中，查询所有“法学”专业的男学生的学号、姓名、性别、班级等信息。

```
SELECT StID, StName, StSex, Class FROM StInfo WHERE Class LIKE '法学%'
INTERSECT
SELECT StID, StName, StSex, Class FROM StInfo WHERE StSex = '男'
```

查询结果如图 4.47 所示。

StID	StName	StSex	Class
2001200307	吴中华	男	法学2003
2001200308	王铭	男	法学2003
2001210103	郑远月	男	法学2101
2001210104	张力明	男	法学2101

图 4.47　INTERSECT 运算结果

语句执行结果得到第一个查询和第二个查询中均出现的不重复的学生信息。

4.5.3　EXCEPT 差运算

EXCEPT 运算从 EXCEPT 关键字左边的查询中返回右边的查询未返回的所有非重复值。EXCEPT 实现关系运算的差运算。

语法格式：

```
<SELECT 语句 1>
EXCEPT
<SELECT 语句 2>
```

EXCEPT 运算的使用方法与 UNION 运算相同。

【例 4.46】对 StInfo 表和 SCInfo 表使用 EXCEPT 进行运算。

```
SELECT StID FROM StInfo
EXCEPT
SELECT StID FROM SCInfo
```

查询结果如图 4.48 所示。

	StID
1	0603210213
2	2001210103
3	2001210104
4	2001210205
5	2001210206
6	2201190205
7	2212190102

图 4.48　EXCEPT 运算结果

两个查询语句进行 EXCEPT 运算得到 StInfo 表中没有选课的同学的学号。

说明：

（1）UNION、INTERSECT 或 EXCEPT 返回结果集的列名与关键字左侧的查询返回的列名相同；

（2）UNION、INTERSECT 或 EXCEPT 还可以与 GROUP BY 及 ORDER BY 子句一起使用，用来对运算所得的结果表进行分组或排序。

一、选择题

1．在 SELECT 语句中，使用“*”表示需显示（　　）。

A．任何属性　　B．所有属性　　C．所有元组　　D．主键

2．查询时要去掉重复的元组，则在 SELECT 语句中使用（　　）。

A．ALL　　B．UNION　　C．LIKE　　D．DISTINCT

3．在 SELECT 语句中使用 GROUP BY CNO 时，CNo 必须（　　）。

A．在 WHERE 子句中出现　　B．在 FROM 子句中出现

C．在 SELECT 子句中出现　　D．在 HAVING 子句中出现

4．使用 SELECT 语句进行分组查询时，为了去掉不满足条件的分组，应当（　　）。

A．使用 WHERE 子句

B．在 GROUP BY 后面使用 HAVING 子句

C．先使用 WHERE 子句，再使用 HAVING 子句

D．先使用 HAVING 子句，再使用 WHERE 子句

5．在 T-SQL 语句中，与表达式“仓库号 NOT IN ('wh1','wh2')”功能相同的表达式是（　　）。

A．仓库号='wh1' AND 仓库号='wh2'

B．仓库号<>'wh1' OR 仓库号<>'wh2'

C．仓库号<>'wh1' OR 仓库号='wh2'

D．仓库号<>'wh1' AND 仓库号<>'wh2'

从下题开始使用以下三个表：

部门：部门号 char (8),部门名 char (12),负责人 char (6),电话 char (16)

职工：部门号 char (8),职工号 char(10),姓名 char (8),性别 char (2),出生日期 Date

工资：职工号 char (10),基本工资 numeric (8,2),津贴 numeric (8,2),奖金 numeric (8,2),扣除 numeric (8,2)

6．查询职工实发工资的正确命令是（　　）。

A．SELECT 姓名, (基本工资+津贴+奖金-扣除) AS 实发工资 FROM 工资

B．SELECT 姓名, (基本工资+津贴+奖金-扣除) AS 实发工资 FROM 工资 WHERE 职工.职工号=工资.职工号

C．SELECT 姓名, (基本工资+津贴+奖金-扣除) AS 实发工资 FROM 工资, 职工 WHERE 职工.职工号=工资.职工号

D．SELECT 姓名, (基本工资+津贴+奖金-扣除) AS 实发工资 FROM 工资 JOIN 职工 WHERE 职工.职工号=工资.职工号

7．查询 1992 年 10 月 27 日出生的职工信息的正确命令是（　　）。

A．SELECT * FROM 职工 WHERE 出生日期={1992-10-27}

B．SELECT * FROM 职工 WHERE 出生日期=1992-10-27

C．SELECT * FROM 职工 WHERE 出生日期="1992-10-27"

D．SELECT * FROM 职工 WHERE 出生日期='1992-10-27'

8．查询每个部门年龄最长者的信息，要求得到的信息包括部门名称和最长者的出生日期，正确的命令是（　　）。

A．SELECT 部门名,MIN(出生日期) FROM 部门 JOIN 职工 ON 部门.部门号=职工.部门号 GROUP BY 部门名

B. SELECT 部门名,MAX(出生日期) FROM 部门 JOIN 职工 ON 部门.部门号=职工.部门号 GROUP BY 部门名

C．SELECT 部门名,MIN(出生日期) FROM 部门 JOIN 职工 WHERE 部门.部门号=职工.部门号 GROUP BY 部门名

D. SELECT 部门名,MAX(出生日期) FROM 部门 JOIN 职工 WHERE 部门.部门号=职工.部门号 GROUP BY 部门名

9．查询所有目前年龄在 35 岁以上（不含 35 岁）的职工信息（姓名、性别和年龄），正确的命令是（　　）。

A．SELECT 姓名,性别,YEAR(GETDATE())-YEAR(出生日期) AS 年龄 FROM 职工 WHERE 年龄>35

B．SELECT 姓名,性别,YEAR(GETDATE())-YEAR(出生日期) AS 年龄 FROM 职工 WHERE YEAR(出生日期)>35

C．SELECT 姓名,性别,YEAR(GETDATE())-YEAR(出生日期) AS 年龄 FROM 职工 WHERE YEAR(GETDATE())-YEAR(出生日期)>35

D．SELECT 姓名,性别,年龄=YEAR(GETDATE())-YEAR(出生日期) FROM 职工 WHERE 出生日期>35

10．查询至少 10 名职工的部门信息（部门名和职工人数），并按职工人数降序排序，正确的命令是（　　）。

A．SELECT 部门名, COUNT(职工号) AS 职工人数 FROM 部门, 职工 WHERE 部门.部门号=职工.部门号 GROUP BY 部门名 HAVING COUNT(*)>=10 ORDER BY COUNT(职工号) ASC

B．SELECT 部门名, COUNT(职工号) AS 职工人数 FROM 部门, 职工 WHERE 部门.部门号=职工.部门号 GROUP BY 部门名 HAVING COUNT(*)>=10 ORDER BY 部门名 DESC

C．SELECT 部门名, COUNT(职工号) AS 职工人数 FROM 部门, 职工 WHERE 部门.部门号=职工.部门号 GROUP BY 部门名 HAVING COUNT(*)>=10 ORDER BY 职工人数 ASC

D．SELECT 部门名, COUNT(职工号) AS 职工人数 FROM 部门, 职工 WHERE 部门.部门号=职工.部门号 GROUP BY 部门名 HAVING COUNT(*)>=10 ORDER BY 职工人数 DESC

二、思考题

1．在 SQL 的查询语句 SELECT 中，使用什么选项实现投影运算？使用什么选项实现连接运算？使用什么选项实现选择运算？

2．如何将查询结果插入到基本表中？

3．在 SELECT 语句中，定义一个区间范围的特殊运算符是什么？检查一个属性值是否属于一组值中的特殊运算符是什么？

4．在 T-SQL 语句中，与表达式“工资 BETWEEN 2000 AND 5000”功能相同的表达式如何写？

5．T-SQL 提供了哪些聚合函数？它们都用来实现什么功能？

6．以一个 SELECT 的结果作为查询的条件，即在一个 SELECT 语句的 WHERE 子句中出现另一个 SELECT 语句，这种查询称为什么查询？其功能是什么？

7．语句“SELECT * FROM 成绩表 WHERE 成绩>(SELECT AVG(成绩) FROM 成绩表)”的功能是什么？

8．连接查询分为几种类型？实际应用中使用较多的是哪种连接查询？

9．UNION、INTERSECT、EXCEPT 分别对应什么运算？各有什么作用?

第 5 章　索引与视图

- 了解：索引的概念、特点、类型。
- 理解：视图的概念、作用。
- 掌握：SQL Server 索引与视图的创建、查看、修改、删除的操作方法；使用视图修改数据的方法。

5.1　索引

在 SQL Server 中，为了从数据库的大量数据中迅速找到需要的内容，采用了索引技术。数据库索引是 SQL Server 数据库中一种特殊类型的对象，它与表有着紧密的关系。

5.1.1　索引的概念

索引是对数据表中一列或多列按照一定顺序建立的列值与记录之间的对应关系表。通过索引可以快速找出在某个字段或多个字段中具有某一特定值的行。

数据库中的索引与书籍中的目录类似。在一本书中，根据章节名在目录中所列的页码，不必顺序查找或阅读整本书，就能快速找到需要的章节。在数据库中，索引使数据库程序无需对整个表进行扫描，就可以在其中找到所需数据。书中的索引（目录）是一个标题列表，其中注明了包含各个标题的页码。而数据库中的索引是一个表中所包含的值的列表，其中注明了表中包含各个值的行所在的存储位置。可以为表中的单个列建立索引，也可以为一组列建立索引。

在数据库系统中建立索引主要有以下作用：

（1）加速数据检索。例如，查询 Sales 数据库中 employee 表中编号为 E002 的员工信息，可以执行以下 T-SQL 语句：

```
SELECT * FROM employee WHERE employee_id='E002'
```

若表中数据有 1000 行并且 employee_id 列上没有索引，那么 SQL Server 就需要按照表的顺序一行一行地顺序查询，观察每一行中的 employee_id 列的内容。为了找出满足条件的所有行，必须访问表的每一行，即查找 1000 次。

如果在 employee_id 列上创建了索引，那么 SQL Server 首先搜索这个索引，找到这个符合要求的值（E002），然后按照索引中的位置信息确定表中的行。

（2）加速排序、分组、连接等操作。在使用 ORDER BY 和 GROUP BY 子句进行数据检索时，利用索引可以减少排序和分组的时间。

例如，有 3 个未索引的表 t1、t2、t3，分别包含列 c1、c2、c3，每个表分别含有 1000 行数据，值为 1～1000，查找对应值相等行的连接查询语句如下：

```
SELECT c1,c2,c3 FROM t1,t2,t3 WHERE c1=c2 AND c1=c3
```

此查询结果应该为 1000 行，每行包含 3 个相等的值。在无索引的情况下处理此查询，必须寻找 3 个表所有的组合，以便得出与 WHERE 子句相匹配的那些行。而可能的组合数目为 1000×1000×1000（十亿），显然查询将会非常慢。

如果对每个表进行索引，就能极大地加速查询进程。利用索引的查询处理的步骤如下：

1）从表 t1 中选择第一行，查看此行所包含的数据。

2）使用表 t2 上的索引，直接定位 t2 中与 t1 的值匹配的行。类似地，利用表 t3 上的索引，直接定位 t3 中与 t1 的值匹配的行。

3）扫描表 t1 的下一行并重复前面的过程，直到遍历 t1 中所有的行。

在此情形下，仍然对表 t1 执行了一个完全扫描，但在表 t2 和 t3 上利用索引进行查找，直接取出这些表中的行，其查询速度比未用索引时要快 100 万倍。

由此可见，利用索引 SQL Server 加速了 WHERE 子句对满足条件行的搜索，对于多表连接查询，在执行连接时加快了与其他表中的行匹配的速度，大大提高了查询效率。特别是当数据量非常大、查询涉及多个表时，使用索引往往能使查询速度加快成千上万倍。

（3）实现表与表之间的参照完整性。

（4）保证数据记录的唯一性。通过创建唯一索引，可以保证表中的数据不重复，确保定义列的数据完整性。

使用索引能够提高系统性能，但是索引为查找所带来的性能好处是有代价的：

1）物理存储空间中除了存放数据表之外，还需要一定的额外空间来存放索引。

2）对数据表进行插入、修改、删除操作时，相应的索引也需要动态维护更新，消耗系统资源。

5.1.2　索引的类型

在 SQL Server 中提供的索引类型主要有以下几类：聚集索引、非聚集索引、唯一索引、索引视图、全文索引和 XML 索引等类型。

根据索引的存储结构不同，将其分为聚集索引和非聚集索引两类。

1. 聚集索引

聚集索引（Clustered）是将数据行的键值在数据表内排序并存储对应的数据记录，使得数据表的物理顺序与索引顺序一致。由于数据记录按聚集索引键的次序存储，故使用聚集索引查找数据很快。但创建聚集索引时需要重排数据，所需空间相当于数据所占用空间的 120%，此时需要保证有足够的磁盘空间来创建聚集索引。由于一个表中的数据只能按照一种顺序来存储，所以一个表中只能创建一个聚集索引。

2. 非聚集索引

非聚集索引（Non-Clustered）具有完全独立于数据行的结构。数据存储在一个地方，索引存储在另一个地方。使用非聚集索引不用将物理数据页中的数据按键值排序。通俗地说，它不会影响数据表中记录的实际存储顺序。在非聚集索引内，每个键值项都有指针指向包含该键值的数据行。

聚集索引与非聚集索引的区别

一个表中最多只能有一个聚集索引，但可以有多个非聚集索引，SQL Server 2019 最多可以允许每个数据表建立 999 个非聚集索引。

当一个表中既要创建聚集索引，又要创建非聚集索引时，应先创建聚集索引，再创建非聚集索引，这是因为创建聚集索引时将改变数据记录的物理存放顺序。

3. 其他索引

除了聚集索引和非聚集索引之外，SQL Server 中还提供了其他的索引类型。

（1）唯一索引。要求建立索引的字段值不能重复，也就是在表中不允许两行具有相同的值。聚集索引和非聚集索引都可以是唯一索引。这种唯一性与前面讲过的主键约束是相关联的，在某种程度上，主键约束等于唯一的聚集索引。

（2）索引视图。在视图上添加索引后能提高视图的查询效率。视图的索引将具体化视图，并将结果集永久存储在唯一的聚集索引中，而且其存储方法与带聚集索引的数据表的存储方法相同。创建聚集索引后，可以为视图添加非聚集索引。

（3）全文索引。这是一种特殊类型的基于标记的功能性索引，由 SQL Server 全文引擎生成和维护，用于在字符串数据中搜索复杂的词。

（4）XML 索引。这是与 XML 数据关联的索引形式，是 XML 二进制大对象（Binary Large Object，BLOB）的已拆分和持久的表示形式。

创建聚集索引

5.1.3 索引的创建与使用

SQL Server 主要提供了两种创建索引的方法，在 SSMS 的“对象资源管理器”中通过图形化方式创建和使用 T-SQL 命令方式创建。

1. 索引的创建

创建索引是使用索引的第一步，SQL Server 中创建索引的方法有多种。一般在创建其他相关对象时就创建了索引，如在表中定义主键约束或唯一性约束时也就创建了唯一索引。

（1）使用图形化界面向导创建索引。

下面以在 StInfo 表中按 StID 字段建立聚集索引为例，介绍聚集索引的创建方法。

操作步骤如下：

1）启动 SSMS，在“对象资源管理器”中依次展开“数据库”→“表”→dbo.StInfo 节点，右击其中的“索引”节点，在弹出的快捷菜单上选择“新建索引”→“聚集索引”命令，如图 5.1 所示。

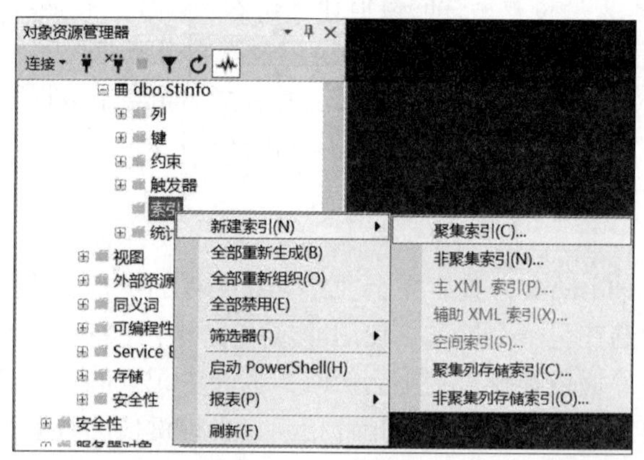

图 5.1 选择“新建索引”命令

2）打开“新建索引”窗口，在该窗口的“常规”选择页的“索引名称”框中输入索引名称 IX_stid（索引名在表中必须唯一），索引类型为“聚集”，勾选“唯一”复选框，单击“添加”按钮，如图 5.2 所示。

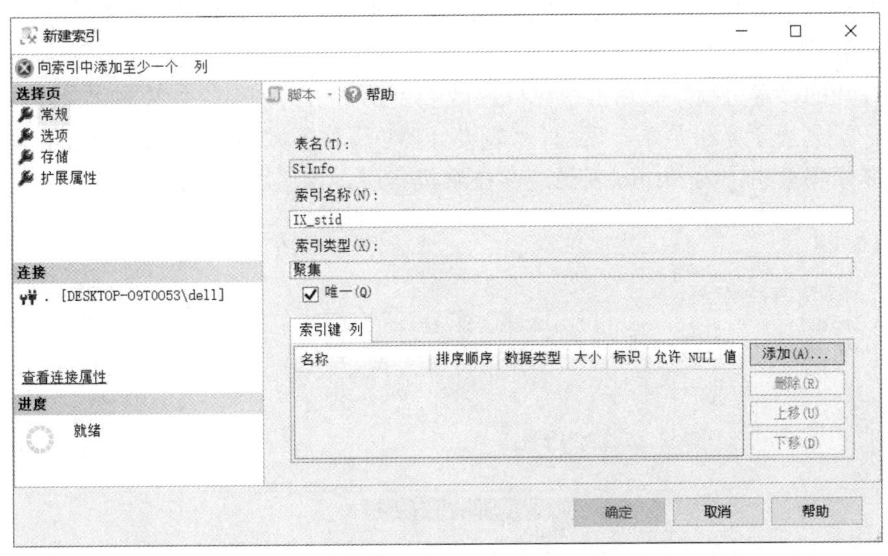

图 5.2　“新建索引”窗口

3）在打开窗口的“选择要添加到索引中的表列”中勾选 StID 复选框，如图 5.3 所示，单击“确定”按钮。

4）返回“新建索引”窗口，单击“确定”按钮，返回“对象资源管理器”。此时在 StInfo 表的“索引”节点下可以看到名为 Ix_stid 的新索引，说明该索引创建成功，如图 5.4 所示。

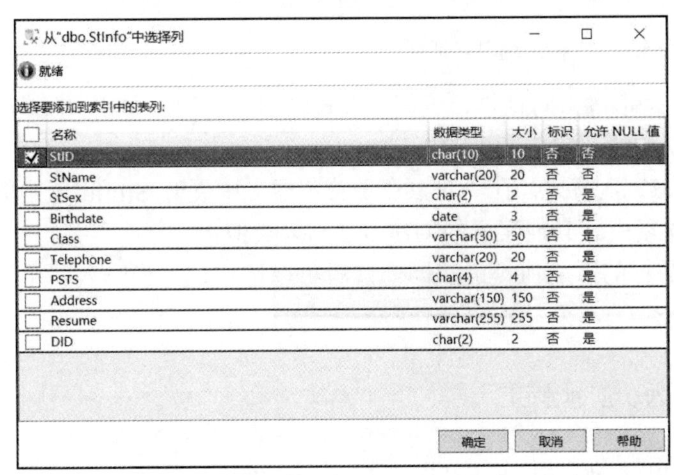

图 5.3　选择索引列

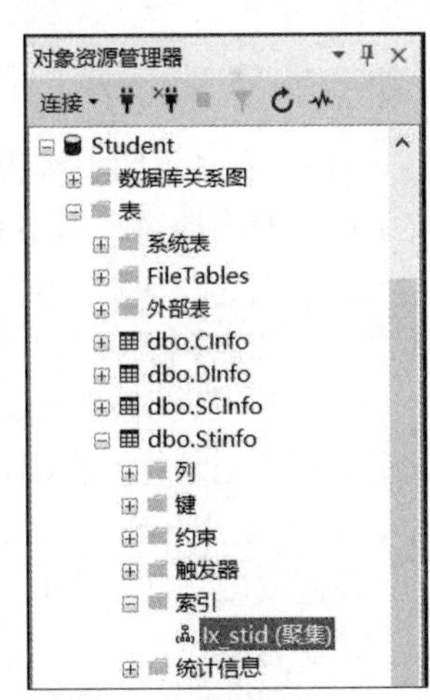

图 5.4　创建的聚集索引

（2）使用表设计器创建索引。

下面以在 StInfo 表中按 StName 列建立索引为例，介绍在“表设计器”中创建索引的方法。操作步骤如下：

1）在“对象资源管理器”中，右击 Student 数据库中的 dbo.StInfo 表，在弹出的快捷菜单中选择“设计”命令，打开“表设计器”窗口。

2）在该窗口中，右击 StName 列，在弹出的快捷菜单中选择“索引/键”命令。

3）打开的“索引/键”对话框，如图 5.5 所示。单击“添加”按钮，在“选定的主/唯一键或索引”列表中添加一个索引名。在右侧的“标识”属性区域的“(名称)”栏中确定新索引的名称（用系统默认的名或重新取名）。在“(常规)”属性区域中的“列”一栏后面单击…按钮，在打开的“索引列”对话框中可以修改要创建索引的列名。如果将“是唯一的”一栏设定为“是”，则表示索引是唯一索引。“表设计器”属性区域的“创建为聚集的”栏为“否”，表示创建非聚集索引因为 StInfo 表已经存在聚集索引，该选项不可修改。

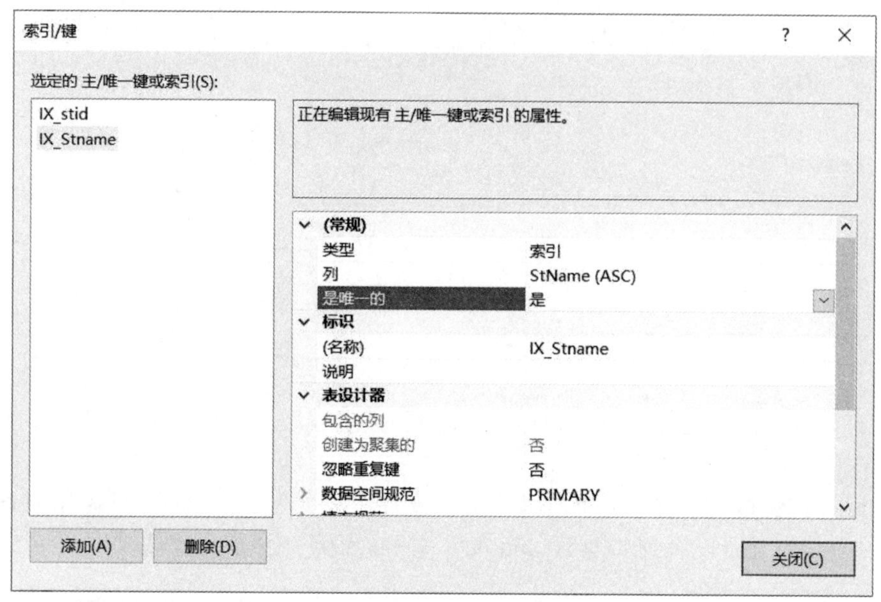

图 5.5 “索引/键”对话框

4）单击“关闭”按钮，关闭“索引/键”对话框，返回“表设计器”窗口，单击“保存”按钮，在弹出的对话框中单击“是”按钮，完成索引的创建。

索引创建完成后，只需返回 SSMS 主窗口，在“对象资源管理器”中展开 StInfo 表中的“索引”节点，就可以看到已建立的索引。其他索引的创建方法与之类似。

对于唯一索引，要求表中任意两行的索引值不能相同。读者可以试一试：当输入两个索引值相同的记录行时会出现什么情况。

（3）使用 T-SQL 命令创建索引。

使用 CREATE INDEX 语句可以为表创建索引。

语法格式：

```
CREATE [ UNIQUE ] [ CLUSTERED | NONCLUSTERED ] INDEX <索引名>
ON <表名或视图名> ( <列名> [ ASC | DESC ] )
```

参数说明：

- UNIQUE：表示为表或视图创建唯一索引（即不允许存在索引值相同的两行）。例如，对于 StInfo 表，根据姓名列 StName 创建唯一索引，即不允许有两个相同的姓名出现。对于视图创建的聚集索引必须唯一。

- CLUSTERED | NONCLUSTERED：CLUSTERED 表示创建聚集索引，NONCLUSTERED 表示创建非聚集索引。一个表或视图只允许有一个聚集索引，在创建任何非聚集索引之前需先创建聚集索引。创建聚集索引时会重新生成数据表中现有的非聚集索引。默认为 NONCLUSTERED。
- <索引名>：索引名在表或视图中必须唯一，但在数据库中不必唯一。
- <表名或视图名>用于指定包含索引字段的表名或视图名。
- <列名>：指定建立索引的字段，可以为索引指定多个字段。指定索引字段时，注意表或视图索引字段的类型不能为 ntext、text、image。通过指定多个索引字段可创建组合索引，组合索引的字段必须取自同一表。ASC 表示索引按升序建立，DESC 表示索引按降序建立，默认设置为 ASC。

【例 5.1】为 CInfo 表的 CNo 列创建聚集索引。

```
CREATE CLUSTERED INDEX IX_cno
ON CInfo(CNo)
```

语句中指定了 CLUSTERED 选项，所以 IX_cno 为聚集索引，创建索引时将对磁盘上的数据进行物理排序。

注意：在 CInfo 表中已定义了 CNo 列为主键，所以 CInfo 表已经存在了一个聚集索引，如果要创建另一个聚集索引，必须先将 CInfo 表的主键删除。

【例 5.2】为 CInfo 表的 CName 列创建唯一索引。

```
CREATE UNIQUE INDEX IX_cname
ON CInfo(CName)
```

语句中没有指定 CLUSTERED 选项，所以将默认创建 IX_cname 为唯一非聚集索引。

2. 索引的设计与使用

索引可以提高数据库的查询速度，但是这种时间效率上的提高是有代价的。存放索引需要占用一定的数据库存储空间。此外，当基本表进行插入、修改或删除操作时，需要维护索引，使其与新的数据保持一致，这会在一定程度上增加数据库的负担。所以要根据实际应用需要，有选择地建立索引，原则就是使得建立索引带来的性能提高大于系统在存储空间和处理时间方面所付出的代价。

一般而言，使用索引应该遵循以下准则：

（1）在查询条件中常用的列（如主键列）上建立索引，可以加快查询速度。

（2）在连接条件中经常出现的列上（通常为外键）建立索引，可以加快连接的速度。

（3）在经常使用排序的列上建立索引，可加快排序的速度。

（4）在经常需要搜索连续范围值的列上建立聚集索引，找到第一个匹配行后，满足要求的后续行在物理上是连续且有序的，因此只要将数据值直接与查询的终止值进行比较，即可连续提取后续行。

（5）在查询中很少用到的列上不应该建立索引。

（6）在只有很少数据值的列上不应建立索引，如学生表 StInfo 中查询所有男生信息，结果集中的行占了所有行的很大比例，则在性别列上建立索引并不能明显提高查询速度。

（7）在修改性能远远大于检索性能的列上不应该建立索引，因为增加索引时会降低增加、删除和更新行的速度，即降低修改性能。例如在建有聚集索引的 CInfo 表（参见例 5.1）中插入新记录（9710051，Python 程序设计，必修，3，NULL），则表中原有记录及插入的新记录都自动按课程号 CNo 的大小顺序重新排序。因为聚集索引可以决定 CNo 列数据的物理存储顺序。

可见，在某一列上要不要创建索引，需要综合考量各种因素来决定。

【例 5.3】 设计 Student 数据库 StInfo 表的索引。

在 StInfo 表（表结构参见 1.4.4 节）中经常查询的字段包括学号 StID、姓名 StName、性别 StSex、学院编号 DID、联系地址 Address 等，其中学号是主键列，学院编号是外键列，经常用于连接到 Dinfo 表的主键院系编号。而性别列唯一性差、地址列字段较长，均不适合创建索引。所以，可以在 StInfo 表上创建如下索引：

（1）聚集索引：在 StInfo 表的学号 StID 列上创建主键，并且在创建主键时默认创建聚集索引。

（2）非聚集索引：可以在 StInfo 表的姓名、学院编号两列上分别建立非聚集索引。

索引建立后，通常由数据库自动管理和维护。当数据改变时，数据库会自动在索引中作出相应的修改。进行查询操作时，具有索引的表与不具有索引的表没有任何区别，索引只是提供一种快速访问指定记录的方法。

如果要按指定索引搜索信息，可以强制查询使用索引。语法格式：

```
WITH( INDEX ( <索引名> ))
```

表示查询时在表或视图上应用<索引名>指定的索引。

【例 5.4】 使用例 5.2 中创建的索引 IX_cname 查询 CInfo 表的 C++类和数据库类课程的课程号、课程名称和课程类别字段。

```
SELECT CNo, Cname, Ctype
FROM CInfo WITH (index(IX_cname) )
WHERE CName LIKE 'C%' OR CName LIKE '数据库%'
```

以上语句执行后，记录按课程名称升序显示，如图 5.6 所示。

C_No	C_name	C_type
9720043	C++程序课程设计	实践
9710041	C++程序设计基础	必修
9710031	数据库应用基础	必修
9720033	数据库应用基础实践	实践

图 5.6　指定索引查询

5.1.4　索引的管理与维护

索引创建之后，可以根据需要对数据库中的索引进行管理，包括查看索引信息、重命名索引、更新索引、删除索引、修改等。

1. 索引的查看

索引分布在数据库的表中，在 SQL Server 的“对象资源管理器”中可以直观地查看索引信息，操作步骤如下：

（1）启动 SSMS，展开“数据库”节点，指向要查看其索引的数据库 Student。

（2）展开该数据库，选择表 StInfo 的“索引”节点。

（3）右击索引 IX_stid，在弹出的快捷菜单中选择“属性”命令。打开“索引属性”对话框，在“常规”选择页中查看索引的相关信息。

2. 索引的重命名

在“对象资源管理器”中选择要重新命名的索引，右击，在弹出的快捷菜单中选择“重命名”命令，在出现的文本框中输入新的索引名称，按 Enter 键或者在“对象资源管理器”的空白处单击即可。

3. 索引的更新

无论何时对基础数据执行插入、更新或删除操作，SQL Server 数据库引擎都会自动维护索引。随着时间的推移，这些修改可能会导致索引中的信息分散在数据库中（含有碎片）。当索引包含的页中的逻辑排序（基于键值）与数据文件中的物理排序不匹配时，就存在碎片。碎片非常多的索引可能会降低查询性能，导致应用程序响应缓慢，此时就需要重新组织索引或重新生成索引来修复索引碎片。

操作步骤如下：

（1）启动 SSMS，依次展开“数据库”→Student→“表”→dbo.StInfo→“索引”节点。

（2）右击索引 IX_stid，在弹出的快捷菜单中选择“重新生成”或“重新组织”命令，如图 5.7 所示。

图 5.7 索引快捷菜单

4. 索引的修改

在表中创建好索引后，有时需要对其进行修改，可通过“对象资源管理器”实现。

操作步骤如下：

（1）在“对象资源管理器”中选择需要编辑索引的表，如 dbo.StInfo，并展开。

（2）展开 StInfo 表的“索引”节点，右击要修改的索引，如索引 IX_Stname，在弹出的快捷菜单中选择“属性”命令。然后在“索引属性”对话框中修改该索引的唯一性和排序顺序，如图 5.8 所示。

注意：不能通过此方法修改作为 PRIMARY KEY 或 UNIQUE 约束的结果而创建的索引，而必须修改约束。

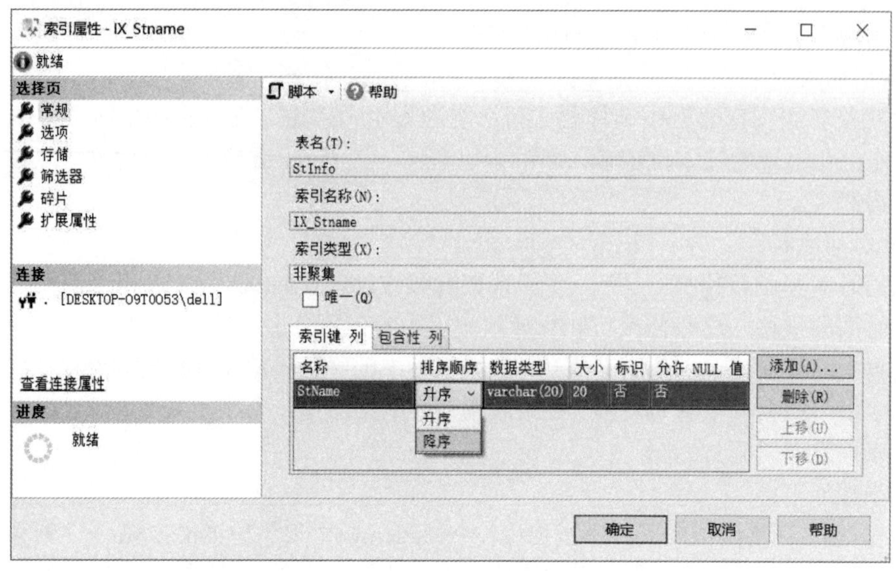

图 5.8　修改索引

删除索引

5. 索引的删除

索引会减慢插入（INSERT）、更新（UPDATE）和删除（DELETE）语句的执行速度。如果发现索引阻碍整体性能或不再需要索引，则应将其删除。可以使用“对象资源管理器”删除索引。

操作步骤如下：

（1）在“对象资源管理器”中展开“数据库”→Student→“表”→dbo.StInfo→“索引”节点，选择其中要删除的索引，如索引 IX_Stname，右击鼠标，从弹出的快捷菜单中选择“删除”命令。

（2）在打开的“删除对象”对话框中，单击“确定”按钮即可。

注意：对于约束使用的索引，必须先删除 PRIMARY KEY 约束或 UNIQUE 约束，才能删除该索引。

5.2　视图

视图（View）是关系数据库系统提供给用户以多种角度观察数据库中数据的重要机制。用户可以通过视图来浏览表中感兴趣的数据，而数据的物理存放位置仍在数据表中。

5.2.1　视图的概述

视图是从一个或多个数据表（或视图）中导出的，可以满足数据库的不同用户使用数据的需要。例如一个学校，其学生的信息存放于数据库的一个或多个表中（如学生学籍表、成绩表、选课信息表等），而学校的不同职能部门所关心的学生数据的内容是不同的。即使是同样的数据，也可能有不同的操作要求，于是就可以根据不同需求，在物理的数据库上定义他们对数据库所要求的数据结构，这种根据用户观点所定义的数据结构就是视图。视图相当于外模式，不同的视图提供给用户不同的数据访问需求。

视图是一个虚拟表，并不包含任何的物理数据，数据库中只存放视图的定义，这些数据仍存放在定义视图的基本表（数据库中永久存储的表）中，用户通过视图看到的数据其实就是查询结果，数据源数据发生变化，视图数据自然随之改变。

1. 视图的类型

SQL Server 的视图可以分为 3 类，分别是标准视图、索引视图和分区视图。

（1）标准视图。一般情况下的视图都是标准视图。标准视图组合了一个或多个表中的数据，可以获得使用视图中的大多数优点，如简化数据查询语句、方便用户使用感兴趣的数据等。

（2）索引视图。如果需要提升对视图的查询性能，可以在视图上创建一个聚集索引，称为索引视图。该视图经过计算并存储，在物理位置上建立有序的数据，是被具体化了的视图。索引视图对部分聚合和排序等操作能起到优化作用，不太适合于经常更新的基本表。

（3）分区视图。分区视图可以在一台或多台服务器间通过集合操作组合数据，使数据看上去如同来自一个表。连接同一个服务器的成员表的视图是一个本地分区视图，在服务器间连接数据的视图是分布式分区视图，用于实现数据库服务器的联合。

2. 视图的优缺点

视图虽然是虚拟表，但大多数情况下可以像基本表一样被查询、修改、删除和更新。与基本表相比，使用视图具有以下优点：

提供数据的
安全性保护机制

（1）方便用户使用数据。通过视图，可只将用户感兴趣的数据提取给用户。当这些数据不是直接来自一个基本表，而是来自多个表或视图，而且查询条件也比较复杂时，则可以通过定义视图，将表与表之间复杂的连接操作和搜索条件对用户隐藏起来，用户只需要简单地查询一个视图，即可获取用户感兴趣的数据。

（2）提供数据的安全性保护机制。在设计数据库应用系统时，可以为不同的用户定制不同的视图，使得机密数据只会出现在指定的用户视图中，而不会出现在权限受限的用户视图中，这样可以实现数据安全保护功能。例如，计算机学院的老师查看学生信息时，可以只把包含计算机学院学生的视图提供给他，将其他学院的学生信息隐藏起来。

（3）视图使用户能以多种角度看待同一数据，当许多不同种类的用户共享同一个数据库时，这种灵活性是非常必要的。

（4）视图为数据提供了一定程度的逻辑独立性。视图对应的是外模式，用户程序通过视图访问数据库。当数据库的逻辑结构发生变化时，只需要修改视图的定义，即可保证用户的外模式不变，对应的应用程序也不必修改。例如，假设表 1 包含 A、B、C 共 3 列，表 2 包含 D、E 共 2 列，视图 1 中包含表 1 的 A、B 列和表 2 的 D 列，提供给应用程序 1 使用。当数据库逻辑结构发生变化，比如从表 1 中分解出一个新表表 3 ，表 3 中只包含了原来表 1 的 A 列时，此时只需要对视图的定义进行修改，指明视图 1 中的 A 列来自新表表 3，B 和 D 列则保持不变。这样视图 1 中包含的数据没有变化，应用程序 1 也不必修改。

视图毕竟是虚拟表，不能等同于实际的数据表，因此视图也存在一些不足，主要表现在以下几个方面：

（1）视图的使用在一定程度上会降低数据库的性能。数据库管理系统必须将视图的查询转换为对基本表的查询，如果视图是通过一个多表连接查询所定义的，则在执行时系统还需要把该视图重新转换为一个基于多个基本表的复杂查询，因此会降低数据库的性能。

（2）更新数据的限制。由于视图是虚拟表，当用户通过视图进行更新操作时，系统必须将该操作转换为对基本表的更新操作。这对简单的视图没有问题，对于来自多表的视图，因为不同的数据表对更新有不同的限制，所以系统对较复杂视图的数据通常限定为“只读”，更新就会受到限制。

创建视图

5.2.2 视图的创建

视图在数据库中是作为一个对象来存储的。创建视图通常有两种方法：一种是通过“对象资源管理器”；另一种是使用 T-SQL 的 CREATE VIEW 语句。

1. 使用视图设计器创建视图

下面以在 Student 数据库中创建名为 vStu（描述学生情况）的视图为例，说明创建视图的过程。具体操作步骤如下：

（1）启动 SSMS，在“对象资源管理器”中展开“数据库”→Student 节点，右击其中的“视图”节点，在弹出的快捷菜单中选择“新建视图”命令，打开“添加表”对话框，如图 5.9 所示。

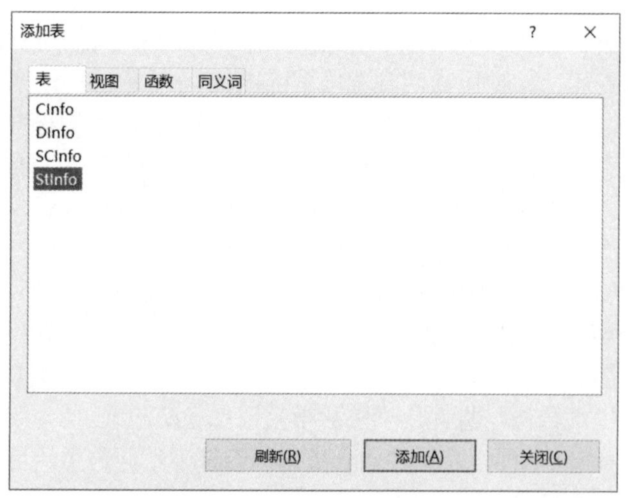

图 5.9 “添加表”对话框

（2）在“添加表”对话框中可以添加所需要关联的基本表、视图、函数和同义词。这里只使用“表”选项卡，选择 StInfo 表，单击“添加”按钮。如果还需要添加其他表，则可以继续选择添加表，如果不再需要添加，单击“关闭”按钮，打开“视图设计器”窗口，如图 5.10 所示。视图设计器自上而下依次显示关系图窗格、条件窗格、SQL 窗格和结果窗格。

（3）基本表添加在“视图设计器”的“关系图”窗格中，这里显示了基本表的全部列信息。根据需要在“关系图”窗格的 StInfo 表中勾选创建视图需要的字段，也可以在“条件”窗格的“列”一栏指定与视图关联的列。在“筛选器”一栏指定创建视图的规则，如在 Class 字段的“筛选器”栏中填写“='法学 2001'”。同时，选择的字段、规则等所对应的 SELECT 语句将会自动显示在 SQL 窗格中。

当视图中需要一个与原字段名不同的字段名，或视图的源表中有同名的字段，或视图中包含了计算列，需要为视图中这样的列重新指定名称时，可以在“条件”窗格的“别名”栏中设置该字段的别名，如指定 Stname 的别名为“姓名”，Class 字段的别名为“班级”。

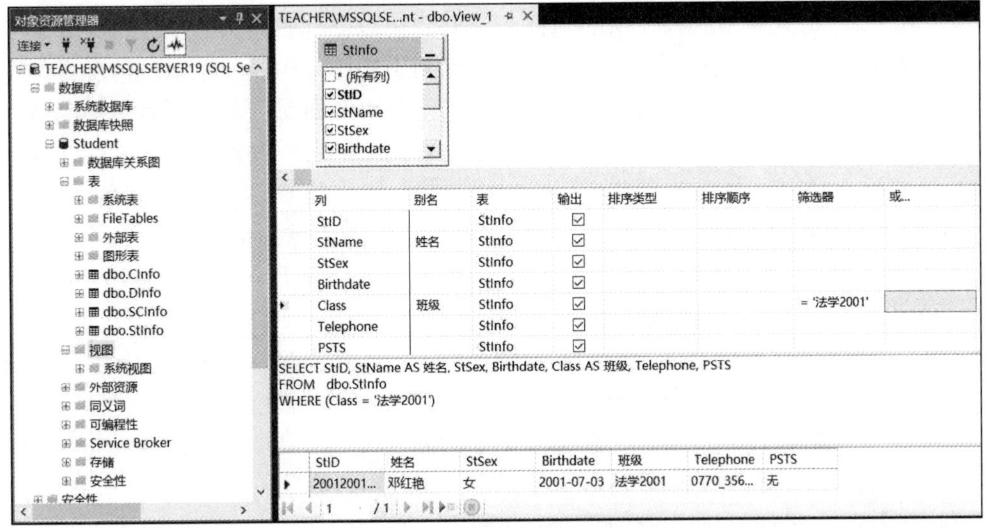

图 5.10　“视图设计器”窗口

（4）完成所有设置后，单击“视图设计器”工具栏中的“执行 SQL”按钮，或者右击“视图设计器”的任意空白处，在弹出的快捷菜单中选择“执行 SQL”命令，系统将执行“SQL 窗格”中的 SQL 语句，并在“结果窗格”中显示包含在视图中的数据行。

（5）单击“标准”工具栏中的“保存”按钮，打开“选择名称”对话框，在文本框中输入视图名 vStu，如图 5.11 所示，单击“确定”按钮，完成视图的创建。

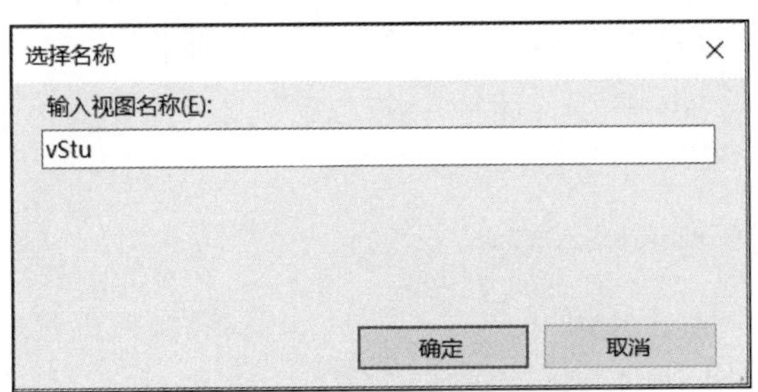

图 5.11　“选择名称”对话框

视图创建成功后，依次展开“对象资源管理器”的“数据库”→Student→“视图”节点，在 dbo.vStu 节点的快捷菜单中选择“设计”命令，可以在“视图设计器”中查看并修改视图结构，选择“编辑前 200 行”命令，可以查看视图的数据内容。

2. 使用 CREATE VIEW 命令创建视图

T-SQL 中用于创建视图的命令是 CREATE VIEW，其语法格式如下：

```
CREATE VIEW [<架构名>.] <视图名> [ ( <列名 1> [, <列名 2> ] [, … n)]
AS
    <查询语句>
[ WITH CHECK OPTION ]
```

参数说明：

- <架构名>：数据库架构名，为可选项。
- <视图名>：要创建的视图名称，视图名称必须符合有关标识符的规则。

- <列名>：指定视图的列使用的名称。<列名>可以全部省略或者全部指定。如果全部省略，则意味着该视图由<查询语句>目标列中的字段构成。但以下情况必须明确指定组成视图的列名：<查询语句>的目标列不是单纯的属性名，而是聚集函数或表达式；<查询语句>进行多表连接操作时选出了几个同名的列作为视图的属性列；需要为视图中的某些列重新命名为更合适的别名。如果全部指定，则<列名>的个数要与SELECT 语句目标列的项数一致，结果以<列名>作为结果集列名。
- <查询语句>：用于创建视图的 SELECT 语句。SELECT 语句中不能使用 ORDER BY、OPTION、INTO、DISTINCT 等子句或关键字，不能引用临时表或表变量。
- WITH CHECK OPTION：指出在视图上所进行的修改都要符合<查询语句>所指定的限制条件，以确保数据修改后仍可通过视图看到修改的数据。例如，对于 vStu 视图，只能修改除 Class 字段以外的字段值，而不能把 Class 字段的值改为“法学 2001”以外的值，以保证仍可通过 vStu 视图查询到修改后的数据。

【例 5.5】在 Student 数据库中创建 vStsex 视图，该视图选择学生信息表 StInfo 中的所有女学生。

创建 vStsex 视图的语句如下：

```
CREATE VIEW vStsex
AS
    SELECT * FROM StInfo WHERE StSex='女'
```

本例中省略了视图的列名，该视图的属性列由<查询语句>中的属性列组成。

【例 5.6】创建 vStu1 视图，包括“法学 2001”班各学生的学号、姓名、性别及班级名。要保证对该视图的修改都符合“Class 为法学 2001”这一条件。

创建 vStu1 视图的语句如下：

```
CREATE VIEW vStu1
AS
    SELECT StID, Stname, StSex ,Class
    FROM StInfo
    WHERE Class = '法学 2001'
WITH CHECK OPTION
```

本例中 WITH CHECK OPTION 子句保证了对该视图进行插入、修改和删除操作时，系统会自动加上“Class = '法学 2001'”的条件。

【例 5.7】在 Student 数据库中创建 vScore 视图，该视图选择 3 个基本表（StInfo、CInfo 和 SCInfo）中的数据来显示学生的 StInfo 学号、姓名、ScInfo 学号、课程名称和成绩。

创建 vScore 视图的语句如下：

```
CREATE VIEW vScore(StInfo 学号, 姓名, ScInfo 学号, 课程名称, 成绩)
AS
   SELECT c.StID, Stname, b.StID, CName, b.Score
   FROM CInfo a INNER JOIN SCInfo b ON a.CNo=b.CNo
          INNER JOIN StInfo c ON b.StID=c.StID
```

本例中的视图建立在多个表上。由于 StInfo 表和 SCInfo 表中有同名列 StID，所以必须在视图名后面显式说明视图的属性列名称。

【例 5.8】创建视图 vStavg，查询每个学生的平均成绩，要求视图列标题为学号和平均成绩。

创建 vStavg 视图的语句如下：

```
CREATE VIEW vStavg
AS
    SELECT   StID 学号, AVG(Score) 平均成绩
    FROM SCInfo
    GROUP BY StID
```

本例中的视图包含计算列，计算列通常使用表达式或聚集函数（如 AVG）进行数据计算，它们的值没有列名，所以必须指定视图列名或者在查询语句中指定列别名，这里为后者。

【例 5.9】利用例 5.8 中的视图 vStavg 创建视图 vAScore，查询学号以 06 开头的学生的成绩信息。

创建 vAScore 视图的语句如下：

```
CREATE VIEW vAScore
AS
    SELECT *
    FROM vStavg
    WHERE 学号 LIKE  '06%'
```

本例中的视图 vAScore 建立在视图 vStavg 上，此时作为数据源的视图 vStavg 必须是已经建立好的视图，SELECT 子句的列名必须是 vStavg 视图的列名。

注意：创建视图时，源表可以是基本表，也可以是视图。

5.2.3 使用视图查询与更新数据

使用视图查询数据

视图定义后，对视图的操作与对基本表的操作一样，可以对其进行查询、修改和删除，但对数据的操作要满足一定的条件。

1. 使用视图进行查询

利用视图可以大大简化查询操作，相当于对复杂查询进行了分解，这样可以使 SQL 脚本的可读性增强，并且可以实现更加复杂的查询。

【例 5.10】使用视图 vStu 查找法学 2001 班学生的 StID、姓名和 StSex 信息。

通过视图 vStu 查询的语句如下：

```
SELECT StID, 姓名, StSex
FROM vStu
```

vStu 的数据就是法学 2001 班的学生信息，在视图中已进行了筛选，因此本例的查询中不必要使用 WHERE 子句进一步过滤数据。查询结果如图 5.12 所示，学生的姓名以“姓名”作为列名而不是 Stname，是因为在创建视图 vStu 时为 Stname 列指定了别名“姓名”，参见图 5.10。

	StID	姓名	StSex
1	2001200115	邓红艳	女

图 5.12　通过视图查询结果

【例 5.11】利用视图 vStavg 查找平均成绩在 85 分以上的学生的学号和平均成绩。

查询语句如下：

```
SELECT *
FROM vStavg
WHERE 平均成绩>85
```

本例在例 5.8 创建的视图 vStavg 中进行查询，查询的结果集如图 5.13 所示。

	学号	平均成绩
1	0603210211	92
2	0603210212	92
3	2001200115	89
4	2001200206	91
5	2201190204	90
6	2602210106	97
7	2602210107	92

图 5.13　例 5.11 查询结果

从以上两个例子可以看出，视图可以向最终用户隐藏复杂的表连接，可以像使用基本表一样使用视图，简化了用户的 T-SQL 程序设计。

视图还可通过在创建视图时指定限制条件和列来限制用户对基本表的访问。例如，若限定某用户只能查询视图 vStu，实际上就是限制了他只能访问 StInfo 表的 Class 为“法学 2001”班的行。在创建视图时指定列，实际上也就是限制了用户只能访问这些列，从而可以将视图看作数据库的安全措施，保护了基本表中的数据。

在使用视图查询时，若其关联的基本表中添加了新字段，则必须重新创建视图才能查询到新字段。例如，若 StInfo 表新增了“籍贯”字段，那么在其上创建的视图 vStu 若不重建视图，就使用查询语句：

```
SELECT * FROM vStu
```

其结果将不包含“籍贯”字段。只有重建 vStu 视图后再对它进行查询，结果才会包含“籍贯”字段。如果与视图相关联的表或视图被删除，则该视图将不能再使用。

2. 使用视图更新基本表数据

视图数据的更新包括插入、删除和修改三类操作。由于视图是一个虚拟表，其中没有实际的数据，通过视图更新的时候都是转到基本表进行更新的，如果对视图增加或者删除记录，实际上是对其基本表增加或者删除记录。

视图的更新有以下限制条件：

（1）任何修改操作都只能修改来自一个基本表的数据，不可以同时修改两个或多个基本表的数据。

（2）修改操作中引用的字段必须是基本表中存在的基础数据，不能修改派生得到的数据，如通过聚合函数（AVG、COUNT、SUM 等）计算得到的数据、使用集合运算符（UNION、EXCEPT 和 INTERSECT）形成的数据等。

（3）正在修改的字段值不受 GROUP BY、HAVING 和 DISTINCT 子句的影响。

（4）如果在视图定义中使用 WITH CHECK OPTION 子句，则所有在视图上执行的数据修改语句都必须符合定义视图的 SELECT 语句中所设置的条件。

【例 5.12】在已创建的视图 vStu 中添加一条记录（StID 为 2001200110，StName 为李丽，班级为法学 2001）。

在 StInfo 表中 StID 和 StName 字段不能为空，因此 INSERT 语句中必须包含这两个字段。

```
-- 添加一条记录
INSERT vstu (StID, 姓名, 班级)
```

```
VALUES ('2001200110', '李丽', '法学 2001')
-- 验证数据是否添加到基本表
SELECT * FROM StInfo WHERE StID = '2001200110'
-- 验证数据是否能从视图中查到
SELECT * FROM vStu WHERE   StID ='2001200110'
```

以上语句执行的结果如图 5.14 所示。

StID	StName	StSex	Birthdate	Class	Telephone	PSTS	Address	Resume	DID
2001200110	李丽	NULL	NULL	法学2001	NULL	团员	NULL	NULL	NULL

StID	姓名	StSex	Birthdate	班级	Telephone	PSTS
2001200110	李丽	NULL	NULL	法学2001	NULL	团员

图 5.14　插入视图后基本表和视图显示的数据

从执行结果可以看出，通过在视图 vStu 中执行一次 INSERT 操作，实际上就向基本表 StInfo 中插入了一条记录。

注意：StInfo 表的 StName 和 vStu 视图中的“姓名”列是同一个字段，这是由于在创建视图 vStu 时 StName 列设置了别名“姓名”作为视图的列名。

【例 5.13】修改视图 vStu 中的数据，将学号为 2001200110 的学生的“姓名”字段修改为“李丽娟”。

可使用 UPDATE 语句修改视图数据，修改的结果最终反映到基本表中。

```
-- 修改视图数据
UPDATE vStu
SET 姓名 ='李丽娟'
WHERE StID = '2001200110'
-- 验证基本表和视图数据修改
SELECT  *  FROM  StInfo  WHERE  StID = '2001200110'
SELECT  *  FROM  vStu  WHERE  StID ='2001200110'
```

以上语句执行的结果如图 5.15 所示。UPDATE 语句修改 vStu 视图中的姓名字段，更新之后，基本表中的 StName 字段同时被修改为新的值。

StID	StName	StSex	Birthdate	Class	Telephone	PSTS	Address	Resume	DID
2001200110	李丽娟	NULL	NULL	法学2001	NULL	团员	NULL	NULL	NULL

StID	姓名	StSex	Birthdate	班级	Telephone	PSTS
2001200110	李丽娟	NULL	NULL	法学2001	NULL	团员

图 5.15　修改视图后基本表和视图显示的数据

【例 5.14】删除视图 vStu 中学号为 2001200110 的学生数据。

可使用 DELETE 语句删除视图数据，同时基本表中的相关记录也被删除。

```
DELETE vStu WHERE StID='2001200110'
```

执行以上删除语句和例 5.13 的验证查询语句的结果如图 5.16 所示，视图 vStu 中已经不存在学号为 2001200110 的学生记录了，同时基本表中该学生的记录也被删除了。

StID	StName	StSex	Birthdate	Class	Telephone	PSTS	Address	Resume	DID

StID	姓名	StSex	Birthdate	班级	Telephone	PSTS

图 5.16　删除视图后基本表和视图显示的数据

提示： 建立在多个基本表之上的视图，无法使用 DELETE 语句进行删除操作。

修改视图

5.2.4 视图的修改

创建好的视图可以通过 SSMS 中的图形工具进行修改，也可使用 T-SQL 的 ALTER VIEW 语句来修改。

1. 使用图形工具修改视图

操作步骤如下：

（1）在 SSMS 的“对象资源管理器”中，展开视图所在的数据库节点。

（2）右击要修改的视图，这里选择 dbo.vStu，在弹出的快捷菜单中选择“设计”命令，打开“视图设计器”窗口。

（3）在“视图设计器”中修改视图结构，修改完后单击“保存”按钮即可。

注意： 对加密存储的视图定义不能在 SSMS 中通过图形工具修改。

2. 使用 ALTER VIEW 语句修改视图

修改视图命令 ALTER VIEW 的语法格式如下：

```
ALTER VIEW [<架构名>.] <视图名> [ ( <列名 1> [, <列名 2> ] [, … n)]
AS
    <查询语句>
[ WITH CHECK OPTION ]
```

各参数与 CREATE VIEW 语句中的参数含义相同。

【例 5.15】 修改例 5.5 中创建的 vStsex 视图，将视图中选择 StInfo 表的所有女学生修改为选择所有男学生。

修改 vStsex 视图的语句如下：

```
ALTER VIEW vStsex
AS
   SELECT * FROM StInfo WHERE StSex='男'
```

5.2.5 视图的删除

当不再需要某个已存在的视图时，可以删除它。删除视图后，基本表和视图所基于的数据并不受影响。在 SQL Server 中可以通过 SSMS 的“对象资源管理器”中的图形工具和 T-SQL 语句来实现视图的删除。

1. 使用图形工具删除视图

操作步骤如下：

（1）在 SSMS 的“对象资源管理器”中，展开要删除的视图所在的数据库节点，再展开“视图”节点。

（2）选择要删除的视图并右击，在弹出的快捷菜单中选择“删除”命令，打开“删除对象”对话框。

（3）在“删除对象”对话框中单击“确定”按钮，即可删除指定的视图。

2. 使用 DROP VIEW 语句删除视图

删除视图使用 DROP VIEW 命令，其语法格式如下：

```
DROP VIEW    [<架构名>.] <视图名> [ , … n)]
```

使用 DROP VIEW 可删除一个或多个视图，其中 n 表示可以指定多个视图名，视图名称之间用逗号（,）分隔。

【例 5.16】删除 vStsex 视图。

删除 Stview 视图的语句如下：

```
DROP VIEW Stview
```

一、选择题

1．为数据表创建索引的目的是（　　）。

A．提高查询的检索性能　　B．节省存储空间

C．便于管理　　D．归类

2．索引是对数据库表中（　　）字段的值进行排序。

A．一个　　B．多个　　C．一个或多个　　D．零个

3．下列（　　）类数据不适合创建索引。

A．经常被查询搜索的列　　B．主键的列

C．包含太多 NULL 值的列　　D．表很大

4．在表 student（学号，姓名，性别，身份证号，出生日期，所在系号）上使用（　　）语句能创建视图 vst。

A．CREATE VIEW vst　AS SELECT * FROM student

B．CREATE VIEW vst　ON　SELECT * FROM student

C．CREATE VIEW AS SELECT * FROM student

D．CREATE TABLE vst　AS SELECT * FROM student

5．在一个数据表上，最多可以定义（　　）个聚集索引和多个非聚集索引。

A．1　　B．2　　C．3　　D．4

6．下面关于索引的描述，不正确的是（　　）。

A．索引是一个指向表中数据的指针

B．索引是在列上建立的一种数据库对象

C．索引的建立和删除对表中的数据毫无影响

D．表被删除时将同时删除在其上建立的索引

7．关于索引，下列叙述中错误的是（　　）。

A．索引是使数据表中记录有序排列的一种技术

B．索引是建立数据库中多个表间关联的基础

C．一个表只能建立一个索引

D．索引可以加快表中数据的查询速度，给表中数据的查找与排序带来很大的方便

8．SQL Server 的视图是从（　　）中导出的。

A．基本表　　B．视图　　C．基本表或视图　　D．数据库

9．在视图上不能完成的操作是（　　）。

A．更新视图数据　　B．查询

C．在视图上定义新的基本表　　D．在视图上定义新视图

10．关于数据库视图，下列说法正确的是（　　）。

A．视图可以提高数据的操作性能

B．定义视图的语句可以是任何数据操作语句

C．视图可以提供一定程度的数据独立性

D．视图的数据一般是物理存储的

11．在下列关于视图的叙述中，正确的是（　　）。

A．当某一视图被删除后，由该视图导出的其他视图也将被自动删除

B．若导出某视图的基本表被删除了，该视图不会被删除

C．视图一旦建立，就不能被删除

D．当修改某一视图时，导出该视图的基本表也随之被修改

12．视图是一种常用的数据对象，可以简化数据库操作，当使用多个数据表来建立视图时，不允许在该语句中包括（　　）等关键字。

A．ORDER BY,INTO　　B．SELECT,FROM

C．JOIN,ON　　D．GROUP BY,HAVING

13．下列描述中，视图不具备的是（　　）。

A．分割数据，屏蔽用户不需要浏览的数据

B．提高应用程序和表之间的独立性，充当程序和表之间的中间层

C．降低对最终用户查询水平的要求

D．提高数据的网络传输速度

14．下列说法正确的是（　　）。

A．视图是观察数据的一种方法，只能基于基本表建立

B．视图是虚拟表，观察到的数据是实际基本表中的数据

C．索引视图是基本表上的索引建立的视图

D．视图是基于表创建的一个新的表

二、思考题

1．什么是聚集索引？什么是非聚集索引？它们的区别是什么？

2．一个表中的数据可以按照多种顺序来存储吗？一个表中能创建几个聚集索引？聚集索引一定是唯一索引吗？为什么？

3．应该在哪些列上创建索引？哪些列上不能创建索引？

4．视图和数据表的区别是什么？视图可以创建索引、主键和约束吗？为什么？

5．能不能基于临时表建立视图？用什么语句可建立临时表？在 CREATE VIEW 语句中能不能使用 INTO 关键字？为什么？

6．视图存储记录吗？对更新视图的操作最终都转化为对什么的更新操作？

第 6 章　存储过程与触发器

- 了解：存储过程、触发器的概念与分类。
- 理解：存储过程调用时参数传递的方法；触发器的工作原理和应用场景。
- 掌握：存储过程创建、执行以及参数应用的方法；触发器的创建及使用方法。

6.1　存储过程

存储过程（Stored procedure）是 SQL Server 服务器中一组预编译的 T-SQL 语句的集合，在服务器端和客户端都可以直接调用它，可包含程序流、逻辑控制流以及对数据库的查询，可以接受输入参数和输出参数，返回单个或多个结果集以及状态值，并可以重用和嵌套调用，可源于任何使用 T-SQL 语句的目的来使用存储过程。

6.1.1　存储过程的特点和类型

将 T-SQL 查询转化为存储过程是提高 SQL Server 服务器功能的最佳方法之一，因为存储过程是在服务器端运行，所以执行速度快，而且存储过程方便用户查询，可提高数据使用效率。

1. 存储过程的特点

在 SQL Server 中，使用服务器上的存储过程而不使用存储在客户端计算机本地的 T-SQL 程序有以下 6 个方面的优点：

（1）封装复杂操作。当对数据库进行复杂操作时（如对多个表进行更新、删除时），可用存储过程将复杂操作封装起来与数据库提供的事务处理结合起来使用。

（2）加快系统运行速度。存储过程只在创建时进行编译，以后每次执行存储过程都不需再重新编译，而一般 T-SQL 语句每执行一次就编译一次，所以使用存储过程可提高数据库运行速度。

（3）实现代码重用。存储过程一旦创建，以后即可在程序中调用多次，可以实现模块化程序设计，这将改进应用程序的可维护性，并允许应用程序统一访问数据库。

（4）增强安全性。可设定特定用户具有对指定存储过程的执行权限，而不是直接对存储过程中引用的对象具有权限。可以强制应用程序的安全性，参数化存储过程有助于保护应用程序不受 SQL 注入式攻击。

（5）减少网络流量。因为存储过程存储在服务器上，并在服务器上运行。一个需要数百行 T-SQL 代码的操作可以通过一条执行过程代码的语句来执行，而不需要在网络中发送数百行代码，这样可以减少网络流量。

（6）调用方便。存储过程有着如同其他高级语言子函数那样被调用和返回的方便特性。

2. 存储过程的类型

SQL Server 中常用的存储过程类型有以下 3 种：

（1）系统存储过程。系统存储过程是由数据库系统自身所创建的存储过程，可以作为命令执行，目的在于能够方便地从系统表中查询信息，为系统管理员管理 SQL Server 提供支持，为用户查看数据库对象提供方便。系统存储过程存储在 master 数据库中，并以 sp_为前缀命名。例如，常用的显示系统对象信息的 sp_help 系统存储过程，为检索系统表的信息提供了方便和快捷的方法。

一些系统存储过程只能由系统管理员使用，而有些系统存储过程通过授权可以被其他用户所使用。尽管系统存储过程保存在 master 数据库中，但仍然可以在其他数据库中执行。当创建一个新的用户数据库时，某些系统存储过程会自动在新数据库中创建。

（2）用户定义存储过程。用户定义存储过程是根据某一特定功能的需要，在用户数据库中由用户所创建的存储过程，过程的名称前没有 sp_前缀，以便与系统存储过程区分。用户定义存储过程包括 T-SQL 通用存储过程和公共语言运行库（Common Language Runtime，CLR）存储过程。

CLR 存储过程是指对微软.NET Framework 的 CLR 库的方法/函数的引用，可以接受和返回用户提供的参数（该类型本章不作讨论）。

若存储过程名的前面加上“##”，表示创建全局临时存储过程；在存储过程名前面加上“#”，则表示创建局部临时存储过程。全局临时存储过程可以在所有会话中使用，即所有用户均可以访问该过程；局部临时存储过程只能在创建它的会话中使用，当前会话结束时移除。它们都存储在 tempdb 数据库中。

（3）扩展存储过程。扩展存储过程是用户使用编程语言（例如 C/C++）创建自己的外部例程，在使用时需要先加载到 SQL Server 系统中，并且按照使用存储过程的方法执行。扩展存储过程以前缀 xp_来标识。对于用户来说，扩展存储过程和普通存储过程一样，可以用相同的方式来执行。

创建存储过程

6.1.2 存储过程的创建和执行

在使用存储过程之前，首先需要创建一个存储过程。创建存储过程实际是对存储过程进行定义的过程，主要包含存储过程名称及其参数的说明和存储过程的主体（其中包含执行过程操作的 T-SQL 语句）两部分。

在 SQL Server 中，有 2 种方法创建存储过程：使用图形工具和使用 T-SQL 中的 CREATE PROCEDURE 语句。

1. 使用图形工具创建存储过程

SQL Server 提供了一种创建存储过程的简便方法——使用 SSMS 工具，操作步骤如下：

（1）打开 SSMS 窗口，连接到 Student 数据库。

（2）依次展开“对象资源管理器”的“数据库”→Student→“可编程性”节点。

（3）右击“存储过程”节点，在弹出的快捷菜单中选择“新建”→“存储过程”命令，将出现如图 6.1 所示的 CREATE PROCEDURE 语句的模板。可以用要创建的存储过程的名称

（如 STScore）替换<Procedure_Name, sysname, ProcedureName>，然后编辑该存储过程的内容。

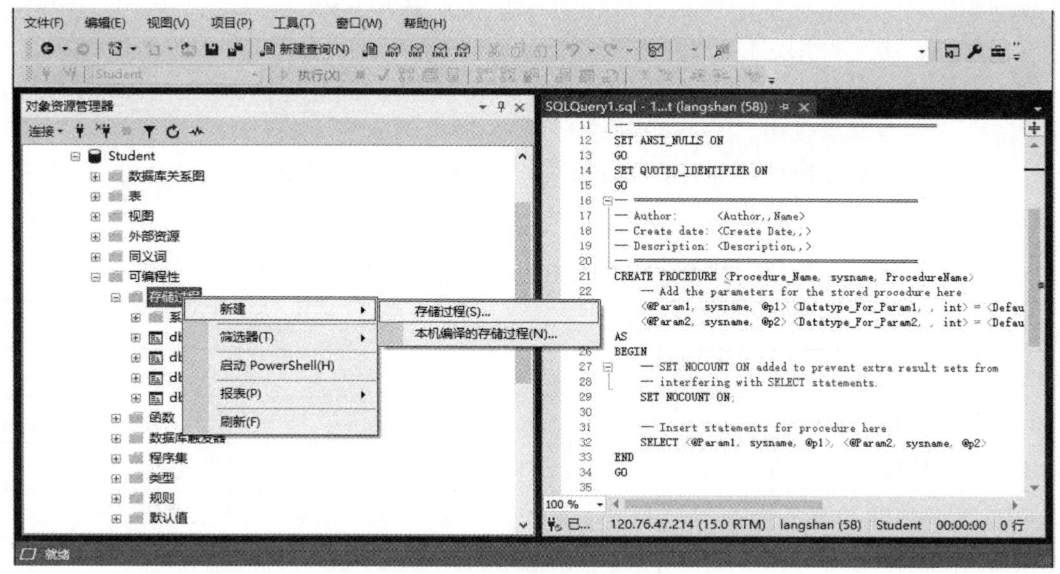

图 6.1　创建存储过程

例如，在数据库 Student 中创建一个带有 SELECT 语句的简单存储过程 STScore，该过程返回所有学生选课的学号、课程名称、课程类型及课程成绩。

该存储过程不使用任何参数，涉及课程表 CInfo 和选课表 SCInfo，它们通过课程编号 CNo 建立连接。图 6.2 是编辑好的存储过程内容。

```
CREATE PROCEDURE STScore As
BEGIN
    SELECT StID, CName, CType, Score
      FROM SCInfo a INNER JOIN CInfo b ON a.cNo=b.cNo
END
GO
```

图 6.2　编辑好的存储过程内容

（4）修改完后，单击“执行”按钮 执行(X)，在“Student 数据库”→“可编程性”→“存储过程”节点下显示 dbo. STScore，如图 6.3 所示，表示存储过程创建成功。

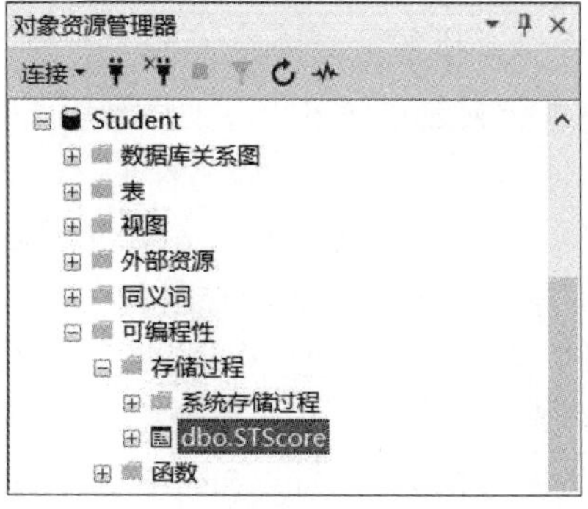

图 6.3　创建的存储过程 STScore

执行存储过程

2. 使用 CREATE PROCEDURE 语句创建存储过程

SQL Server 还可以通过 T-SQL 的 CREATE PROCEDURE 语句创建存储过程。在创建存储过程时，需要注意下列事项：

（1）在单个批处理中，CREATE PROCEDURE 语句不能与其他 T-SQL 语句组合使用。

（2）只能在本地数据库中创建存储过程。CREATE PROCEDURE 定义自身可以包括任意数量和类型的 T-SQL 语句，但是表 6.1 中的语句除外。

表 6.1 CREATE PROCEDURE 定义中不能出现的语句

语句	语句
CREATE AGGREGATE	CREATE RULE
CREATE DEFAULT	CREATE SCHEMA
CREATE 或 ALTER FUNCTION	CREATE 或 ALTER TRIGGER
CREATE 或 ALTER PROCEDURE	CREATE 或 ALTER VIEW
SET PARSEONLY	SET SHOWPLAN_ALL
SET SHOWPLAN_TEXT	SET SHOWPLAN_XML
USE <数据库名>	

（3）可以引用尚不存在的表。在创建时，只进行语法检查，直到第一次执行该存储过程时才对其进行编译。只有在编译过程中才解析存储过程中引用的所有对象。

（4）如果执行的存储过程将调用另一个存储过程，则被调用的存储过程可以访问由第一个存储过程创建的所有对象，包括临时表在内。

（5）存储过程中的参数的最大数目为 2100。

（6）存储过程中的局部变量的最大数目仅受可用内存的限制。

创建存储过程的语法格式如下：

```
CREATE PROC[EDURE] [ <架构名>. ] <存储过程名>
[{@参数名 [<架构名>. ] <数据类型>} [VARYING] [=<参数默认值>] [OUT | OUTPUT]] [ , ... n ]
[ WITH { ENCRYPTION | RECOMPILE } ]
[ FOR REPLICATION ]
  AS { [ BEGIN ] < SQL 语句> [;] [ ... n ] [ END ] }
```

参数说明：

- <存储过程名>：新建存储过程的名称。过程名必须符合标识符规则，且在架构中必须唯一。存储过程或全局临时存储过程的名称（包括##）不能超过 128 个字符，局部临时存储过程的名称（包括#）不能超过 116 个字符。
- @参数名：存储过程的参数名称。创建存储过程时，可以声明一个或多个参数，执行存储过程时应提供每个参数相应的值（除非定义了该参数的默认值，默认情况下，参数值只能为常量）。参数名以“@”符号为前缀，必须符合标识符的规则。
- <数据类型>：指定参数的数据类型。SQL Server 支持的任何数据类型都可以作为参数。
- VARYING：指定作为输出参数支持的结果集，该选项仅用于游标参数。

- <参数默认值>：指定输入参数的默认值。如果定义了默认值，那么执行存储过程时可根据情况不提供参数值。默认值必须是常数或者是 NULL。如果存储过程使用带 LIKE 关键字的参数，则默认值中可包含下列通配符：%、_、[、]、^。
- OUTPUT：指示该参数是一个返回参数，用 OUTPUT 参数可以向调用者返回信息。但 text、ntext 和 image 类型参数不能用作 OUTPUT 参数。OUT 与 OUTPUT 意义相同。
- WITH ENCRYPTION：表示对存储过程的创建语句文本进行加密。
- WITH RECOMPILE：表示强制在每次执行此存储过程时都对其进行重新编译。
- FOR REPLICATION：指定存储过程只能在复制过程中执行。
- AS：用于指定该存储过程要执行的操作。
- <SQL 语句>：存储过程中需要执行的 T-SQL 语句。n 表明可以包含多条 T-SQL 语句。可以使用可选的 BEGIN 和 END 关键字将这些语句括起来。

【例 6.1】在 Student 数据库中创建一个名为 p_Stu 的存储过程，它将从表中返回所有学生的 StName、StSex、Class 和 Telephone。

存储过程只能建立在当前数据库上，否则需先用 USE 语句来指定数据库：

```
USE Student
GO
```

创建存储过程的语句如下：

```
CREATE PROCEDURE p_Stu
AS
    SELECT StName, StSex, Class, Telephone FROM StInfo
```

本例中的存储过程 p_Stu 是从单个表中提取数据，不使用任何参数。以上语句执行后，在“对象资源管理器”的“Student 数据库”→“可编程性”→“存储过程”节点下显示 dbo.p_Stu，表示存储过程创建成功。

注意：

（1）存储过程可以引用表、视图或其他存储过程，在创建存储过程的时候引用的对象可以不存在，但是执行的时候必须是已经存在的。

（2）如果在存储过程中创建了临时表，那么临时表只在该存储过程执行时有效，当存储过程执行完毕时，临时表也随之消失。

（3）存储过程应该规范命名，同时避免使用 sp_前缀，以便与系统存储过程区别。

【例 6.2】创建一个名为 Average_Score 的存储过程，从学生表 StInfo、课程表 CInfo、选课表 SCInfo 中返回每位修课学生的课程平均分，要求包含姓名与平均分。

StInfo 表与 SCInfo 表通过 StID 关联，CInfo 表与 SCInfo 表通过 CNo 关联，要查到每个学生的修课平均分，需要通过聚集函数 AVG 计算，同时在 SELECT 查询中使用 GROUP BY 分组。

创建存储过程的语句如下：

```
CREATE PROCEDURE Average_Score
AS
    SELECT StName, AVG(Score) AS AvgScore
    FROM StInfo, SCInfo, CInfo
    WHERE StInfo.StID = SCInfo.StID AND SCInfo.CNo = CInfo.CNo
    GROUP BY   StName
```

3. 执行存储过程

对存储在数据库中的存储过程，可以通过执行 EXECUTE（或 EXEC）命令或直接按存储过程名称执行。同时，执行存储过程必须具有执行该过程的权限许可。如果存储过程是批处理中的第一条语句，则 EXECUTE 命令可以省略。

执行存储过程的语法格式如下：

```
[[EXEC[UTE]] { [ @返回状态 = ] <存储过程名> }
[[@参数名 = ]{<参数值> | @变量名 [ OUTPUT ] | [ DEFAULT ]] [ , ... n]
```

参数说明：

- @返回状态：一个可选的整型变量，用于保存存储过程的返回状态，这个变量在执行存储过程之前必须已声明，一般使用 0 表示成功执行；-1～-99 表示执行出错的各种可能性。调用存储过程的批处理或应用程序可对该状态值进行判断，以便转至不同的处理流程。
- @参数名：指定存储过程的输入参数名称。
- <参数值>：传递给“@参数名”的值。
- @变量名：用来保存返回参数的值，与 OUTPUT 结合使用。
- OUTPUT：声明输出参数，与存储过程中声明的输出参数相匹配。
- DEFAULT：表示不提供实参，而使用对应的默认值。当需要的参数值没有定义默认值，并且缺少参数，则会发生错误。

【例 6.3】执行例 6.2 所创建的存储过程 Average_Score。

在新建查询窗口中输入并运行以下语句：

```
USE Student
GO
EXECUTE Average_Score
```

输出结果如图 6.4 所示。

图 6.4　Average_Score 存储过程的执行结果

注意：

（1）如果存储过程名的前缀为 sp_，SQL Server 会首先在 master 数据库中寻找符合该名称的系统存储过程。如果没能找到合法的过程名，SQL Server 才会寻找架构名称为 dbo 的存储过程。

（2）在执行存储过程时，若语句是批处理中的第一个语句，则可以省略 EXECUTE。

此外，还可以在“对象资源管理器”中执行存储过程，这种方法对于带参数的存储过程更为方便。具体操作方法如下：

（1）依次展开“对象资源管理器”中的“数据库”→Student→“可编程性”→“存储过程”节点。

（2）在“存储过程”节点下，找到需要执行的存储过程，如 dbo.Average_Score，右击该存储过程，在弹出的快捷菜单中选择“执行存储过程”命令，如图 6.5 的左侧窗格所示。

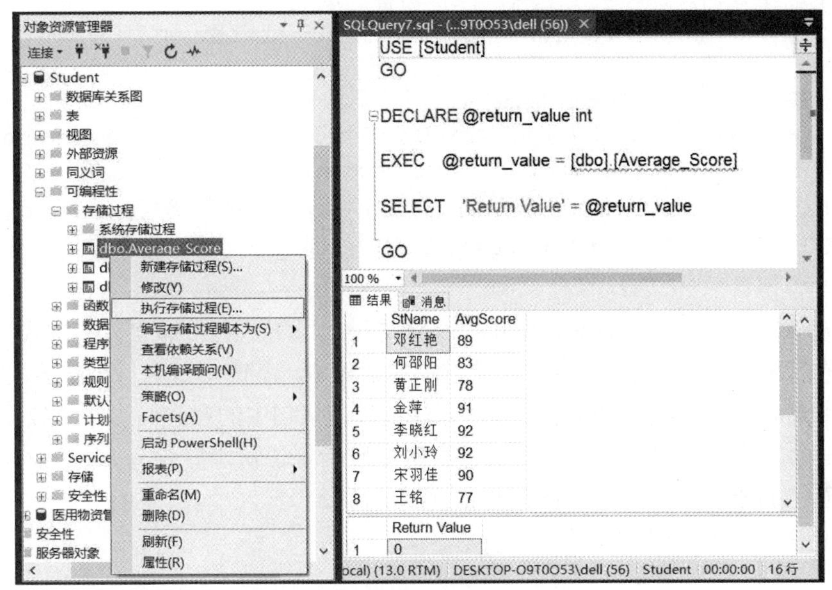

图 6.5　显示执行存储过程的结果

（3）在弹出的“执行过程”对话框中单击“确定”按钮，SSMS 的结果窗格将列出存储过程运行的结果，如图 6.5 中的右侧窗格所示。

注意：存储过程的 EXECUTE 权限默认给该存储过程的所有者，该所有者可以将此权限转让给其他用户。

6.1.3　存储过程的参数和执行状态

存储过程中参数与变量的区别

存储过程的优势不仅在于它存储在服务器端和运行速度快，而且还可以实现存储过程与调用者之间数据的传递。带有参数的存储过程可以在调用时改变查询的条件，使存储过程更具灵活性。

1. 存储过程的参数

SQL Server 存储过程的参数类型包括输入参数和输出参数。输入参数允许用户将数据值传递到存储过程，输出参数允许存储过程将数据值传递给用户。每个存储过程向用户返回一个整数代码，如果存储过程没有显示设置返回代码的值，则返回代码为 0。

存储过程的参数由存储过程在创建时指定。存储过程的参数在创建时定义在 CREATE PROCEDURE 和 AS 关键字之间，每个参数都要指定参数名和数据类型，参数名必须以“@”符号为前缀，可以为参数指定默认值；如果是输出参数，则应用 OUTPUT 关键字描述。各个参数定义之间用逗号隔开，具体语法格式如下：

```
@参数名 <数据类型> [ = <参数默认值> ] [ OUTPUT ]
```

其中各参数和保留字的含义说明与 CREATE PROCEDURE 语句一致。

（1）存储过程的输入参数。输入参数即指在存储过程中有一个条件，在执行时为这个条件指定值，通过存储过程返回相应的信息。使用输入参数可以向同一存储过程多次查找数据库。

【例 6.4】 创建一个带两个输入参数的存储过程，从 StInfo、CInfo、SCInfo 表的连接中返回输入参数的学生姓名、课程类别选课的课程名称和成绩。

```
CREATE PROCEDURE ScoreInfo @stname varchar(20), @ctype char(4)
AS
    SELECT StName, CType, CName, Score
    FROM StInfo a JOIN SCInfo b ON a.StID = b.StID JOIN CInfo c ON b.CNo = c.CNo
    WHERE StName = @stname AND CType = @ctype
```

ScoreInfo 存储过程以@stname 和@ctype 变量作为过程的输入参数，在 SELECT 语句中分别对应 StInfo 表中的学生姓名 StName 和 CInfo 表中的课程类别 CType，变量的数据类型应与表中的字段类型保持一致。

执行带输入参数的存储过程时，SQL Server 提供了以下两种传递参数的方式。

1）位置标识。这种方式是在执行存储过程的语句中，省略参数名，直接给出参数的值。当有多个参数时，给出的参数的顺序与创建存储过程的语句中的参数的顺序一致，即参数传递的顺序就是参数定义的顺序（除非在定义过程时参数指定了默认值）。

例如，在“新建查询”窗格中输入并运行以下命令：

```
EXEC ScoreInfo '吴中华', '必修'
```

输出结果如图 6.6 所示。

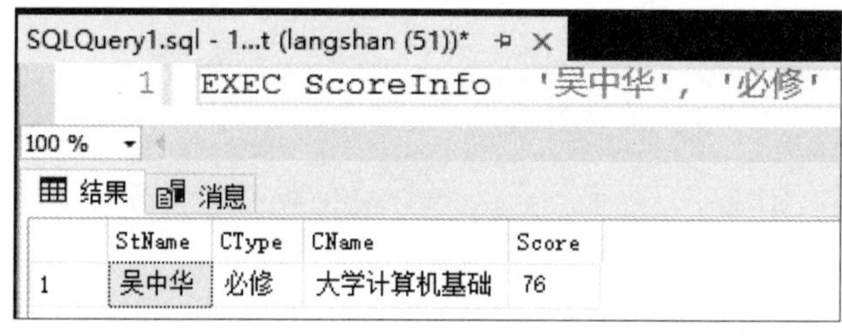

图 6.6 按位置标识执行 ScoreInfo 存储过程

2）名字标识。也称作显式标识，这种方式是在执行存储过程的语句中使用“参数名=参数值”的形式给出参数值。通过参数名传递参数的好处是参数可以以任意顺序给出。

例如，在“查询编辑器”窗格中输入以下语句：

```
EXEC ScoreInfo @ctype = '必修', @stname = '吴中华'
EXEC ScoreInfo @stname = '杨平娟', @ctype ='必修'
```

输出结果如图 6.7 所示。

图 6.7　按名字标识执行 ScoreInfo 存储过程

按位置传递参数具有更快的速度，按名字传递参数比按位置传递参数具有更大的灵活性，但一旦使用了按名字传递参数的形式后，该存储过程所有后续的参数都必须以“参数名=参数值”的形式传递。

也可以通过图形界面来实现带参数的存储过程。依次展开“对象资源管理器”的“数据库”→Stuent→“可编程性”→“存储过程”节点，在 ScoreInfo 存储过程上右击，在弹出的快捷菜单中选择“执行存储过程”命令，则在弹出的“执行过程”窗口中会列出存储过程的参数形式，如果“输出参数”栏为“否”，则表示该参数为输入参数，用户需要设置输入参数的值，在“值”一栏中输入参数值，如图 6.8 所示。

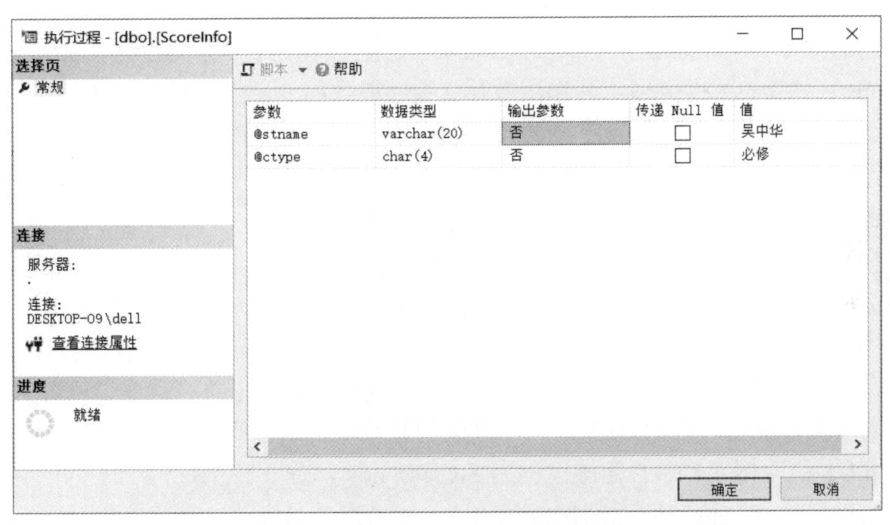

图 6.8　通过图形方式执行 ScoreInfo 存储过程并设置参数

单击“确定”按钮执行该存储过程，执行结果与图 6.7 相似。

由此可见，通过输入参数为同一存储过程指定不同的学生姓名和课程类型，来返回不同的课程名称，使得这个存储过程更加通用、灵活。

（2）存储过程的输出参数。在系统开发过程中执行一组数据库操作后，需要对操作的结果进行判断，并把判断的结果返回给用户，通过定义输出参数，可以从存储过程中返回一个或多个值。

为了使用输出参数，必须在 CREATE PROCEDURE 语句的参数名称后指定 OUTPUT 关键字。同时，为了使用输出参数，必须在执行存储过程时也使用 OUTPUT 关键字。如果忽略 OUTPUT 关键字，存储过程虽然能执行，但没有返回值。

【例 6.5】创建带一个输入参数和一个输出参数的存储过程，通过输入参数在 StInfo 表中查询指定学号（StID 字段）的学生，以输出参数的形式返回学生所在的班级名称（Class 字段）。

创建此存储过程的语句如下：

```
CREATE PROCEDURE StClass @stid char(10), @class_name varchar(30) OUTPUT
AS
   SELECT @class_name = Class FROM StInfo
   WHERE StInfo.StID = @stid
```

本例创建的存储过程 StClass 中，输入参数为@stid 变量，在执行时将“学号”值传递给存储过程。输出参数为@class_name 变量，是存储过程执行后将学号为@stid 的学生的班级名称返回给调用者的变量。调用者使用该存储过程时，必须首先声明一个变量，用于接收该输出变量返回的值。执行该存储过程的语句如下：

```
DECLARE @get_clname char(30)
EXEC StClass '0603210211', @get_clname OUTPUT
SELECT @get_clname
```

执行结果如图 6.9 所示。

图 6.9　例 6.5 执行存储过程结果

DECLARE 关键字用于建立局部变量，在建立局部变量时，要指定局部变量名称及变量类型，并以“@”字符为前缀，一旦变量被声明，其值会先被设为 NULL。

在上面的程序代码中首先声明@get_clname 变量，并将其类型设为与存储过程参数（如@class_name）对应的数据类型，其作用是存放返回参数的值。然后按参数传递方式执行此存储过程，最后在结果窗格显示@get_clname 变量从存储过程返回而得到的值。在存储过程和调用程序中为 OUTPUT 使用了不同名称的变量，是为了便于理解，也可以使用相同名称的变量。

带参数存储过程的优点

2. 返回存储过程的执行状态

在存储过程中，使用 RETURN 语句可以从过程中无条件退出，并返回一个值。存储过程执行到 RETURN 语句时，立即停止执行，并回到调用程序中的下一个语句，因而可以使用 RETURN 传回存储过程的执行状态。

RETURN 语句传回的值是一个整数。如果存储过程没有指定执行状态，则 SQL Server 返回代码 0 表示执行成功，否则返回-1～-99 之间的整数，表示执行失败。

【例 6.6】修改例 6.5 中的存储过程为 StClass_new，分 3 种情况返回不同的执行状态：如果输入空的学号参数值，则返回执行状态-1；如果在 StInfo 表中不存在指定学号的学生，则返回执行状态-2；除前两种情况之外（即找到了指定学号的学生），则返回执行状态 0，表示执行正常。

创建该存储过程的语句如下：

```
CREATE PROCEDURE StClass_new @stid char(10) = NULL, @class_name char(30) OUTPUT
AS
  IF @stid IS NULL
    RETURN -1
  SELECT @class_name = Class FROM StInfo WHERE StID = @stid
  IF @class_name IS NULL
    RETURN -2
  RETURN 0
```

执行此存储过程时，若要正确接收返回的状态，必须使用以下语句形式：

```
EXEC <@返回状态> = <过程名称>
```

其中，<@返回状态>变量必须在执行存储过程之前声明，由其接收返回的执行状态值。因此要执行上面的存储过程可以输入以下语句：

```
DECLARE @status_return int                ' @status_return 变量用于接受返回状态
DECLARE @get_clname char(30)              ' @get_clname 变量用于输出参数值
EXEC @status_return = StClass_new '0603210211', @get_clname OUTPUT
IF @status_return = -1
   PRINT '没有输入学号'
ELSE
   IF @status_return = -2
      PRINT '找不到这个学号的学生'
   ELSE
      PRINT @get_clname
```

如果将上述代码中的学号'0603210211'修改为 NULL 或填写一个并不存在的学号，执行存储过程后会分别输出“没有输入学号”和“找不到这个学号的学生”的结果。

6.1.4　存储过程的查看和修改

存储过程的有关信息以及创建存储过程的文本均被存储在 SQL Server 数据库的系统表中，可以通过多种方式查看。这对于存储过程没有创建相应的 T-SQL 脚本文件是很有用的（除了创建存储过程时使用了加密选项外）。

存储过程可以通过对象资源管理器和 T-SQL 语句再次修改以适应新的需要。

1. 使用对象资源管理器查看存储过程

（1）依次展开“数据库”→Student→“可编程性”→“存储过程”节点。

（2）选择需要查看的存储过程（如 StClass），右击，在弹出的快捷菜单中选择“编写存储过程脚本为(S)”→“CREATE 到(C)”→“新查询编辑器窗口”命令，打开“存储过程脚本编辑”窗格，右侧窗格将显示存储过程的 T-SQL 定义信息，图 6.10 为存储过程 StClass 的创建文本。

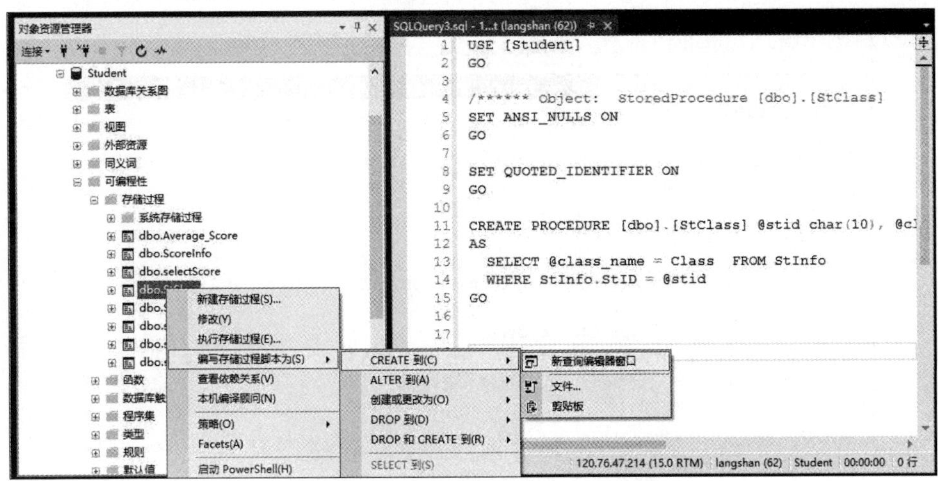

图 6.10　显示存储过程的定义信息

2. 使用系统存储过程查看存储过程

在 SQL Server 中根据不同的需要，可以使用 sp_helptext、sp_depends、sp_help 等系统存储过程来查看存储过程的不同信息。这 3 个系统存储过程的具体作用和语法如表 6.2 所示。

表 6.2　查看存储过程信息的系统存储过程

系统存储过程	作用	使用语法
sp_helptext	查看存储过程的文本信息	sp_helptext　[@对象名=] <存储过程名>
sp_depends	查看存储过程的相关性	sp_depends　[@对象名=] <存储过程名>
sp_help	查看存储过程的一般信息	sp_help　[@对象名=] <存储过程名>

需要注意的是，以上系统存储过程在使用时，要查看的存储过程对象必须在当前数据库中。如图 6.11 所示，执行 sp_help 系统存储过程后，在“查询编辑器”窗格中显示了对象 StClass 的有关名称、所有者、对象类型及创建时间等一般信息。

SQLQuery3.sql - 1...t (langshan (62))*

```
1  sp_help StClass
```

100 %

结果　消息

	Name	Owner	Type	Created_datetime
1	StClass	dbo	stored procedure	2021-09-15 21:40:24.750

	Parameter_name	Type	Length	Prec	Scale	Param_order	Collation
1	@stid	char	10	10	NULL	1	Chinese_PRC_CI_AS
2	@class_name	char	20	20	NULL	2	Chinese_PRC_CI_AS

图 6.11　使用 sp_help 显示存储过程的有关信息

3. 使用对象资源管理器修改存储过程

在“对象资源管理器”的“数据库”→Student→“可编程性”→“存储过程”节点下，右击要修改的存储过程，在弹出的快捷菜单中选择“修改”命令，打开“存储过程脚本编辑”窗口，如图 6.12 所示，在该窗口中修改相关的 T-SQL 语句。修改完成后执行脚本，若执行成功，则完成了存储过程的修改。

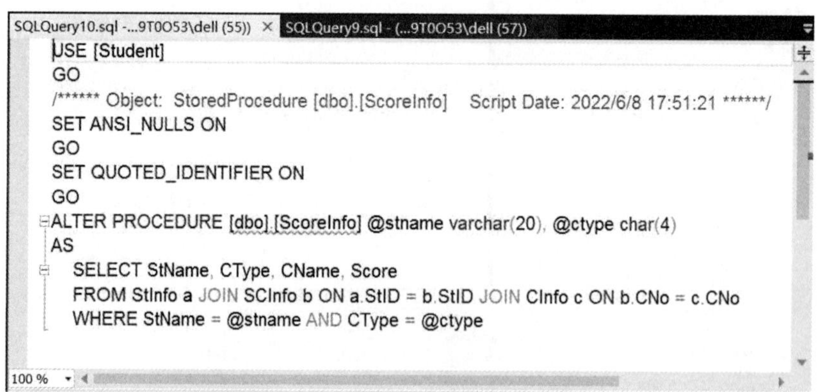

图 6.12　“存储过程脚本编辑”窗口

4. 使用 ALTER PROCEDURE 语句修改存储过程

存储过程可以根据要求或者表定义的改变而进行修改。使用 ALTER PROCEDURE 语句可以更改以前通过执行 CREATE PROCEDURE 语句创建的存储过程，但不会更改权限，也不影响相关的存储过程或触发器。

修改存储过程的语法格式如下：

```
ALTER PROC[EDURE] [<架构名>. ] <存储过程名>
[{@参数名] <数据类型>} [VARYING] [=<参数默认值>] [OUT | OUTPUT]] [ , ... n ]
[WITH { ENCRYPTION | RECOMPILE } ]
[FOR REPLICATION]
 AS { [ BEGIN ] < SQL 语句> [;] [ ... n ] [ END ] }
```

其中参数的含义与 CREATE PROCEDURE 语句一致。

【例 6.7】修改例 6.4 中所创建的存储过程 ScoreInfo，使之可以查询输入学生（输入学生姓名）的所修课程的类别、名称和成绩（只有一个输入参数）。

完成操作的语句如下：

```
ALTER PROCEDURE ScoreInfo @stname varchar(20)
AS
  SELECT StName, CType, CName, Score
  FROM StInfo a JOIN SCInfo b ON a.StID = b.StID JOIN CInfo c ON b.CNo = c.CNo
  WHERE StName = @stname
```

然后在查询分析器中输入并运行以下语句：

```
EXEC ScoreInfo '吴中华'
GO
sp_helptext ScoreInfo
```

运行后，第一个语句产生的结果和第三个语句输出存储过程 ScoreInfo 的完整定义文本，如图 6.13 所示。

	StName	CType	CName	Score
1	吴中华	必修	大学计算机基础	76
2	吴中华	实践	大学计算机基础实践	77

	Text
1	CREATE PROCEDURE ScoreInfo @stname varchar(20)
2	AS
3	SELECT StName, CType, CName, Score
4	FROM StInfo a JOIN SCInfo b ON a.StID = b.StID JOIN CInfo c ON b.CNo = c.CNo
5	WHERE StName = @stname

图 6.13　修改存储过程 ScoreInfo 的执行结果

5. 重命名存储过程

修改存储过程的名称可以使用系统存储过程 sp_rename，其语法格式如下：

```
sp_rename '<原存储过程名>', '<新存储过程名>'
```

【例 6.8】将例 6.1 创建的存储过程 p_Stu 更名为 Student_proc。

完成操作的语句如下：

```
sp_rename 'p_Stu', ' Student_proc'
```

此外，通过“对象资源管理器”也可以修改存储过程的名称。在 SQL Server“对象资源管理器”的“存储过程”节点下，右击需要操作的存储过程名称，从弹出的快捷菜单中选择“重命名”命令，当存储过程名称变成可输入状态时，直接修改该存储过程的名称即可。

说明：系统存储过程 sp_helptext、sp_depends、sp_help 和 sp_rename 还可以查看其他数据库对象的文本信息、相关信息和更改数据库对象的名称，如表、约束、索引、视图等。

6.1.5 存储过程的删除

当不再使用一个存储过程时，就要把它从数据库中删除。如果要修改一个存储过程，也可先删除该存储过程，再重新创建。删除存储过程可以通过图形界面和 T-SQL 语句两种方式来实现。

1. 使用对象资源管理器删除存储过程

在“对象资源管理器”的某数据库节点下，展开“数据库”→Student→“可编程性”→“存储过程”节点，右击需要删除的存储过程，从弹出的快捷菜单中选择“删除”命令，打开“删除对象”对话框。单击“确定”按钮，删除该存储过程。

2. 使用 DROP PROCEDURE 语句删除存储过程

使用 DROP PROCEDURE 语句可永久性地删除存储过程。在此之前，必须确定其他对象与该存储过程没有任何依赖关系。其语法格式如下：

```
DROP PROC[EDURE] { <存储过程名> } [ , ... n ]
```

其中参数的含义说明与 CREATE PROCEDURE 语句一致。

DROP PROCEDURE 语句可以一次从当前数据库中将一个或多个存储过程删除。

【例 6.9】 删除例 6.8 所修改过的存储过程 Student_proc。

完成操作的语句如下：

```
USE Student
GO
DROP PROCEDURE Student_proc
```

如果一个存储过程调用某个已删除的存储过程，则 SQL Server 会在执行该调用过程时显示一条错误信息。但如果定义了名字和参数相同的新存储过程来替换已删除的存储过程，那么引用该过程的其他过程仍能顺利执行。可以在删除存储过程之前，先查找系统 sysobjects 中是否存在这一存储过程，然后再删除。

【例 6.10】 删除例 6.2 所创建的存储过程 Average_Score。

```
USE Student
GO
IF EXISTS (SELECT name FROM sysobjects WHERE name='Average_Score')
   DROP PROCEDURE Average_Score
```

注意：不论是重命名存储过程名称还是删除存储过程，都会影响到引用该存储过程的其他数据库对象。

6.2 触发器

触发器（Trigger）是 SQL Server 数据库中一种特殊类型的存储过程。与前面介绍的存储过程不同，触发器不能由用户直接调用。当向某一个数据表中插入、修改或删除记录时，SQL Server 就会自动执行触发器所定义的 SQL 语句，从而确保对数据的处理必须符合由这些 SQL 语句所定义的业务规则。

6.2.1 触发器的特点和类型

触发器与约束的区别

触发器主要是当某个事件发生时自动被触发执行的，可以执行复杂的数据库操作和完整性约束。

1. 触发器的特点

触发器可以完成存储过程能完成的功能，但是又具有显著的特点：

（1）触发器与表紧密相连，可以看作是表定义的一部分。

（2）触发器是基于一个表创建的，但是可以针对多个表进行操作，实现数据库中相关表的级联更改。

（3）触发器不能通过名称被直接调用，更不允许带参数，而是当用户对表中的数据进行修改之类的事件发生时自动执行。

（4）触发器可以用于 SQL Server 约束、默认值和规则的完整性检查，实施更为复杂的数据完整性约束。

在数据库中为了实现数据完整性约束，可以使用 CHECK 约束，但 CHECK 约束不允许引用其他表中的列来完成检查工作，而触发器可以引用其他表中的列。例如在 Student 数据库中，学生表 StInfo 中的学号的前两位字符表示了所在的院系，因此，当向学生表 StInfo 中插入新记录或修改记录时，对于输入的学生学号的前两位，必须先检查学院表 DInfo 中是否存在该院系。这只能通过触发器实现，而不能通过 CHECK 约束完成。

（5）触发器可以评估数据修改前后的表状态，并根据其差异采取对策。

（6）一个表中可以存在多个同类触发器（INSERT、UPDATE 或 DELETE），对于同一个修改语句可以有多个不同的对策予以响应。

2. 触发器的类型

在 SQL Server 系统中，按照触发事件的不同可以把触发器分成三大类型：DDL 触发器、DML 触发器和登录触发器。

（1）DDL 触发器。DDL 触发器是当服务器或者数据库中发生数据定义语言（DDL）事件时被调用。如果要执行 CREATE、ALTER、DROP 等关键字开头的语句时，可以触发 DDL 触发器，以防止对数据库架构进行某些修改。

（2）DML 触发器。DML 触发器是当数据库服务器中发生数据操纵语言（DML）事件时要执行的操作。DML 事件包括对表或视图的 INSERT、UPDATE 或 DELETE 操作，因此 DML 触发器也可分为 3 种类型：INSERT 触发器、UPDATE 触发器和 DELETE 触发器。

DML 触发器可以方便地保持数据库中数据的完整性。例如，Student 数据库有 StInfo、CInfo 和 SCInfo 表，当插入某一学号的学生的某一课程的成绩时，该学号应是 StInfo 表中已存在的，课程号应是 CInfo 表中已存在的，此时，可通过定义 INSERT 触发器实现上述功能。再如，对于 Student 数据库，在 StInfo 表中删除一个学生时，在 StInfo 表的 DELETE 触发器中要同时删除 SCInfo 表中所有该学生的记录。通过 DML 触发器可以实现多个表之间数据的一致性。

（3）登录触发器。登录触发器将在登录的身份验证阶段完成之后且用户会话实际建立之前激发，如果身份验证失败，将不激发登录触发器。可以使用登录触发器来审核和控制服务器会话。

按触发器被激活的时机可以分为以下两种类型：

（1）AFTER 触发器。AFTER 触发器又称为后触发器，该类触发器是在触发动作之后再触动，如果操作语句因错误（如违反约束或语法错误）而失败，触发器将不会被执行，因此，这些触发器不能用于任何可能防止违反约束的处理。

此类触发器只能定义在表上，不能创建在视图上。可以为每个触发操作（如 INSERT、UPDATE 或 DELETE）创建多个 AFTER 触发器。

（2）INSTEAD OF 触发器。INSTEAD OF 触发器又称为替代触发器，将在数据变动以前被触发，该类触发器代替触发操作执行。因此，这类触发器可用于对一个或多个列执行错误或值检查，然后在插入、更新或删除行之前执行其他操作。

这类触发器既可在表上定义，也可在视图上定义。对于每个触发操作（INSERT、UPDATE 和 DELETE）只能定义一个 INSTEAD OF 触发器。

创建触发器

6.2.2 触发器的创建

在执行触发器时，系统创建了两个特殊的驻留内存的临时表，分别是 inserted 表和 deleted 表。这两个表包含了在激发触发器的操作中插入或删除的所有记录。

（1）inserted 表。inserted 表存储着被 INSERT 和 UPDATE 语句影响的新数据记录。当用户执行 INSERT 和 UPDATE 语句时，新数据记录的备份被复制到 inserted 临时表中。

（2）deleted 表。deleted 表存储着被 DELETE 和 UPDATE 语句影响的旧数据记录。在执行 DELETE 和 UPDATE 语句的过程中，指定的旧数据记录被用户从基本表中删除，然后转移到 deleted 表中。

表 6.3 是对以上两个虚拟表在 3 种不同的数据操作过程中表中记录变化情况的说明。

表 6.3　deleted、inserted 表在执行触发器时记录变化情况

激活触发器 T-SQL 语句	deleted 表	inserted 表
INSERT	空	新增加的记录
UPDATE	旧记录	新记录
DELETE	删除的记录	空

UPDATE 操作涉及以上两个虚拟表，因为一个典型的 UPDATE 事务实际上由两个操作组成：首先，旧的数据记录从基本表中转移到 deleted 表中（假设这个过程没有出错）；紧接着将新的数据行同时插入基本表和 inserted 表中。

inserted 表和 deleted 表在触发器执行时被创建，触发器执行完后就消失了。所以只可以在触发器的语句中使用 SELECT 语句查询这两个表。例如，可以使用 SELECT 语句来检查 INSERT 和 UPDATE 语句执行的插入操作是否成功，触发器是否被这些语句触发等。但是不允许用户直接修改 inserted 表和 deleted 表中的数据。

创建一个触发器，内容主要包括触发器名称、与触发器关联的表、激活触发器的语句和条件、触发器应完成的操作等。创建触发器的方法主要有 T-SQL 语句和“对象资源管理器”等。

1. 使用 CREATE TRIGGER 语句创建触发器

创建触发器可以使用 CREATE TRIGGER 语句，其语法格式如下：

```
CREATE TRIGGER [<架构名>.] <触发器名>
```

```
ON { <表名> | <视图名> }
[ WITH ENCRYPTION ]
{ FOR | AFTER | INSTEAD OF }
{ [DELETE][,][INSERT][,][UPDATE] }
AS
    <SQL 语句> [ , ... n ]
```

参数说明：

- <触发器名>：指定触发器的名称。名称必须符合标识符规则，且在数据库中唯一。
- <表名> | <视图名>：指定在其上执行触发器的数据表或视图，有时称为触发器表或触发器视图。
- WITH ENCRYPTION：用于加密 CREATE TRIGGER 语句文本，可防止触发器文本被复制。
- AFTER：表示在引起触发的 T-SQL 语句中所有操作（包括引用级联操作和约束检查等）都已成功执行后，才激活本触发器的执行；如果仅指定 FOR，则 AFTER 是默认设置。不能在视图上定义 AFTER 触发器。
- INSTEAD OF：指定执行本触发器而不是执行引起触发的 T-SQL 语句，即触发器替代触发语句的操作；每个数据操作语句（DELETE、INSERT、UPDATE）最多只能定义一个 INSTEAD OF 触发器。
- [DELETE][,][INSERT][,][UPDATE]：指定执行哪些更新语句时将激活触发器，至少要指定一个选项，若选项多于一个，需用逗号分隔这些选项。
- <SQL 语句>：定义触发器被触发后，将执行的 T-SQL 语句。

创建触发器时，必须注意以下几点：

（1）CREATE TRIGGER 语句必须是批处理中的第一条语句。

（2）只能在当前数据库中创建触发器，一个触发器只能对应一个表。

（3）表的所有者具有创建触发器的默认权限，不能将该权限转给其他用户。

（4）不能在视图上创建 AFTER 触发器，不能在临时表和系统表上创建触发器，触发器可以引用视图、临时表，但是不能引用系统表。

（5）尽管 TRUNCATE TABLE 语句类似于没有 WHERE 子句的 DELETE 语句，但由于该语句不被记入日志，所以它不会引发 DELETE 触发器。

【例 6.11】 在 Student 数据库中，为课程表 CInfo 建立一个名为 DelCourse 的触发器，其作用是当删除课程表中的记录时，同时删除选课表 SCInfo 中与该课程编号相关的记录。

创建 DelCourse 触发器的语句如下：

```
CREATE TRIGGER DelCourse
ON CInfo
FOR DELETE
AS
    DELETE SCInfo WHERE CNo IN (SELECT CNo FROM deleted)
```

在“新建查询”窗格中输入以下语句并执行：

```
DELETE FROM CInfo WHERE CNo='2900001'
```

如果课程表 CInfo 与成绩表 SCInfo 之间存在外键关系，当该语句从 CInfo 表中删除课程编号为 2900001 的数据行，触发 DelCourse 触发器时，将会产生如图 6.14 所示错误信息。

```
消息
消息 547，级别 16，状态 0，第 3 行
DELETE 语句与 REFERENCE 约束"FK_SCInfo_CInfo1"冲突。该冲突发生于数据库"Student"，表"dbo.SCInfo"，column 'CNo'。
语句已终止。
```

图 6.14　DelCourse 触发器的执行结果

说明：

（1）必须删除 CInfo 表与 SCInfo 表已建立的外键关系，触发器才能被触发，因为主记录的子记录不存在级联删除操作时，对主记录的删除会引发错误。

（2）如果没有以上限制，则当删除 CInfo 表中的课程记录时，触发器会自动执行，从而自动删除选课信息表中选修了该课程的所有学生的成绩记录。

【例 6.12】为 SCInfo 表建立一个名为 CheckScore 的触发器，其作用是修改课程成绩时，检查输入的成绩是否在有效的 0～100 的范围内。

创建 CheckScore 触发器的语句如下：

```
CREATE TRIGGER CheckScore
ON SCInfo
FOR UPDATE
AS
    DECLARE @cj int
    SELECT @cj=Score FROM inserted
    IF (@cj<0 OR @cj>100)
    BEGIN
        RAISERROR ('成绩的取值必须在 0 到 100 之间', 16, 1)
        ROLLBACK TRANSACTION
    END
```

说明：

（1）RAISERROR 语句允许发出用户定义的错误并向客户端发送消息。

（2）IF 流程控制语句中间包括一系列的 T-SQL 语句时，必须使用 BEGIN...END 语句包含语句体；ROLLBACK TRANSACTION 用于对在 BEGIN...END 中间的所有数据库操作事务进行回退、恢复先前数据。

该触发器创建成功后，在“新建查询”窗格中对 SCInfo 执行 UPDATE 操作，输入语句：

```
UPDATE SCInfo
SET Score=120
WHERE StID='0603210109' AND CNo='9710041'
```

执行该语句后，UPDATE 操作立即激活触发器，输出如图 6.15 所示的内容，说明更新操作中输入的数据无效，触发器将数据库自动回退到先前未修改的状态。

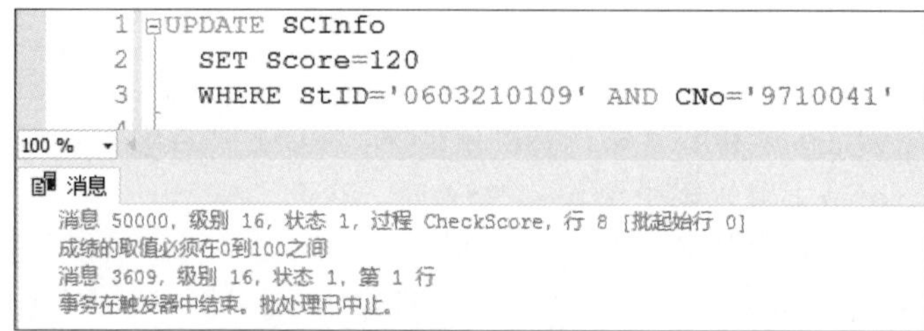

图 6.15　CheckScore 触发器的执行结果

2. 使用图形界面方式创建触发器

下面以学生表 StInfo 为例创建触发器，操作步骤如下：

（1）在“对象资源管理器”中展开“数据库”→Student→“表”→dbo.StInfo→“触发器”节点。

（2）右击“触发器”节点，在弹出的快捷菜单中选择“新建触发器”命令。

（3）在打开的“触发器脚本编辑”窗格中输入相应的创建触发器的命令，如图 6.16 所示。输入完成后，单击“执行”按钮。若执行成功，则触发器创建完成。

```
CREATE TRIGGER st_Insert
   ON  StInfo
   AFTER INSERT
AS
BEGIN
  DECLARE @str char(50)
  SET @STR='TRIGGER IS WORKING'
  PRINT @STR
END
GO
```

图 6.16　“触发器脚本编辑”窗格

以上过程在 StInfo 表中创建了一个名称为 st_Insert 的 INSERT 触发器。当在该表上执行任何有效的插入操作（不论是否实际插入了记录）时，都会激发该触发器，将变量@str 的值设为 TRIGGER IS WORKING。

注意：PRINT 命令的作用是向客户端输出信息，其结果显示在消息窗格。

6.2.3　触发器的查看和修改

修改触发器

如果要显示作用于表上的触发器究竟对表做了哪些操作，必须查看触发器信息。在 SQL Server 中，触发器可以看作是特殊的存储过程，因此所有适用于存储过程的管理方式都适用于触发器。可以使用像 sp_helptext、sp_help 和 sp_depends 等系统存储过程来查看触发器的有关信息，也可以使用 sp_rename 系统存储过程来重命名触发器。

1. 使用对象资源管理器查看触发器信息

操作步骤如下：

（1）在“对象资源管理器”中展开“数据库”→Student→“表”→dbo.StInfo→“触发器”节点。

（2）选择需要查看的触发器，如 st_Insert，右击，在弹出的快捷菜单中选择“编写触发器脚本”→“CREATE 到”→“新查询编辑器窗口”命令，打开“触发器脚本编辑”窗格，可以看到创建该触发器的文本。

2. 使用系统存储过程查看触发器信息

在 SQL Server 中，根据不同需要，可以使用 sp_helptext、sp_depends、sp_help 等系统存储过程来查看触发器的不同信息。具体作用和语法与用于查看存储过程信息的命令格式一样，只要将引用的对象名称改为触发器对象名称即可。

例如，使用 sp_helptext 系统存储过程查看触发器 st_Insert 的定义，语句如下：

```
sp_helptext st_Insert
```

执行结果如图 6.17 所示。

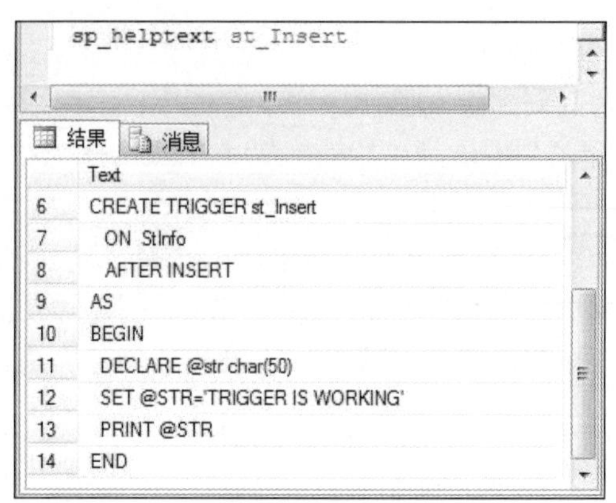

图 6.17 查看创建触发器的文本信息

此外，有专门查看触发器属性信息的系统存储过程 sp_helptrigger，其语法格式如下：

sp_helptrigger [@表名 =] '<表名>' [, [@触发器类型 =] '<类型名称>']

参数说明：

- [@表名 =] '<表名>'：指定当前数据库中表的名称，将返回该表的触发器信息。
- [@触发器类型 =] '<类型名称>'：指定触发器的类型，将返回此类型触发器的信息。其值可以是 INSERT、DELETE 和 UPDATE。如果不指定触发器类型，将列出所有的触发器。

【例 6.13】查看 SCInfo 表上存在的触发器的属性信息。

完成操作的语句如下：

```
EXEC sp_helptrigger SCInfo
```

输出结果如图 6.18 所示。

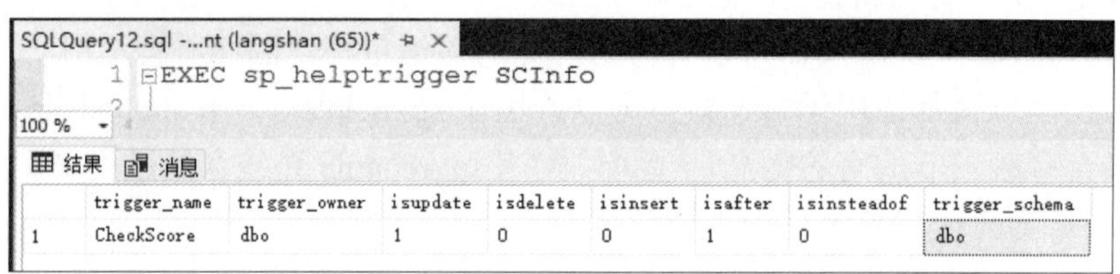

图 6.18 利用系统存储过程 sp_helptrigger 查看触发器的属性

3. 使用对象资源管理器修改触发器的内容

当触发器不满足需求时，可以修改触发器的定义和属性，使用“对象资源管理器”修改触发器的操作步骤与创建触发器相似。操作步骤如下：

（1）在“对象资源管理器”中展开“数据库”→Student→“表”→dbo.StInfo→“触发器”节点。

（2）在“触发器”节点下选择需要修改的触发器，如 st_Insert，右击，在弹出的快捷菜单中选择“修改”命令，打开“触发器脚本编辑”窗格。

（3）在该窗格中可以进行触发器的修改，修改后单击“执行”按钮重新执行即可。

注意：被设置成 WITH ENCRYPTION 的触发器是不能被修改的。

4. 使用 ALTER TRIGGER 修改触发器的内容

使用 ALTER TRIGGER 语句修改触发器的语法格式如下：

```
ALTER TRIGGER [<架构名>.] <触发器名>
ON { <表名> | <视图名> }
[ WITH ENCRYPTION ]
{ FOR | AFTER | INSTEAD OF }
{ [DELETE][,][INSERT][,][UPDATE] }
AS
    <SQL 语句> [ , ... n ]
```

其中的参数与创建触发器语句中的参数相同，此处不再赘述，读者可以参考 6.2.2 节创建触发器的内容。

【例 6.14】 将例 6.12 中的触发器 CheckScore 修改为在新增记录和修改记录时都能对输入的修课成绩范围进行检查。

完成操作的语句如下：

```
ALTER TRIGGER CheckScore
ON SCInfo
FOR INSERT, UPDATE
AS
  DECLARE @cj int
  SELECT @cj=Score FROM inserted
  IF (@cj<0 OR @cj>100)
  BEGIN
      RAISERROR ('成绩的取值必须在 0 到 100 之间', 16, 1)
      ROLLBACK TRANSACTION
  END
```

对 SCInfo 表执行以下插入记录语句：

```
INSERT SCInfo (StID, CNO, Score)
VALUES ('0603170211', '9720013', 108)
```

激活 INSERT 触发器 CheckScore，结果与图 6.15 类似，说明插入记录操作被终止，触发器将数据库自动回退到未插入记录之前的状态。

5. 重命名触发器

修改触发器的名称可以使用系统存储过程 sp_rename，其语法格式如下：

```
sp_rename '<原触发器名>', '<新触发器的名称>'
```

应用操作参考重命名存储过程的操作，在此不再赘述。

6.2.4 触发器的删除

当不再需要某个触发器时，可以将其删除。只有触发器的所有者才有权删除触发器。可以使用下面的方法实现。

1. 使用对象资源管理器删除触发器

操作步骤如下：

（1）在“对象资源管理器”中展开“数据库”→Student→“表”→dbo.StInfo→“触发器”节点，选择要删除的触发器名称，如 st_Insert。

（2）右击，在弹出的快捷菜单中选择“删除”命令打开“删除对象”对话框，单击“确定”按钮，即可完成触发器的删除操作。

2. 使用 DROP TRIGGER 语句删除触发器

删除一个或多个触发器，可以使用 DROP TRIGGER 语句，语法格式如下：

```
DROP TRIGGER <触发器名> [ , ... n]
```

参数说明：

- <触发器名>：指定要删除的触发器名称。
- n：表示指定需要删除的多个触发器名称，触发器之间以逗号分隔。

例如删除触发器 st_Insert 可以使用以下语句：

```
DROP TRIGGER st_Insert
GO
```

3. 删除表的同时删除触发器

当某个表被删除后，该表上的所有触发器将自动被删除，删除触发器不会对表中数据产生影响。

一、选择题

1. （　　）允许用户定义一组操作，这些操作通过对指定的表数据进行删除、插入和更新来执行或触发。

   A．存储过程　　B．视图　　C．触发器　　D．索引

2. SQL Server 为每个触发器创建了两个临时表，它们是（　　）。

   A．Updated 和 Deleted　　B．Inserted 和 Deleted
   C．Inserted 和 Updated　　D．Seleted 和 Inserted

3. SQL Server 中，存储过程由一组预先定义并被（　　）的 T-SQL 语句组成。

   A．编写　　B．解释　　C．编译　　D．保存

4. 下列可以修改存储过程名称的系统存储过程是（　　）。

   A．xp_spaceused　　B．sp_depends
   C．sp_help　　D．sp_rename

5. 以下语句创建的触发器 ABC 是当对表 T 进行（　　）操作时触发。

```
CREATE TRIGGER ABC
ON   T
FOR INSERT, UPDATE, DELETE
AS   …
```

   A．只是修改　　B．只是插入
   C．只是删除　　D．修改、插入、删除

6. 以下（　　）不是存储过程的优点。

   A．实现模块化编程，能被多个用户共享和重用
   B．可以加快程序的运行速度
   C．可以增加网络的流量
   D．可以提高数据库的安全性

7．（　　）操作不是触发触发器的操作。

A．SELECT　　B．INSERT

C．DELETE　　D．UPDATE

8．下面关于触发器的描述，错误的是（　　）。

A．触发器是一种特殊的存储过程，用户可以直接调用

B．触发器 Inserted 表和 deleted 表没有共同记录

C．触发器可以用来定义比 CHECK 约束更复杂的规则

D．删除触发器可以使用 DROP TRIGGER 命令，也可以使用对象资源管理器

9．关于 SQL Server 中的存储过程，下列说法中正确的是（　　）。

A．不能有输入参数　　B．没有返回值

C．可以自动被执行　　D．可以按存储过程名称执行

10．对于下面的存储过程：

```
CREATE PROCEDURE mysp @P int
AS
    SELECT StName, Age FROM Students    WHERE Age=@p
```

调用该存储过程查询年龄为 20 岁的学生的正确方法是（　　）。

A．EXEC Mysp1 @p='20'　　B．EXEC Mysp1 @p=20

C．EXEC Mysp1='20'　　D．EXEC Mysp1=20

二、思考题

1．什么是存储过程？为什么要使用存储过程？

2．系统存储过程和用户定义存储过程有何区别？

3．当某个表被删除后，该表上的所有触发器是否还存在？为什么？

4．存储过程和触发器有什么区别？什么时候用存储过程？什么时候用触发器？

5．TRUNCATE TABLE 语句是否会激活 DELETE 触发器？

6．创建一个存储过程 upGetMaxMinScore，把“课程名称”作为输入参数，查询对应课程的成绩最高分和最低分，并显示出课程编号、最高成绩和最低成绩。

7．在 CInfo 表上设置替代触发器 trcno，在修改课程编号 CNo 时，如已有学生选修该课程，则不允许修改，否则允许修改。

第 7 章　数据库维护

- 了解：数据库日常运行维护管理的内容。
- 理解：数据备份和还原的概念；数据转换的概念。
- 掌握：数据的导入和导出的方法；数据备份和还原的操作方法；数据库的分离与附加；使用脚本备份与恢复数据的方法。

7.1　数据备份和还原

数据的安全性和可用性都离不开良好的数据备份工作。为防止非法登录者或非授权用户对 SQL Server 数据库及数据造成破坏、合法用户不小心对数据库的数据做了不正确的操作、保存数据库文件的磁盘遭到损坏（如计算机硬件故障、计算机病毒袭击、自然灾害等）、运行 SQL Server 服务器时因某个不可预见的事件而导致崩溃等，都有必要对数据进行备份和还原。本节主要介绍数据备份、数据还原以及创建备份和还原数据库的相关知识。

7.1.1　数据备份

数据备份

数据备份是指定期或不定期地将 SQL Server 数据库中的全部或部分数据复制到安全的存储介质（磁盘、磁带等）上保存起来的过程，又称转储。数据库的备份记录了在进行备份这一操作时数据库中所有数据的状态，如果数据库因意外而损坏，这些备份文件将被重新装载回来达到恢复数据库的目的。数据备份是数据库恢复中采用的基本技术。

执行备份操作必须拥有对数据库备份的权限许可，SQL Server 只允许系统管理员、数据库所有者和数据库备份执行者备份数据库。

SQL Server 支持在线备份，在执行数据库备份的过程中，允许用户对数据库继续操作，但不允许用户在备份时执行的操作有：创建或删除数据库文件、创建索引、执行非日志操作。

进行数据备份需要仔细地考虑和计划，要考虑的因素通常有备份类型、备份设备和备份策略等。

1. 备份类型

SQL Server 提供了数据库完全备份、差异备份、事务日志备份、文件和文件组备份 4 种不同的备份类型进行数据备份。

（1）完全备份。也称为完整备份，执行的是完整数据库备份，即备份整个数据库，包括用户表、系统表、索引、视图、存储过程等所有的数据和数据库对象，以及部分事务日志。完全备份可以还原数据库在备份操作完成时的完整数据库状态。由于是对整个数据库的备份，完全备份的速度慢，占用磁盘空间大。在对数据库进行完全备份时，所有未完成的事务或者发生在备份过程中的事务都将被忽略，所以尽量在一定条件下才使用这种备份类型。

（2）差异备份。差异备份是完全备份的补充。差异备份仅记录自上次完全数据库备份后对数据库数据所做的更改。因为只备份改变的内容，所以差异备份需要的时间比完全备份短，占用的磁盘空间小，可以频繁地执行。

（3）事务日志备份。也称日志备份，事务日志是作为数据库中的单独文件或一组文件实现的，用于记录所有事务对数据库所做的修改。事务日志备份是自上次备份事务日志后对数据库执行的所有事务的一系列记录，利用它进行恢复时，可以将数据库还原到特定的时间点（如输入某个数据前的那一点）或还原到故障点，而完全备份和差异备份做不到这一点。与差异备份类似，事务日志备份的备份文件和时间都会比较短。

注意：在创建第一个事务日志备份之前，必须先创建完全备份。

（4）文件和文件组备份。这是针对单一数据库文件或文件夹进行的备份。该备份允许用户仅恢复数据库中已损坏的文件，而不必还原数据库的其余部分，从而提高恢复速度。这种备份尤其适用于大型数据库中，可分多次来备份数据库，每次只备份一个或几个文件或文件组，避免了大型数据库备份时间过长的问题，但前提是数据库被分为了多个文件和文件组。

2. 备份设备

备份设备是用来存储数据库、事务日志或者文件和文件组备份的存储介质，在备份数据库之前，必须先指定或创建备份设备。

（1）备份设备的类型。常用的备份设备类型主要包括磁盘和磁带。

1）磁盘。以硬盘或其他磁盘类设备为存储介质。备份设备在硬盘中是以文件的方式存储的。磁盘备份设备可以存储在本地机器上，也可以存储在网络的远程磁盘上。如果在备份操作过程中磁盘已满，则备份操作会失败。为避免本地存储故障或服务器崩溃，应及时将备份文件复制到远程磁盘上。如果采用远程磁盘作为备份设备，要采用统一命名约定（Uniform Naming Convention，UNC）来表示备份文件，即：\远程服务器名\共享文件名\路径名\文件名。

2）磁带。使用磁带作为存储介质，其用法与磁盘设备相同。磁带设备必须物理连接到 SQL Server 实例运行的计算机上。备份操作可能会写满一个磁带，并继续在另一个磁带上进行。磁带仅可用于备份本地文件。

（2）备份设备的名称。对数据库进行备份时，必须创建用来存储备份的备份设备。备份设备的名称可以采用物理设备名称和逻辑设备名称两种形式。

1）物理设备名称。操作系统访问物理设备时所使用的名称，如果采用磁盘设备备份，则备份设备实际上是磁盘文件的完整路径名，如 F:\BACKUP\DATA_FULL.bak，需要指定物理文件名的盘符、路径、文件名等。

2）逻辑设备名称。它是为物理备份设备指定的可选的逻辑名（别名），使用逻辑设备名称可以简化备份路径。逻辑设备名称被永久保存在 SQL Server 的系统表中。

3. 备份策略

备份策略是指确定需备份的内容、备份的时间及备份的方式。其中最重要的问题之一就是如何选择和组合备份方式。因为单纯地采用任何一种备份方式都存在一些缺陷。完全备份执行得过于频繁会消耗大量的备份介质，而执行得不够频繁又会无法保证数据备份的质量。单独使用差异备份和事务日志备份在数据还原时都存在风险，这样会降低数据备份的安全性。通常的备份策略是几种方式组合形成适当的备份方案，以弥补单独使用任何一种方式时的缺陷。

常见的组合备份方式有完全备份、完全备份加事务日志备份、完全备份加差异备份再加事务日志备份。

（1）完全备份。该备份忽略两次备份操作之间数据的变化情况，是一种每次都对备份目标执行完全备份的方式。此策略适合于数据库的数据量不是很大，而且数据更改不是很频繁的情况。

（2）完全备份加事务日志备份。创建定期的数据库完全备份，并在两次数据库完全备份之间按一定的时间间隔创建事务日志备份，增加事务日志备份的次数（如每隔几小时备份一次）以减少备份时间。此策略适合于不希望经常创建完全备份，但又不允许丢失太多数据的情况。

（3）完全备份加差异备份再加事务日志备份。创建定期的数据库完全备份，并在两次数据库完全备份之间按一定的时间间隔（如每隔一天）创建差异备份，在完全备份之间安排差异备份可减少数据还原后需要还原的日志备份数，从而缩短还原时间，再在两次差异备份之间创建一些事务日志备份。此策略的优点是备份和还原的速度比较快，并且当系统出现故障时，丢失的数据也比较少。

数据库的故障

7.1.2 数据还原

数据还原也称为数据恢复，是数据备份的逆向操作。当数据库出现故障、数据丢失，或者有维护任务和数据的远程处理（从一个服务器向另一个服务器复制数据库）时，将数据库的备份加载到系统，从而使数据库恢复到备份时的正确状态。

执行还原操作时，系统将先执行一些安全性的检查，包括所要恢复的数据库是否存在、数据库是否变化以及数据库文件是否兼容等，然后根据所采用的数据库备份类型采取相应的还原措施。

1. 还原模式

SQL Server 提供了 3 种还原模式，分别是简单还原模式、完整还原模式和大容量日志还原模式。不同还原模式在备份、还原方式和性能方面存在着差异，如表 7.1 所示。

表 7.1　SQL Server 2019 三种还原模式的特点

还原模式	说明	数据丢失的风险	还原到的时间点
简单	无日志备份	最新备份之后的更改不受保护。在发生灾难时，这些更改必须重做	将数据库恢复到上一次的备份
完整	需要日志备份	正常情况下没有。如果日志尾部损坏，则必须重做自最新日志备份之后的更改	如果备份在接近特定的时间点完成，则可以还原到该时间点
大容量日志	需要日志备份，是完整还原模式的附加模式	如果在最新日志备份后发生日志损坏或执行大容量日志记录操作，则必须重做自上次备份之后所做的更改	可以还原到任何备份的结尾，不支持时间点还原

（1）简单还原模式。该模式在进行数据库还原时需要使用数据库备份和差异备份，而不涉及事务日志备份。它使数据只能还原到最近备份结束时的数据库状态。这种模式最容易实施，

所占用的存储空间也最小，适用于小型数据库或者数据更改程度不高的数据库。

（2）完整还原模式。该模式通过使用数据库备份和事务日志备份将数据库还原到发生故障的时刻，几乎不造成任何数据丢失，为数据提供了最大的保护性和灵活性。为保证还原程度，包括大容量操作（如创建索引、大容量复制和大容量装载数据）在内的所有操作都将完整地记入事务日志，因此该模式可以将数据库还原到特定时间点。选择完整还原模式时，常使用的备份策略是：先进行完全数据库备份，然后进行差异数据库备份，最后进行事务日志备份。

（3）大容量日志还原模式。该模式在性能上要优于简单还原模式和完整还原模式，它能尽最大努力减少大规模操作（主要是创建索引或大容量复制）所需要的存储空间，即日志只记录操作的最终结果，而并非存储操作的过程细节，所以日志越小，大批量操作的速度也就越快。如果事务日志没有受到破坏，除了故障期间发生的事务以外，该模式能够还原全部数据，但是不能恢复数据库到特定时间点。选择大容量日志还原模式所采用的备份策略与完整还原所采用的还原策略基本相同。

2. 还原顺序

SQL Server 中的还原方案使用一个或多个还原步骤（操作）来实现，称为“还原顺序”。还原的顺序与选择的备份类型和方式有关。在简单情况下，还原操作只需要一个完全数据库备份、一个差异数据库备份和后续事务日志备份。在这些情况下，很容易构造一个正确的还原顺序。例如，若要将整个数据库还原到故障点，需先备份事务日志（日志的“尾部”），然后按备份的创建顺序还原最新的完全数据库备份、最新的差异备份（如果有）以及所有后续事务日志备份。

在稍复杂的情况下，构造一个正确的还原顺序可能是个复杂的过程，这里不作介绍。

7.1.3 数据备份和还原操作

SQL Server 2019 提供了高性能的备份和还原功能，可以实现多种方式的数据备份和还原操作，避免由于各种故障导致数据丢失而造成的损失。

1. 数据备份的基本操作

数据备份的基本操作顺序是：先选择备份类型，再创建备份设备，最后实现备份。

（1）选择备份类型。SQL Server 支持单独使用一种备份类型或组合使用多种备份类型。选择备份类型应该结合还原模式一起考虑，这样更有利于对数据的还原。备份类型和还原模式的关系如表 7.2 所示。

表 7.2　备份类型和还原模式的关系

还原模式	备份类型			
	数据库	数据库差异	事务日志	文件或文件差异
简单	必需	可选	不允许	不允许
完整	必需（或文件备份）	可选	必需	可选
大容量日志	必需（或文件备份）	可选	必需	可选

根据备份类型选择还原模式的操作如下：

1）在“对象资源管理器”中，右击要进行备份的数据库，在弹出的快捷菜单中选择“属性”命令，打开“数据库属性”窗口。

2）在“数据库属性”窗口中选择“选项”选择页，在“恢复模式”下拉列表中指定还原模式（如完整），由此决定总体备份策略和使用的备份类型，如图 7.1 所示。

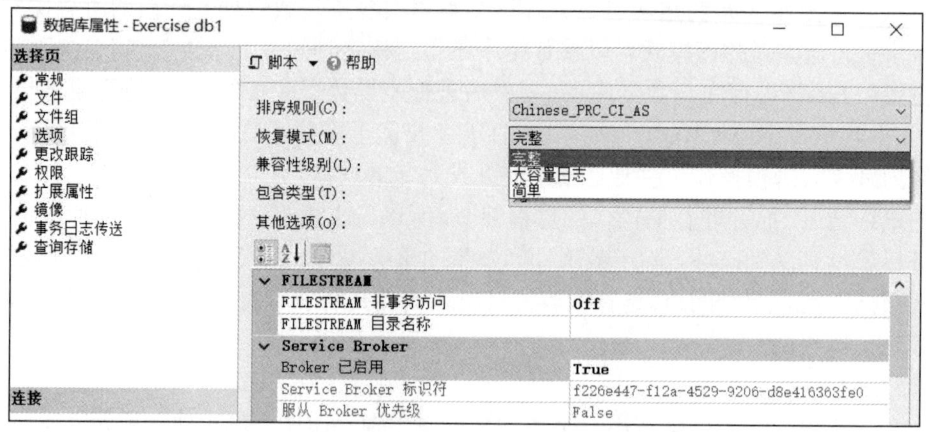

图 7.1　在“数据库属性”窗口中设置备份类型

（2）创建备份设备。在 SQL Server 中，备份设备又分为永久备份设备和临时备份设备。使用逻辑名称访问的备份设备称为永久备份设备，只能使用物理名称访问的设备称为临时备份设备。使用永久备份设备备份数据库时，需要先创建备份设备。具体操作步骤如下：

1）在“对象资源管理器”中选择“服务器对象”→“备份设备”节点，右击，在弹出的快捷菜单中选择“新建备份设备”命令，如图 7.2 所示。

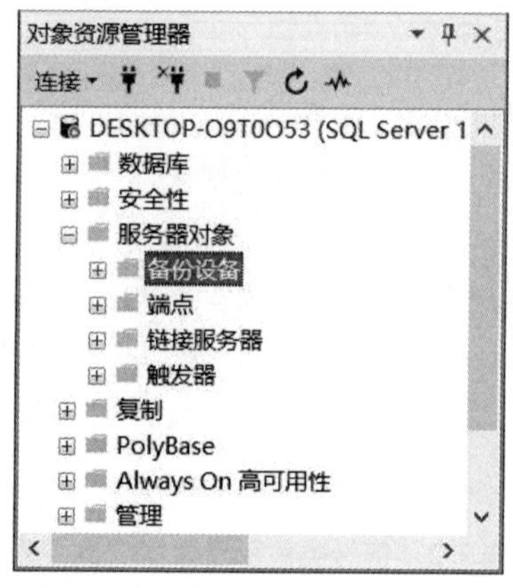

图 7.2　选择“新建备份设备”命令

2）在打开的“备份设备”对话框中分别输入备份设备的逻辑名称（如 mybk）和完整的物理路径名（E:\mydb\myData.bak），如图 7.3 所示。

3）单击“确定”按钮，完成备份设备名称的创建。此时若选中“服务器对象”→“备份设备”→mybk 节点，在右侧的内容窗格中可以看到创建的新设备 mybk，如图 7.4 所示。

创建备份设备后，就可以进行数据库备份了。

提示：如果没有显示“备份设备”详细信息，则可以单击“视图”→“对象资源管理器详细信息”命令，打开“对象资源管理器详细信息”窗格。

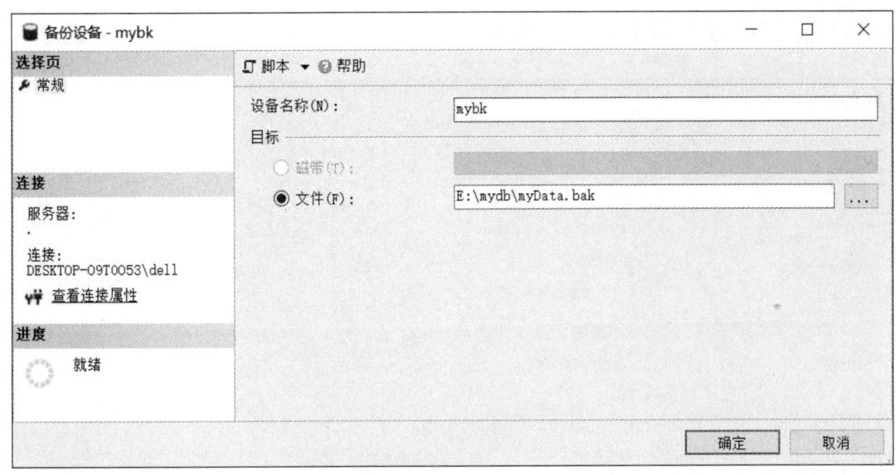

图 7.3　“备份设备”对话框

图 7.4　创建好的备份设备

（3）实现备份。实现数据库的备份可以使用对象资源管理器来完成，下面以 Student 数据库为例，介绍备份数据库的操作步骤：

1）在“对象资源管理器”中，右击“数据库”→Student 节点，在弹出的快捷菜单中选择“任务”→“备份”命令，打开“备份数据库 - Student”窗口。

2）在该窗口中，单击“目标”区域的“删除”按钮，然后单击“添加”按钮。在弹出的“选择备份目标”对话框中，勾选“备份设备”单选项，从其下拉列表中指定备份设备为 mybk，如图 7.5 所示。

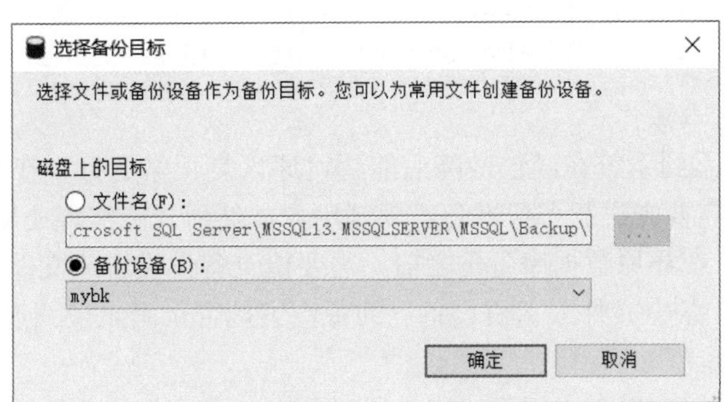

图 7.5　“选择备份目录”对话框

3）单击“确定”按钮，返回“备份数据库 - Student”窗口，此时“目标”区域列表中已经添加好了备份设备，如图 7.6 所示。若添加的设备错误，可单击“删除”按钮将其删除。通过单击“内容”按钮可以查看选定的磁带或磁盘的内容。

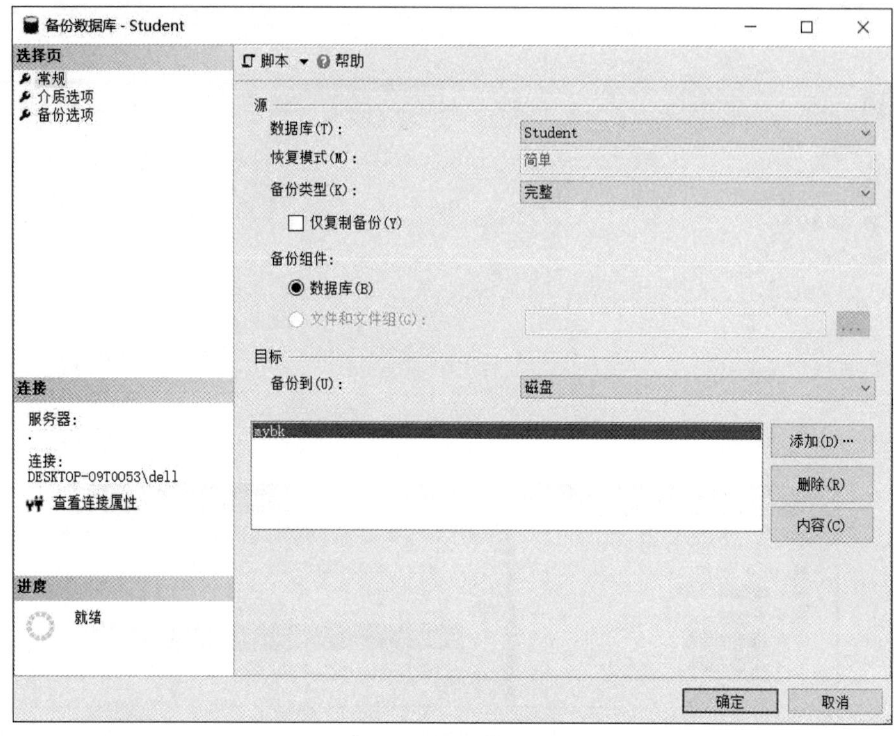

图 7.6　添加备份设备

4）单击“确定”按钮，系统开始进行备份，备份完成后弹出“对数据库 Student 的备份已成功完成”提示框，如图 7.7 所示，单击“确定”按钮，完成数据库的永久备份。

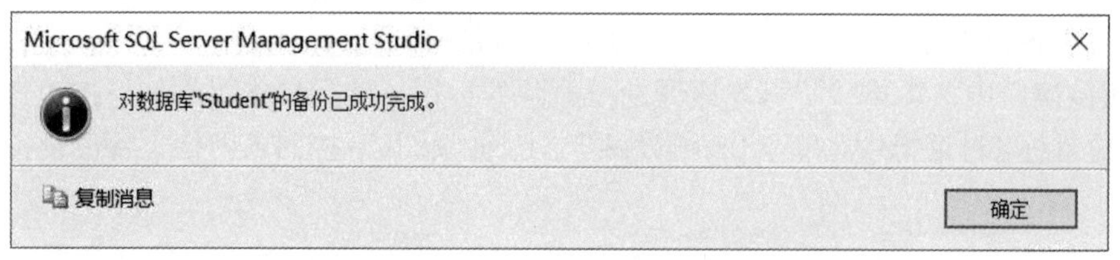

图 7.7　“对数据库 Student 的备份已成功完成”提示框

2. 数据还原的基本操作

数据还原直接关系到系统在经过故障后能否迅速恢复正常运行，在整个数据安全保护中极为重要，还原操作需要先进行备份准备、限制用户，然后才能实现还原。

（1）准备工作。在还原数据库备份之前，需要检查备份设备或文件，确认要还原的备份设备或文件是否存在，备份文件或备份设备里的备份集是否正确无误。使用“对象资源管理器”查看备份设备的操作步骤如下：

1）在“对象资源管理器”中展开“服务器对象”→“备份设备”节点，右击要查看的备份设备（如 mybk），在弹出的快捷菜单中选择“属性”命令，打开“备份设备 - mybk”窗口。

2）在该窗口的“常规”选择页中可以查看的备份设备名称和目标文件名。在“介质内容”选择页可以看到“备份集”信息，如图 7.8 所示。

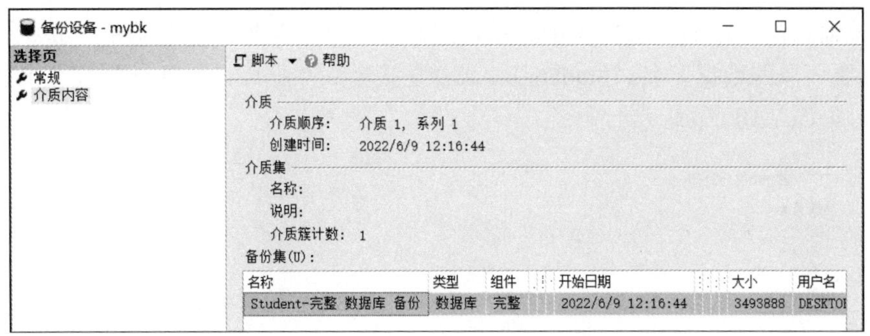

图 7.8　查看备份设备的“备份集”信息

（2）限制用户。在还原数据库之前，还要查看当前是否有其他用户正在使用，如果还有其他用户使用，将无法还原数据库。因此需先限制用户对该数据库进行其他操作，再进行数据还原。

限制用户对数据库操作的方法是：在“对象资源管理器”中右击要还原的数据库（如 Student），在弹出的快捷菜单中选择“属性”命令，在打开的“数据库属性”窗口中单击“选项”选择页，在右侧“状态”栏中选择“限制访问”下拉列表中的 SINGLE_USER 选项，即单用户选项，如图 7.9 所示。单击“确定”按钮，这样其他用户就不能访问该数据库了。

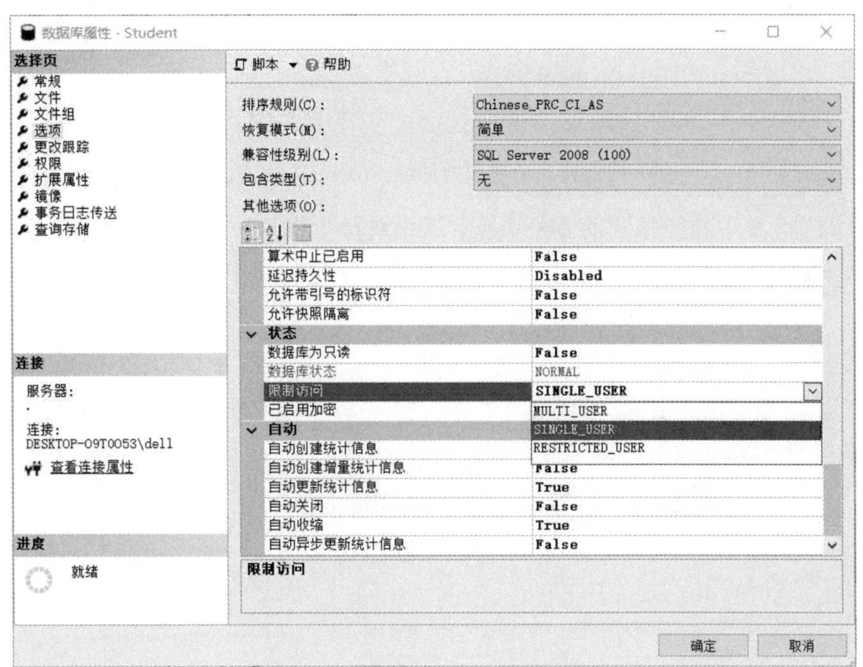

图 7.9　限制其他用户访问数据库

提示：备份完成后，需要将“限制访问”选项设置为多用户（MULTI_USER）状态。

（3）实现还原。使用“对象资源管理器”可以实现数据的还原。下面以 Student 数据库为例，介绍还原该数据库的操作步骤。

1）在“对象资源管理器”中，右击一个数据库（如 Student 数据库），在弹出的快捷菜单中选择“任务”→“还原”→“数据库”命令，弹出“还原数据库 - Student”窗口。

2）在该窗口的“常规”选择页中，单击“目标”→“数据库”右边的下拉按钮，在其组合框中选择要还原的数据库名（Student），或者直接输入数据库名（新数据库名或已经存在的数据库名），如图 7.10 所示。

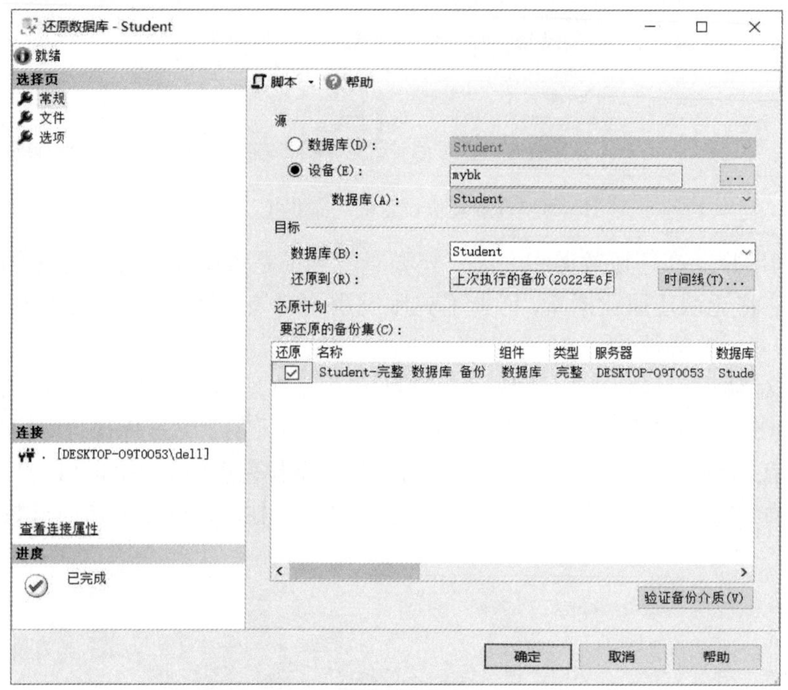

图 7.10　“还原数据库-Student”窗口

3）在“源”区域中选择相应的备份类型，这里选择“设备”。单击“设备”右边的按钮[...]，弹出“选择备份设备”对话框。在“备份介质类型”下拉列表中选择“备份设备”，如图 7.11 所示。

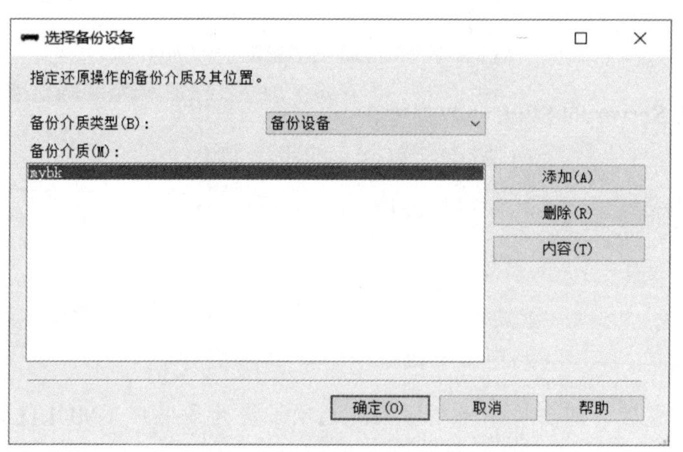

图 7.11　“选择备份设备”对话框

注意：图 7.11 中的“删除”和“内容”按钮，是在“备份介质”栏中存在具体内容时才能激活，否则是不可用状态。

4）单击“添加”按钮，弹出“选择备份设备”对话框，选择“备份设备”下拉列表中的备份设备（如 mybk），如图 7.12 所示。

5）单击“确定”按钮，返回至指定备份介质窗口。再单击“确定”按钮，返回至“还原数据库 - Student”窗口，在“要还原的备份集”列表中，勾选还原对象。

6）单击“确定”按钮，系统开始进行还原操作。弹出提示成功还原的对话框，如图 7.13 所示。单击“确定”按钮，返回 SSMS 主窗口。

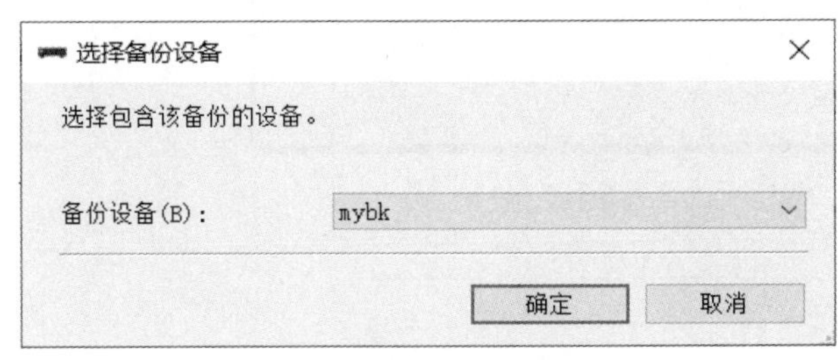

图 7.12　“选择备份设备”对话框

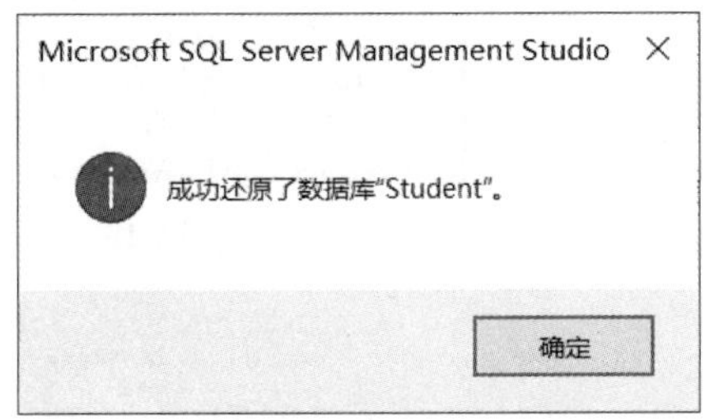

图 7.13　“成功还原了数据库 Student”对话框

7.2　导入和导出数据

在日常的数据管理过程中，经常需要将一种格式的数据传输或转换到另一种数据格式中，SQL Server 提供了这种数据的导入/导出功能，支持多种数据格式（数据库、电子表格和文本文件）的数据进行相互转换，提高数据录入的效率，减少操作失误。

7.2.1　导入数据表

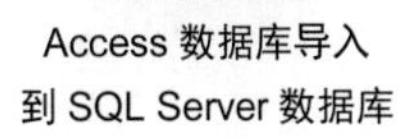
Access 数据库导入到 SQL Server 数据库

导入数据表是从外部数据源中检索数据，并将数据表导入到 SQL Server 数据库中的过程。SQL Server 的“导入/导出向导”（简称 DTS）能够以向导方式进行数据的导入操作。

【例 7.1】 将 Access 数据库 student.mdb 中的“班级情况”表中的记录，通过“导入/导出向导”导入到 SQL Server 的 Student 数据库中。

使用“导入/导出向导”导入 Access 数据库的步骤如下：

（1）在“对象资源管理器”中展开“数据库”→Student 节点，右击，从弹出的快捷菜单中选择“任务”→“导入数据”命令，如图 7.14 所示。启动数据导入向导工具，在出现的“欢迎使用向导”对话框中单击 Next 按钮。

（2）出现“SQL Server 导入和导出向导”的“选择数据源”窗口，如图 7.15 所示。在“数据源”下拉列表中选择导入的数据源类型，这里选择类型为 Microsoft Access，在“文件名”处填写 student.mdb 数据库及所在位置，单击 Next 按钮。

（3）打开“选择目标”窗口，如图 7.16 所示。在“目标”下拉列表中选择 SQL Server Native Client 11.0，在“服务器名称”组合框中输入目标数据库所在的服务器名称，选中“使用 Windows 身份验证”单选项，在“数据库”下拉列表中选择目标数据库（如 Student 数据库），单击 Next 按钮。

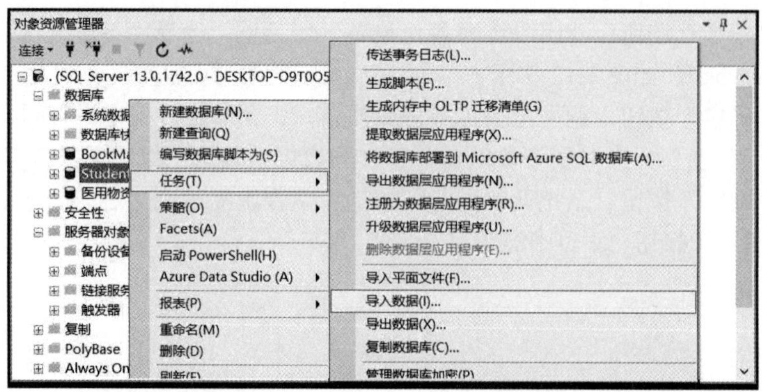

图 7.14 选择“任务”→“导入数据”命令

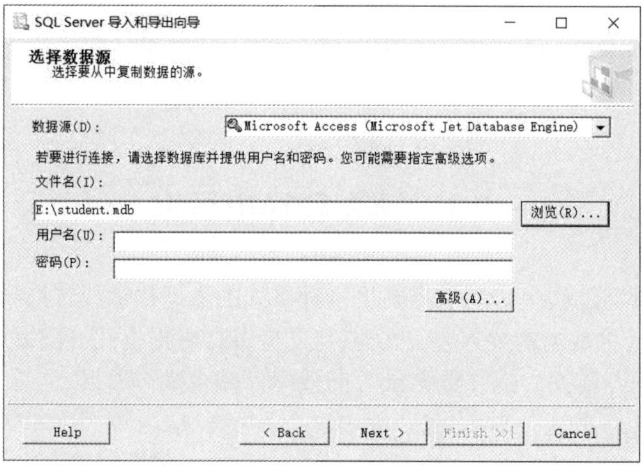

SQL Server 导入和导出向导
选择数据源
选择要从中复制数据的源。
数据源(D)： Microsoft Access (Microsoft Jet Database Engine)
若要进行连接，请选择数据库并提供用户名和密码。您可能需要指定高级选项。
文件名(I)： E:\student.mdb 浏览(R)...
用户名(U)：
密码(P)：
高级(A)...
Help < Back Next > Finish >>| Cancel

图 7.15 “选择数据源”窗口

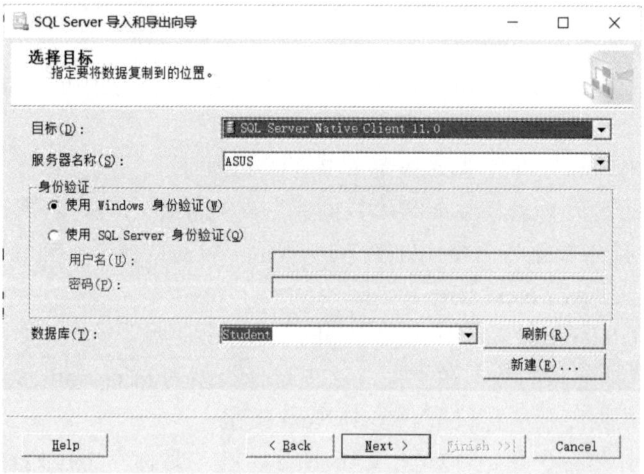

SQL Server 导入和导出向导
选择目标
指定要将数据复制到的位置。
目标(D)： SQL Server Native Client 11.0
服务器名称(S)： ASUS
身份验证
使用 Windows 身份验证(W)
使用 SQL Server 身份验证(Q)
用户名(U)：
密码(P)：
数据库(T)： Student 刷新(R)
新建(E)...
Help < Back Next > Finish >>| Cancel

图 7.16 “选择目标”窗口

（4）打开“指定表复制或查询”窗口，如图 7.17 所示，选中“复制一个或多个表或视图的数据”单选项，单击 Next 按钮。

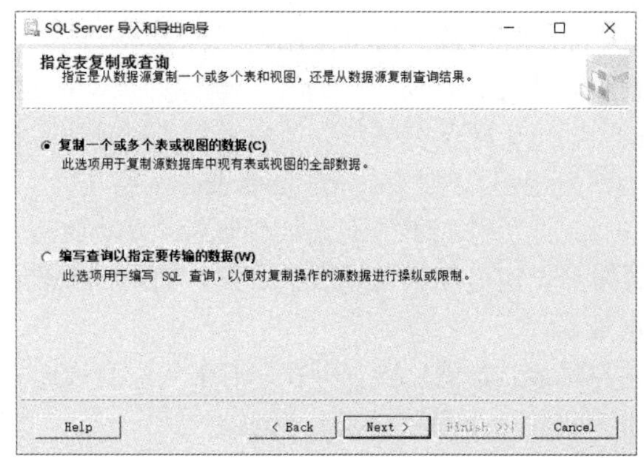

图 7.17　“指定表复制或查询”窗口

（5）打开“选择源表和源视图”窗口，如图 7.18 所示。在该窗口中，可以设定需要将源数据库中的哪些表格传送到目标数据库中去。单击表格名称左边的复选框，可以选定或者取消对该表格的复制。

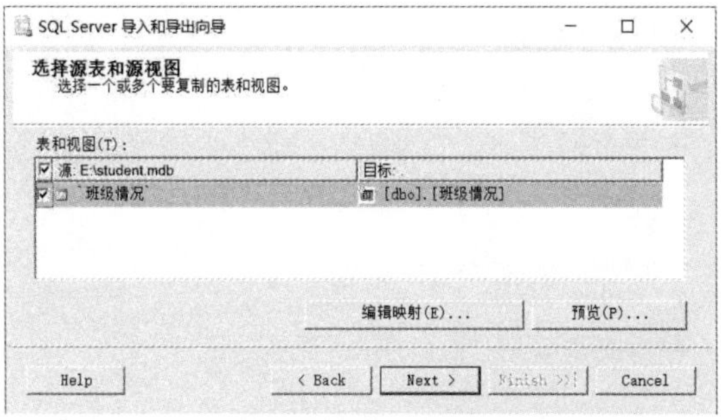

图 7.18　“选择源表和源视图”窗口

如果需要编辑数据转换时源表格和目标表格之间列的对应关系，可单击“编辑映射”按钮打开“列映射”对话框，如图 7.19 所示。

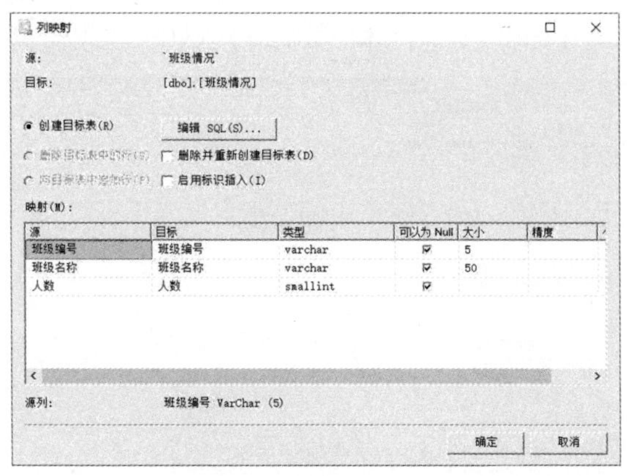

图 7.19　“列映射”对话框

在“列映射”对话框中，可以重新设置目标表字段的名称、数据类型、精度、小数位数等相关属性，对将要导入的数据进行简单的映射转换。各选项的含义如下：

- 创建目标表：在从源表复制数据前首先创建目标表，在默认情况下总是假设目标表不存在，如果存在则发生错误，除非勾选了“删除并重新创建目标表”复选框。
- 删除目标表中的行：在从源表复制数据前将目标表的所有行删除，仍保留目标表上的约束和索引，当然使用该选项的前提是目标表必须存在。
- 向目标表中追加行：把所有源表数据添加到目标表中，目标表中的数据、索引和约束仍保留。但是数据不一定追加到目标表的表尾，如果目标表上有聚集索引，则可以决定将数据插入何处。
- 删除并重新创建目标表：如果目标表存在，则在从源表传递来数据之前将目标表中的所有数据、索引等删除后重新创建新目标表。
- 启用标识插入：允许向表的标识列中插入新值。

在该对话框中单击“确定”按钮返回“选择源表和源视图”窗口，单击 Next 按钮。

（6）打开“保存并运行包”窗口，如图 7.20 所示。在该窗口中，可以指定是否希望保存 SSIS 包，也可以立即执行导入数据操作，本例勾选“立即运行”复选框，单击 Next 按钮。

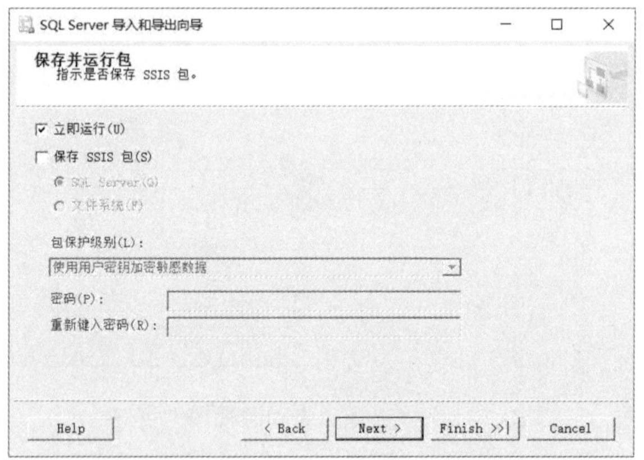

图 7.20 “保存并运行包”窗口

（7）打开“完成该向导”窗口，如图 7.21 所示。其中显示了在该向导中进行的设置，如果确认前面的操作正确，单击 Finish 按钮后进行数据导入操作；否则，单击 Back 按钮返回修改。

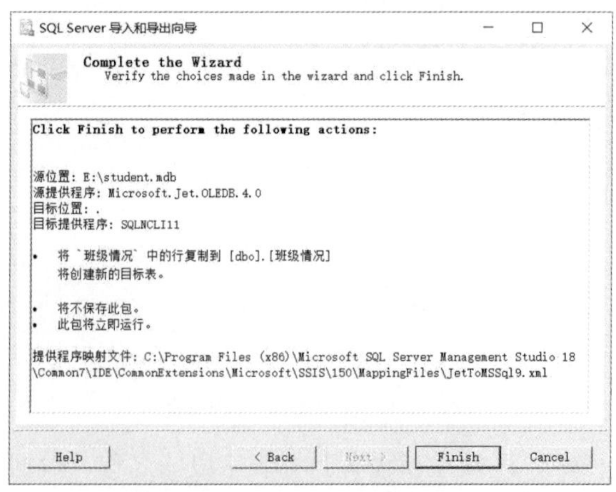

图 7.21 “完成该向导”窗口

（8）出现图 7.22 所示“执行成功”窗口，单击 Close 按钮完成数据导入操作。

图 7.22　“执行成功”窗口

（9）展开“数据库”→Student→“表”节点，即可以看到从 Access 数据库 student.mdb 中导入的数据表“班级情况”，如图 7.23 所示。

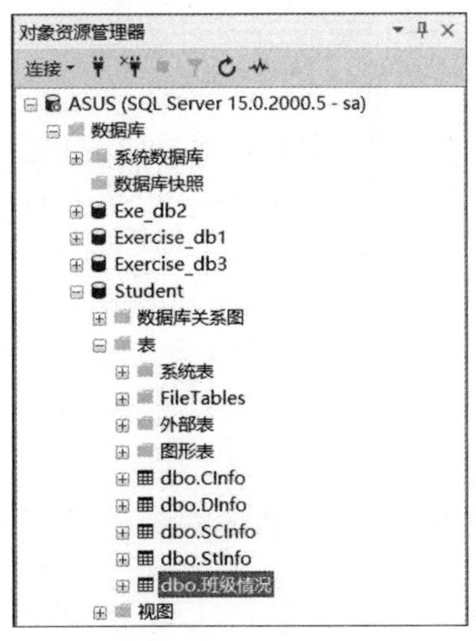

图 7.23　导入的数据表

SQL Server 除了支持 Access 数据源外，还支持其他形式的数据源导入，如 Microsoft Excel 电子表格、dBase 或 Paradox 数据库、文本文件、大多数的 OLE DB 和 ODBC 数据源数据等，其操作步骤与 Access 导入操作相似，读者可以自行尝试，在此不再赘述。

7.2.2　导出数据表

SQL Server 数据库导出到 Excel 文件

导出数据是将 SQL Server 实例中的数据转换为指定格式的过程，如将 SQL Server 数据表的内容复制到 Excel 表格中。

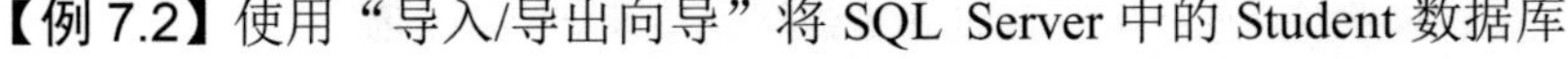

【例 7.2】使用“导入/导出向导”将 SQL Server 中的 Student 数据库

中的 StInfo 表导出到 Excel 文档。

导出数据的操作步骤如下：

（1）在“对象资源管理器”中展开“数据库”→Student 节点，右击，从弹出的快捷菜单中选择“任务”→“导出数据”命令。启动数据导出向导工具，出现“欢迎使用向导”对话框。

（2）单击 Next 按钮，在弹出的“SQL Server 导入和导出向导”的“选择数据源”窗口中，设置“数据源”和“服务器名称”为默认值，“身份验证”为“使用 Windows 身份验证”，“数据库”选择要导出数据的源数据库，本例为 Student 数据库，如图 7.24 所示，单击 Next 按钮。

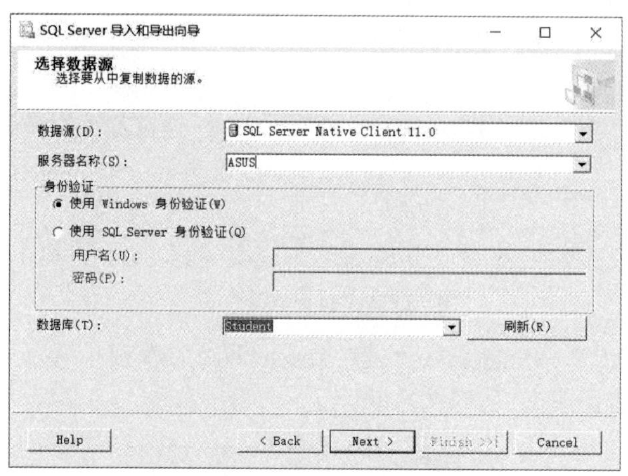

图 7.24　“选择数据源”窗口

（3）打开“选择目标”窗口，在“目标”下拉列表中选择 Microsoft Excel，在“Excel 连接设置”区域的“Excel 文件路径”文本框中输入一个 Excel 的文件名，本例为 H:\st1.xls，如图 7.25 所示，单击 Next 按钮。

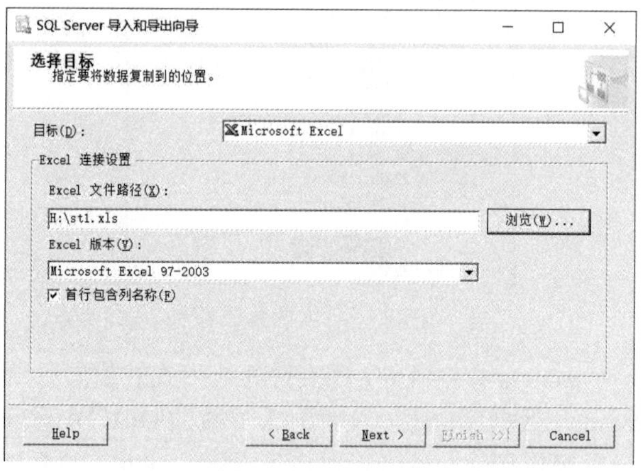

图 7.25　“选择目标”窗口

（4）进入“指定表复制或查询”窗口，勾选“复制一个或多个表或视图的数据”复选框，单击 Next 按钮。打开“选择源表和源视图”窗口，勾选 StInfo 复选框，系统自动给出了对应目标数据 Excel 文档的工作表名，默认工作表名为源数据库的数据表名，如图 7.26 所示，用户可根据需要修改，单击 Next 按钮。

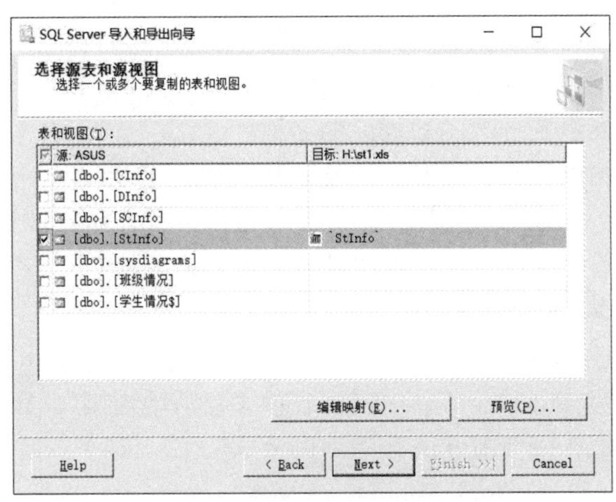

图 7.26　“选择源表和源视图”窗口

（5）出现“保存并运行包”窗口，保持默认设置，单击 Next 按钮，再单击 Finish 按钮，系统开始执行数据导出操作。运行结束后，即可在相应导出位置找到导出的 Excel 数据文件。

（6）打开文件 st1.xls，即可查看从 Student 数据库中导出的数据表的 Excel 表格。

7.3　数据库的分离和附加

SQL Server 允许对分离的数据库的数据文件和事务日志文件进行备份，当数据库发生异常或者数据库需要迁移时，可以将其附加到同一台或另一台服务器来恢复数据库。在 SQL Server 中可以使用“对象资源管理器”，也可以使用 T-SQL 来实现数据库的分离和附加。

7.3.1　数据库的分离

数据库的分离就是将用户的数据库从 SQL Server 的数据库列表中删除，即从 SQL Server 服务器中分离出来，但是保持组成该数据的数据文件和事务日志文件中的数据完好无损，即数据库文件仍保留在磁盘上。在实际工作中，分离数据库作为对数据库的一种备份来使用。

1. 使用对象资源管理器分离数据库

使用“对象资源管理器”分离数据库的操作步骤如下：

（1）在“对象资源管理器”中展开“数据库”节点，选择要分离的数据库，右击，在弹出的快捷菜单中选择“任务”→“分离”命令，如图 7.27 所示。

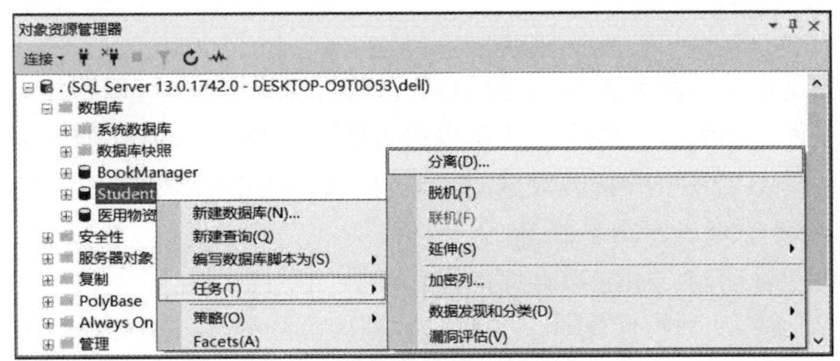

图 7.27　选择“分离”命令

（2）打开“分离数据库”窗口，在“要分离的数据库”列表中检查数据库的状态，如图 7.28 所示。其中 5 个选项的含义如下：

- 数据库名称：显示要分离的数据库的名称。
- 删除连接：数据库正在使用时，需要断开与其的连接。
- 更新统计信息：在分离数据库之前，更新过时的优化统计信息。
- 状态：显示当前数据库状态，即“就绪”或“未就绪”。
- 消息：当数据库进行了复制操作时，则“状态”为“未就绪”，“消息”列将显示“已复制数据库”。当数据库有一个或多个活动连接时，则“状态”为“未就绪”，“消息”列将显示“<活动连接数> 活动连接”，如“1 活动连接”。在分离数据库之前，需要通过选择“删除连接”断开所有活动连接。

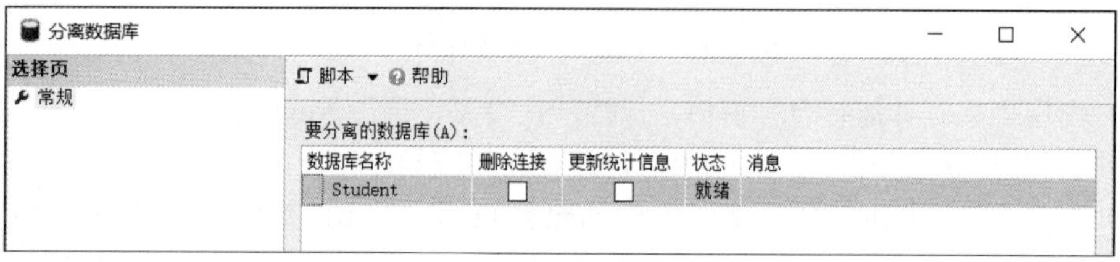

图 7.28 “分离数据库”窗口

（3）单击“确定”按钮，完成数据库分离操作。

注意：SQL Server 中的 master、msdb、model 和 tempdb 这 4 个系统数据库不能进行分离操作。

2. 使用 T-SQL 分离数据库

在 SQL Server 中可以使用系统存储过程 sp_detach_db 分离数据库，语法格式如下：

```
sp_detach_db [ @名称变量= ] '<数据库名>'
```

【例 7.3】 将 Student 数据库从 SQL Server 服务器中分离。

完成操作的语句如下：

```
USE master
GO
sp_detach_db 'Student'
GO
```

在消息框显示的执行结果为：

命令已成功完成。

7.3.2 数据库的附加

附加数据库的工作是分离数据库的逆操作，通过附加数据库，可以将没有加入 SQL Server 服务器的数据库文件添加到服务器中，还可以很方便地在 SQL Server 服务器之间利用分离后的数据文件和事务日志文件组成新的数据库，即附加数据库时对数据库进行更名。

1. 使用对象资源管理器附加数据库

使用“对象资源管理器”附加数据库的操作步骤如下：

（1）首先复制或移动数据库文件。先将与数据库关联的.mdf（主数据文件）和.ldf（事务日志文件）文件复制到目标服务器或是同一服务器的不同文件夹下。

（2）在“对象资源管理器”中选择“数据库”节点，右击，在弹出的快捷菜单中选择“附加”命令，弹出“附加数据库”窗口，如图 7.29 所示。

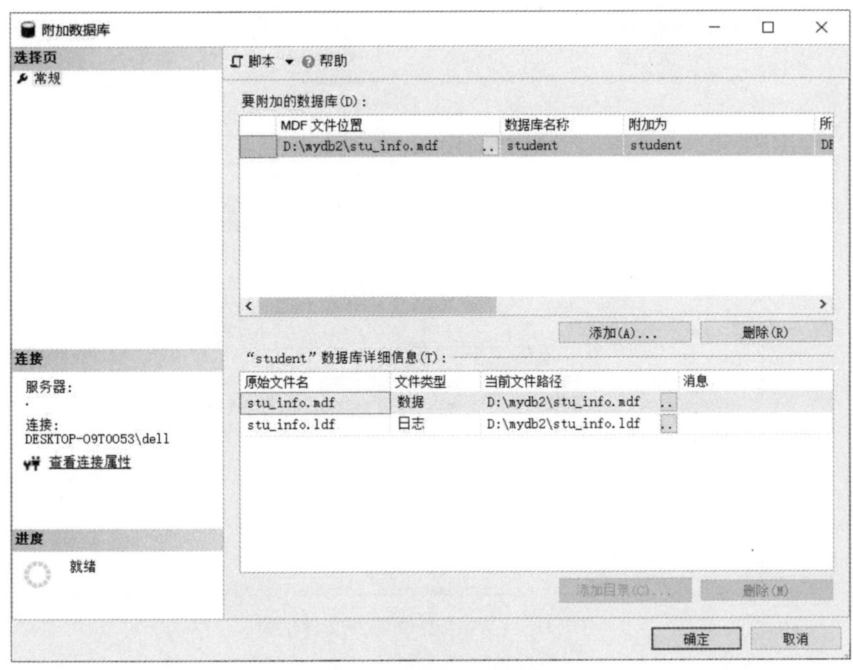

图 7.29　“附加数据库”窗口

（3）单击“添加”按钮，打开“定位数据库文件”窗口，选择数据文件所在的路径，如图 7.30 所示，并选择文件扩展名为.mdf 的数据文件。

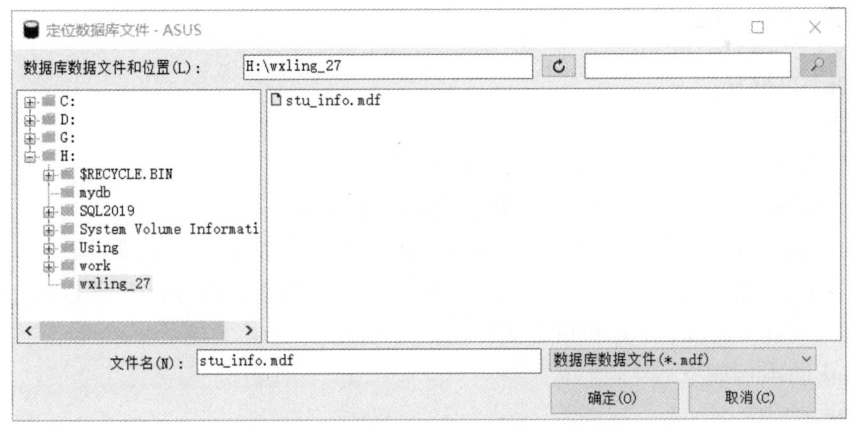

图 7.30　“定位数据库文件”窗口

（4）单击“确定”按钮，返回“附加数据库”窗口。再次单击“确定”按钮，完成数据库附加。

附加数据库时应注意以下几点：

1）当确定主数据文件的名称和物理位置后，与它相配套的事务日志文件（.ldf）也应一并加入。若在图 7.29 的“要附加的数据库”列表框中的当前文件位置前出现符号，如图 7.31

所示，则说明该文件的位置已经改变（如图中“‘Student’数据库详细信息”列表框中出现“找不到事务日志文件...”信息），此时必须指出该文件改变的正确位置才能附加。

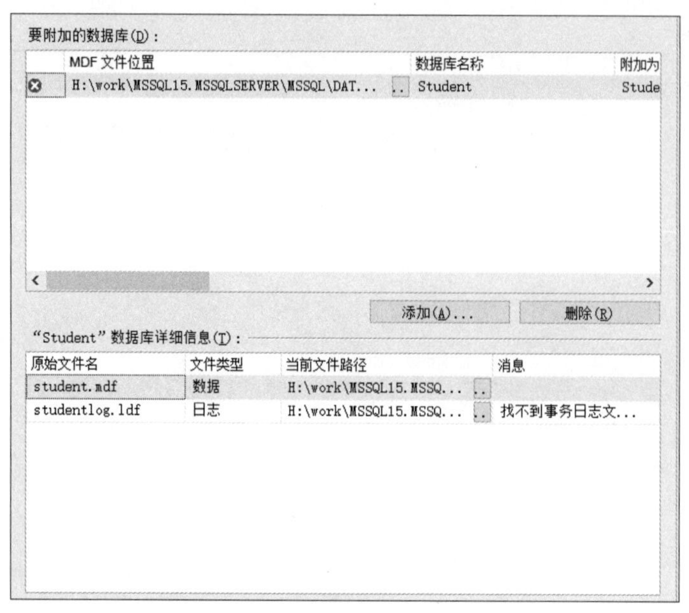

图 7.31　已经改变位置的文件信息

2）如果将 SQL Server 2019 以下版本的数据库文件附加到 SQL Server 2019，该数据库立即变为可用，然后自动升级。

2. 使用 T-SQL 附加数据库

在 SQL Server 中可以使用 CREATE DATABASE 命令附加数据库，此命令的语法格式如下：

```
CREATE DATABASE <数据库名>
ON <文件属性> [, ... n]
FOR ATTACH
```

参数说明：

- <数据库名>：指定要附加的数据库的名称。
- <文件属性>：指定带路径的主数据文件的物理名称。
- FOR ATTACH：指定通过附加一组现有的操作系统文件来创建数据库。

【例 7.4】将 Student 数据库附加至 SQL Server 服务器中，假设在 F 盘的 mydb 文件夹下已经有主数据文件 stu_info.mdf 和日志文件 stu_info.ldf。

完成操作的语句如下：

```
USE master
GO
CREATE DATABASE Student
ON
( FILENAME='F:\mydb2\stu_info.mdf ')
FOR ATTACH
GO
```

在消息框显示的执行结果为：

```
命令已成功完成。
```

7.4 T-SQL 脚本的生成与执行

数据库脚本是存储在文件中的一系列 T-SQL 语句的集合，用于创建数据库对象，文件名通常以.sql 结尾。用户通过 SSMS 可以对指定文件中的脚本进行修改、分析和执行。

7.4.1 数据库生成脚本

将数据库生成 T-SQL 脚本，也就是生成数据库中所有用户对象，如表、视图、约束等的脚本。这样当数据库发生故障或者向下兼容还原时，可以将生成的数据库脚本在另一个数据库服务器中执行以新建一个数据库。

【例 7.5】将 Student 数据库生成脚本文件。

生成脚本文件的操作步骤如下：

（1）在“对象资源管理器”中展开“数据库”节点，右击 Student 数据库，在弹出的快捷菜单中选择“编写数据库脚本为”→“CREATE 到”→“文件”命令，如图 7.32 所示。

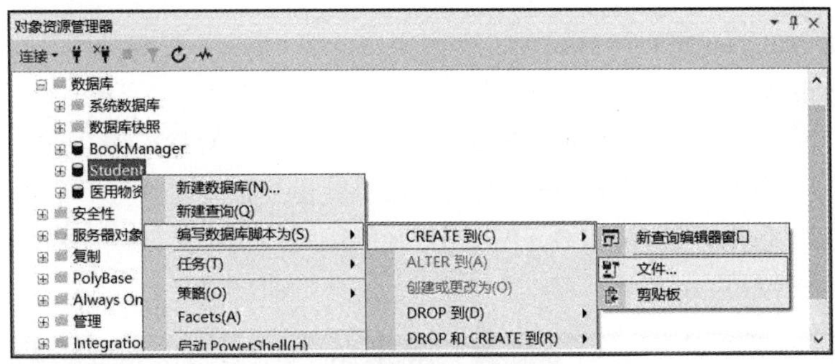

图 7.32 编写创建数据库脚本文件

（2）打开“另存为”对话框，如图 7.33 所示。在该对话框中选择保存位置，在“文件名”文本框中写入相应的脚本名称（如 student 脚本）。单击“保存”按钮，开始编写 T-SQL 脚本文件。

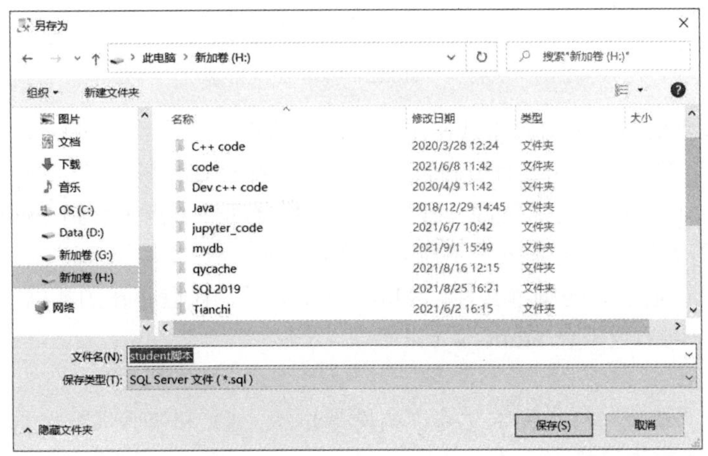

图 7.33 保存数据库脚本文件

完成操作后，用户可在相应的目录下看到已经建好的“student 脚本.sql”文件。

7.4.2 数据表生成脚本

除了将数据库生成脚本文件外，用户还可以根据需要将指定的数据表生成脚本文件。这样用户可以将生成的数据表脚本放到另一个已经存在的数据库中执行以新建一个数据表。

【例 7.6】将 Student 数据库的 StInfo 表生成脚本文件。

操作步骤如下：

（1）在“对象资源管理器”中依次展开“数据库”→Student→“表”节点，右击要生成脚本的数据表 StInfo，在弹出的快捷菜单中选择“编写表脚本为”→“CREATE 到”→“文件”命令。

（2）打开“另存为”对话框，在该对话框中选择保存的位置，在“文件名”文本框中输入相应的脚本名称（如 StInfo 脚本），单击“保存”按钮，生成创建数据表脚本文件。

操作完成后，可以在相应的文件夹下看到已经建好的“StInfo 脚本.sql”文件。

7.4.3 执行脚本

脚本文件生成以后，用户可以对脚本文件进行修改，然后执行该脚本文件。执行 T-SQL 脚本文件的操作步骤如下：

（1）打开 SSMS 窗口，在“对象资源管理器”中展开“数据库”节点。

（2）单击“文件”→“打开”→“文件”命令弹出“打开文件”对话框，从中选择已存在的脚本文件（如 student 脚本.sql），单击“打开”按钮，脚本文件被加载到“查询编辑器”窗格中，如图 7.34 所示。

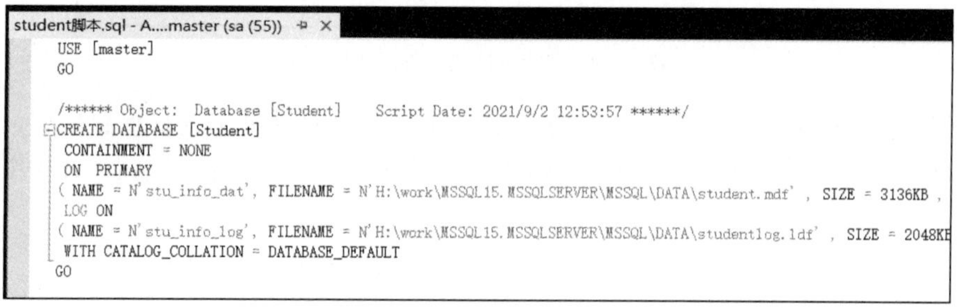

```
student脚本.sql - A....master (sa (55))
USE [master]
GO

/****** Object:  Database [Student]    Script Date: 2021/9/2 12:53:57 ******/
CREATE DATABASE [Student]
 CONTAINMENT = NONE
 ON  PRIMARY
( NAME = N'stu_info_dat', FILENAME = N'H:\work\MSSQL15.MSSQLSERVER\MSSQL\DATA\student.mdf' , SIZE = 3136KB ,
 LOG ON
( NAME = N'stu_info_log', FILENAME = N'H:\work\MSSQL15.MSSQLSERVER\MSSQL\DATA\studentlog.ldf' , SIZE = 2048KB
 WITH CATALOG_COLLATION = DATABASE_DEFAULT
GO
```

图 7.34 打开“student 脚本.sql”的脚本文件

（3）在此可以根据需要对脚本代码进行修改。修改完成后，可以按 Ctrl+F5 组合键或单击“分析”按钮 ✓ 对脚本语句进行分析，然后按 F5 键或单击“执行”按钮 ! 执行(X) 执行脚本。脚本执行完成后，可以在“对象资源管理器”的“数据库”节点下看到 Student 数据库。

注意：执行脚本时，当前系统中不能有同名数据库。

【例 7.7】使用创建好的脚本文件“StInfo 脚本.sql”，在已存在的数据库 S_P_DB 中创建一个与 StInfo 表相同的数据表 StInfo_s_p。

操作步骤如下：

1）按照本节“执行 SQL 脚本文件”的操作步骤（1）和步骤（2），将脚本文件“StInfo 脚本.sql”加载到“查询编辑器”中。

2）将脚本中的语句 USE [Student]修改为 USE [S_P_DB]。

3）单击工具栏中的 ✓ 按钮，对脚本语句进行分析，再单击 ! 执行(X) 按钮，执行脚本。结果如图 7.35 所示。

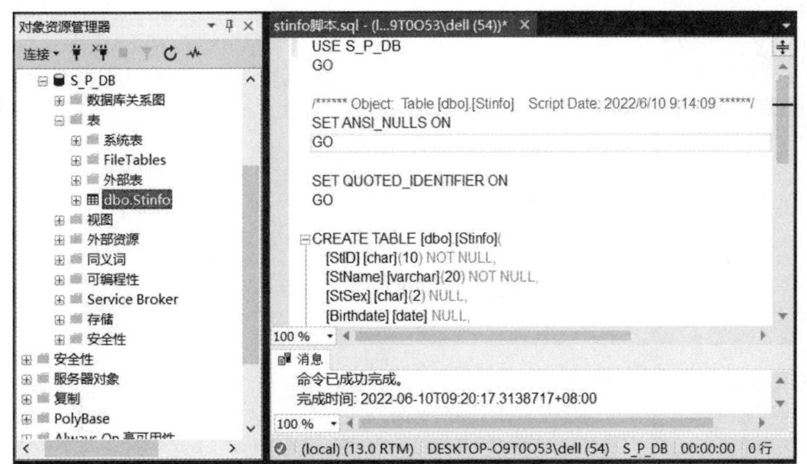

图 7.35　修改“St_Info 脚本.sql”的脚本文件

4）选中数据库 S_P_DB 并右击，在弹出的快捷菜单中选择“刷新”命令，可以看到“表”节点下已经存在数据表 StInfo，然后对此表重命名为 StInfo_s_p 即可。

注意：用执行 T-SQL 脚本的方式创建的新表只有表结构，而无表数据。表数据可以使用导入数据的方法处理。

7.4.4　生成带数据的脚本

在 SQL Server 中表操作是最基本、最频繁的，操作过程中难免出现失误。前面介绍的数据表的脚本执行时仅能恢复数据表的结构，不能恢复表中的数据。为了避免操作失误带来的问题，在备份表结构的同时备份表数据，当事故发生时就可以快速地恢复数据。下面以 Student 数据库的 StInfo 表为例，介绍使用“生成脚本”向导创建带数据的数据表脚本的方法。

（1）在“对象资源管理器”中展开“数据库”节点，右击要生成脚本的 Student 数据库，在弹出的快捷菜单中选择“任务”→“生成脚本”命令，如图 7.36 所示。

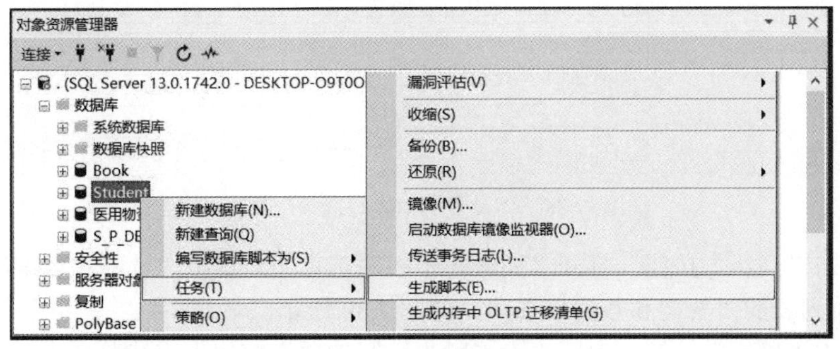

图 7.36　“生成脚本”命令

（2）打开“生成脚本”向导窗口，单击“下一步”按钮，打开“选择对象”窗口。在该窗口中，选中“选择具体的数据库对象”单选项，在其下的列表中勾选“表”→dbo.StInfo 复选框，如图 7.37 所示。单击“下一步”按钮。

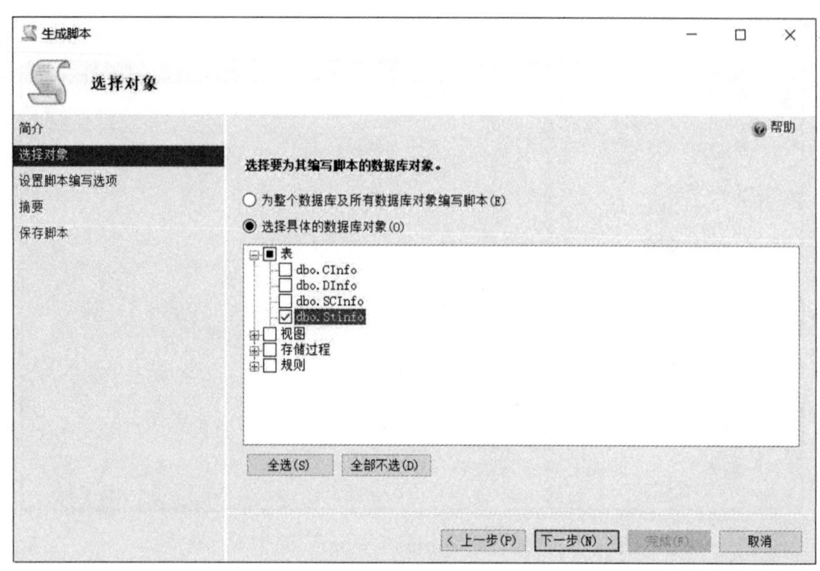

图 7.37　“选择对象”窗口

（3）打开“设置脚本编写选项”窗口，在该窗口的“文件名”文本框中输入脚本文件名（如 Stinfo 结构与数据.sql），如图 7.38 所示。

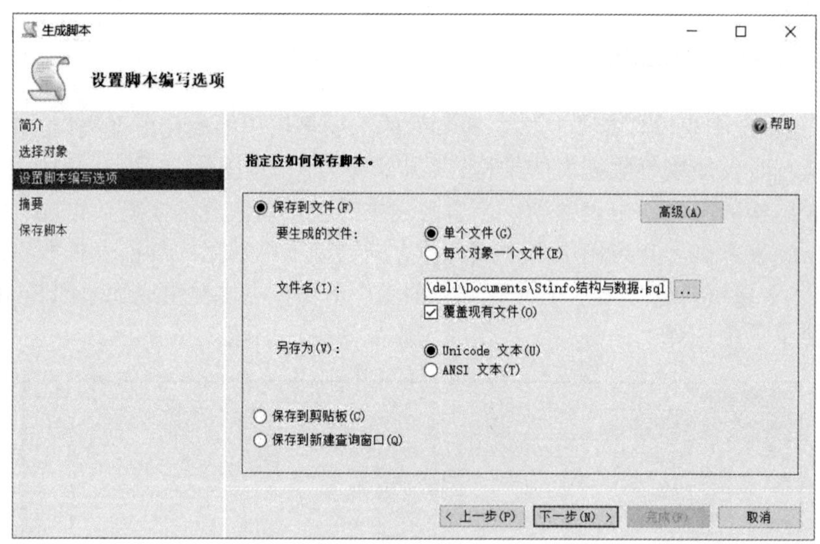

图 7.38　“设置脚本编写选项”窗口

（4）单击“高级”按钮，打开“高级脚本编写选项”对话框。选择“要编写脚本的数据的类型”下拉列表的“架构和数据”选项，如图 7.39 所示。

（5）单击“确定”按钮，返回“设置脚本编写选项”窗口，连续单击“下一步”按钮，再单击“完成”按钮，即可创建带数据的数据表脚本文件。此时可以在对应文件夹下看到“Stinfo 结构与数据.sql”文件。

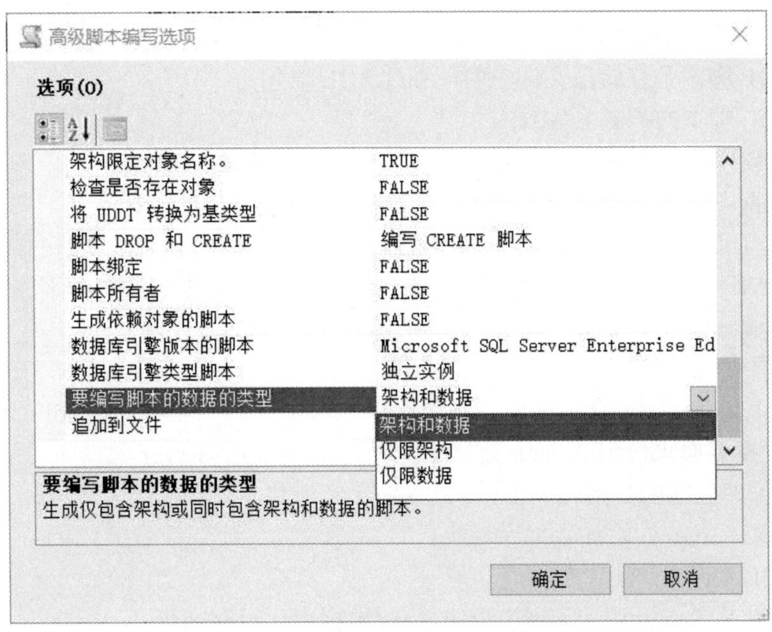

图 7.39　“高级脚本编写选项”对话框

（6）在 SSMS 中，选择“文件”→“打开”→“文件”命令，显示“打开文件”对话框，加载“Stinfo 结构与数据.sql”文件到“查询编辑器”中。修改其中的第一个语句 USE [Student] 为 USE S_P_DB，单击“执行脚本”按钮，完成创建数据表 StInfo 及添加数据的操作（S_P_DB 数据库中应无同名的数据表）。

（7）展开“对象资源管理器”的 S_P_DB 节点，显示已创建的 StInfo 表。右击该数据表，在弹出的快捷菜单中选择“编辑前 200 行”命令，右侧窗格显示表中的数据记录，与 Student 数据库的 StInfo 表一样。至此通过脚本成功还原了数据表的结构及数据。

同样，也可以创建带数据的数据库脚本，在必要时进行数据库及数据的还原操作，快速实现数据库的恢复，保证数据的安全性。

一、选择题

1．SQL Server 2019 提供了 4 种不同的备份类型，它们是（　　）。

A．“完全”“差异”“文件组”“数据”

B．“完全”“差异”“事务日志”“文件和文件组”

C．“完全”“差异”“数据库”“事务日志”

D．“完全”“差异”“简单”“大容量”

2．下列不是 SQL Server 2019 中的还原模式的是（　　）。

A．简单还原模式　　B．完整还原模式

C．大容量日志还原模式　　D．磁盘还原

3．关于 SQL Server 的脚本，下列叙述错误的是（　　）。

A．SQL 脚本是存储在文件中的一系列 SQL 语句

B．SQL 脚本的扩展名为.txt

C．数据库可以生成为脚本文件，并在不同的计算机之间传送

D．数据表可以生成为脚本文件

4．执行一个创建数据表的脚本文件，可以（　　）。

A．生成一个不包含数据的数据表　　B．生成一个数据表并自动添加数据

C．生成一个数据库　　D．生成一个日志文件

5．脚本文件的扩展名为（　　）。

A．.sql　　B．.ndf　　C．.mdf　　D．.ldf

6．假设一系统原来使用 Access 数据库，现要使用 SQL Server 数据库，采用（　　）可以完成两个数据库之间的数据转换工作。

A．SQL Server 的附加数据库功能

B．SQL Server 的还原数据库功能

C．在 SQL Server 中可直接打开 Access 数据库，另存即可

D．SQL Server 的“导入/导出”功能

7. 对于不同的数据库，若要让 SQL Server 能够识别和使用，就必须进行数据源的（　　）。

A．添加　　B．转换　　C．复制　　D．编辑

8．下面（　　）文件不能与 SQL Server 数据库进行导入和导出操作。

A．文本文件　　B．Excel 文件　　C．Word 文件　　D．Access 数据库

9．下列关于导入与导出数据的说法错误的是（　　）。

A．可以使用“导入/导出向导”导入和导出数据

B．可以使用“对象资源管理器”导入和导出数据

C．可以保存导入、导出任务，以后执行

D．导出数据后，原有数据被删除

10．下列不属于备份策略考虑的是（　　）。

A．备份的内容　　B．备份的时间

C．备份的方式　　D．备份的设备

二、思考题

1．在 SQL Server 2019 中，数据库联机或正在使用时可以执行备份操作吗？为什么？

2．在 SQL Server 2019 中，是否可以实现 SQL Server 服务器之间以及 SQL Server 与其他关系型数据源或不同数据源之间数据的导入、导出和转换？为什么？

3．在 SQL Server 系统中，是否任意用户都可以进行备份数据？为什么？

4．磁盘备份设备是指什么？它与常规操作系统文件有什么区别？

5．分离数据库和附加数据库的区别是什么？分离数据库是不是将其从磁盘上真正删除了？为什么？

6．脚本是什么？用户通过 SSMS 可以对指定文件中的脚本进行哪些操作？脚本文件可不可以在不同的计算机之间传送？为什么？

第 8 章　数据库安全管理

- 了解：数据库的安全机制；数据库安全管理的内容。
- 理解：数据库登录名、用户、角色的概念。
- 掌握：SQL Server 的身份验证模式的基本操作；管理数据库用户的方法；管理服务器角色和数据库角色的方法；管理权限的方法。

8.1　SQL Server 的安全性

数据库的安全性（Security）是指保护数据库，避免其被不合法地使用，以免数据被泄露、更改或破坏。数据库的安全性用于防止对数据库的恶意破坏和非法存取。

安全性管理是数据库管理系统的一个重要组成部分，为数据库中的数据被合理访问和修改提供了基本保证。SQL Server 2019 采用了多层次的安全机制，包括对用户登录进行身份验证（Authentication）和对用户的操作进行权限控制。当用户登录到数据库系统时，系统对该用户的账户和口令进行验证，确认用户账户是否有效以及是否有权限访问数据库；当用户登录到数据库后，只能对数据库中的数据在允许的权限内进行操作。

8.1.1　安全机制

数据库安全相关概念

SQL Server 的安全机制主要是通过 SQL Server 的安全主体和安全对象来实现的。主体是可以请求 SQL Server 资源访问权限的实体，比如用户、组或进程，是可以被授予权限，访问特定数据库对象的对象。安全对象是可以访问的、受到控制的对象，比如表、视图、存储过程、触发器等。SQL Server 安全性主体主要有 4 个级别，即操作系统级别、服务器级别、数据库级别、架构级别。

1. 操作系统级别

SQL Server 实例运行在 Windows 服务器上，因此 SQL Server 是否安全的第一要素是它所处的 Windows 服务器是否安全。通常可以将与 SQL Server 相关的用户单独分组来进行授权和管理，如果企业级环境里有域，也会通过分组的方式来集中管理。操作系统级别的安全性管理工作通常是操作系统管理员或网络管理员的任务。

2. 服务器级别

服务器级别的安全性是建立在身份验证的基础上的，主要涉及登录名、固定服务器角色等。其中，登录名用于登录数据库服务器，而固定服务器角色用于给登录名赋予相应的服务器权限。

SQL Server 中的登录名主要有 Windows 登录名和 SQL Server 登录名两种。

Windows 登录名对应 Windows 验证模式，该验证模式所涉及的账户类型主要有 Windows 本地用户账户、Windows 域用户账户、Windows 组。

SQL Server 登录名对应 SQL Server 验证模式，在该验证模式下，能够使用的账户类型主要是 SQL Server 账户。

3. 数据库级别

数据库级别的安全性主要通过用户、角色、证书、密钥、架构等对象进行控制。

用户是用来访问数据库的，角色是用来控制用户操作数据库的权限的。一个 SQL Server 实例中存在多个数据库。一个用户在登录到 SQL Server 服务器后，只表明该账户通过了身份验证，但他可以访问哪些数据库，访问数据库内的哪些数据，以及对数据对象可以进行哪些操作，与该账户对应的数据库用户所拥有的权限有关。

例如，某人只有登录名，而没有在相应的数据库中为该人创建登录名所对应的用户，则该人只能登录数据库服务器，而不能访问相应的数据库。

若此时为该人创建了登录名所对应的数据库用户，但没有赋予相应的角色，则系统默认为该用户自动具有 public 角色。因此，该用户登录数据库后对数据库中的资源只拥有一些公共的权限。如果要让该用户对数据库中的资源拥有一些特殊的权限，则应该将该用户添加到相应的角色中。

4. 架构级别

架构级别所包含的安全对象有表、视图、存储过程、类型、聚合函数等。在创建这些对象时可设定架构，若不设定则系统默认架构为 dbo。

数据库只能在自己的架构中对数据库对象进行相应的数据操作。操作的权限则由数据库角色决定。例如，若某数据库中的表 A 属于架构 S1，表 B 属于架构 S2，而某用户默认的架构为 S2，如果没有授予用户操作表 A 的权限，则该用户不能对表 A 执行相应的数据操作。但是该用户可以对表 B 执行相应的操作。

身份验证

8.1.2 身份验证模式

SQL Server 的身份验证模式是指系统确认用户身份的方式。SQL Server 有两种身份验证模式：Windows 身份验证模式和混合模式。

1. Windows 身份验证模式

在 Windows 身份验证模式下，SQL Server 依靠 Windows 身份验证来验证用户的身份。只要用户能够通过 Windows 用户账号验证，即可连接到 SQL Server。

Windows 身份验证模式是 SQL Server 的默认身份验证模式。在这种模式下，SQL Server 不要求提供密码，也不执行身份验证，用户身份由 Windows 进行确认。图 8.1 所示为本地账户启用 SSMS 时，使用操作系统中的 Windows 账户进行的连接。

其中，“服务器名称”中指明当前安装数据库系统的计算机名称或 IP 地址，Administrator 是登录该计算机时使用的 Windows 管理员账户名。

图 8.1 Windows 身份验证模式

使用 Windows 身份验证模式登录时需要注意以下两个方面：

（1）必须将 Windows 账户加入 SQL Server 中，才能使用 Windows 账户登录 SQL Server。

（2）如果使用 Windows 账户登录到另一个网络的 SQL Server，则必须在 Windows 中设置彼此的托管权限。

2. 混合模式

混合模式又称为 SQL Server 和 Windows 身份验证模式，是指 SQL Server 允许用户使用 Windows 身份验证和 SQL Server 身份验证两种方式登录到 SQL Server 服务器。在这种模式下，Windows 身份验证依然生效。如果使用 SQL Server 身份验证，SQL Server 服务器要求用户提供用户名和密码，如图 8.2 所示。SQL Server 身份验证允许用户在没有 Windows 的任何权限，甚至不使用 Windows 客户端的情况下，依然可以使用数据库服务。

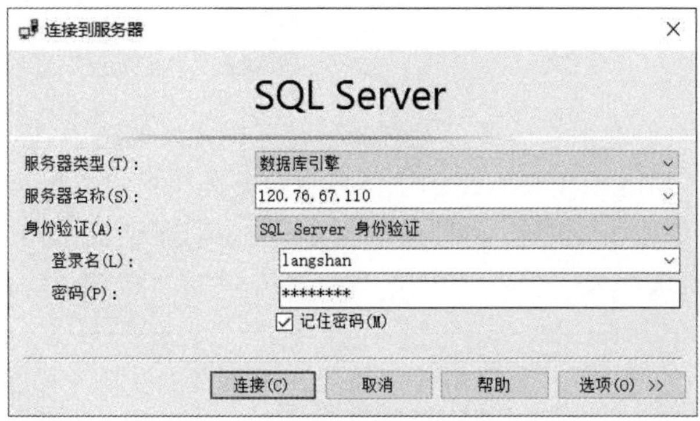

图 8.2 SQL Server 身份验证

混合模式相对于 Windows 身份验证模式而言并不安全，因为用户可以绕过 Windows 的保护，如安全验证、密码加密、审核、密码过期、密码长度限定、多次登录失败锁定账户等，只要知道账户密码即可直接登录。因此，混合模式仅在以下特殊情况下使用：以前遗留的应用系统中仍需要 SQL Server 的登录方式；从域外访问（如 Linux 服务器访问 Windows 服务器上的 SQL Server 服务）；服务器需要提供远程登录功能；有特殊的安全审计要求。

8.1.3 设置身份验证模式

SQL Server 2019 两种登录模式可以根据不同用户的实际情况来进行选择。在安装 SQL

Server 2019 的过程中，会有选择身份验证模式的步骤。安装完成后，也可以通过 SQL Server 的 SSMS 进行更改。操作步骤如下：

（1）打开 SSMS 窗口，选择一种身份验证模式建立与服务器的连接。

（2）在“对象资源管理器”窗口中，右击当前服务器名称，在弹出的快捷菜单中选择“属性”命令，如图 8.3 所示。打开“服务器属性”窗口，选择左侧的“安全性”选择页，右侧窗格显示“安全性”选项内容，如图 8.4 所示。

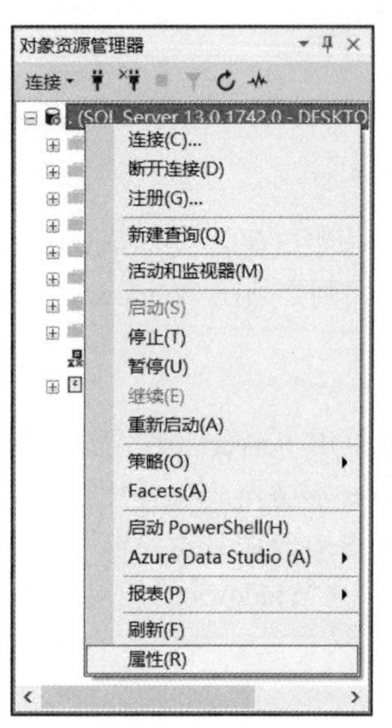

图 8.3 “属性”命令

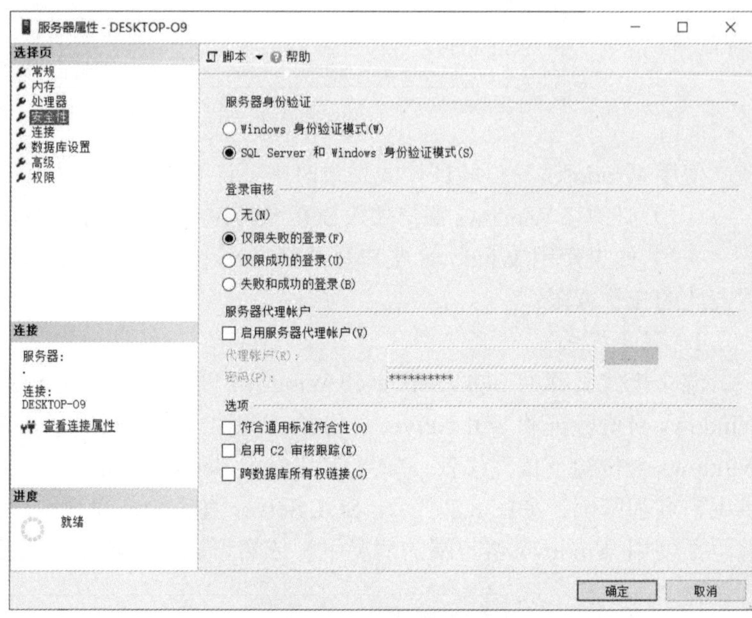

图 8.4 “安全性”选项卡

（3）在“服务器身份验证”区域可设置身份验证模式，如选中“SQL Server 和 Windows 身份验证模式”选项，确定 SQL Server 的服务器身份验证模式。

（4）单击“确定”按钮完成设置，此时弹出图 8.5 所示的对话框，告知重新启动 SQL Server 服务器才能实现混合模式登录。

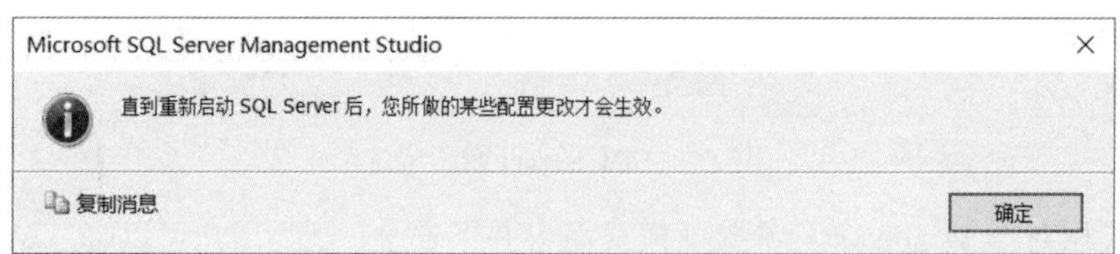

图 8.5 重启服务提示

8.2 SQL Server 的安全管理

SQL Server 安全管理的内容主要包括登录账号管理、数据库用户管理、数据库角色管理和数据库权限管理等。

在 SQL Server 中，安全性管理可以通过 SSMS 的图形界面进行，也可以使用 T-SQL 语句。

这里主要介绍使用“对象资源管理器”的操作方式。

8.2.1　登录管理

在 SQL Server 中，不管使用哪种验证方式，用户在对数据库进行操作之前，都必须使用有效的登录名连接到相应的数据库服务器。

创建登录名的方法有两种：一种是从 Windows 用户或组中创建登录账户；另一种是在 SQL Server 中创建新的 SQL Server 登录名。

对于 Windows 用户，登录名采用“域名（计算机名）\用户（或组）名”的形式，如 domain 域的用户 administrator，可以使用 domain\administrator 作为它的登录名。SQL Server 账户则采用用户自己定义的名称。

在 SQL Server 中存在着两个固定的最高权限用户：安装 SQL Server 时指定的 SQL Server 管理员，它是一个 Windows 账户；另一个是 SQL Server 身份验证的最高权限账户 sa。

1. 创建 Windows 验证模式登录名

除了上述的最高权限账户外，其他用户如果想要登录到 SQL Server，建立与 SQL Server 服务器的连接，就必须首先创建一个登录名（即登录账户）。对于 Windows 验证模式的登录名，可以是 Windows 的用户名或组名。下面以 Windows 登录名 test 为例，介绍其创建及连接访问 SQL Server 服务器的方法。

（1）创建 Windows 账户 test。

1）在“开始”菜单中选择“设置”→“控制面板”命令，打开 “控制面板”窗口，单击“用户账户”按钮打开“管理账户”窗口，如图 8.6 所示。

2）单击“在电脑设置中添加新用户”链接，打开“其他用户”对话框，单击“+将其他人添加到这台电脑”按钮。

3）打开“Microsoft 账户”窗口，如图 8.7 所示，输入用户名和密码，单击“下一步”按钮，完成新用户的创建。

图 8.6　Windows 的“管理账户”窗口

图 8.7　创建新用户

（2）为 Windows 账户创建登录名。创建了 Windows 账号 test 之后，该账号仍然不能登录 SQL Server，还需要为该账号新建一个 SQL Server 的登录名，允许其在登录 Windows 后使用 SQL Server，操作步骤如下：

1）以管理员身份登录 SQL Server，打开“对象资源管理器”，展开“安全性”节点，选择如图 8.8 所示的“登录名”节点。

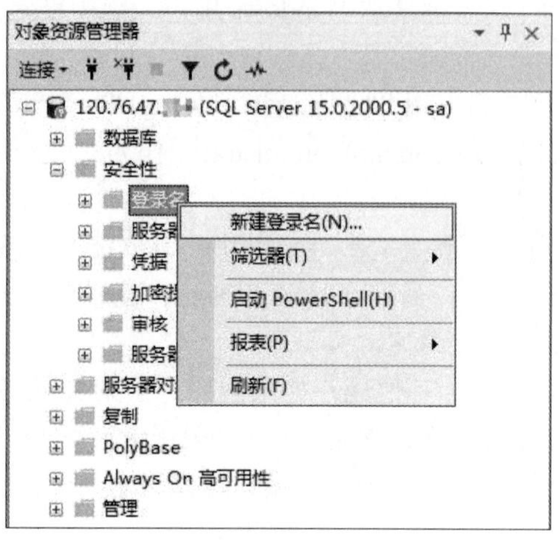

图 8.8　新建登录名

2）右击，在弹出的快捷菜单中选择“新建登录名”命令，打开“登录名-新建”窗口，如图 8.9 所示。

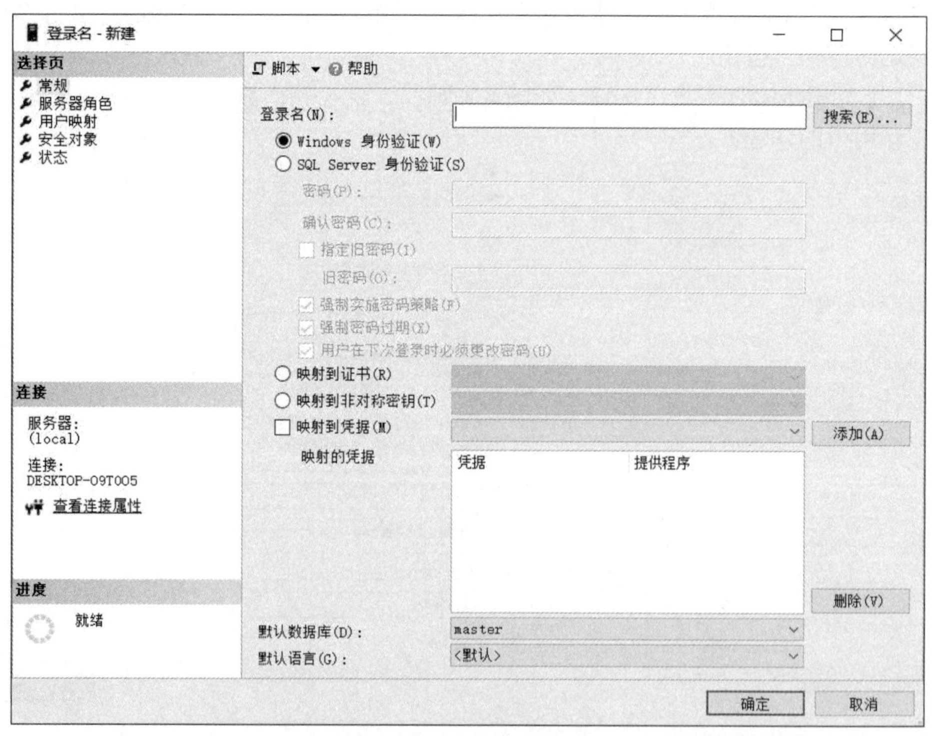

图 8.9　“登录名-新建”窗口

（3）单击“常规”选择页右侧的“搜索”按钮，在弹出的“选择用户或组”对话框中选择相应的用户或用户组（如 test，可通过“高级”按钮进行查找），如图 8.10 所示，将其添加到“输入要选择的对象名称”文本框中，如本例用户名为 iZ94swtmtm2Z\test（iZ94swtmtm2Z 为本地计算机名）。单击“确定”按钮，返回“登录名-新建”窗口。

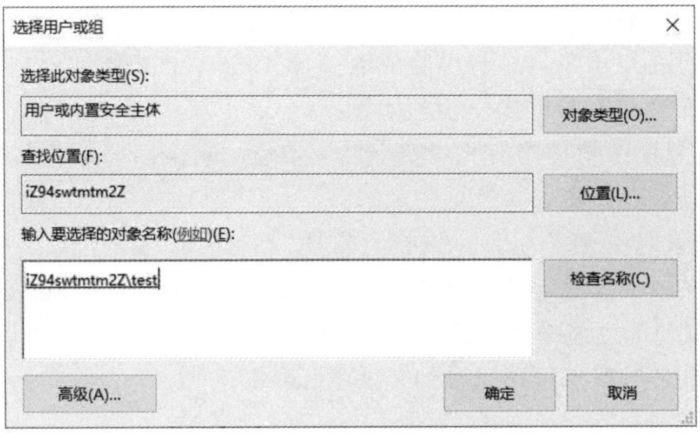

图 8.10　“选择用户或组”对话框

（4）在“默认数据库”下拉列表中选择 Student 数据库为默认数据库。在“用户映射”选择页中勾选 Student 数据库前的复选框，以允许用户访问这个默认数据库（此操作相当于在 Student 数据库中创建了对应于 test 登录的数据库用户，详见 8.2.2 节），如图 8.11 所示。设置完成后单击“确定”按钮，完成新建 Windows 验证方式的登录名。此时在“对象资源管理器”的“登录名”节点下的列表中可以看到 iZ94swtmtm2Z\test 的登录名。

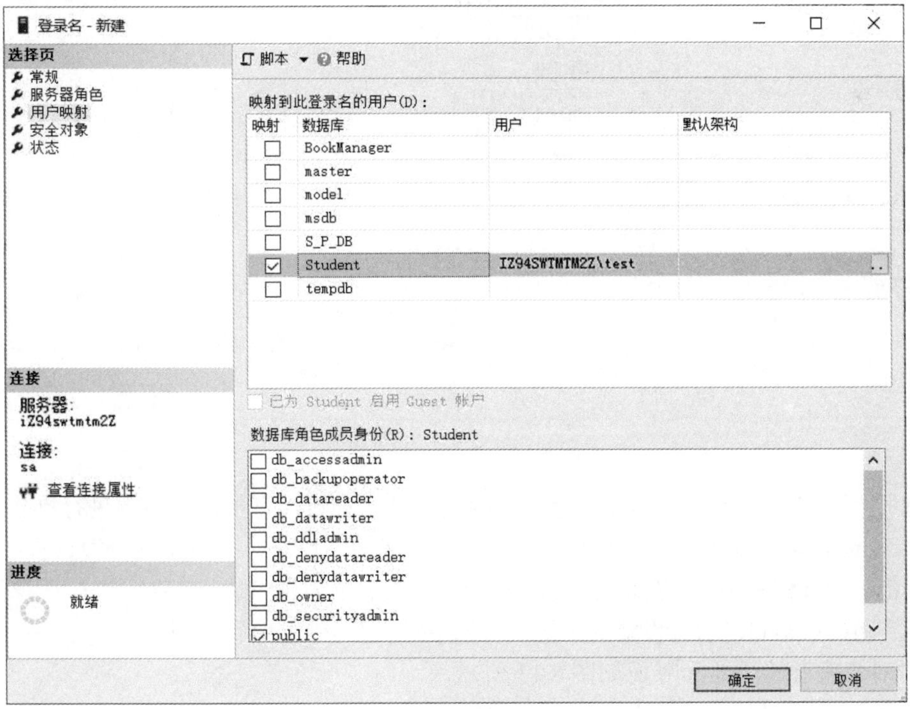

图 8.11　“用户映射”选项卡

创建完后可以使用用户名 test 登录 Windows，然后使用 Windows 身份验证模式连接 SQL Server。读者可以对比一下，与用 SQL Server 系统管理员身份连接 SQL Server 有什么区别。

提示： test 登录 SQL Server 后，可以访问 Student 数据库及其对象，但不能访问其他数据库。

2. 建立 SQL Server 验证模式登录名

在混合模式下，如果不使用 Windows 用户连接 SQL Server，则需要在 SQL Server 下创建登录用户，才能够通过 SQL Server 身份验证连接 SQL Server 实例。

创建 SQL Server 登录账号的操作步骤如下：

（1）展开“对象资源管理器”的“安全性”节点，右击“登录名”节点，在弹出的快捷菜单中选择“新建登录名”命令（参见图 8.8）。

（2）打开“登录名-新建”窗口，选择“常规”选择页，如图 8.12 所示，在右侧的“登录名”文本框中输入一个自己定义的登录名，如 david，选中“SQL Server 身份验证”单选按钮，输入密码，取消勾选“强制密码过期”复选框，单击“确定”按钮即可。此时在“对象资源管理器”的“登录名”节点下可以看到登录名 david。

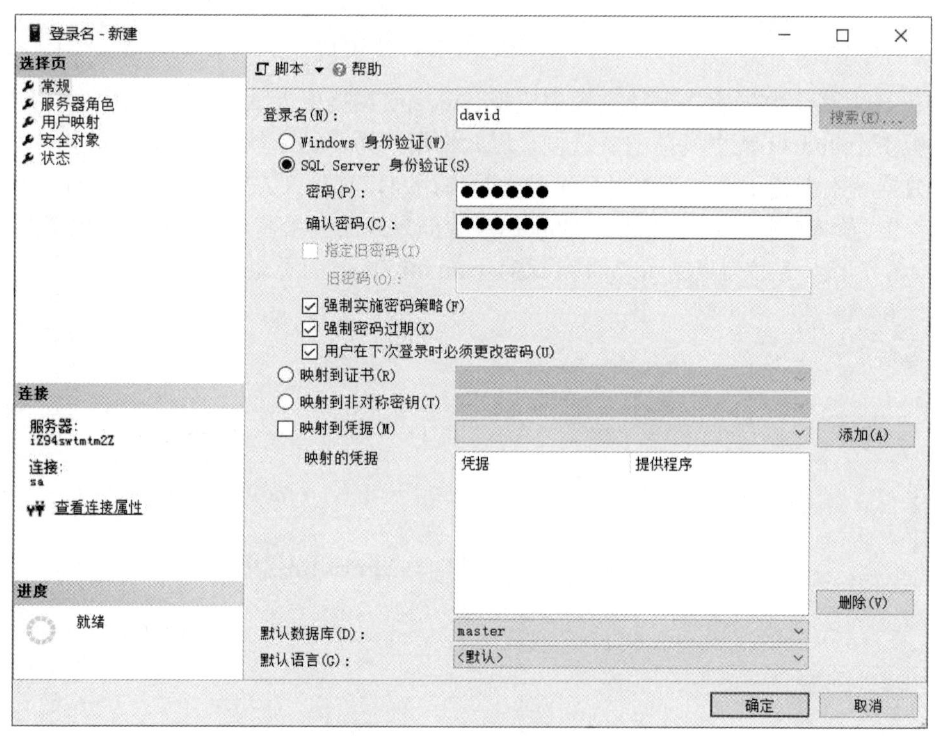

图 8.12 “常规”选项页

为了测试新创建的登录名 david 能否连接到 SQL Server，可按以下步骤进行操作：

在“对象资源管理器”窗口中单击左上角的“连接”按钮，在下拉列表中选择“数据库”命令，弹出“连接到服务器”对话框。在“身份验证”下拉列表中选择“SQL Server 身份验证”，“登录名”填写 david，输入设定的密码，单击“连接”按钮，就能连接到 SQL Server 了。登录后的“对象资源管理器”界面如图 8.13 所示。

图 8.13　使用 SQL Server 验证方式登录

注意：

（1）SQL Server 的登录名和密码的最大长度为 128 个字符，这些字符可以是英文字母、符号和数字。但登录用户名中不能包括“\”字符，不能为空值、保留名（如 sa）或已经存在的登录用户名。

（2）在完成 SQL Server 安装以后，系统会自动建立一个特殊账户 sa。该账户拥有最高的管理权限，可以执行服务器范围内的所有操作。如果在安装过程中没有为 sa 账户设置密码，则安装完成后一定要尽快为其设置密码。设置方法是：在“对象资源管理器”中的“登录名”节点下右击 sa 对象，在弹出的快捷菜单中选择“属性”命令，在“登录属性-sa”窗口中重置密码即可。

（3）在“Windows 身份验证”方式切换到“SQL Server 身份验证”方式时，需要重启 SQL Server 服务器才能生效，即右击“对象资源管理器”的根目录（参见图 8.3），在弹出的快捷菜单中选择“重新启动”命令。

8.2.2　数据库用户管理

在 SQL Server 中，数据库用户和登录账户是两个不同的概念。登录是对服务器而言，只表明它通过了 NT 认证或 SQL Server 认证，可以访问 SQL Server 服务器，但不能表明它可以对数据库进行操作。而数据库用户是指对该数据库具有访问权的用户，是对数据库而言，属于数据库级，用来指出哪些人可以访问哪个数据库。因此，一个服务器登录账户要访问数据库，必须在这个数据库内有数据库用户与其对应，它们之间存在着一种映射关系，系统管理员可以将这个服务器登录账户映射到该账户需要访问的数据库中的一个数据库用户账号上。

使用“对象资源管理器”可以创建数据库用户。下面以创建 Student 数据库的用户为例介绍具体的操作方法：

（1）以管理员身份连接 SQL Server，打开“对象资源管理器”，选择要访问的 SQL Server 服务器。

（2）展开“数据库”→Student→“安全性”节点，右击“用户”节点，在弹出的快捷菜单中选择“新建用户”命令。

（3）打开“数据库用户-新建”窗口，如图 8.14 所示。在“用户名”文本框中输入一个数据库用户名；“登录名”文本框中填写一个能够登录 SQL Server 的登录名，如 david，也可单击右侧“浏览”按钮 .. 并选择已有的登录名（此处用户名与登录名可以不同）；“默认架构”选择 dbo。

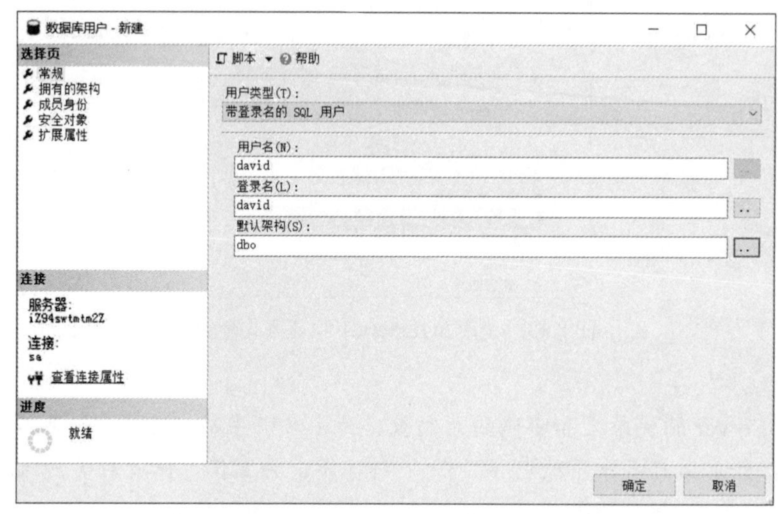

图 8.14 “数据库用户-新建”窗口

注意：一个登录名在本数据库中只能创建一个对应的数据库用户。

（4）单击“确定”按钮完成 Student 数据库用户 david 的创建。由此建立 Student 数据库用户 david 和 SQL Server 登录账号 david 之间的映射。通过 david 账号登录 SQL Server 服务器后，就可以访问 Student 数据库了。

数据库用户创建成功后，可在“对象资源管理器”中对应数据库（如 Student 数据库）的“用户”节点下查看。在此，可以对现有数据库用户进行修改、删除、重命名、查看属性等操作。

一个数据库中可以有多个用户，每个用户在数据库中的分组和权限分配依赖于其所属的架构和角色。在 SQL Server 中，架构类似于一个数据库对象的容器。默认情况下，数据库中所有的对象都是 dbo.xxxx，这里的 dbo 就是一个架构，它里面装了所有的数据库对象。如果数据库规模较大，不同业务模块之间的数据需要分别管理，就可以自己定义架构。在新建数据库用户时，可以为用户指定它所在的架构，那么这个架构所拥有的对象都可以被这个用户使用。

角色

8.2.3 角色管理

角色是数据库管理系统为方便权限管理而设置的管理单位。SQL Server 通过角色可将用户分为不同的类型，相同类型用户（相同角色的成员）进行统一管理，赋予相同的操作权限。一个角色类似于 Windows 账户管理中的一个用户组，可以包含多个用户。在 SQL Server 中，数据库用户是数据库级别上的主体。所有数据库用户都是 public 角色的成员。

1. 角色的类型

SQL Server 为用户提供了 3 种角色类型：固定角色、用户定义数据库角色、应用程序角色。

（1）固定角色。固定角色是指其权限已被 SQL Server 定义，且 SQL Server 管理者不能对其权限进行修改的角色。这些固定角色涉及服务器配置管理以及服务器和数据库的权限管理。按照管理目标对象的不同，固定角色又分为固定服务器角色和固定数据库角色。

1）固定服务器角色。它独立于各个数据库，具有固定的权限。如果在 SQL Server 中创建一个登录名后，要赋予该登录者管理服务器的权限，此时可设置该登录名为服务器角色的成员。SQL Server 提供了如表 8.1 所示的固定服务器角色的名称及说明。

表 8.1　固定服务器角色名称及说明

角色名称	说明
sysadmin	系统管理员，角色成员可以执行 SQL Server 2019 中的任何操作，适合于数据库管理员（DBA）
serveradmin	服务器管理员，角色成员具有对服务器进行设置及关闭的权限
setupadmin	设置管理员，角色成员可增加、删除连接服务器，并执行某些系统存储过程
securityadmin	安全管理员，角色成员可管理服务器的登录名及属性、更改密码，还可读取错误日志
public	每个 SQL Server 登录名都属于 public 服务器角色。如果未向某服务器用户授予或拒绝对某个安全对象的特定权限，该用户将继承授予该对象的 public 角色的权限
processadmin	进程管理员，角色成员可以终止 SQL Server 2019 中运行的进程
dbcreator	数据库创建者，角色成员可以创建、更改、删除或还原数据库
diskadmin	磁盘管理员，角色成员可管理磁盘文件
bulkadmin	大容量管理员，角色成员可执行大容量的插入操作，但必须有 INSERT 权限

2）固定数据库角色。固定数据库角色是指数据库的管理和访问权限已被 SQL Server 固定的那些角色。SQL Server 中的每一个数据库都有一组固定数据库角色，在数据库中使用固定数据库角色可以为不同级别的数据库管理工作分配不同的角色，从而很容易实现工作权限的传递。例如，想让某用户具有创建和删除数据库对象（表、视图、存储过程）的权限，只要将其设置为 db_ddladmin 数据库角色即可。表 8.2 列出了固定数据库角色的名称及说明。

表 8.2　固定数据库角色名称及说明

角色名称	说明
db_owner	数据库所有者，角色成员可对数据库内任何对象进行任何操作，可将对象权限指定给其他用户，包含了以下角色的所有权限
db_accessadmin	数据库访问权限管理者，角色成员可添加或删除数据库使用者、数据库角色和组权限
db_securityadmin	数据库安全管理者，角色成员可对数据库内的权限进行管理，如设置数据库表的增加、删除、修改和查询等存取权限
db_ddladmin	数据库 DDL 管理员，角色成员可创建、删除、修改数据库对象
db_backupoperator	数据库备份操作员，角色成员可备份数据库
db_datareader	数据库数据读取者，角色成员可对数据库中所有表执行 SELECT 操作，读取表中的信息
db_datawriter	数据库数据写入者，角色成员能对数据库中所有表执行 INSERT、UPDATE、DELETE 操作
db_denydatawriter	数据库拒绝数据写入者，角色成员不能对数据库中任何表执行 INSERT、UPDATE、DELETE 操作

续表

角色名称	说明
db_denydatareader	数据库拒绝数据读取者，角色成员不允许读取数据库中任何表的信息
public	每个数据库用户都属于 public 数据库角色。如果未向某个用户授予或拒绝对安全对象的特定权限时，该用户将继承授予该对象的 public 角色的权限

（2）用户定义数据库角色。由于固定数据库角色的权限是固定的，有时有些用户需要一些特定的权限，如有些用户可能只需数据库的“选择”“修改”和“执行”权限。由于固定数据库角色中没有一个角色能提供这组权限，所以需要创建一个自定义的数据库角色。

用户定义数据库角色就是当一组用户需要设置的权限不同于固定数据库角色所具有的权限时，为了满足要求而定义的新的数据库角色。

用户定义数据库角色可以包含 Windows 用户或用户组，同一数据库的用户可以具有多个不同的用户定义角色，这种角色的组合是自由的，而不仅是 public 与其他一种角色的组合。这些角色可以进行嵌套，从而在数据库中实现不同级别的安全性。

（3）应用程序角色。应用程序角色是一个数据库主体，它使应用程序能够用其自身的、类似用户的权限来运行。使用应用程序角色，可以只允许通过特定应用程序连接的用户访问特定数据。与数据库角色不同的是，应用程序角色默认情况下不包含任何成员，而且是非活动的。应用程序角色可以使用 sp_setapprole 来激活，并且需要密码。因为应用程序角色是数据库级别的主体，所以它们只能通过其他数据库中授予 guest 用户账户的权限来访问这些数据库。因此，任何其他数据库中的应用程序角色都不可访问已禁用 guest 用户账户的数据库。

2. 角色的管理

SQL Server 管理者可以将某些用户设置为某一角色，这样只对角色进行权限设置便可以实现对所有用户权限的设置，利用角色管理大大减少了管理员的工作量。SQL Server 提供了用户通常管理工作的预定义的固定服务器角色和数据库角色。

（1）固定服务器角色管理。不能对固定服务器角色进行添加、删除或修改等操作，只能将登录名添加为固定服务器角色的成员。通过“对象资源管理器”添加服务器角色成员，下面以 david 添加为 sysadmin 固定服务器角色成员为例，介绍具体的操作步骤：

1）以管理员身份登录 SQL Server 服务器，进入“对象资源管理器”窗口，展开“安全性”→“服务器角色”节点。

2）双击 sysadmin 节点，打开“服务器角色属性”窗口。单击“添加”按钮，打开“选择服务器登录名或角色”对话框。

3）单击“浏览”按钮，打开“查找对象”对话框，勾选[david]选项前边的复选框，如图 8.15 所示。

4）单击“确定”按钮返回到“选择服务器登录名或角色”对话框，在“输入要选择的对象名称”列表中可以看到刚刚添加的登录名 david，如图 8.16 所示。

5）单击“确定”按钮返回“服务器角色属性”窗口，在“此角色的成员”列表中可以看到服务器角色 sysadmin 的所有成员，包括刚刚添加的 david，如图 8.17 所示。david 就具有了固定服务器角色的权限，可以在 SQL Server 服务器上执行任何操作。

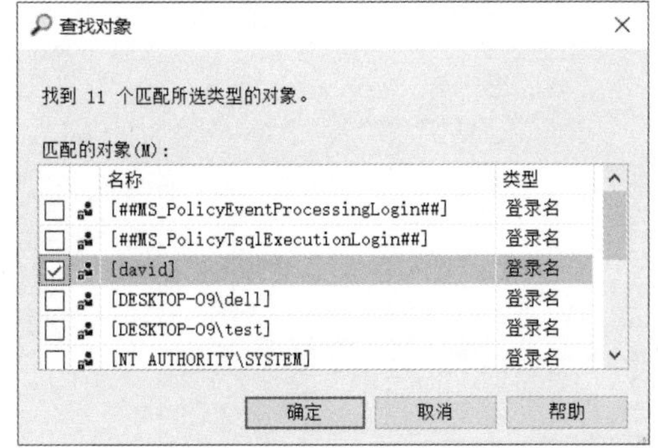

图 8.15　添加登录名

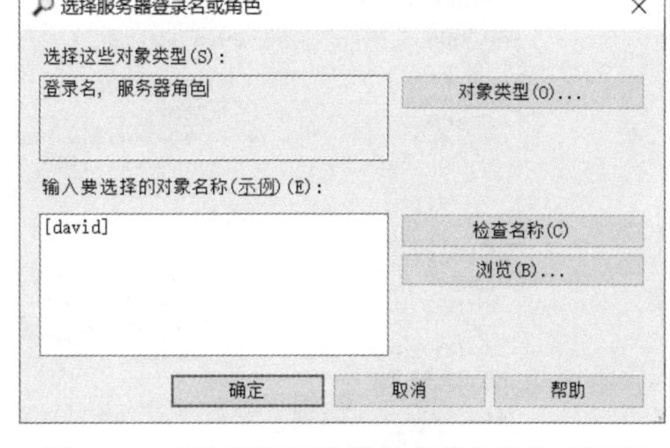

图 8.16　“选择服务器登录名或角色”对话框

图 8.17　“服务器角色属性”窗口

6）用户可以再次单击“添加”按钮添加新的登录名，也可以通过“删除”按钮删除某些不需要的登录名。

7）添加完成后，单击“确定”按钮关闭“服务器角色属性”窗口。

（2）固定数据库角色管理。在创建一个数据库用户之后，可以将该数据库用户加入数据库角色中，从而授予其管理数据库的权限。与固定服务器角色一样，固定的数据库角色也不能进行添加、删除或修改等操作，只能将数据库用户指派为固定数据库角色的成员。

例如，对于前面已建立的数据库用户 david，如果要赋予其数据库管理员权限，可通过“对象资源管理器”将其添加为固定数据库角色成员，具体操作步骤如下：

1）以管理员身份登录 SQL Server，进入“对象资源管理器”，展开“数据库”→Student→“安全性”→“用户”节点，右击 david，在弹出的快捷菜单中选择“属性”命令，打开“数据库用户”窗口。

2）在“数据库用户”窗口的“成员身份”选择页的“数据库角色成员身份”列表中，用户可以根据需要，勾选数据库角色前的复选框，来为数据库用户（david）添加相应的数据库角色（如 db_owner），如图 8.18 所示，单击“确定”按钮，即将数据库用户设置为固定数据库角色成员。

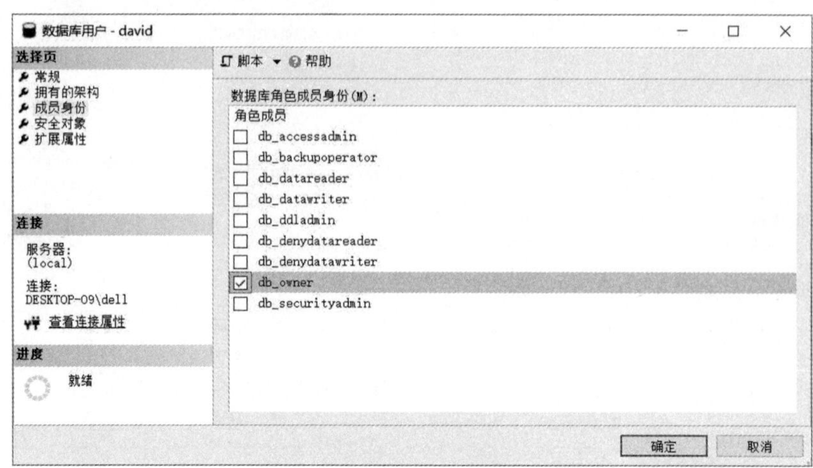

图 8.18 添加固定数据库角色成员

3）查看固定数据库角色的成员。展开“对象资源管理器”的“数据库”→Student→“安全性”→“角色”→“数据库角色”节点，选择数据库角色，如 db_owner，右击并在弹出的快捷菜单中选择“属性”命令，在弹出的“数据库角色属性”窗口的“此角色的成员”列表中可以看到该数据库角色的所有成员，如图 8.19 所示，david 包含在该列表中。

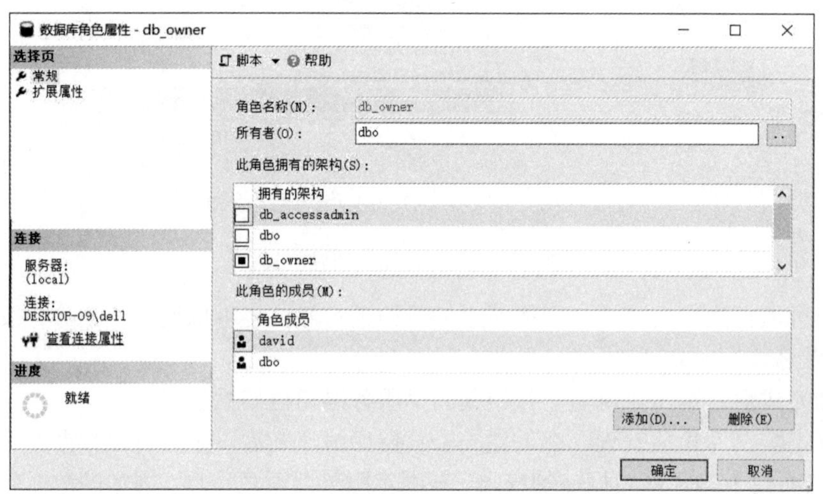

图 8.19 数据库“此角色的成员”列表

从图 8.19 中可以看出，在“数据库角色属性”窗口也可以添加固定数据库角色成员。

1）单击“添加”按钮，打开“选择数据库用户或角色”对话框，单击“浏览”按钮，打开“查找对象”对话框，勾选[APCIYHS5E8RPJLY\test]复选框（APCIYHS5E8RPJLY 为当前的计算机名）。

2）单击“确定”按钮返回“选择数据库用户或角色”对话框，在“输入要选择的对象名称”栏中添加[APCIYHS5E8RPJLY\test]用户。

3）单击“确定”返回“数据库角色属性”窗口，在“此角色的成员”列表中可以看到该用户。

（3）用户定义数据库角色管理。在实际的数据库管理过程中，某些用户可能只对数据库进行插入、更新和删除操作，但是固定数据库角色中不能提供这样一个角色，因此，需要创建一个自定义的数据库角色。

例如，要在数据库 Student 上定义一个数据库角色 ROLE1，该角色中的成员有 david，对 Student 数据库可以进行查询、插入、删除、更新操作。可以通过“对象资源管理器”创建数据库角色，具体操作步骤如下：

1）创建数据库角色。以管理员身份连接 SQL Server，在“对象资源管理器”中展开“数据库”→Student→“安全性”→“角色”节点，右击“角色”节点，在弹出的快捷菜单中选择“新建”→“新建数据库角色”命令，如图 8.20 所示。

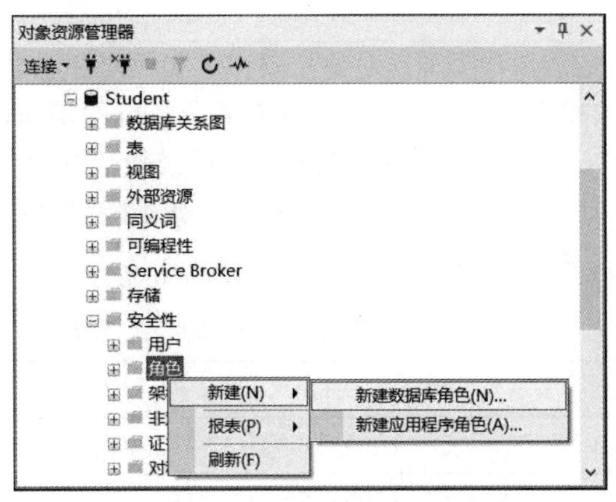

图 8.20　“新建数据库角色”命令

2）打开“数据库用户-新建”窗口，选择“常规”选择页，输入要定义的角色名称，如 ROLE1，所有者为 dbo。单击“确定”按钮，完成数据库角色的创建。

3）将数据库用户加入数据库角色。当数据库用户成为某一数据库角色的成员之后，该数据库用户就获得该数据库角色所拥有的对数据库操作的权限。这里将 Student 数据库的用户 david 加入 ROLE1 角色，如图 8.21 所示，操作方法参见“固定数据库角色管理”内容。

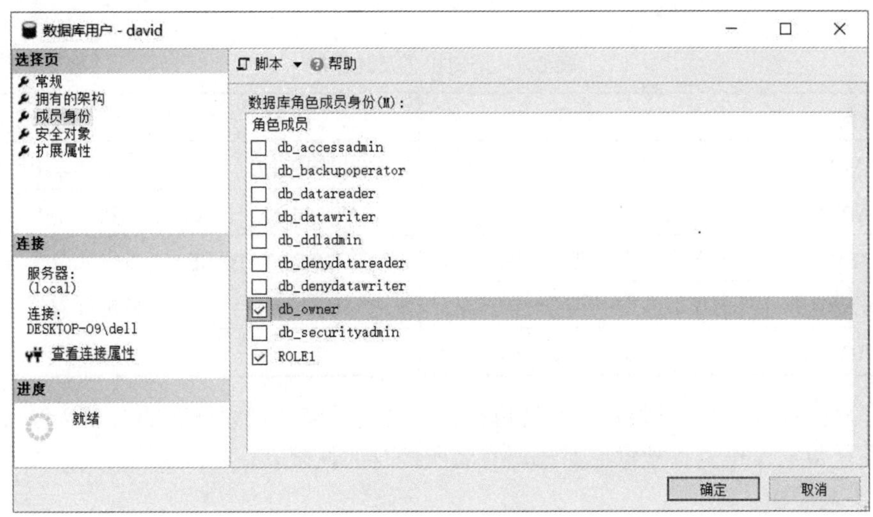

图 8.21　添加到用户定义数据库角色中

此时数据库角色成员还没有任何权限，当授予数据库角色查询、插入、删除、修改数据库的操作权限时，这个角色的成员也将获得相同的权限。

权限管理

8.2.4 权限管理

数据库的权限是指用户对数据库中对象的使用及操作的权利。SQL Server使用权限来加强数据库的安全性，用户登录到SQL Server后，SQL Server将根据用户被授予的权限来决定能够对哪些数据库对象执行哪些操作。因此，对于每个用户，必须向其授予明确的权限，以便他们能够以不同的方式访问数据库对象，这就是权限管理。

1. 权限的类型

SQL Server 中的权限包括 3 种类型：对象权限、语句权限和隐含权限。

（1）对象权限。对象权限决定用户对数据库对象所执行的操作，它控制用户在表和视图上执行 SELECT、INSERT、UPDATE、DELETE 语句以及执行存储过程的能力。

不同类型的数据库对象支持不同的针对它的操作，如不能对表对象执行 EXECUTE 操作。表 8.3 列举了在各种对象上可执行的操作。

表 8.3　各数据库对象可执行的操作权限

对象	操作
表	SELECT、INSERT、UPDATE、DELETE、REFERENCES
视图	SELECT、INSERT、UPDATE、DELETE
存储过程	EXECUTE
列	SELECT、UPDATE

（2）语句权限。语句权限主要指用户是否具有权限来执行某一语句。这些语句通常是一些管理性操作，如创建数据库、表、存储过程等。在这种语句中虽然也含有操作（如 CREATE）的对象，但这些对象在执行该语句之前并不存在于数据库中，所以将其归为语句权限范畴。表 8.4 列出了语句权限及其作用。

表 8.4　语句权限及其作用

语句	作用	语句	作用
CREATE DATABASE	创建数据库	CREATE RULE	在数据库中创建规则
CREATE TABLE	在数据库中创建表	CREATE FUNCTION	在数据库中创建函数
CREATE VIEW	在数据库中创建视图	BACKUP DATABASE	备份数据库
CREATE DEFAULT	在数据库中创建默认对象	BACKUP LOG	备份日志
CREATE PROCEDURE	在数据库中创建存储过程		

（3）隐含权限。隐含权限是指系统自行预定义而不需要授权就有的权限，包括固定服务器角色、固定数据库角色和数据库对象所有者所拥有的权限。

2. 权限的管理

SQL Server 中权限管理的主要任务是对象权限和语句权限的管理。

（1）对象权限的管理。在 SQL Server 中，所有对象权限都可以授予。可以为特定的对象、特定类型的所有对象和所有属于特定架构的对象进行管理。

操作步骤如下：

1）以管理员身份登录 SQL Server，打开“对象资源管理器”，选择数据库（如 Student）。

2）右击要设置权限的对象（如表 CInfo），在弹出的快捷菜单中选择“属性”命令，打开“表属性-CInfo”窗口，如图 8.22 所示。

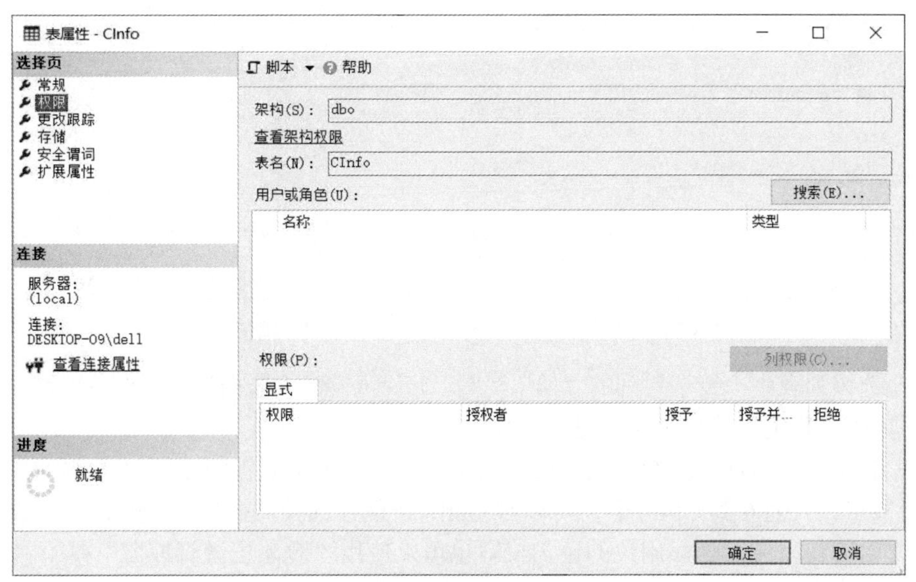

图 8.22　“表属性-CInfo”窗口

3）选择“权限”选择页，单击“用户或角色”右侧的“搜索”按钮，打开“选择用户或角色”对话框，如图 8.23（a）所示。单击“浏览”按钮，打开“查找对象”对话框，勾选“匹配的对象”中的[david]复选框，如图 8.23（b）所示。

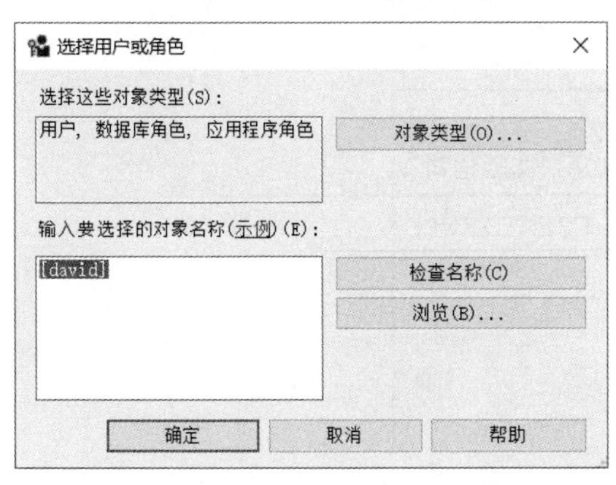

（a）“选择用户或角色”对话框

（b）“查找对象”对话框

图 8.23　“搜索”用户

4）依次单击“确定”按钮返回“表属性 - CInfo”窗口。此时“用户或角色”列表中添加了 david 用户，并出现“david 的权限”列表，如图 8.24 所示。

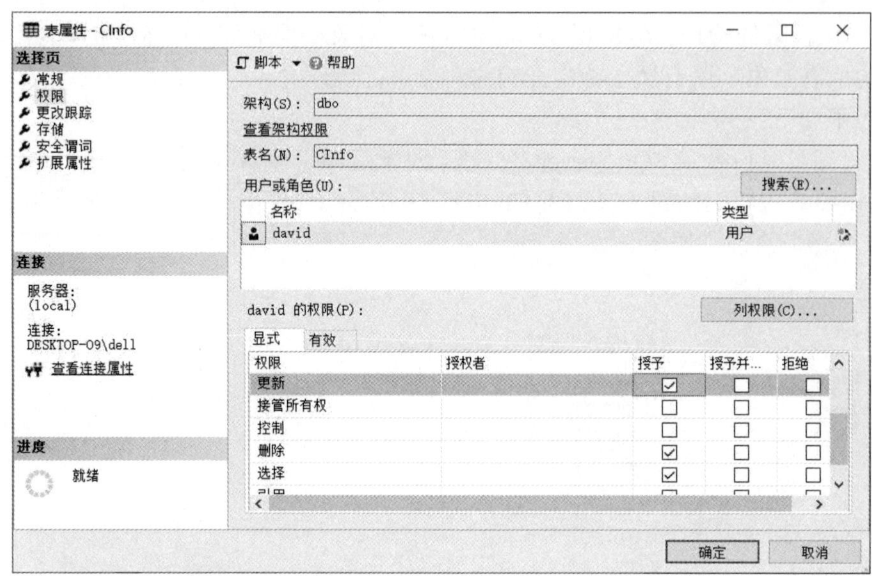

图 8.24　在“表属性-CInfo”窗口中进行“权限”设置

5）勾选该列表中“授予”列的“插入”“更新”“删除”“选择”复选框，设置 david 的用户权限。单击“确定”按钮，完成对象的权限设置。

6）以 david 登录名连接 SQL Server 服务器，展开“对象资源管理器”的“数据库”→Student→“表”节点，只能看到 CInfo 表，可以对 CInfo 表进行选择、插入、删除、修改数据操作。

（2）语句权限的管理。用户的语句权限也可以使用“对象资源管理器”授予。例如，为角色 ROLE1 授予 VIEW DEFINITION 权限，而不授予 SELECT 权限，然后执行相应的语句，查看并分析执行结果。操作步骤如下：

1）以管理员身份登录 SQL Server，在“对象资源管理器”中展开“数据库”节点。

2）新建 SQL Server 登录名 smith，在 Student 数据库新建同名数据库用户 smith 并与之关联。此时，如果以 smith 账号登录 SQL Server 服务器，可以看到 smith 在 Student 数据库里没有操作数据表的权限，如图 8.25 所示。

图 8.25　smith 账户中看不到 Student 数据库的表

3）再以管理员身份登录 SQL Server，右击要设置权限的数据库（如 Student），在弹出的快捷菜单中选择“属性”命令，打开“数据库属性-Student”窗口。

4）选择“权限”选择页，单击“用户或角色”右侧的“搜索”按钮，在弹出的“选择用户或角色”对话框中单击“浏览”按钮，在打开的“查找对象”对话框中勾选[ROLE1]复选框，依次单击“确定”按钮返回“数据库属性-Student”窗口。

5）选择 ROLE1 列表项，在“ROLE1 的权限”列表的“授予”列中勾选“查看定义”复选框，取消勾选“选择”复选框（后面用来验证权限），如图 8.26 所示。单击“确定”按钮返回 SSMS。

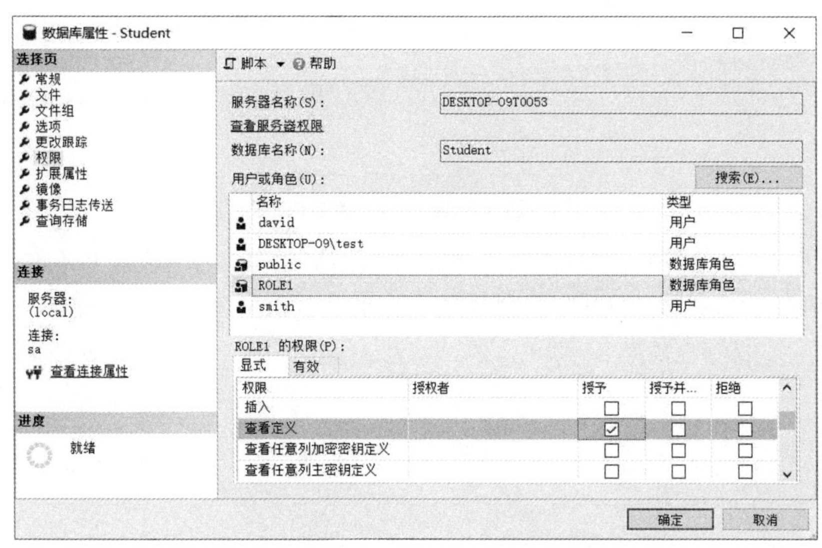

图 8.26　角色“权限”设置“查看定义”

6）在“数据库”→Student→“安全性”→“用户”节点下，右击 smith，在其快捷菜单中选择“属性”命令，打开“数据库用户-smith”对话框，选择“成员身份”选择页，在右侧的“数据库角色成员身份”列表中勾选 ROLE1 复选框。单击“确定”按钮返回 SSMS。至此，smith 用户成为了 ROLE1 的成员。

7）断开当前的 SQL Server 服务器连接，重新打开 SSMS，以 smith 登录名连接 SQL Server 服务器，因为 smith 已是 ROLE1 的成员，所以该用户拥有 ROLE1 角色的所有权限（即查看定义权限），如图 8.27 所示。

图 8.27　smith 账户查看 Student 数据库的表

8）单击工具栏中的“新建查询”按钮，打开“查询编辑器”窗口。输入 SELECT 语句查看 Student 数据库中 StInfo 表的信息，结果被拒绝，如图 8.28 所示，说明 smith 不具备 SELECT 语句权限（见步骤 5）。

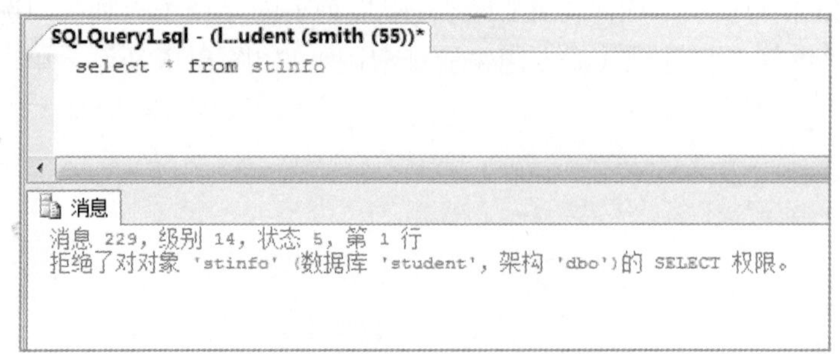

图 8.28　SELECT 语句执行结果

以上所述在“对象资源管理器”中设置对象权限和语句权限的方法并不唯一，同样的权限设置通过其他操作方法一样可以达到（比如直接针对数据库用户进行操作），请读者自行尝试。

一、选择题

1．当采用 Windows 验证方式登录时，只要用户通过 Windows 用户账户验证，就可（　　）到 SQL Server 2019 数据库服务器。

A．连接　　B．集成　　C．控制　　D．转换

2．SQL Server 2019 中的视图提高了数据库系统的（　　）。

A．完整性　　B．并发控制　　C．隔离性　　D．安全性

3．使用系统管理员账户 sa 时，以下操作不正确的是（　　）。

A．虽然 sa 是内置的系统管理员账户，但在日常管理中最好不要使用 sa 进行登录

B．只有当其他系统管理员不可用或忘记了密码，无法登录到 SQL Server 2019 时，才使用 sa 这个特殊的登录账户

C．最好总是使用 sa 账户登录

D．使系统管理员成为 sysadmin 固定服务器角色的成员，并使用各自的登录账户来登录

4．在数据库的安全性控制中，授权的数据对象的（　　），授权子系统就越灵活。

A．范围越小　　B．约束越细致

C．范围越大　　D．约束范围大

5．在“连接”组中有两种连接认证方式，其中在（　　）方式下，需要客户端应用程序连接时提供登录的用户标识和密码。

A．Windows 身份验证　　B．SQL Server 身份验证

C．以超级用户身份登录　　D．以其他方式登录

6．为了保证数据库应用系统正常运行，数据库管理员在日常工作中需要对数据库进行维护。下列一般不属于数据库管理员日常维护工作的是（　　）。

A．数据内容的一致性维护　　B．数据库备份与恢复

C．数据库安全性维护　　D．数据库存储空间管理

7. SQL Server 2019 提供了很多预定义的角色，下述关于 public 角色说法正确的是（　　）。

A．它是系统提供的服务器级的角色，管理员可以在其中添加和删除成员

B．它是系统提供的数据库级的角色，管理员可以在其中添加和删除成员

C．它是系统提供的服务器级的角色，管理员可以对其进行授权

D．它是系统提供的数据库级的角色，管理员可以对其进行授权

8．dbo 代表的是（　　）。

A．数据库拥有者　　B．用户

C．系统管理员　　D．系统分析员

9．角色是数据库管理系统为方便权限管理而设置的管理单位，下列（　　）不属于 SQL Server 中的角色类型。

A．固定角色　　B．用户定义数据库角色

C．系统角色　　D．应用程序角色

10．数据库的权限是指用户对数据库中对象的使用及操作的权利。SQL Server 中的权限不包括（　　）。

A．对象权限　　B．语句权限

C．文件权限　　D．隐含权限

二、思考题

1．SQL Server 2019 提供了哪些安全管理机制？安全性管理是建立在什么机制上的？

2．SQL Server 2019 有几种身份验证方式？它们的区别是什么？哪种身份验证方式更安全？

3．数据库的权限是指什么权限？权限管理的主要任务是什么？角色中的所有成员能否继承该角色所拥有的权限？

4．SQL Server 2019 中有几种角色类型？它们的主要区别是什么？

5．SQL Server 2019 安全管理的内容主要包括哪些？

第 9 章　数据库系统开发工具

- 了解：多种数据库系统开发工具的名称与特点；Visual Basic .NET（VB .NET）程序的设计方法。
- 理解：参数的传递；变量的作用域与生存期；子过程与函数的创建与调用。
- 掌握：VB .NET 集成开发环境；面向对象及事件驱动的编程特点、数据类型和程序控制结构；VB .NET 控件；VB .NET 菜单设计等。

9.1　数据库系统开发工具概述

随着计算机技术不断发展，各种数据库编程工具也在不断发展。程序开发人员可以使用一些高效的、可视化的编程工具去开发各种数据库应用程序，从而达到事半功倍的效果。比较流行的数据库编程工具有 Delphi、PowerBuilder、Java、VB.NET 等，这几个开发工具各有所长、各具优势。Delphi 有出色的组件技术，它采用的面向对象语言 Pascal 具有极高的编译效率与直观易读的语法；PowerBuilder 拥有属于 Sybase 公司专利的强大的数据窗口技术，并提供与大型数据库的专用接口；Java 具有简单性、面向对象、平台独立性和可移植性等特征，受到开发者的青睐。

本教材选择 VB .NET 作为前台开发工具，它是应用于微软平台技术.NET Framework 的一种面向对象的程序设计语言，是 Visual Studio .NET 系列软件开发工具的一个重要成员；相对而言易学易懂，开发效率较高，图形化开发环境提供了几乎所有开发者可能用到的功能，包括项目的建立、应用程序界面的设计、源代码的编写、程序的调试运行和最终可执行文件的生成等功能，非常适合作为数据库系统的开发工具。

9.1.1　Visual Studio 集成开发环境

VB.NET 环境介绍

（1）Visual Studio 产品系列共用一个集成开发环境。第一次启动 VS 2019 时，会出现一个“选择默认环境设置”对话框，选择“Visual Basic 开发设置”选项，即可启动 Visual Studio。打开“Visual Studio 2019 开始使用”界面，选择“创建新项目”选项，如图 9.1 所示。

（2）打开“配置新项目”窗口，如图 9.2 所示。在“项目名称”文本框中输入项目名称，默认为 WindowsApp1。在“位置”组合框中指定项目创建的位置，单击“创建”按钮。

图 9.1　“Visual Studio 2019 开始使用”界面

图 9.2　“配置新项目”窗口

（3）进入 VB .NET 集成开发环境界面，如图 9.3 所示。VB .NET 的 Windows 应用程序集成开发环境由许多窗口组成，如主窗口、解决方案资源管理器窗口、设计器和代码窗口、工具箱窗口、属性窗口等，可根据不同的应用程序开发使用不同的窗口。以下简单介绍最常用的 6 种窗口：

1）主窗口。包括标题栏、菜单栏和工具栏等。菜单栏有 15 个下拉菜单，包含了程序开发和调试过程中所需要的命令。工具栏包括可迅速访问的常用菜单命令。

2）解决方案资源管理器窗口。用于管理和监控本解决方案中的各种文件。一个解决方案可以包含一个或多个项目，每个项目可以包含窗体文件或其他一些相关文件。

3）设计器和代码窗口。设计器窗口用于设计可视化应用程序界面，代码窗口用于编辑修改程序代码。

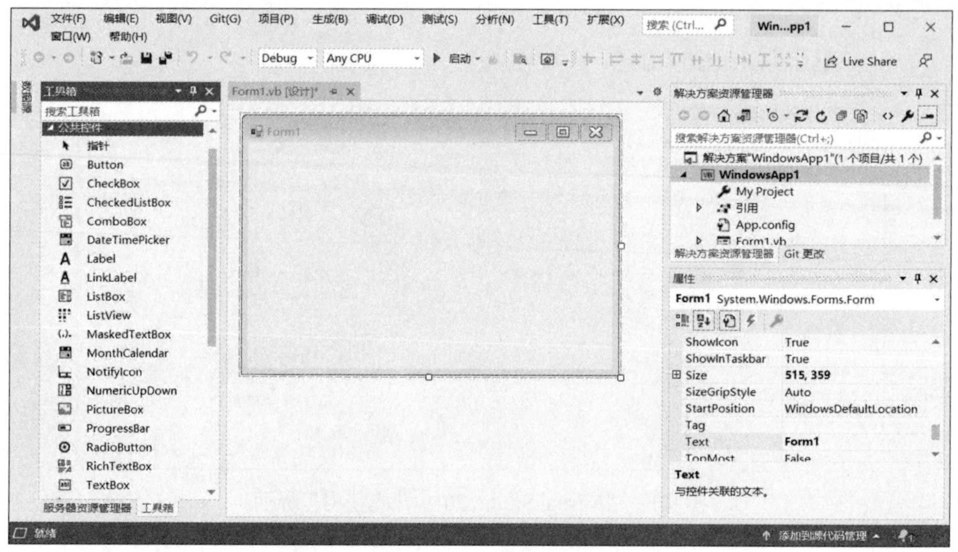

图 9.3　VB .NET 集成开发环境界面

4）工具箱窗口。以选项卡的形式来分组组织控件类，包括公用控件、容器、菜单、数据、组件等工具的集合。工具箱中显示的控件只是代表各控件的类，利用这些控件类，用户可以很方便地在程序窗体上添加一个具体控件对象（即控件实例）。

5）属性窗口。用于显示或设置所选定的窗体或控件等对象的属性。

6）其他窗口。集成环境中还有很多窗口，如“即时”“输出”“错误列表”等窗口，用于程序在调试期间输出中间结果，帮助用户了解各种信息。

9.1.2　创建简单的 VB .NET 应用程序

为帮助读者了解 VB .NET 程序设计的特点，现在着手设计一个简单的 VB .NET 程序。

【例 9.1】创建一个窗体，窗体上有一个文本框和两个按钮（变大和变小），如图 9.4 所示。要求运行时单击“变大”按钮会使文本框中文本的字号增大 5pt；单击“变小”按钮会使字号减小 5pt。

图 9.4　简单的 VB.NET 程序设计实例的效果

操作步骤如下：

（1）创建项目。启动 VB .NET，新建一个项目，进入集成开发环境，创建一个窗体 Form1。

（2）创建控件。单击“工具箱”中的“文本框”（TextBox）图标 abl TextBox，在窗体 Form1 上拖拉出一个文本框，系统自动命名为 TextBox1；单击“工具箱”中的“按钮”（Button）图标 ab Button，在 Form1 上拖拉出一个按钮，系统自动命名为 Button1；用同样的方法在窗体上创建第二个按钮 Button2。

（3）修改控件的属性。选择 TextBox1 控件，在“属性”窗口中找到 Text 属性，输入“简单的 VB .NET 程序”；选择 Button1 控件，在“属性”窗口中将其 Text 属性修改为“变大”；同样地，将 Button2 控件的 Text 属性修改为“变小”。

（4）编写代码。分别双击“变大”和“变小”按钮，在“代码”窗口中的 Button1_Click 事件过程和 Button2_Click 事件过程中写入代码，如图 9.5 所示。“代码”窗口中间的下拉列表中列出的是当前窗体所包含的控件名称，右侧的下拉列表中列出的是选定控件的所有事件名称。

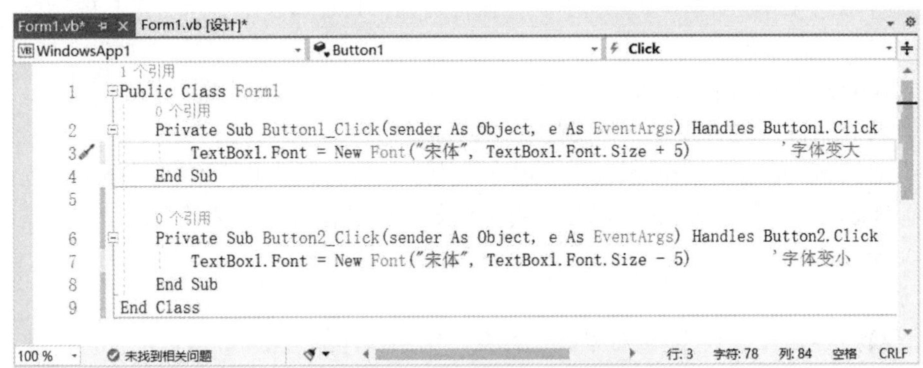

图 9.5　简单的 VB .NET 程序设计实例的代码

注意：书写格式要按层次缩进，根据级别由高到低逐渐增加缩进量；所有标点符号均为英文标点；单引号（'）后面所跟的字符为注释，程序不会执行。

（5）保存文件。选择“文件”→“全部保存”命令，或者单击工具栏中的“全部保存”按钮，即可保存项目及相关文件。

注意：本例涉及的关键文件有解决方案文件、项目文件和窗体文件。解决方案文件扩展名为.sln，当打开一个解决方案（文件）时，与该项目有关的所有文件同时被加载；项目文件扩展名为.vbproj，存储项目的相关信息，如窗体、类引用等；每个窗体包含三个文件，例如名称为 Form1 的窗体文件是 Form1.Designer.vb、Form1.vb、Form1.resx，分别存放窗体的界面设计、代码和资源信息。

（6）调试和运行程序。单击“调试”→“开始调试”或“开始执行(不调试)”命令，或单击工具栏中的 ▶ 启动 ▾ 按钮，便可执行该程序。当出现错误时，在“输出”窗口显示错误提示信息，也可通过“调试”菜单中的命令来查找和排除错误。

9.1.3　VB .NET 程序的特点

类和对象的区别

VB .NET 采用面向对象的可视化程序设计方法。该方法认为，客观世界是由无数对象组成的，每个对象都是一个具体的实物，对象与对象之间存在各种各样的联系。类是对同种对象的抽象描述，是创建对象的模板。在一个类中，每个对象都是这个类的实例。例如人类是人的抽象，一个个不同的人是人类的实例。程序设计是对部分客观世界的抽象描述，所以程序也是由若干类对象组成的。这就是面向对象编程方法的主要思想，也就是说，设计程序就是描述好所关心的各个对象，理清各个对象之间的关系。

VB .NET 中有许多不同的类，如 Form、Label、TextBox、Font 等。程序中具体的窗体和控件都是这些类的对象，如例 9.1 中的窗体 Form1、文本框 TextBox1 等都是控件对象，简称控件，它们是组成程序的基本部件。它们都具有自己的属性、方法和事件。可以把属性看作对象的特征，把方法看作对象的动作，把事件看作对象的响应。对象的属性、方法、事件称为对象的三要素。

1．属性

属性描述对象的性质或特征，即该对象是什么样的。以例 9.1 的窗体 Form1 及其所包含的控件对象为例，窗体 Form1 及命令按钮 Button1 的 Name 属性分别为 Form1 与 Button1，这是它们的名称，用于在程序代码中区别于其他控件对象；Text属性是显示给用户的标题。窗体的常用属性包括以下几项：

（1）Name 属性。用于设置窗体的名称，可以在属性窗口中设置或修改。

（2）Text 属性。用于设置窗体标题栏上的标题内容。

（3）MaximizeBox 和 MinimizeBox 属性。用于设置“最大化”和“最小化”按钮。

（4）BackColor 和 ForeColor 属性。用于设置窗体的背景色和前景色。

（5）BackGroudImage 属性。用于设置窗体的背景图像。

2．方法

方法反映对象的行为，即该对象会干什么。例如窗体的方法 Show，用于快速显示一个窗体，使该窗体变成活动窗体。

3．事件

事件指明对象在什么条件下发生什么事情，即在什么条件下执行哪段代码。例如，事件过程 Button1_Click 指明程序运行时若单击（Click）按钮 Button1，则处于 Sub Button1_Click() 与 End Sub 之间的代码会被执行。以窗体为例，除 Click 外，常用事件还包括以下几项：

（1）Load 事件。当一个窗体被装载时发生。

（2）DoubleClick 事件。当窗体被双击时发生。

（3）FormClosing 事件。当窗体关闭时发生。

（4）KeyPress 事件。当键盘上的键被按下时发生。

（5）MouseDown/MouseUp 事件。当鼠标左键被按下或释放时发生。

设计程序时，控件对象的属性、方法的引用，语法格式为：

```
<对象名>.<属性>|<方法>([ 参数名表 ])
```

应用程序由对象组成，每个对象都有预先定义好的事件，每个事件的发生都依赖于一定的条件（如用户的操作、预定时间到等）；每个事件发生后系统该做出何种反应，则取决于编程者给该事件过程编写了什么代码。这就是面向对象的程序设计方法和事件驱动的编程机制。

9.2 VB .NET 语言基础

计算机程序实际上就是按照某些操作规则对数据进行操作的步骤。程序中参与计算的数据以什么方式来描述、可参与哪些运算，这些是使用程序设计语言编写代码前要了解的首要问题。

9.2.1 编码基础

在使用 VB .NET 进行编码时，需要遵循一定的规则。编码规则一般包括代码书写规则和注释书写规则。

1. 标识符和关键字

标识符由字母、汉字或下划线开头，后跟字母、汉字、下划线（_）、数字，用于表示变量名、常量名、控件对象名称、文件名等的有效字符序列。

例如，“Student_Name”“X1”“单价 OF 商品”等均为合法的标识符，而 x.1、4a、a+b、c!d、if 等是非法标识符。

关键字又称为系统保留字，是具有固定含义和使用方法的字母组合。关键字用于表示系统的标准过程、方法、属性和各种运算符等，如 Private、Sub、If、Else、Select 等。

2. 编码和注释规则

程序代码一般由关键字、表达式、函数和语句 4 个部分组成。用户书写代码一般遵循以下规则：不区分字母的大小写；一行可书写若干条语句，语句之间用冒号“:”分隔；一条语句分若干行书写时，可以用空格加续行符“_”（下划线）连接。

注释是对代码的解释说明，并不会在应用程序中执行。注释用于增加程序的可读性，便于程序的编辑、调试和维护。注释内容的处理有如下规则：整行注释一般以语句 REM 或单引号“'”开头；用“'”开头引导的注释可以是整行的，也可以放在语句的后面；注释不能与续行符“_”同行。

9.2.2 基本数据类型

在 VB .NET 中，数据类型的设定既划分了不同的数据类别（如是整数还是小数、是日期还是字符等），也规定了各自允许的操作（如日期数据可以进行加减操作但不可以进行乘除操作）。VB .NET 的基本数据类型有字节型（Byte）、逻辑型（Boolean）、整型（Integer）、长整型（Long）、单精度型（Single）、双精度型（Double）、日期型（Date）、字符串型（String）、对象类型（Object）等。

表 9.1 列出了 VB .NET 基本数据类型的取值范围和所占内存的字节数。

表 9.1　VB .NET 基本数据类型

数据类型	取值范围	内存中所占字节数	数据举例
Byte	0～255 范围内的无符号整数	1	100
Char	单个双字节 Unicode 字符	2	"a"
Short	-32768～+32767 范围内的整数	2	215
Integer	-2147483648～+2147483647 范围内的整数	4	-350
Long	-9223372036854775808～9223372036854775807 范围内的整数	8	40000
Single	负数为-3.402823E38～-1.401298E-45，正数为 1.401298E-45～3.402823E38 范围内的小数；精度为 7 位	4	145.98
Double	负数为-1.79769313486232E308～-4.94065645841247E-324，正数为 4.94065645841247E-324～1.79769313486232E308 范围内的小数；精度为 15 位	8	1258.57924
Boolean	True 与 False	1	True

续表

数据类型	取值范围	内存中所占字节数	数据举例
String	0～20 亿个左右 Unicode 字符 变长：大约 231 个字符	由实际字符长度决定	"我的 abc"
Date	日期：01/01/0001～12/31/9999 时间：0:00:00～23:59:59	8	#10/12/2007#
Decimal	为 128 位非整型数值，一般用于表示金额 无小数部分：+/-79228162514264337593543950335 小数点右边 28 位时：+/-7.9228162514264337593543950335	16	
Object	是指向应用程序或某个应用程序中的对象实例的 32 位地址 Object 变量可存储任何数据类型	4	

表 9.1 中 Object 类型变量可存储任何数据类型，但该数据类型会比其他数据类型占用更多内存，处理该类型也要消耗更多的系统资源，除非真有必要（如事先不知道要存储哪种数据类型），否则一般不使用该类型。

在程序代码中出现的值的数据类型，通常由该值的形式来决定，编译器将整数值（如 10）作为 Integer 处理，将非整数值（如 2.56）作为 Double 处理。

9.2.3 变量和常量

在 VB .NET 中，变量和常量在程序中都代表数据。在程序执行过程中，变量代表的值可以改变，而常量值不能改变。

1. 常量

常量是指在程序运行期间其值不发生变化的量。常量分为直接常量、符号常量。

（1）直接常量。直接常量是指各种类型的常数值，常数值直接反映了它的数据类型，表 9.2 为各种数值型的直接常量。

表 9.2 各种数值型的直接常量

类型	书写格式	举例
Integer 常量	±n[%]	123，+123，-123，123%
Long 常量	±n&	513&，-513233232&，32768&
Single 常量	±n.n，±n.，±n!，±nE±m，±n.nE±m	513.，513.24，513.24！，0.51324E+3
Double 常量	±n.n，±n#，±nD±m，±n.nD±m，n.nE±m#	513.24567890123，513.24#，0.51324D+3，0.51324E+3#
Decimal 常量	数字后加@	513.24@，5123@

在常数值后紧跟类型符（%、&、!、#、@）可以显式地声明常数的数据类型。在表 9.2 中，有些常数后跟类型符进行显式说明。例如，Double 型常量在其后跟#；Decimal 型常量在其后加@等。可用于将常数值强制为某种类型，而不是由值的形式确定其类型。

字符串常量是用双引号括起来的字符序列。例如："abcdef""程序设计""book-2"等。

字符串 "I say:""how are you?""" 表示其值为：I say:"how are you?"，若字符串中包括"字符，则要连写两个"符号。

当字符串常量包含一个数字值时，可以赋值给数值型变量；包含一个日期值时，可以赋值给日期型变量。

注意：""和" "具有不同含义。""表示空串，即该字符串无内容，字符个数为 0；" "表示该字符串为空格字符串，字符个数为 1。

日期型常量的书写形式：

```
#mm/dd/yyyy [hh:mm:ss AM | PM]#
```

用一对#括起来。例如：#10/12/96#、#1996-12-11 12:30:12 PM#、#11:31:11 AM# 等。

逻辑型常量只有 True 和 False 两个值。

（2）符号常量。当程序中有多次被使用或很长的数据时，可以定义一个容易书写的符号来代替它，这就是符号常量。其定义格式如下：

```
Const <符号常量名> [As <数据类型>] = <表达式>
```

符号常量的命名遵循标识符的命名规则，其数据类型由表达式的数据类型确定。例如：

```
Const PI=3.1415926
```

在程序中就可以使用 PI 来代替 3.1415926。符号常量一旦在定义时固定了值，就不能再做修改。

2. 变量

VB .NET 使用变量来存储数据，它包含 3 个方面的概念：变量名、变量的数据类型、变量的值。变量名是指用来引用该变量的名称；变量的数据类型是指确定该变量可以存储的数据种类；变量的值是指在程序运行过程中，取值可以改变的数据量。变量在不同时刻可“存放”不同值，但一定是符合该变量类型的值。

（1）变量的命名规则。变量用标识符来命名，变量名遵循标识符的命名规则，以字母、下划线或汉字开头，由字母、数字或下划线组成。

变量名不区分大小写，如 xy 和 XY 是同一变量名。变量名不能使用 VB .NET 的关键字，如 Public、Sub 等。在一定范围内变量名必须是唯一的，如在同一个过程或同一个窗体内相同变量名代表的含义相同。

（2）变量的声明。变量的声明也称为变量的定义，用于为变量指定变量名称和类型，也可以赋初值。在程序中使用一个变量时，必须先声明再使用。可使用 Dim 语句对变量进行声明，其格式如下：

```
Dim <变量名> [As <数据类型> [ = <初始值>] ]
```

例如：

```
Dim Number1 As Integer, str As String = "abcd"     ' str 在声明的同时赋初值
Dim m, n As Integer                                 ' 相同类型的变量可共用一个 As
Dim m%, x!, s$                                      ' 可用类型符代替 As 指定其数据类型
```

如果没有给变量赋初值，默认的初值规定数值型为 0，字符类型为空，逻辑型为 False。数据类型若省略，则该变量被声明为 Object 型。例如：

```
Dim vntY
```

（3）变量的引用。变量的引用是指使用该变量所代表的值。例如：

```
Dim x As Integer, y As Integer
x = 5
```

```
y = x + 4
TextBox1.Text=y*y
```

变量可以在语句中引用，也可以在表达式中引用。

9.2.4 常用函数

函数是 VB .NET 的一种程序模块，可以完成特定的功能。函数有内部函数和自定义函数。VB .NET 提供的大量内部函数不必定义就可以供用户在编程时直接使用。这些内部函数包括数学函数、字符函数、类型转换函数、日期函数等。不同类型的内部函数划分在不同的名称空间的类中。

1. 名称空间的使用

要在项目中引入名称空间，可以使用 Imports 语句将要用的名称空间引入到当前模块，其语句格式如下：

```
Imports  <名称空间>
```

Imports 语句必须位于任何选项声明（如 Option 语句）之后和任何编程元素声明（如 Module 或 Class 语句）之前。例如：

```
Imports System.Math                    ' Imports 处于 Class 语句之前
Public Class Form1
    Private Sub Button1_Click(ByVal sender As System.Object,
        ByVal e As System.EventArgs) Handles Button1.Click
        Debug.Print(Sqrt(4))
    End Sub
End Class
```

也可以直接使用名称来限定函数名。例如：

```
x=System.Math.Sqrt(100)                ' System 是根名称空间，可省略，写为 Math.Sqrt(100)
```

2. 数学函数

System.Math 类包含大量用于数学计算的域和方法，如三角函数、对数函数和其他常用数学函数。表 9.3 列出了一些常用的数学函数。

表 9.3 常用数学函数

函数名称	函数功能及参数说明	参数类型	举例	结果
Abs(x)	返回 x 的绝对值	数值型	Abs(-3.2)	3.2
Sqrt(x)	返回 x 的平方根	Double	Sqrt(9)	3
Exp(x)	计算 e^x	Double	Exp(2)	7.38905609893065
Pow(x, n)	计算 x 的 n 次方	Double	Pow(2.1,3)	9.261
Log(x)	计算自然对数 lnx	Double	Log(8)	2.07944154167984
Sin(x)	返回正弦函数值	Double	Sin(0)	1
Rnd	返回[0,1)之间的单精度随机数	Single	Rnd	0.7055475
Round(x, n)	返回最靠近指定数值的整数	Double	Round(-12.8)	-13
			Round(5.47)	5

注意：三角函数的参数为弧度，如果输入的是角度值，则必须转换为弧度后再求函数值。例如，计算 30°的正弦值的表达式为 Sin(3.14159*30/180)；如果要在运行时得到不同的随机数序列，可用 Randomize()语句建立随机种子。

3. 字符函数

VB .NET 提供了大量用于字符处理的函数。常用的字符处理函数如表 9.4 所示。

表 9.4　常用字符处理函数

函数名称	函数功能及参数说明	举例	结果
Left(s, n)	从字符串 s 左边第 1 个字符开始截取 n 个字符	Left("程序设计",2)	"程序"
Right(s,n)	从字符串 s 倒数 1 个字符开始截取 n 个字符	Right("程序设计",2)	"设计"
Mid(s,m[,n])	从字符串 s 第 m 个字符开始截取 n 个字符	Mid("程序设计",3,1)	"设"
Len(s)	计算字符串 s 所含字符的个数	Len("程序 sheji")	7
Trim(s)	去掉字符串 s 左边和右边的空格	Trim("　12.5　")	"12.5"
LCase(s)	将字符串 s 的大写字母转换为小写字母	LCase("aBc")	"abc"
Space(n)	生成有 n 个空格的字符串	Space(3)	"　　"
IndexOf(s)	在字符串中查找第 1 个出现 s 的位置	c.IndexOf("EF")	4
Insert(n,s)	将 s 插入第 n 个字符开始位置	c.Insert(3, "ef")	"ABCefDEF1EF"
Replace(s1,s2)	获取从 s1 位置开始的 s2 个字符子串	c.Replace("EF","2")	"ABCD212"

说明：表 9.4 中，Left、Right 函数名与控件的 Left、Right 属性名冲突，使用时需用名称空间 Microsoft. VisualBasic 限定。最后 3 个函数用名称空间 System.Strings 限定，其中字符串 c 的值为" ABCDEF1EF"。

4. 日期和时间函数

DateAndTime 模块包含了处理日期和时间数据的函数，使用时可以直接调用不必使用名称空间限定。常用的日期和时间函数如表 9.5 所示。

表 9.5　常用日期和时间函数

函数名称	函数功能及参数说明	举例	结果
Now()	返回当前系统日期和时间	Now()	2017-6-6 17:12:53
Today()	返回或设置当前系统的日期	ToDay()	2017-6-6 17:12:53
Year(d)	返回日期变量 d 指定的年，值为 1～9999 的整数	Year(Now)	2017
Month(d)	返回日期变量 d 指定的月，值为 1～12 的整数	Month(Now)	6
Day(d)	返回日期变量 d 指定的日，值为 1～31 的整数	Day(Now)	6
Hour(d)	返回日期变量 d 指定的时，值为 0～23 的整数	Hour(Now)	17
Minute(d)	返回日期变量 d 指定的分，值为 0～59 的整数	Minute(Now)	12
Second(d)	返回日期变量 d 指定的秒，值为 0～59 的整数	Second(Now)	53

注意：表 9.5 中，Day 函数使用时需用名称空间 Microsoft. VisualBasic 限定。

5. 转换函数

常用类型转换函数如表 9.6 所示。使用这些函数可以进行不同数据类型之间的转换。

表 9.6 常用类型转换函数

函数名称	函数功能及参数说明	举例	结果
Chr(x)	返回 x 为 ASCII 码值对应的字符，x 为整型数	Chr(65)	"A"
Asc(s)	返回字符 s 对应的 ASCII 码值	Asc("A")	65
Str(x)	将数字转换为字符串	Str(12.3) & "a"	" 12.3a"
Format(x[, s])	根据指定格式 s 设置 x 的字符串。其中 x 是数值、日期、字符串等，s 为说明格式的字符串	Format(12.3) Format(31.5, "00.00")	12.3 31.50
ToString(s)	将其他类型数据转换为指定格式 s 的字符串	Dim s As Double s = 345545536 s.ToString("0.00")	"345545536.00"
Val(s)	把数字字符串转换为适当类型的数值	Val("2457") Val("aswd")	2457 0
Int(x)	当 x≥0，返回 x 的整数部分 当 x<0，返回小于或等于 x 的最大负数	Int(78.8) Int(-26.8)	78 -27

说明：更多的内部函数及功能说明参见附录 1。

9.2.5 运算符与表达式

VB .NET 具有丰富的运算符，用于进行各种复杂的运算。运算符与操作数组成表达式，从而实现程序中所需的大量操作。

VB .NET 中的运算符可分为算术运算符、字符串运算符、关系运算符和逻辑运算符 4 种类型。不同类型的运算符构成不同类型的表达式。

1. 算术运算符与算术表达式

算术运算符用来进行算术运算，包括括号()、幂运算^、取反-、乘*、除/、整除\、取余 Mod、加+、减-。用算术运算符将操作数连接起来的式子叫作算术表达式。例如：

```
3^2+5               ' 结果为 14
7.86\3.2            ' 结果为 2，操作数先四舍五入，结果取整，且不四舍五入
7 Mod 3             ' 结果为 1
8.7 Mod 3.5         ' 结果为 1.7，浮点数取余，余数也为浮点数
```

算术运算符运算的优先级除了乘、除同级，加、减同级外，按以上排列顺序依次递减。

注意：算术运算符两边的操作数应是数值型，若是数字字符或逻辑型，则自动转换成数值类型后再运算。如：30-True，结果为 31，逻辑 True 转为数值-1，False 转为 0。

2. 字符串运算符与字符串表达式

字符串运算符有+、&两个，其作用都是进行字符串的连接。“+”将两个字符串连接成新的字符串；“&”将其他类型数据转换成字符串再连接成新字符串。由字符串运算符连接起来的式子就是字符串表达式，其值为字符串数据类型。例如：

```
"数据库技术" + "与应用"        ' 数据库技术与应用
"计算 12+34=" & 12 + 34      ' 计算 12+34=46，若用+运算符连接，则系统会报错
```

注意：运算符&与两边的操作数之间必须有空格。

3. 关系运算符与关系表达式

关系运算符用来进行关系运算，如表 9.7 所示。操作数或表达式参与关系运算，形成关系表达式；若关系表达式成立，则结果为逻辑值 True，否则为 False。用关系运算符连接的式子就是关系表达式。关系运算符的优先级相同。

表 9.7　关系运算符与关系表达式

关系运算符	含义	关系表达式	结果
=	等于	2*5=10	True
>	大于	"abcde">"abd"	False
>=	大于等于	5*6>=24	True
<	小于	"abc"<"Abc"	False
<=	小于等于	5/2<=10	True
<>	不等于	"d"<>"D"	True
Like	字符串匹配	"good" Like "g*"	True

注意：进行比较运算时，若两个操作数为数值型，则按其大小比较。若两个操作数是字符串，则按字符的 ASCII 值从左向右逐个比较，若两个字符对应的 ACCII 值不相同，则 ASCII 值大的字符串大。若为汉字，则按 Unicode 编码。

4. 逻辑运算符与逻辑表达式

逻辑运算符（也称布尔运算符）用来对操作数进行逻辑运算，如表 9.8 所示，除 Not 是单目运算符外，其余都是双目运算符；操作数可以是关系表达式、逻辑常量或变量，结果为 True 或 False；运算优先级按照表 9.8 所列的排列顺序递减。用逻辑运算符连接起来的式子叫作逻辑表达式。

表 9.8　逻辑运算符及优先级

逻辑运算符	优先级	含义	说明
Not	1	取反	将两个逻辑值（True 或 False）互相转换
And	2	与	两个操作数都为真，结果才为真，否则为假
Or	3	或	两个操作数中只要有一个为真，结果就为真
Xor	3	异或	两个操作数不同时，结果为真，否则为假
Eqv	4	等价	两个操作数相同时，结果为真，否则为假
Imp	5	蕴含	当第一个表达式为真，且第二个表达式为假时，结果为假，否则为真

5. 各类运算符的优先级

当一个表达式中出现了多种不同类型的运算符时，不同类型的运算符的优先级排列为：

算术运算符>字符运算符>关系运算符>逻辑运算符

对于多种运算符并存的表达式，可增加圆括号，改变优先级或者使表达式的层次更清晰。

例如，若 length=1.60，sex="女"，则表达式

(length > 1.68 And sex="男") Or (Not sex="男" And length > 1.58)

的值为 True。

9.2.6 数组

一个基本类型变量可以存放一个数据。若要存放或处理同一类型的一批数据，需要使用数组。

1. 数组的定义

数组是一组具有相同类型的数据组成的有序集合，可用数组名代表这组数据。组成数组的每个数据都是该数组的元素，用“数组名(下标)”来表示。

数组必须先声明后使用。声明指定数组的名称、类型、维数和数据个数。声明时下标的个数表示数组的维数，可以是一维数组、二维数组和多维数组。这里只介绍一维数组和二维数组。

（1）一维数组。定义一维数组的语法格式如下：

Dim <数组名>(<下标上界>) [As <数据类型>]

其中，<下标上界>为常量或常量表达式。例如：

Dim a(10) As Integer

本例定义 a 是下标为 0～10 的一维整型数组。该数组有 11 个元素，可用 a(0)、a(1)、…、a(10)来表示，如图 9.6 所示，每个元素可存放一个整数。

a	a(0)	a(1)	a(2)	a(3)	a(4)	a(5)	a(6)	a(7)	a(8)	a(9)	a(10)

图 9.6 定义的一维数组 a

数组元素可以像普通变量一样使用，如 a(1)=100 或者 a(2)= a(1)+3。

（2）二维数组。声明二维数组的语法格式如下：

Dim <数组名>(<下标 1>, <下标 2>) [As <数据类型>]

二维数组声明时下标的形式与一维数组一样。例如：

Dim b(2, 3) As String

定义 b 为 3 行×4 列的二维整型数组，共有 12 个元素 b(0,0)～b(2,3)，每个元素可以存放一个整型数据。

2. 数组的引用

数组声明以后的操作一般针对数组的某个元素进行，这就是数组引用。数组中的每一个元素都可以作为单独的变量被引用。因此，数组元素的赋值、输出及运算的规则和方法都与简单变量相似。数组元素的引用形式为：

<数组名>(<下标 1> [, <下标 2>, …])

例如：

```
a(1)=70            ' 将数组元素 a(1)赋值为 70
a(3)=a(1)+5        ' 将数组元素 a(1)的值加 5 后赋给元素 a(3)
```

数组元素的下标可以是任意算术表达式，如果表达式的值不是整型，则自动取整。

3. 数组元素的初始化

创建数组时可以对数组所有元素的值进行初始化（即赋值），语句格式为：

```
Dim <数组名> ( )   AS  数据类型={常量 1, … , 常量 n}
Dim <数组名> ( , )   AS  数据类型={{第 1 行各常量}, … , {第 n 行各常量}}
```

例如：

```
Dim x( ) As Single = {1, 2, 3, 4, 5}                 ' 将 x 初始化为具有 5 个元素的一维实型数组
Dim y(,) As Integer = {{1, 2}, {2, 3}, {3, 4}} ' 将 y 初始化为 3×2 的二维整型数组
```

9.3　程序控制结构

程序具有 3 种基本控制结构：顺序、选择和循环结构。在一般情况下，程序按语句书写的先后顺序执行，这就是顺序结构；若程序根据不同的情况分别采用不同的处理方法，从而执行不同的语句块，这种结构为选择结构；如果按给定条件多次重复执行一组语句，则该结构称为循环结构。利用这三种结构的巧妙搭配可以解决各种复杂的实际问题。

VB .NET 中表达选择结构的语句有 If 语句、Select Case 语句；表达循环结构的语句有 For 语句、While 语句和 Do 语句。

9.3.1　顺序结构

顺序结构就是各语句按排列的先后次序自上而下、依次执行。这种程序一般由三部分组成：输入数据、处理数据、输出结果。

1. 变量赋值

赋值语句是任何程序设计语言中最基本的语句，赋值语句的作用是计算赋值号“=”右边表达式的值，再把值赋给左边的变量。给变量赋值和属性设定是 VB .NET 编程中常见的两个任务。赋值语句格式为：

```
    <变量名> = <表达式>
或  <变量名>  <复合赋值运算符>  <表达式>
```

参数说明：

- <表达式>：可以是算术表达式、关系表达式、逻辑表达式和字符串表达式。
- 赋值号（=）：赋值号左边只能是变量或控件属性名，不能是常量、常量符号、表达式。例如：

```
Dim i_num As Integer, str As String, birthDate As Date
i_num = 30
str = "VB .NET"
birthDate = #5/1/2022#
```

- <复合赋值运算符>：包括+=、-=、*=、/=、^=、&=等。作用是先计算赋值右边表达式的值，然后与左边的变量进行相应的运算，最后赋值给变量。例如：

```
Dim a%，b%
a*=b+4  等价于  a = a*(b+4)
```

只有当表达式是一种与变量兼容的数据类型时，该表达式的值才可以赋给变量。例如

```
Dim x As Integer, s As String
x = 5                    ' x 与 5 都是整型
s = "first"              ' s 与"first"都是字符型
```

当表达式为数值型并与变量类型不同时，表达式的值将强制转换成左边变量的类型。例如

```
Dim n%
n = 3.5               'n 为整型变量，转换时四舍五入取整为 4
n = "123"             'n 的值为整数 123，与 Val("123")效果相同
n = "1a23"            ' 引发运行时异常
```

任何非字符类型值赋给字符类型时，自动转换为字符类型。

2. 数据输入

程序运行时需要获取数据进行相应的处理，在 VB .NET 中，可以通过输入对话框（InputBox 函数）实现交互式数据输入。InputBox 函数的形式为：

```
InputBox(<提示>[, <标题>])
```

参数说明：

- <提示>：必选项。字符串表达式，在对话框中作为输入提示信息。
- <标题>：可选项。字符串表达式，在对话框的标题区显示。若省略，则显示项目名。

3. 数据输出

程序运行后总要将结果输出。可以通过消息对话框（MsgBox 函数）输出结果。

MsgBox 函数形式为：

```
MsgBox(<提示>, [<按钮>][, <标题>])
```

<提示>项和<标题>项与 InputBox 函数的相同。<按钮>为整型表达式，决定 MsgBox 对话框上的按钮数目、类型及图标类型。<按钮>项是可选项，若省略，则只有一个“确定”按钮。MsgBox 函数常用按钮值及意义如表 9.9 所示。

表 9.9 MsgBox 函数常用按钮值及意义

按钮值	描述	按钮值	描述
0	只显示“确定”按钮	16	关键信息图标 ⊗
1	显示“确定”“取消”按钮	32	询问信息图标 ?
2	显示“终止”“重试”“忽略”按钮	48	警告信息图标 ⚠
3	显示“是”“否”“取消”按钮	64	信息图标 i
4	显示“是”“否”按钮		
5	显示“重试”“取消”按钮		

注意：*表 9.9 中左右两组方式组合使用，可以使 MsgBox 函数界面不同。例如，<按钮>值设置为 5+48 或者 53 为相同效果，显示如图 9.7 所示图标和按钮。*

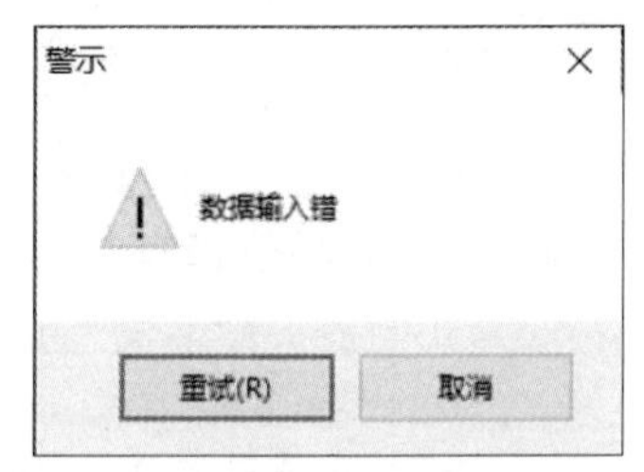

图 9.7 MsgBox 函数的界面

【例 9.2】某公司职工的实发工资由基本工资和业绩提成费组成。假设基本工资 2500 元，业绩提成为营收额的 5%。要求输入基本工资和当月营收额，显示实发工资。

利用 InputBox 函数输入基本工资和营收额，如图 9.8（a）所示，利用 MsgBox 函数显示实发工资。程序如下：

```
Private Sub Button1_Click(…) Handles Button1.Click      ' 省略了 Button1_Click 过程的参数
    Dim jbgz, sfgz, x As Integer, s As String
    jbgz = Val(InputBox("输入基本工资", "工资"))        ' 函数的显示效果如图 9.8（a）所示
    x = Val(InputBox("输入本月营收额"))
```

```
        sfgz = jbgz + x * 0.05
        s = "本月营收额：" & x & ", 基本工资：" & jbgz & "　本月实发工资：" & sfgz
        MsgBox(s, ,"工资计算")
    End Sub
```

运行情况如图 9.8（b）所示，其中 MsgBox 函数的<按钮>参数取默认值，消息框默认只显示一个“确定”按钮，无图标，MsgBox 参数中间的两个“,”不能省略。

（a）InputBox 函数显示界面

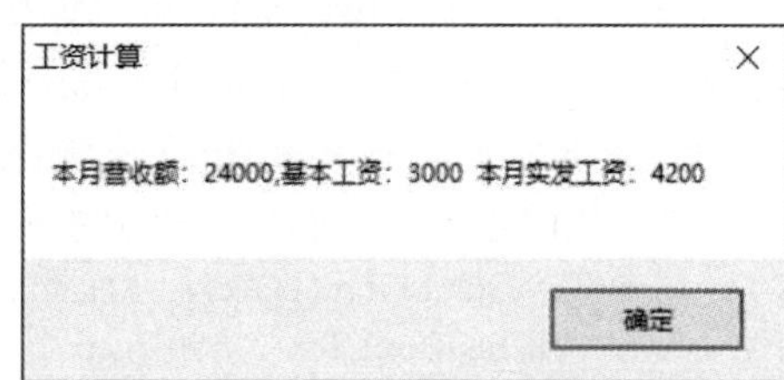

（b）运行结果显示界面

图 9.8　例 9.2 程序运行情况

9.3.2　选择结构

选择结构在 VB .NET 程序设计中是极为常用的，它根据条件表达式值的真（True）或假（False）来选择程序分支，通常采用 If 语句和 Select Case 语句来实现。

1．If 语句

If 语句的语法格式如下：

```
If  <条件表达式>  Then
    <语句段 1>
[Else
    <语句段 2>]
End If
```

或者

```
If  <条件表达式>  Then  <语句 1>  [Else  <语句 2>]
```

程序执行时，If 语句根据<条件表达式>的值来选择程序分支。如果<条件表达式>的值为 True，则执行紧跟在 Then 之后的<语句段 1>；如果<条件表达式>的值为 False，就执行紧跟在 Else 之后的<语句段 2>。其中，Else 分支是可选的，若无此分支，且<条件表达式>的值又为 False，则紧接着执行 End If 之后的语句。

【例 9.3】假设有 x、y、z 三个变量，x、y 均已有值，现要将 x、y 中较大的值赋给 z。

可以使用以下两种方法实现：

方法一：

```
z=x
If  y>x  Then
    z=y
End If
```

方法二：

```
If  y>x  Then
    z=y
Else
    z=x
End If
```

与其他的程序设计语言相同，VB .NET 中的条件语句也允许嵌套。嵌套是指在 If 语句中还有 If 语句，即上述 If 语句格式中的<语句段 1>或者<语句段 2>本身又是一个 If 语句。

【例 9.4】将输入的一个百分制成绩转换为等级制成绩输出。等级的划分为：不小于 90 为优，89～60 为合格，小于 60 为不及格。

操作步骤如下：

（1）界面设计。在窗体 Form1 上设置两个 Label 控件（也称为标签，其 Text 属性分别为“百分制成绩”和“等级制成绩”）、两个 TextBox 控件和一个 Button 控件（Text 属性为“转换”），窗体布局如图 9.9 所示。当用户在 TextBox1 中输入百分制成绩，单击“转换”按钮时，在 TextBox2 中输出等级制成绩。

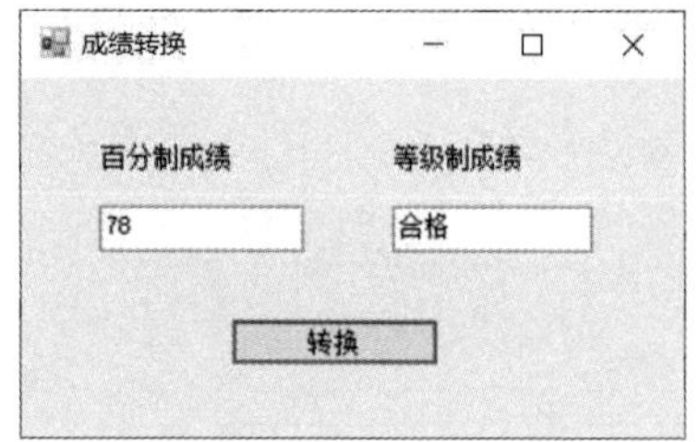

图 9.9　例 9.4 的界面布局

（2）代码设计。“转换”按钮的代码如下：

```
Private Sub Button1_Click(…) Handles Button1.Click
    If TextBox1.Text >= 90 Then
      TextBox2.Text = "优秀"
    Else
      If TextBox1.Text >= 60 Then
        TextBox2.Text = "合格"
      Else
        TextBox2.Text = "不合格"
      End If
    End If
End Sub
```

在 Button1_Click 事件过程中，Else 后面的语句段又是一个 If…Else…End If 结构，由此产生了 3 个分支，将不同成绩段的数据转换为对应等级并在 TextBox2 控件对象中显示出来。Label 控件的详细内容参见 9.4.1 节。

2. Select Case 语句

当 If 语句嵌套时，将产生两个以上分支，即形成了多分支结构。如果要构成更多个分支，还可以使用 Select Case 语句，它的结构更为清晰，其语句格式如下：

```
Select Case <变量或表达式>
   Case <表达式列表 1>
      <语句段 1>
   Case <表达式列表 2>
      <语句段 2>
      …
  [ Case Else
      <语句段 n+1> ]
End Select
```

参数说明：

- <变量或表达式>：是数值型表达式或字符串表达式。
- <表达式列表>：是与<变量或表达式>同数据类型的单个或多个值的列表。可以是 5、"A"、2，4，6，8、60 To 100、Is<60 等形式，其中 Is 代表<变量或表达式>。

Select Case 语句执行时，逐个比较 Select Case 关键字后的<变量或表达式>的值与 Case 子句的值，若与某个 Case 值完全匹配，则执行该 Case 子句后的语句段；若与多个 Case 子句的值相匹配，则只执行第一个与之匹配的语句段；若与所有 Case 子句的值均不匹配，则执行 Case Else 后的语句段。然后再执行 End Select 后的语句。

例如，将例 9.4 中的 If 嵌套结构改为 Select Case 语句实现。只需要修改 Button1_Click 事件中的代码：

```
Private Sub Button1_Click( … ) Handles Button1.Click                ' 省略了本过程的参数说明
    Select Case Val(TextBox1.Text)
        Case Is >= 90
            TextBox2.Text = "优秀"
        Case 60 To 89
            TextBox2.Text = "合格"
        Case Else
            TextBox2.Text = "不合格"
    End Select
End Sub
```

由此可以看出，对于多分支结构，Select Case 语句较 If 语句结构更为清晰，程序编写更为简练。读者可以根据具体情况选择适应实际情况的选择结构语句。

9.3.3　循环控制结构

循环也就是重复地执行某些语句。被重复执行的那些语句称为循环体。循环有多种形式：有的能确定循环的次数，有的不能确定循环的次数；有些是重复执行循环体，直到达到预定的目标才结束（称为“直到”型循环），而有的是当条件满足时反复执行循环体（称为“当”型循环）。在 VB .NET 中常用的有 For、While 和 Do 等循环控制语句。For 语句适合于循环次数确定的情况；While 语句和 Do 语句更适合于循环次数不确定的情况。另外，Do 语句有多种表达形式，既能表达“直到”型循环，也能表达“当”型循环。

1. For 语句

For 语句根据需要重复的次数来确定是否执行循环体语句块。For 语句的语法格式如下：

```
For <循环控制变量>=<初值> To <终值> [Step <步长>]
    <语句块>
Next <循环控制变量>
```

其中，<语句块>即为循环体，也就是循环结构中要重复执行的语句部分。

For 语句开始执行时，将<循环控制变量>赋予<初值>，若<步长>为正数，则判断<循环控制变量>是否小于等于<终值>，是则执行循环体；Next 使<循环控制变量>自动增加<步长>值，继续判断<循环控制变量>是否小于等于<终值>，……，如此往复，直到<循环控制变量>大于<终值>才结束循环。

若<步长>为负数，判断<循环控制变量>是否大于等于<终值>，是则循环，否则终止循环。

【例 9.5】计算 1+3+5+7+…+99。

本例是求 100 以内所有奇数之和，可以按照以下步骤设计程序：

（1）界面设计。在当前项目中创建窗体 Form1，在 Form1 中添加一个文本框和一个标签用于输出显示数据，如图 9.10 所示。

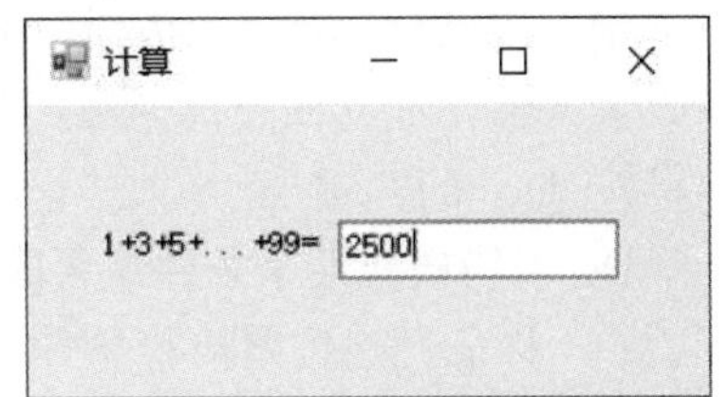

图 9.10　For 循环程序的运行界面

（2）代码设计。当用户单击窗体时，程序执行求和操作，需要在 Form1_Click 事件过程中添加以下代码：

```
Private Sub Form1_Click(…) Handles Me.Click
    Dim s As Integer, i As Integer
```

```
        For i = 1 To 99 Step 2
            s = s + i
        Next i
        TextBox1.Text = s
    End Sub
```

在本例中，i 是一个循环控制变量，它从初值 1 开始执行，到终值 99 为止结束循环。每执行一次循环体，循环控制变量 i 就自动加 2。变量 s 定义时初值为 0，循环结束时，s 存放了 1 到 99 的奇数和。程序执行时，用户单击窗体空白处，就会完成计算并在 TextBox1 控件中显示运算的结果。

一般来说，循环控制变量应该为整数，这样不仅能使程序清晰易读，而且能够让程序占用尽可能少的计算机处理时间。

2. While 语句

While 语句根据条件表达式的值来判断是否执行循环体语句块。While 语句的格式如下：

```
While   <条件>
    <语句块>
End While
```

While 语句先计算<条件>表达式的值，如果<条件>为真，则执行循环体<语句块>；然后执行 End While 返回 While<条件>判断；否则执行 End While 后面的语句，脱离循环。

【例 9.6】求 1+2+3+…+n>100 表达式中 n 的最小值。

由题目可知，累加和第一次大于 100 时的 n 值是满足该表达式条件的最小 n 值，计算次数是事先不确定的。为此，只能根据“和是否大于 100”这个条件来判断是否继续循环，采用 While 语句控制循环比较合适。操作步骤如下：

（1）界面设计。在当前项目中创建窗体 Form1，在其中添加一个文本框和一个标签，如图 9.11 所示。

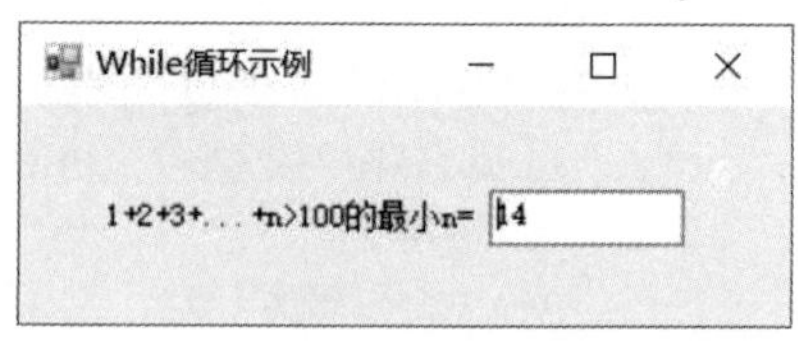

图 9.11 While 循环程序的运行界面

（2）代码设计。当用户单击窗体时，程序执行求累加和操作，需在 Form1_Click 事件中添加以下代码：

```
Private Sub Form1_Click(…) Handles Me.Click
    Dim s As Integer, n As Integer
    While s < 100
        n = n + 1
        s = s + n
    End While
    TextBox1.Text = n
End Sub
```

运行时，单击窗体空白处，TextBox1 控件对象中显示 14。

本例中，变量 s 为累加和；n 为循环控制变量，也是计算累加和的加数，End While 不能给 n 增加步长值，因此 n 必须在循环体中进行加 1 操作，否则不能使 s<100 的条件在某次循环后，因条件不成立而脱离循环；TextBox1.Text 为最后的 n 值，也是满足 s>=100 的最小 n 值。

3. Do 语句

Do 语句根据某个条件是否成立来决定能否执行相应的循环体语句块部分。Do 循环有两种形式：一种在初始位置检验条件是否成立，确定能否循环；另一种在执行一次循环体后的结束位置判断条件是否成立，再确定能否进入下一次循环。

形式 1：

```
Do { While | Until } <条件>
    <语句块>
Loop
```

其中，While | Until 关键字可以任选其一，组成 Do While...Loop 语句或者 Do Until...Loop 语句。针对同一个问题，使用 While 与使用 Until 的区别是两者后面的<条件>是相反的。

Do While...Loop 语句表达的是“当”型循环，其规则是：当<条件>成立（为 True）时，执行循环体<语句块>，直到条件不成立（为 False）时终止循环。

Do Until...Loop 语句表达的是“直到”型循环，其规则是：当<条件>不成立（为 False）时，执行循环体<语句块>，直到<条件>为 True 时终止循环。

形式 2：

```
Do
    <语句块>
Loop { While | Until } <条件>
```

和形式 1 不同的是，形式 2 要先执行一次循环体<语句块>，然后才判断<条件>是否成立以确定是否循环。

无论哪种形式，都不是用循环控制变量来控制循环体执行的次数，而是根据某种条件的改变来控制循环的继续与否。

【例 9.7】 用 Do 语句计算$1-\frac{1}{2}+\frac{1}{3}-\frac{1}{4}+\ldots$，直到精度小于 0.001 为止，输出表达式的值以及最后的精度值。

由题目可知，计算精度达到 0.001 为止，计算次数是事先不确定的，为此，只能根据“精度是否达到 0.001”这个条件来判断是否继续循环，采用 Do 语句控制循环比较合适。操作步骤如下：

（1）界面设计。在当前项目中创建窗体 Form1，在 Form1 中添加 2 个文本框和 3 个标签，按照图 9.12 所示设计窗体及控件属性。

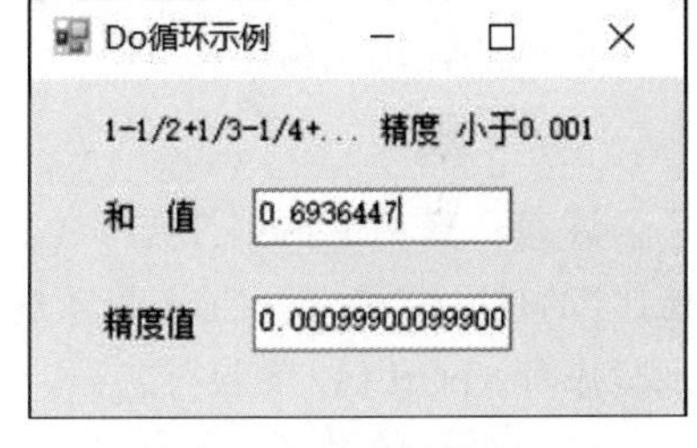

图 9.12　Do 循环程序的运行界面

（2）代码设计。当用户单击窗体时，程序执行求累加和操作，需要在 Form1_Click 事件中添加以下代码：

```
Private Sub Form1_Click(…) Handles Me.Click
    Dim s As Single, i As Integer, t As Integer
    s = 0 : i = 0 : t = 1
    '  以下 4 种循环可任取其一
    Do
      i = i + 1
      s = s + t / i
      t = -t
    Loop While 1/i>=0.001

    Do
      i = i + 1
      s = s + t/i
      t = -t
    Loop Until 1/i<0.001

    Do While 1/(i+1)>0.001
      i = i + 1
      s = s + t/i
      t = -t
    Loop

    Do Until 1/(i+1)<=0.001
      i = i + 1
      s = s + t/i
      t = -t
    Loop

    TextBox1.Text = s
    TextBox2.Text = 1/i
End Sub
```

运行时，单击窗体空白处，TextBox1 与 TextBox2 控件中分别显示 0.6936457 和 0.000999。

本例中，变量 s 为分数的和值，i 为循环控制变量，t 为每个加数的符号值（+或-）。t 值符号的变化，使语句 s=s+t/i 得以循环执行题目给定的加法运算，是程序能得出正确结果的关键。TextBox2 为最后一个 1/i 值，即精度，也是最后一次参与运算的数。循环由 1/i 或者 1/(i+1)的值>精度 0.001 的条件来控制。

请读者思考，若将循环体中的前两个语句调换位置，TextBox2 是否仍为最后一次参与运算的数？

虽然本例 Do 语句的 4 种循环形式不同，但计算的结果是一致的，其差别主要是条件表达式不同。

4. 循环嵌套

如果循环结构的循环体中又包含了循环结构，则这种结构称为循环嵌套。For 循环可以嵌套 For 循环，也可以嵌套 Do 和 While 循环，对于 Do 和 While 循环而言也是如此。

循环嵌套时，外层循环的循环体的一次执行引起内层循环体的多次循环执行。例如，下面的单击窗体事件过程中，外层循环控制变量 i 值为 1 时使得内层循环控制变量 j 的值从 1 变到 3，从而执行 3 次 Label1.Text = Label1.Text & i & j & " "语句；同样，i 值变为 2 时又使 j 从 1 到 3 变化一遍，又执行 3 次 Label1.Text = Label1.Text & i & j & " "语句。代码如下：

```
Private Sub Form1_Click(…) Handles Me.Click
  Dim i As Integer, j As Integer
  Label1.Text = ""
  For i = 1 To 2
    For j = 1 To 3
      Label1.Text = Label1.Text  &  i  &  j  & " "
    Next j
    Label1.Text = Label1.Text  &  vbCrLf        ' 为 Label1.Text 加上回车换行符
  Next i
End Sub
```

窗体的输出结果：

```
11   12   13
21   22   23
```

注意：语句 Label1.Text = Label1.Text & i & j & " " 使 Label1 的 Text 属性值分别连接 i 的值、j 的值、空格；vbCrLf 为系统常量，表示回车换行，程序中可以直接引用，当一行数据结束时添加 vbCrLf 以便换行。

嵌套循环的循环次数等于每一重循环次数的乘积，对于嵌套循环的每一个循环变量变化规律的理解，读者可以从钟表的时、分、秒三根针构成的三重循环的变化模拟，即当内循环秒针走满一圈时，分针加 1，秒针又从头开始走；当分针走满一圈时，时针加 1，分针、秒针从头开始走。依此类推，时针走满一圈为 12 小时，循环结束。此时整个循环执行的次数是 12×60×60。

【例 9.8】有一元、二元、五元的纸币共 10 张，共 25 元，三种纸币各多少张？

操作步骤如下：

（1）界面设计。创建窗体 Form1，在 Form1 中添加一个标签（名称为 Label1），并设置这个标签的 Text 属性值为空；添加一个按钮（名称为 Button1）。界面布局如图 9.13 所示。

（2）代码设计。设一元纸币为 a 枚，二元纸币为 b 枚，五元纸币为 c 枚，可列出方程：

$$a+b+c=10$$
$$a+2b+5c=25$$

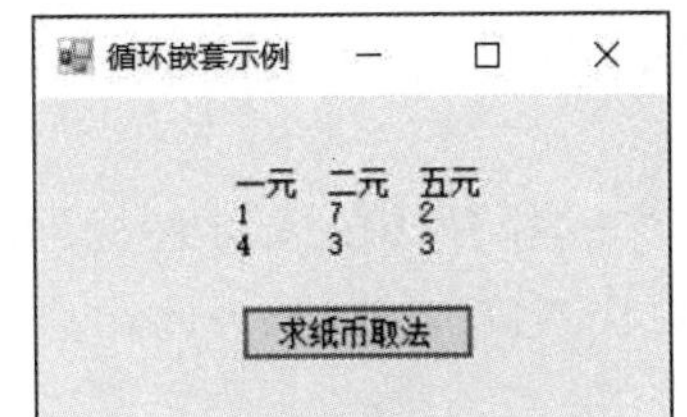

图 9.13　循环嵌套应用的运行界面

可以看出，这是一个求解三元一次方程的问题，但题目只给出了二个方程，没有唯一解，因此采用穷举法，通过双重循环测试每一组数据是否满足条件：外循环变量 a 从 0～10 变化，即一元纸币数可以为 0 到 10 枚，内循环变量 b 取值 0～10，即二元纸币数也可以为 0 到 10 枚；确定了 a、b 的值，则 c=10-b-a，五元纸币数也确定。再用 If 语句测试三者的金额总数是否为 25 元，满足条件即为一种组合方法，在 Label1 控件显示结果。代码如下：

```
Private Sub Button1_Click(…) Handles Button1.Click
    Dim a As Integer, b As Integer, c As Integer
    Label1.Text = "一元    二元    五元"    & vbCrLf
    For a = 0 To 10
      For b = 0 To 10
        c = 10 - b - a
        If a + 2 * b + 5 * c = 25 And c >= 0 Then
          Label1.Text = Label1.Text    & a    & "     "    & b & "     " & c & vbCrLf
        End If
      Next b
    Next a
End Sub
```

运行的结果如图 9.13 所示。控件对象 Label1 使用 vbCrLf 实现回车换行，使计算的结果按三行显示。

注意：本例如果使用三重循环是否可以实现？若能实现，请从循环次数的角度比较两种方法的特点。

9.4　控件

控件是 VB .NET 应用程序用户界面的主要组成部分，是放置在窗体上可以由用户操纵执行某些动作的对象，多用于以各种方式获取用户的输入信息和显示输出信息。VB .NET 提供了大量的控件，为设计程序提供了很大的方便。

控件类以图标的形式按功能分类放置在“工具箱”的不同选项卡中。其中“公共控件”选项卡放置程序常使用的控件类，如图 9.14 所示。用户在设计程序时，通过拖拽或是双击控件图标可以将控件实例加载到窗体中，之后可以调整控件的大小和位置并添加相关的代码。

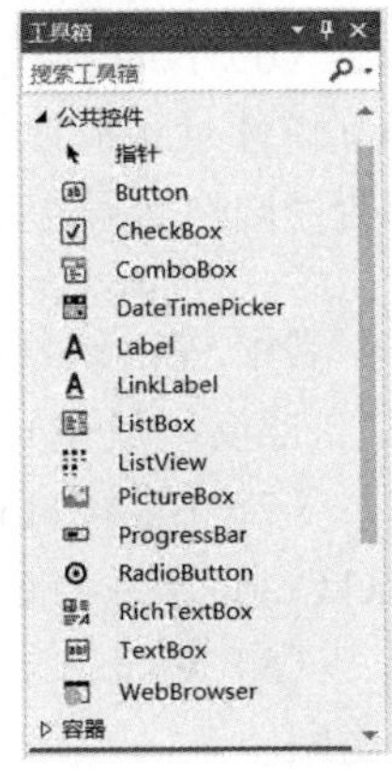

图 9.14　常用控件

可以通过单击“视图”→“工具箱”命令显示“工具箱”。下面将介绍部分控件。

9.4.1 Label 控件

Label（也称为标签）控件在“工具箱”中的显示图标为A Label，多用于显示（输出）文本信息，如显示程序结果，但不能作为输入信息的界面。

1. 属性

Label 控件属性很多，主要包括 Name、Text、TextAlign、Size、Location、Font、Visible、BackColor、ForeColor、AutoSize 等。

（1）Name 属性。用于标识标签的名称。除了采用默认的名称外，如 Label1、Label2 等，用户可将其改为其他任意名称。该属性不会显示在窗体上。

（2）Text 属性。用于存放标签在窗体上显示的文本内容，大部分控件都有此属性。设置标签的 Text 属性的方法有两种：一种方法是选择标签控件，在“属性窗口”中为 Text 属性添加字符，字符最长为 1024 个字节；另一种方法是在代码中通过下面的语句设置 Text 属性。

```
<标签名>.Text = "要显示的文本信息"
```

（3）TextAlign 属性。用于设置文本的对齐方式。TextAlign 属性共有 9 个属性值，分别是 TopLeft（左上）、TopCenter（中上）、TopRight（右上）、MiddleLeft（左中）、MiddleCenter（中间）、MiddleRight（右中）、BottomLeft（左下）、BottomCenter（中下）、BottomRight（右下）。

（4）Location 属性。用于获取或设置该控件的左上角相对于窗体等容器的左上角的坐标。Point(X, Y)中的 X、Y 分别表明控件的左上角相对于容器左上角的距离，如图 9.15 所示。

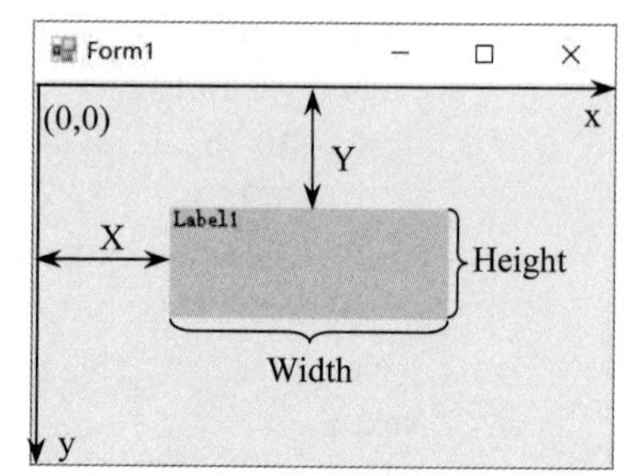

图 9.15 窗体中控件的位置与大小属性

例如，要设置 Label1 在窗体的坐标点为(150, 100)，可以使用以下语句：

```
Label1.Location=New Point(150, 100)          'New 表示创建一个 Point 结构的实例
```

其中 150 为 Label1.Location.X 值，100 为 Label1.Location.Y 值。

（5）Size 属性。获取或设置控件本身的宽度和高度（单位为像素 px），图 9.15 中 Label1 的 Size(Width, Height)分别表明控件的宽度和高度。例如设置 Label1 控件的宽度为 300px、高度为 100px 的语句如下：

```
Label1.Size = New Size(300, 100)
```

（6）Font 属性。获取或设置控件显示的文本的字体、大小、字形等系列属性。一般通过 Font 属性对话框设置，如图 9.16 所示。也可以在程序中使用语句设置，例如设置 Label1 的字体为幼圆、字号 28、加粗，可以使用以下代码：

```
Label1.Font = New Font("幼圆", 28, FontStyle.Bold)
```

其中 Font 函数第 1 个参数为字体名称，第 2 个参数为字号，第 3 个参数为字型：Bold（粗体）、Italic（斜体）、Underline（下划线）、Strikeout（删除线）（文字中间有一横线）。

（7）BackColor 属性。设置控件的背景颜色，若要设置 Label 控件的背景透明，选择 BackColor 属性为 Color.Transparent 值；ForeColor 属性设置控件显示文本的颜色。

（8）Visible 属性。设置控件是否可见，值为逻辑值，True 代表（默认）可见，False 代表隐藏。

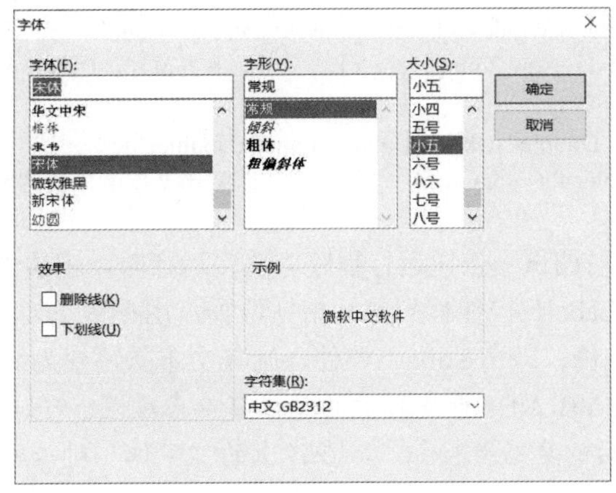

图 9.16　“字体”对话框

对于其他控件，Name、Size、Location、Font、Visible、BackColor、ForeColor 等系列属性也具有与 Label 控件相同的含义。

2. 事件

标签事件主要有 Click、DoubleClick、MouseDown、MouseUp 等事件。

（1）Click 事件。当鼠标单击标签时，触发 Click 事件。

（2）DoubleClick 事件。当鼠标双击一个对象时，触发该事件。

（3）MouseDown 和 MouseUp 事件。当在某对象上按下鼠标按键时，该对象的 MouseDown 事件发生，释放鼠标按键时 MouseUp 事件发生。MouseDown 事件过程语句如下：

```
Private Sub object_MouseDown(ByVal sender As Object,
    ByVal e As System.Windows.Forms.MouseEventArgs) Handles object.MouseDown
```

其中，参数 e 的主要属性包括：

- e.Button：表示用户按下或释放了哪个鼠标按键，其值如表 9.10 所示。
- e.X 和 e.Y：分别表示当前鼠标的位置。
- e.Clicks：获取鼠标按键被按下释放的次数，以此判断是单击还是双击。MouseUp 事件过程形式与 MouseDown 相同。

表 9.10　e.Button 的取值及意义

取值	含义
Left	鼠标左键按下或释放
Right	鼠标右键按下或释放
Middle	鼠标中键按下或释放
None	没有按下鼠标键

【例 9.9】在窗体 Form1 上添加标签 Label1。设置其 Text 属性值为“数据库技术与应用”，Font 属性为幼圆、二号字，其他属性为默认。在代码窗体中添加以下代码：

```
Private Sub Label1_Click(… ) Handles Label1.Click        ' 省略了事件过程的参数
    Label1.ForeColor = Color.Red                         ' 单击文本颜色变为红色
End Sub
Private Sub Form1_MouseDown(ByVal sender As Object,
```

```
        ByVal e As System.Windows.Forms.MouseEventArgs) Handles Me.MouseDown
        Label1.Location = New Point(e.X, e.Y)        ' 单击窗体，Label1 移动到鼠标所在位置
    End Sub
    Private Sub Label1_DoubleClick(...) Handles Label1.DoubleClick
        Label1.ForeColor = Color.Green               ' 双击文本颜色变为绿色
    End Sub
```

按 F5 键或单击“启动调试”按钮运行程序。程序运行时，窗体上将显示文字“数据库技术与应用”。单击窗体，Label1 控件移到鼠标指针位置，由参数 e.X、e.Y 指定；单击 Label1 控件，其文本颜色变为红色；双击 Label1 控件，则其文本颜色变为绿色。

注意：控件属性通过 VB .NET 开发环境的属性窗口来设置。例如，设置 Label 控件的 Font 属性，可单击 Font 属性后的省略号按钮…，在弹出的“字体”对话框中设置。

9.4.2 TextBox 控件

TextBox 控件（文本框）在“工具箱”中的图标显示为 abl TextBox。在程序运行时，用户可以在该控件区域内输入、编辑、修改和显示文本内容，完成用户与程序的人机交互。

1. 属性

TextBox 控件的属性与 Label 控件相似（参见 9.4.1 节），此外还包括 TextLength、MultiLine、ScrollBars、SelectedText、SelectionStart、SelectionLength、PasswordChar 等属性。

（1）Text 属性。既可以用于显示文本内容，也可以进行文本编辑。

（2）TextLength 属性。用于获取文本框中文本的长度。

（3）MultiLine 属性。用于设置文本框是否可以输入或显示多行文本，逻辑值，True 允许多行文本，False（默认值）忽略回车符并将数据限制在一行内。

（4）ScrollBars 属性。设置文本框是否有滚动条，共有 4 种属性值（整型）：0-None（默认值）表示无滚动条；1-Horizontal 表示有水平滚动条；2-Vetical 表示有垂直滚动条；3-Both 表示有垂直和水平滚动条。该属性与 MultiLine 属性共同作用，只有当 MultiLine 属性为 True 时，该属性才有效。

（5）SelectedText、SelectionStart、SelectionLength 属性。在程序运行过程中，可利用这些属性方便地对文本信息进行剪切、复制、粘贴等操作。SelectedText 返回或设置用户在文本框中选中的字符串。SelectionStart 返回或设置程序执行时用户在文本框中所选择的文本的起始点。如果所选文本从第一个字符开始，则 SelectionStart 为 0。SelectionLength 属性返回或设置用户在文本框中选中的字符的长度。

（6）PasswordChar 属性。控制文本框是否显示输入的字符。若将此属性设置为某字符，在程序执行时，文本框中不显示实际的文本，而显示设置的字符。例如，此属性若为“*”，则用户输入任何字符，都显示为“*”，但其 Text 属性值不变。此属性的设置常见于输入密码的文本框。

2. 方法

TextBox 控件方法较常用的是 Focus 方法。Focus 方法的作用是使插入点定位到文本框以便接收输入信息。该方法还用于 CheckBox、Button、ListBox、ComboBox 等控件。

3. 事件

文本框除了与 Label 相同的事件（参见 9.4.1）外，较常用的事件还有 TextChanged、

GotFocus、KeyPress 等事件。

（1）TextChanged 事件。当文本框的内容（即 Text 属性）发生改变时触发此事件，而且每次改变都会触发该事件。

（2）KeyPress 事件。每当用户在文本框中输入一个字符时，都触发该事件。此事件会将用户所输入的字符返回给 e.KeyChar 参数。若要判断文本输入是否结束，可以使用回车符来进行判断和控制，即 Asc(e.KeyChar)的值为 13，表示文本输入结束。

【例 9.10】 创建一个“登录”窗体，通过单击“进入”按钮进行用户名与密码验证。若都正确，则显示提示信息“密码正确，成功登录”；单击“确定”按钮后随即出现“计算成绩”窗体；如果用户名与密码不正确，则显示提示信息“用户名或密码错误，重新输入”。计算成绩时，用户输入了相应的语文、英语、计算机成绩后，自动计算总分。

操作步骤如下：

（1）界面设计。新建一个项目，在窗体 Form1 上添加两个标签、两个文本框和一个按钮，其布局及“登录”窗体运行界面如图 9.17 所示。

（a）

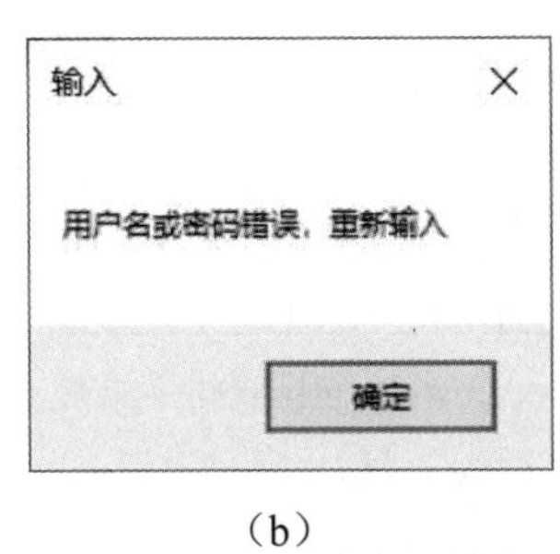

（b）

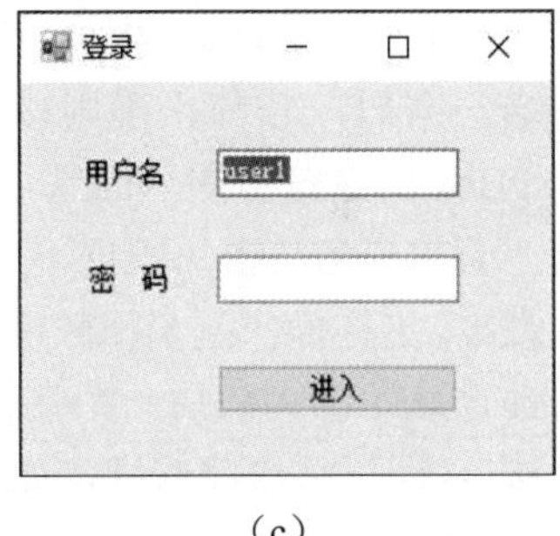

（c）

图 9.17　“登录”窗体运行界面

（2）属性设计。将 Form1 窗体及控件属性按表 9.11 所示进行设置。

表 9.11　Form1 窗体及控件的属性设置

控件名称	属性名称	属性值	控件名称	属性名称	属性值
Form	Name	Form1	TextBox	Name	TextBox 2
	Text	登录		PasswordChar	*
Label	Name	Label1	Button	Name	Button 1
	Text	用户名		Text	进入
Label	Name	Label2	TextBox	Name	TextBox 1
	Text	密码			

（3）新建窗体。选择“项目”→“添加 Windows 窗体”命令，在弹出的“添加新项”对话框中，单击“添加”按钮，创建窗体 Form2。在 Form2 上添加 4 个标签控件 Label1～Label4 和 4 个文本框控件 TextBox1～TextBox4，将控件按照图 9.18 所示进行布局。

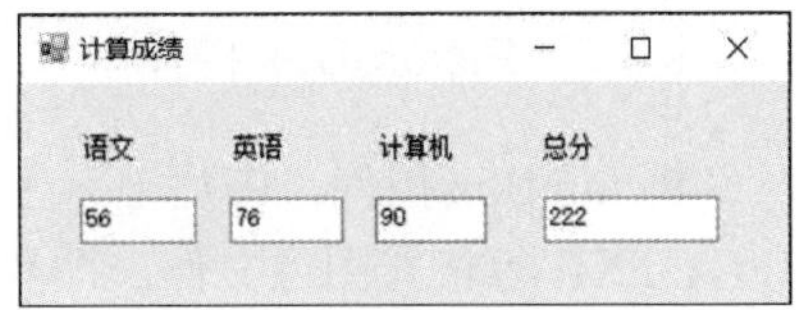

图 9.18　“计算成绩”窗体

（4）代码设计。

1）验证用户名与密码。在窗体 Form1“进入”按钮的 Button1_Click 事件过程中添加以下代码：

```
Private Sub Button1_Click(…) Handles Button1.Click
  If TextBox1.Text = "user1" And TextBox2.Text = "1234" Then
    MsgBox("密码正确，成功登录", , "输入")
    Me.Finalize()                          ' 关闭 Form1 窗体
    Form2.Show()                           ' 调用 Form2 窗体
  Else
    MsgBox("用户名或密码错误，重新输入", , "输入")
    TextBox1.SelectionStart = 0
    TextBox1.SelectionLength = TextBox1.TextLength
    TextBox1.Focus()                       ' 为 TextBox1 设置焦点
    TextBox2.Text = ""
  End If
End Sub
```

从 Button1_Click 事件过程代码可知，正确的用户名是 user1，密码是 1234。If 语句判断用户名与密码，若都正确则以消息框的形式显示成功信息，否则显示不成功信息。本例使用 MsgBox 函数输出提示信息。

若用户名与密码验证不成功，用户需要先删除 Form1 中文本框的内容，然后才能重新输入数据，这样操作起来比较麻烦。为此，将 TextBox1 的文本设置为从第 0 个字符（SelectionStart 属性设置为 0）到最后一个字符（SelectionLength 属性）都被选择，并使 TextBox1 获得焦点（Focus 方法），即可解决此问题，如图 9.17（c）所示。

若验证成功，则加载并显示窗体 Form2，卸载窗体 Form1。显示窗体使用 Show 方法；卸载窗体使用 Finalize 方法，语句为 Me.Finalize()，Me 代表窗体本身，任何要操作自身的窗体都可用 Me 代替，Finalize 方法用于释放资源。

2）计算成绩。当用户在窗体 Form2 中输入 3 个成绩时，应计算 3 个成绩之和。由于 Form2 中无命令按钮，因此需利用 TextBox3 控件的 TextBox3_TextChanged 事件来实现此功能，即当 TextBox3 的值改变时，计算三个文本框内的数据之和。

```
Private Sub TextBox3_TextChanged(…) Handles TextBox3.TextChanged
  TextBox4.Text = Val(TextBox1.Text) + Val(TextBox2.Text) + Val(TextBox3.Text)
End Sub
```

在 TextBox3_TextChanged 事件代码中，函数 Val(s)的功能是将数字字符串（即文本框输入的成绩）转换为适当类型的数值，详细说明参见 9.2.4 节中的转换函数。

（5）运行窗体。在窗体 Form1 的 TextBox2 中输入密码时，TextBox2 的 PasswordChar 属性为*，使得用户输入密码时只显示*。用户名和密码正确时，通过 Form2.Show()语句调用 Form2 窗体。

9.4.3 PictureBox 控件

PictureBox 控件（图片框）主要用于显示图像文件，可以显示静态图像，如 BMP、GIF、JPG、PNG 等格式图像文件。图片框在工具箱中的控件图标为 PictureBox。

PictureBox 控件除了具有 Label 控件的常用属性外，还包含 Image、SizeMode 等属性。

（1）Image 属性。用于设置要显示在控件上的图片。该属性的设置有两种方法：一是在属性窗口中设置；二是在程序运行时使用 Image 类的 FromFile 方法载入图形，其格式为：

```
<PictureBox 控件名>. Image=Image. FromFile ("<图片文件名>")
```

例如：

```
PictureBox1.Image = Image.FromFile("E:\timg.jpg")
```

语句执行时，将在 E:\中查找文件 timg.jpg，并显示在 PictureBox1 中。

（2）SizeMode 属性。用于控制图片和控件彼此匹配的方式。该属性有以下 5 个属性值：

- Normal：（默认值）指定图片左上角与图片框的左上角重合显示，超出图片框的部分将被截去。
- StretchImage：指定拉伸图片以适应图片框的大小。
- AutoSize：指定图片框将根据图片尺寸自动调整自身尺寸。
- CenterImage：指定图片在图片框中居中显示。
- Zoom：指定根据图片框的尺寸按比例缩放图片并显示。

注意：当希望图片随图片框大小而变化时，可将 SizeMode 属性设置为 StrechImage，利用改变 PictureBox 控件的大小而实现缩放图片的目的。

9.4.4 MenuStrip 控件

MenuStrip 控件用于创建菜单。菜单是一个重要的人机交互界面。使用菜单可以将应用程序的多个功能模块有机地融为一体，构成一个操作方便的、完整的应用系统。VB .NET 的菜单有两种类型：下拉式菜单和弹出式菜单。通常，下拉式菜单栏出现在窗体标题栏的下面，通过 MenuStrip 控件添加菜单。本节仅介绍下拉式菜单的设计方法。

1. 下拉式菜单

下拉式菜单包括主菜单（即菜单栏）和其下拉子菜单，如图 9.19 所示。主菜单项称为菜单标题，单击它可以下拉出一个子菜单。子菜单中的菜单项有的可以直接执行，称为菜单命令；有的可以再下拉出一级菜单，称为子菜单标题，这些菜单项由后面的“▸”符号标识；有的可以打开一个对话框，通常由菜单项后的“…”符号标识。图 9.19 中有“文件”“编辑”“工具”“帮助”菜单标题，单击“文件”菜单标题出现文件的下拉子菜单，从中选择有关的菜单项可以实现相应的操作。

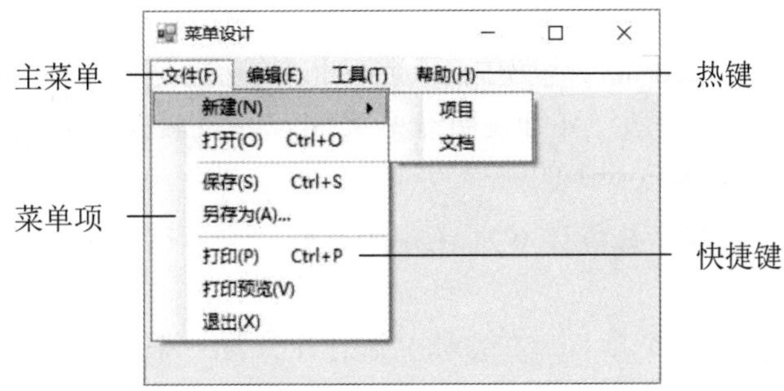

图 9.19 菜单的基本结构

2. 创建菜单

在 VB .NET 中，使用 MenuStrip 控件创建下拉式菜单。MenuStrip 控件是表示窗体菜单结构的容器，可以通过添加访问键、快捷键、选中标记、图像和分隔条来增加菜单的可读性和便捷性。创建菜单包括以下步骤：

（1）添加菜单控件。新建一个窗体，单击“工具箱”中的“菜单和工具栏”选项卡下的 MenuStrip 控件图标 MenuStrip，在窗体上添加一个 MenuStrip 控件。添加的 MenuStrip 控件会出现在窗体下方的组件盘中，如图 9.20 所示。

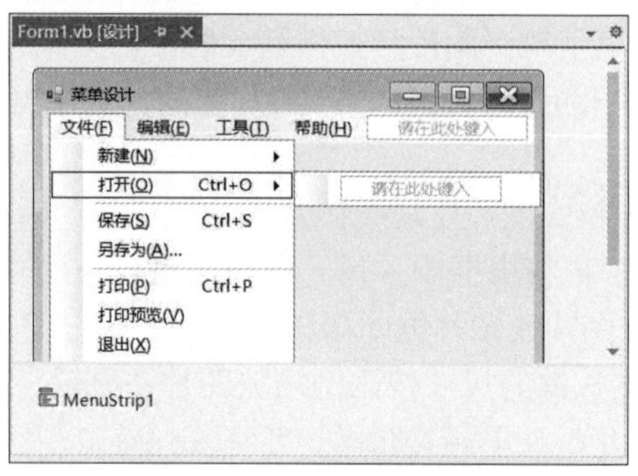

图 9.20 创建菜单控件

（2）设计菜单。在窗体中添加 MenuStrip 后，会在窗体的标题栏下显示一个菜单栏，可以直接在此菜单栏的“请在此键入”文本框中编辑各主菜单项标题及相应的子菜单项标题。如果需要热键，则在热键字符前加“&”；如果菜单项是分隔线，则输入“-”（减号）。单击窗体的任意一处，退出菜单设计状态。

（3）设置菜单项属性。通过修改菜单的属性为菜单添加特殊内容，如热键、选中标记、快捷键等，以增强菜单功能。

3. 属性

菜单项除了 Name、Visible、Enabled 属性之外，还有 Text、ShortcutKeys、Checked 等主要属性，各属性项的含义如下：

（1）Text 属性。用于标识菜单的标题。

（2）ShortcutKeys 属性。用于设置菜单的快捷键，如 Ctrl+O、Ctrl+S 等。

（3）Checked 属性。为逻辑值。若设置为 True，则菜单项左边显示一个标记“√”，表示选中该项；否则没有标记“√”，表示没有选定。

4. 事件

MenuStrip 控件只是创建菜单和命令的可视部分，还需要编写事件过程来处理用户对菜单的选择并调用菜单命令执行任务。每个菜单项都有一个 Click 事件与之对应，其响应形式与其他控件相同。

【例 9.11】在当前窗体中建立图 9.21 所示的菜单。

操作步骤如下：

（1）界面设计。新建一个项目，在窗体 Form1 上添加一个标签对象，名称为 Label1；双击工具箱的 MenuStrip 控件图标，在窗体 Form1 的顶部出现一个空白菜单，窗体底部的组件盘中出现菜单控件对象 MenuStrip1；输入第一个菜单标题“字体(&F)”后，选中该菜单，在属性面板中将此菜单项的 Name 属性修改为 mnu_Font。

在字体的下一行输入菜单项“宋体”，将此菜单项的 Name 属性修改为 mnu_Fontst，设置其 ShortcutKeys 属性为 Ctrl+S，如图 9.22 所示。

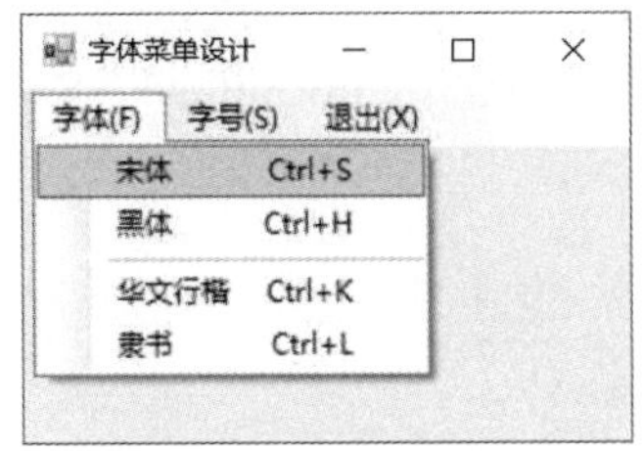

图 9.21　菜单设计

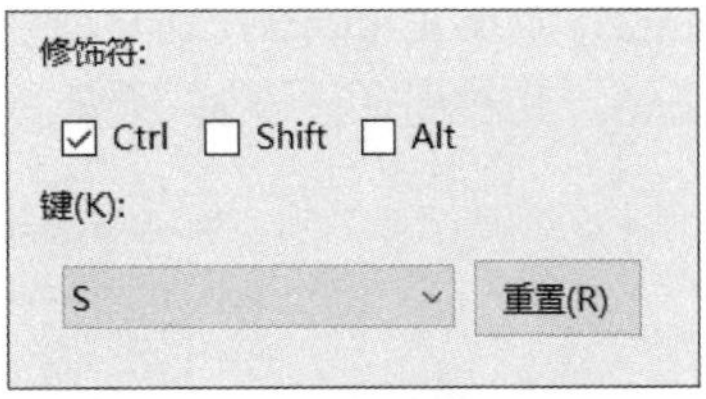

修饰符:
☑ Ctrl ☐ Shift ☐ Alt
键(K):
S
重置(R)

图 9.22　设置菜单项快捷键

用同样的方法创建菜单项“黑体”“华文行楷”“隶书”，并设置其 Name 属性分别为 mnu_Fontht、mnu_Fontxk、mnu_Fontls，菜单项的 ShortcutKeys 属性分别为 Ctrl+H、Ctrl+K、Ctrl+L。

（2）代码设计。要实现单击“字体”→“隶书”命令，将 Label1 控件的标题文字字体设置为隶书的功能。可以在 mnu_Fontls_Click 事件中输入以下代码：

```
Private Sub mnu_Fontls_Click (...) Handles mnu_Fontht.Click
  Label1.Font = New Font("隶书", 18)
End Sub
```

以同样的方式输入“黑体”菜单项的 Click 事件代码。运行时，单击“隶书”命令，将 Label1 控件的标题文字字体设置为隶书；单击“黑体”命令，将 Label1 控件的标题文字字体设置为黑体。

其他主菜单事件过程请读者自行设计完成。

9.4.5　RadioButton 控件与 CheckBox 控件

RadioButton 控件（单选按钮）和 CheckBox 控件（复选框）都是为用户提供选择操作的基本控件，在“工具箱”中的图标分别为◉ RadioButton和☑ CheckBox。一般将同一容器（如 GroupBox 控件。如果没有容器，则一个窗体中的所有单选按钮或复选框都属同一组）中的若干个单选按钮或复选框作为一组。一组单选按钮中有且只有一个被选中，被选中的单选按钮形式为◉，常用于多选一的情况；一组复选框中可以被选中 0 个或多个，被选中的复选框形式为☑，用于多项选择。

1．属性

单选按钮和复选框有着与其他控件相同的属性，其中 Checked 属性用于指示控件是否处于被选中状态。属性值为 True 表示被选中；False 表示未被选中。对于同一组单选按钮，当其中一个的 Value 值变成 True 时，其他的 Value 值自动变成 False。

2．事件

单选按钮和复选框都具有 Click 事件和 CheckedChanged 事件。Click 事件单击时会自动改变状态（被选中或未被选中）。CheckedChanged 事件当选项改变时被触发。

【例 9.12】设计一个窗体，要求根据所选择的字体与颜色来对文本“数据库技术与应用”进行相应的设置。

操作步骤如下：

（1）界面设计。在窗体 Form1 上，添加标签 Label1 控件，使 Label1 的 Text 属性为“数据库技术与应用”，Font 属性为“黑体，18pt”；添加两个 GroupBox 控件，将其 Text 属性分别设置为“字体”和“颜色”。在“字体”GroupBox 控件中添加单选按钮 RadioButton1、RadioButton2、RadioButton3；在“颜色”GroupBox 控件中添加 RadioButton4、RadioButton5、RadioButton6，其布局如图 9.23 所示。

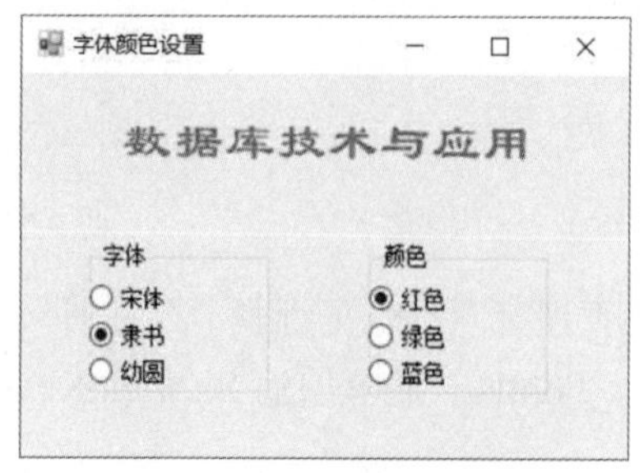

图 9.23　单选按钮示例界面

（2）代码设计。在窗体 Form1 的代码窗体中添加以下代码，使得用户单击单选按钮时，实现相应的操作：

```
Private Sub RadioButton1_Click(…) Handles RadioButton1.Click
  Label1.Font = New Font("宋体", Label1.Font.Size)            ' Label1.Font.Size 用于获取字体大小
End Sub
Private Sub RadioButton2_Click(…) Handles RadioButton2.Click
  Label1.Font = New Font("隶书", Label1.Font.Size)
End Sub
Private Sub RadioButton3_Click(…) Handles RadioButton3.Click
  Label1.Font = New Font("幼圆", Label1.Font.Size)
End Sub
Private Sub RadioButton4_CheckedChanged(…) Handles RadioButton4.CheckedChanged
  Label1.ForeColor = Color.Red                               ' Color.Red 为系统颜色常量，表示红色
End Sub
Private Sub RadioButton5_CheckedChanged(…) Handles RadioButton5.CheckedChanged
  Label1.ForeColor = Color.Green
End Sub
Private Sub RadioButton6_CheckedChanged(…) Handles RadioButton6.CheckedChanged
  Label1.ForeColor = Color.Blue
End Sub
```

本例中使用了 GroupBox 控件将单选按钮分成两组，两组按钮操作时相互独立。分别使用了 Click 事件和 CheckedChanged 事件，运行效果相同。Color.Red、Color.Green、Color.Blue 为系统常量，表示颜色，程序中可以直接引用。

注意：为了将控件分组，要先绘制 GroupBox 控件，再选择该控件，然后添加单选按钮。这样单选按钮才能装入 GroupBox 这个容器中，使得框架和它里面的控件可以同时移动。

【例 9.13】设计一个“兴趣爱好调查”窗体，要求用户可以选择多个爱好，在单击“我喜欢”按钮时，可以将用户所选择的爱好显示出来。

操作步骤如下：

（1）界面设计。在窗体 Form1 上添加一个 GroupBox 控件和一个 Button 控件，将其 Text 属性分别设置为“兴趣爱好”和“我喜欢”。在 GroupBox 控件中添加 4 个复选框控件，分别命

名为 CheckBox1、CheckBox2、CheckBox3、CheckBox4，它们在窗体中的布局如图 9.24 所示。

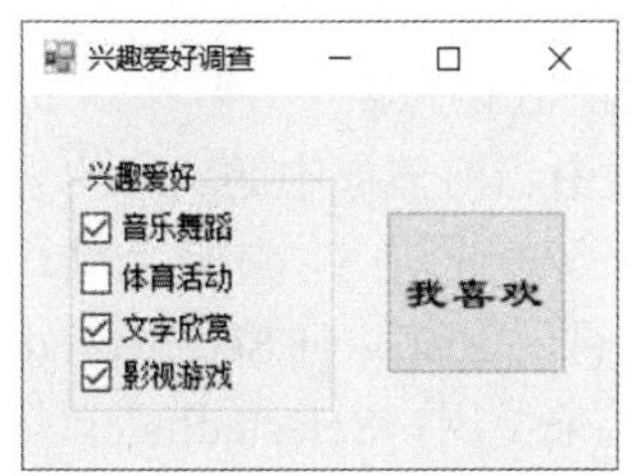

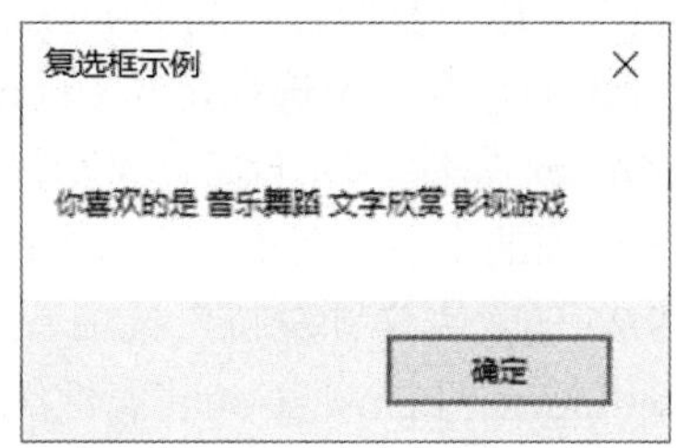

图 9.24　复选框示例运行界面

（2）代码设计。在 Button1_Click 事件中添加以下代码：

```
Private Sub Button1_Click(…) Handles Button1.Click
    Dim str1 As String
    If CheckBox1.Checked Then str1 = CheckBox1.Text & " "
    If CheckBox2.Checked Then str1 = str1 & CheckBox2.Text & " "
    If CheckBox3.Checked Then str1 = str1 & CheckBox3.Text & " "
    If CheckBox4.Checked Then str1 = str1 & CheckBox4.Text
    MsgBox("你喜欢的是 " & str1, vbOKOnly, "复选框示例")
End Sub
```

在 Button1_Click 事件中，通过 If 语句判断 CheckBox 控件的属性 Checked 是否为 True，即是否被选中，若选中，则将其 Text 属性值连接到 str1 字符串变量的末尾，通过 MsgBox 函数将信息显示出来。

9.4.6　ListBox 控件与 ComboBox 控件

单选按钮和复选框可以实现少量选项的选择，若要从更多项目中选择数据，VB .NET 提供了列表框（ListBox）控件和组合框（ComboBox）控件以实现此操作。它们在“工具箱”中的控件图标分别为 ListBox 和 ComboBox。

列表框为用户提供了从一组固定选项列表中进行一项或多项选择的功能。如果有较多选项不能在控件区域全部显示时，系统会自动加上滚动条。

组合框由一个选择列表和一个文本编辑域组成，兼具文本框控件与列表框控件两者的特性，用户既可以用类似文本框输入的形式在组合框中直接输入文本，也可以从列表框中选择项目。

1．属性

列表框与组合框除了有着与前面介绍的控件相同的属性外，还具有 Items、Count、SelectedIndex、SelectedItem 等属性。

（1）Items 属性。用于设置控件显示的选项。它是一个集合，列表中的每一项都是 Items 属性的一个选项。设计时，单击 Items 栏的集合按钮 ，在弹出的“字符串集合编辑器”对话框中编辑列表项，如图 9.25 所示。

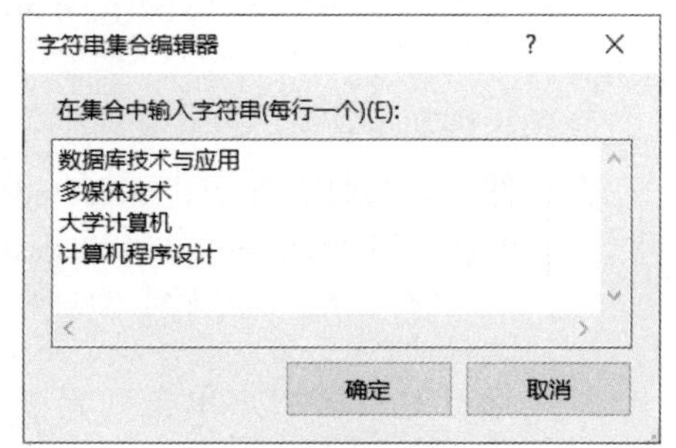

图 9.25　Items 属性设置

运行时，通过指定 Items 属性的索引号可以实现对其中每一个项目的单独操作，例如：

```
ListBox1.Items(2) = "C 程序设计"
```

索引号从 0 开始，上述语句是把 ListBox1 中的第 3 条项目的文本设置为“C 程序设计”。

（2）Count 属性。用于获取控件的 Items 属性项目的个数，整数值。它只能在程序代码中引用。图 9.25 的列表框包含 4 个选项，其 Count 属性值就为 4。

（3）SelectedIndex 属性。用于获取或设置控件中当前被选中的项目的索引号，只能在代码中使用。第一个选项的索引号是 0，第二个选项的索引号是 1，依此类推。例如，在程序运行时用户选中图 9.25 的“大学计算机”选项，则此时的 ListBox1.SelectedIndex 值为 2。

通常，SelectedIndex、Items、Count 属性结合起来使用，SelectedIndex 属性的最大取值为 Count-1，ListBox1.Items(ListBox1.SelectedIndex)为控件 ListBox1 的当前选项值。

（4）Text 属性。用来返回控件当前选中的项目文本内容。该属性不能在属性窗口设置，只能在代码中引用。例如，ListBox1.Text 的值与 ListBox1.Items(ListBox1.SelectedIndex)的值相同。

（5）SelectedItem 属性。用于返回或设置选中的列表项的文本。例如，ListBox1 控件的 ListBox1.Text 值与 ListBox1.SelectedItem 值相同。

2. 方法

为了给列表框和组合框添加或删除其列表中的项目，需要使用 Items.Add 或 Items.Remove 方法；若要在程序运行时清除控件的所有列表项，则要使用 Clear 方法。

（1）Add 方法。Items.Add 方法用于将项目添加到 ListBox 或 ComboBox 控件的列表中，即 Items 属性中。语句格式如下：

```
<对象名>. Items.Add( <新项目> )
```

其中，<对象名>为列表框或组合框对象名称，<新项目>是要添加到列表中的字符串表达式。例如，在图 9.25 的列表框中增加选项“网络技术”，可以使用以下语句：

```
ListBox1.Items.Add("网络技术")
```

（2）Remove 方法。Remove 方法可以删除列表框或组合框列表中指定的项目。语句格式如下：

```
<对象名>. Items.Remove (<项目字符串>)
```

其中，<项目字符串>指定从被删除的项目在列表中的位置，第一项为 0。

（3）Clear 方法。Clear 方法清除列表框或组合框列表中的所有项目。语句格式如下：

```
<对象名>.Clear()
```

3. 事件

列表框和组合框控件都可以响应 Click 与 SelectedIndexChanged 等事件。单击列表项目或者对列表改变选择的内容时，将触发这些事件。

【例 9.14】设计如图 9.26（a）所示的窗体，图中列表框的名称为 ListBox1，列表框下方有 2 个标签，名称分别为 Label1、Label2。Label1 的 Text 值为“我选修了”，Label1 的 Text 值为空。

操作步骤如下：

在控件 ListBox1 的 List1_ SelectedIndexChanged 事件中添加以下代码：

```
Private Sub ListBox1_SelectedIndexChanged(…) Handles ListBox1.SelectedIndexChanged
    Label2.Text = ListBox1.Text
End Sub
```

程序运行时，若用户单击列表框中的某选项，则将该选项的值显示在 Label2 中，如图 9.26（b）所示。

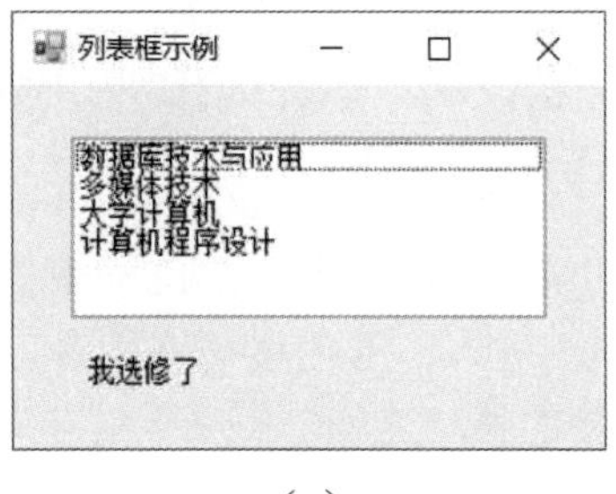

（a）

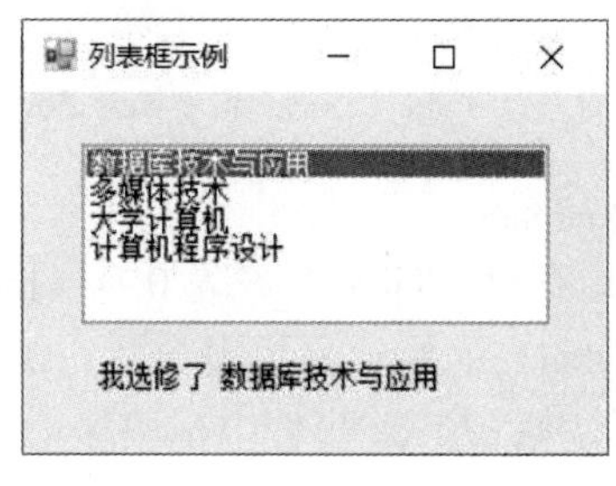

（b）

图 9.26　设计与运行界面

9.4.7　Timer 控件

Timer（定时器）控件通常用来产生一定的时间间隔。在每个时间间隔中都会触发 Tick 事件。定时器控件在工具箱中的图标为 Timer ，当在窗体上添加定时器时，定时器对象放置在组件盘中。

1．属性

定时器控件的常用属性有 Interval 和 Enabled。

（1）Interval 属性。用于设置 Tick 事件之间的间隔，以毫秒为单位，默认值为 100。如果把 Interval 属性设置为 1000，则表示每秒触发一个 Tick 事件。

（2）Enabled 属性。用于确定定时器是否能够对用户产生的事件作出反应，相当于启动或关闭定时器的开关，逻辑值。若其为 False，则表示无效，定时器停止计时，且不会触发 Tick 事件。

2．事件

定时器只有一个事件，即 Tick 事件。当定时器的 Enabled 属性值为 True，且时间间隔 Interval 属性值所确定的时间间隔过后，就会触发 Tick 事件。

【例 9.15】 设计滚动字幕应用程序，窗体布局如图 9.27 所示。程序运行时，窗体上的标签文字从左向右移动。

图 9.27　设计定时器

操作步骤如下：

（1）界面设计。在窗体 Form1 中设置一个标签 Label1，其 Text 属性为“数据库技术与应用”；添加一个定时器 Timer1，其 Interval 属性设为 100（即 0.1 秒）。

（2）代码设计。在 Timer1.Tick 事件中添加以下代码：

```
Private Sub Timer1_Tick(sender As Object, e As EventArgs) Handles Timer1.Tick
    Dim Lx, Ly As Integer
    Lx = Label1.Location.X
    Ly = Label1.Location.Y
    If Lx < Me.Size.Width Then
        Label1.Location = New Point(Lx + 10, Ly)          ' 每隔 0.1s 标签右移 10px
```

```
        Else
            Label1.Location = New Point(-Label1.Size.Width, Ly) ' 若标签移出窗体范围，重设起始位置
        End If
    End Sub
```

程序运行时，Timer1 每隔 0.1s（Interval 值）触发一次 Tick 事件，使 Label1 持续向右移动。当 Label1 的左边界超出窗体右侧时又将从窗体左侧进入，继续移动。读者可通过改变 Interval 属性值和 Tick 事件中标签移动的距离来改变标签的移动速度。

9.5 过程

在前面的程序设计中，已经使用了一些内部函数和事件过程，如 MsgBox 函数、Timer1_Tick 事件过程等。这些为实现某个相对独立功能所编写的一段程序称为过程，整个应用程序的代码部分是由许多过程组合而成的。在 VB .NET 中，过程被分为事件过程和通用过程。事件过程是指当某个事件（如鼠标单击按钮）发生时，响应该事件的程序段；通用过程是一个特定任务的代码块。通用过程又分为子过程（Sub 过程）和函数过程（Function 过程）。本节主要介绍子过程与函数过程。

9.5.1 子过程

子过程也称为 Sub 过程，简称为过程，是一段代码块，能完成一系列操作并实现一定的功能，可以被其他过程多次调用。

1. 过程的创建

创建过程也就是定义过程，其语法格式如下：

```
[Public | Private] [Static] Sub <过程名>( [<参数列表>] )
    <语句块>
End Sub
```

参数说明：

- Public|Private：可选项。Public 表示该过程为全局过程，在程序的任何地方都可以调用它，为默认关键字；Private 表示该过程为局部过程，只能在它自己所在的窗体或模块中被调用。
- Static：可选关键字。Static 表示过程中定义的变量在整个程序运行期间被保留。
- Sub 过程不能嵌套定义，但可以嵌套调用。
- <过程名>：指定过程的名称，其命名规则与变量命名规则相同。
- <参数列表>：其中的参数可以是变量名或数组名，它们被称为形式参数，简称形参。过程可以有多个参数，各参数之间用逗号分隔；也可以没有参数，此时一对小括号不可省略。参数格式为：

  [ByVal | ByRef] <变量名>　[As 数据类型]

  其中，ByVal 表明参数是按值传递的，ByRef 表明参数是按地址传递的。
- End Sub：表示过程结束。如果在过程中用 Exit Sub 语句则提前结束过程。

过程可以定义在窗体的代码窗口里，也可定义在“模块”里。在当前项目中添加模块的步骤是：选择“项目”→“添加模块”命令，在“添加新项”对话框中单击“添加”按钮，即在项目中添加了一个名为 Module1.vb 的模块。

2. Sub 过程的调用

调用 Sub 过程就是使用已定义的过程来完成其功能。调用 Sub 过程的语法格式如下：

```
[Call]  <子过程名> [(<参数列表>)]
```

过程调用时参数可以是变量、常量或表达式，此时的参数称为实际参数，简称实参。

例如，已定义了名为 MyProc 的过程，带有两个参数，可以使用以下语句调用：

```
Call MyProc (a, b)
MyProc (x, y)
```

其中，a、b、x、y 都是实参。

每次调用过程都会执行 Sub 和 End Sub 之间的<语句块>。若子过程带有参数，则调用时将实参传递给<语句块>中的形参，这个过程称为参数传递。调用过程完成后，会继续执行调用程序流程。

注意：Sub 过程定义时的形参与调用时的实参在个数、类型和顺序上都要一致。

3. 参数的传递

形参在过程定义时没有具体的值，只有在过程调用时其值才来自对应的实参。参数传递的方式有按值传递和按地址传递两种形式。

（1）按值传递。形参定义中使用 ByVal 关键字，形参和实参有各自不同的存储单元，将实参的值赋给形参后两者不再有任何关系，所以形参值的改变不会影响实参。

（2）按地址传递。形参定义中使用 ByRef 关键字，形参得到的是实参的地址，两者共享同一存储单元；所以当形参的值发生改变时，实参的值也相应发生改变。

【例 9.16】计算 5! + 10!。

操作步骤如下：

（1）界面设计。在窗体 Form1 中添加 Lable1 控件，其 Text 属性值为“5!+10!=”；再添加 TextBox1 控件，窗体布局如图 9.28 所示。

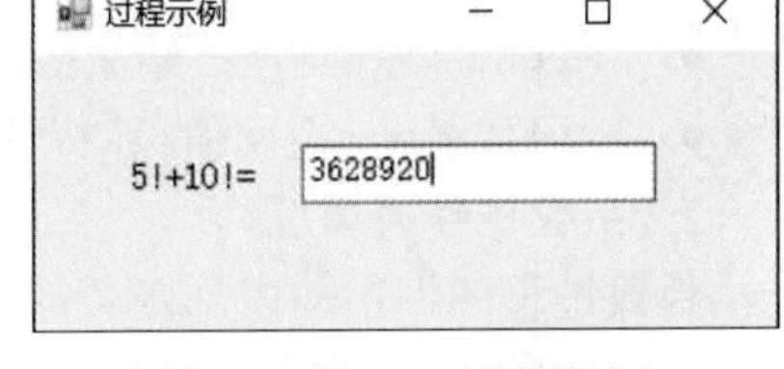

图 9.28　例 9.16 的窗体布局

（2）代码设置。本例需要分别计算 5!和 10!的值，也就是求 n!（n!＝1×2×3×…×n）的值，因此可以将计算 n!独立编写成过程：

```
' 求n!的过程名为Jc, 带有两个参数
Private Sub Jc(ByVal n As Integer, ByRef t As Long)        'n 和 t 是形参
  t = 1
  For i = 1 To n
    t = t * i
  Next i
End Sub
```

在窗体 Form1 的 Click 事件中调用子过程 Jc。代码如下：

```
Private Sub Form1_Click(…) Handles Me.Click
  Dim s, y As Long
  Call Jc(5, y)
  s = y
  Jc(10, y)
  s = s + y
  TextBox1.Text = s
End Sub
```

程序运行结果：

5!+10!＝3628920

本例中，Jc 是计算 n!的子过程，它将 n!的值由形参 t 传递给调用过程 Form1_Click 事件中的实参 y。调用过程两次调用 Jc，实参 y 每次都接受来自 Jc 的阶乘值。由于 t 定义时使用 ByRef 关键字，所以它是将 y 的地址传递给 Jc，即在 Jc 过程调用时改变了 t 的值，也就改变了 Form1_Click 事件中 y 的值。

9.5.2 函数过程

函数是一种特殊的过程，函数过程又称为 Function 过程。Function 过程与 Sub 过程一样，也是一个独立的过程，只是 Function 过程可以返回一个值，即函数值，而 Sub 过程主要是为了完成某些操作，没有返回值的概念。VB .NET 有许多内部函数（如 Sin、Sqrt、Chr 等，以及前面内容涉及的一些函数）和用户定义函数过程（简称函数），这里介绍用户定义函数。

1. 函数的定义

函数使用 Function 关键字定义，其语法格式如下：

```
[Public | Private] [Static] Function <函数名>( [<参数列表>] )   [AS <数据类型>]
    <语句块>
    <函数名>＝<返回值> | Return <返回值>
End Function
```

参数说明：

- [Public | Private] [Static]和<参数列表>的含义与 Sub 过程相同。
- <数据类型>：指示函数名返回的类型，即函数值的类型。
- Return <返回值>：结束函数的执行，并将<返回值>返回到调用过程中。
- <函数名>=<返回值>：提供函数的返回值。与 Return 任选其一。

2. 函数过程的调用

函数过程的调用与内部函数的调用方法一样，也是在表达式中写上函数名，格式如下：

```
<函数名> ( [<参数列表>] )
```

函数的返回值通过函数名带回到主调过程。一般来讲，函数调用多是作为表达式的一部分，函数返回值赋给某个变量、输出或者参与运算。例如，假设 Fac 是函数名，它有一个整型参数，以下调用都是合法的：

```
X= Fac(3)                              ' 先计算函数值，再赋给变量 X
TextBox1.Text=Fac(5)
Y= System.Math.Sqrt (2 * Fac (6) - 1)   ' Sqrt 是求平方根的函数，为 System.Math 类的方法
```

另外，也可以将函数当作过程使用，采用过程的调用方法，例如：

```
Call Fac(3)
Fac(5)
```

采用这种方法调用函数时放弃了函数的返回值，用于不需要返回值的情况。

【例 9.19】定义函数过程 Checkit，其功能是判断输入的字符是不是英文字母，并在其他过程中调用它。

英文字母在 ASCII 表中顺序排列，其值也是按由小到大的顺序从 A 变化到 Z，因此只要输入的字符大于等于 A，且小于等于 Z，即大写英文字母。小写英文字母按同样的方式判断。

在窗体 Form1 的代码窗口中添加以下代码：

```
Function Checkit(ByVal inp As String) As Boolean
    If "A" <= inp And inp <= "Z" Or inp >= "a" And inp <= "z" Then
        Checkit = True
    Else
        Checkit = False
    End If
End Function
Private Sub Form1_Click(…) Handles Me.Click
    Dim s As String
    s = InputBox("请输入一个字符", "输入框")
    If Checkit(s) Then
        MsgBox(s & "是英文字母!",  , "英文字母")
    Else
        MsgBox(s & "不是英文字母!",  , "英文字母")
    End If
End Sub
```

本例中，函数 Checkit 的形参为字符串变量，函数类型为逻辑型。函数体的 If 语句判断输入的字符是否为英文字母，是英文字母则函数名被赋值为 True，否则赋值为 False。主调过程通过 InputBox 函数接收一个从键盘输入的字符存放到变量 s 中，再由 Checkit 函数进行判断，函数值为 True 时是英文字母。MsgBox 函数输出判断的结果。

9.5.3 变量的作用域和生存期

变量的作用域是指变量的有效范围。根据作用域，变量可分为局部变量（过程级）、模块级变量（模块级）和全局变量（全局级）。变量的生存期是指在程序执行的动态过程中，变量在那个阶段是存在的。

1. *局部变量*

局部变量在过程体内部定义，又称为过程级变量，其作用域是从定义起到所在语句块或过程结束为止的局部范围，其他地方不能使用。

局部变量根据生存期分为动态局部变量和静态局部变量，两者的区别如下：

（1）动态局部变量用 Dim 定义，静态局部变量用 Static 定义。

（2）动态局部变量的生存期是程序执行到定义该变量的 Dim 语句时，在内存中建立起该变量，此时该变量“诞生”了；程序继续执行到该变量所在的过程结束时，该变量“死亡”，其代表的值也不复存在。如果该变量所在过程再次执行，并再次执行到定义该变量的 Dim 语句时，则一个新的变量“诞生”，与上次已“死亡”的同名的变量毫无关系。

（3）静态局部变量的生存期是程序第一次执行到定义该变量的 Static 语句时，在内存中建立起该变量，此时该变量“诞生”了；程序继续执行，甚至超出该变量所在的过程，该变量一直存在，其代表的值也存在，只是不能使用；如果程序再次执行到定义该变量的 Static 语句（如多次调用某过程），这时该变量还是保留原来的值。

【例 9.20】静态局部变量示例。

```
Private Sub Subtest()
    Static t As Integer
    t = 2 * t + 1
    Debug.Print(t)                    ' 在输出窗口输出结果值
```

```
End Sub
Private Sub Button1_Click(…) Handles Button1.Click
  Call Subtest()
End Sub
```

运行时，t 为静态局部变量，Subtest 过程执行后该变量也不会消失，其值始终保留。多次单击 Button1 按钮，在即时窗口的显示结果为：

```
1
3
7
…
```

将 Static 改为 Dim 后，多次单击“命令”按钮，结果全为 1。

2. 模块级变量

在 VB .NET 中，窗体类（Form）、类（Class）、标准模块（Module）都称为模块。

模块级变量是指在模块内、任何过程外用 Dim 或 Private 关键字定义的变量。例如：

```
Public Class Form1
    Dim a As Integer
    Sub F1()
        a = a + 5
        Debug.Print(a)
    End Sub
    ……
End Class
```

代码中变量 a 定义在类声明类中、F1 函数之外，为模块级变量。每次调用 F1，都会使 a 变量的值在前次调用的基础上加 5。其作用域是当前模块，不属于该模块的任何过程，可以被本模块内的所有过程访问，但不能在其他模块中被使用。

3. 全局变量

全局变量是在模块级用 Public 关键字定义的变量，它在整个项目的所有过程中均可使用，且在应用程序运行过程中一直存在。全局变量可以实现多模块、多过程之间的数据传递。例如：

```
Module Module1
    Public b As Integer                 ' 模块中定义的全局变量 b
End Module
Public Class Form1
    Sub F1()
        b = b + 5                       ' 在 Form1 的 F1 过程中引用全局变量 b
    End Sub
    Private Sub Button1_Click(…) Handles Button1.Click
        F1()                            ' 在 Button1_Click 事件过程中引用 b
        Debug.Print(b)
    End Sub
End Class
```

代码中的变量 b 为全局变量，可以被项目中的任意过程所引用。程序运行时，二次单击 Button1 的结果为：

```
5
10
```

由此可见，全局变量在一个项目的不同窗体之间传递数据。

4. 同名不同级的变量引用规则

若在不同级区域声明相同的变量名，系统将按局部、模块、全局的优先次序访问，例如：

```
' 在 Form1 中输入以下代码
Public x As Integer                          ' x 为全局变量
Private Sub Button2_Click(…) Handles Button2.Click
  Dim x As Integer                           ' x 为局部变量
  x = 10                                     ' 访问局部变量 x
  Me.x = 20                                  ' 访问全局变量 x 时必须加窗体名，Me 代表当前窗体
  Debug.Print(Me.x & "    " & x)
End Sub
```

程序运行时，在输出窗口显示为：

```
20   10
```

注意：在窗体内用 Public 关键字定义的变量，在当前窗体中可直接引用。若在其他窗体访问，则要以窗体名称限定。例如，在 Form2 中引用以上 Form1 中全局变量 x，引用形式为：

```
Dim y As Integer        ' Form2 中的局部变量 y
y = Form1.x + 5         ' 引用 Form1 中声明的全局变量 x
```

5. 过程、函数的作用域

模块级过程是在模块代码中用 Private 关键字定义的，其作用域只限本模块，只能被本模块中的过程调用。

全局级过程是在模块代码中用 Public 关键字定义的过程，能被应用程序中的任意过程调用。

在窗体代码中定义的全局过程，其他模块中调用时要加窗体名作为限定词，如 Call Form1.sub1(实参表)。

一、选择题

1．以下（　　）是合法的变量名。

A．4p　　B．姓名　　C．"年龄"　　D．If

2．InputBox 函数的返回值类型是（　　）。

A．变体型　　B．整型　　C．实型　　D．字符型

3．在 VB .NET 中，下面逻辑表达式正确的是（　　）。

A．x>y AND y>z　　B．x>y>z　　C．x>y AND >z　　D．x>y & y>z

4．在窗体上添加一个名称为 Button1 的按钮，然后编写以下程序：

```
Private Sub Button1_Click(…) Handles Button1.Click
    Static X As Integer
    Dim Y As Integer
    Y = Y + 5
    X = 5 + X
    Debug.Print(X & Space(2) & Y)
End Sub
```

程序运行时，单击 3 次按钮 Button1 后，即时窗口中显示的结果为（　　）。

A．15　15　　B．15　5　　C．5　15　　D．5　5

5．表达式 3^2*2+3 MOD 10\4 的值是（　　）。

A．18　　B．1　　C．19　　D．0

6．在窗体上添加一个按钮，名称为 Button1；再添加一个文本框，名称为 TextBox1。单击按钮调整文本框中文字的颜色，则可满足的语句是（　　）。

A．TextBox1.ForeColor = vbRed　　B．TextBox1.BackColor = Green

C．TextBox1.ForeColor = Color.Red　　D．TextBox1.BackColor = Color.Green

7．以下（　　）不是图片框 PictureBox 的属性。

A．BackColor　　B．Enabled　　C．Visible　　D．Text

8．以下关于变量作用域的叙述中，正确的是（　　）。

A．窗体中凡被声明为 Private 的变量只能在某个指定的过程中使用

B．全局变量是在模块级用 Public 关键字声明的变量

C．模块级变量只能用 Private 关键字声明

D．Static 类型变量的作用域是它所在模块

9．程序运行后，在窗体上单击，此时窗体不会接收到的事件是（　　）。

A．MouseDown　　B．MouseUp　　C．Load　　D．Click

10．有如下循环结构：

```
Do
  循环体
Loop While 条件
```

则以下叙述中错误的是（　　）。

A．若条件是一个为 False 的常数，则一次也不执行循环体

B．条件可以是关系表达式、逻辑表达式或常数

C．循环体中可以使用 For 语句

D．如果条件总是为 True，则会不停地执行循环体

二、思考题

1．VB .NET 对象的 3 个要素是指什么？它们的作用是什么？

2．什么是变量的作用域？作用域有哪些类型？什么是变量的生存期？生存期有哪些类型？

3．在同一模块、不同过程中声明的相同变量名，两者是否表示同一变量？有没有联系？

4．VB .NET 中将数字字符串转换成数值用什么函数？从字符串中取几个字符用什么函数？大小写字 母间的转换用什么函数？

5．程序具有哪几种基本控制结构？这些控件结构分别使用什么语句控制？

第 10 章　数据访问方法

- 了解：VB .NET 的数据库管理功能；数据库应用程序的开发过程。
- 理解：VB .NET 访问数据库的接口技术；数据绑定技术。
- 掌握：VB .NET 与 SQL Server 数据库的连接方法；ADO .NET 对象模型访问 SQL Server 数据库的方法和技术；数据库的查询和更新操作。

10.1　VB .NET 数据访问技术

数据访问是指数据库应用程序连接到数据源访问数据的一种行为。数据源表示可以从数据库中获得并用于应用程序的数据。应用程序往往需要处理大量数据，但又不具备对数据库进行操作的功能。VB .NET 对数据库的处理可以通过.NET FrameWork SDK 中面向数据库编程的类库和微软的 MDAC（Microsoft Data Access Components）数据库访问组件来实现的。ADO .NET 是.NET FrameWork SDK 的重要组成部分，是.NET 中创建分布式数据共享程序的开发接口。本章主要介绍利用 ADO .NET 对象模型访问 SQL Server 数据库的基本方法和技术。

10.1.1　.NET 平台上数据库应用程序的系统结构

.NET 数据库应用系统从系统结构上可以分为三层，如图 10.1 所示。

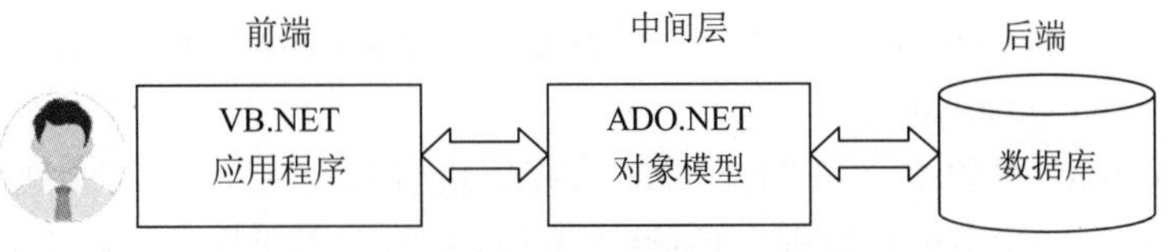

图 10.1　数据库应用系统的三层结构

数据库系统本身称为后端，后端数据库通常是关系表的集合，为前端程序提供数据源及访问数据源的基本操作。SQL Server 就是一个完全地作为后端来管理和运行的关系数据库系统。

前端为数据库应用程序功能界面，主要负责与用户交互，完成满足一定应用需求的功能设计和相应的界面设计。可以选择数据库中的数据，并将所选择的数据按用户的要求显示出来。

介于前端与后端两者之间的数据访问层称为中间层，ADO .NET 提供了对数据源的访问方式，并检索、处理和更新所包含的数据。

要了解 VB .NET 的数据库编程，首先需要了解 ADO .NET 的工作原理以及相关的对象、方法、属性。

10.1.2 数据访问接口 ADO .NET 结构

ADO .NET 包括两大核心控件：.NET Framework 数据提供程序（Data Provider）和数据集（DataSet），如图 10.2 所示。数据提供程序可以使编程人员顺利地连接到数据库，并执行 SQL 命令。数据集可以被看成内存中的一个数据库，其数据源可以来自数据提供程序。

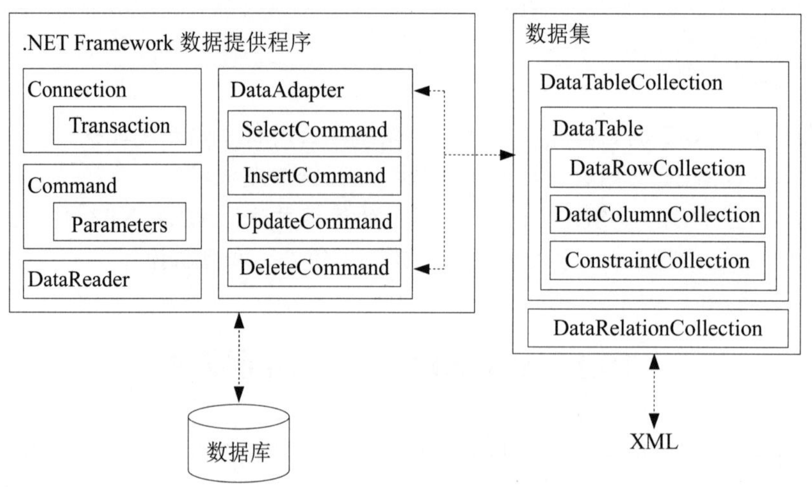

图 10.2 ADO .NET 结构

1. 数据提供程序

ADO .NET 数据提供程序是用于连接数据库、执行命令和检索结果的组件，为不同的数据库类型提供统一的数据操作方式，可以使编程人员顺利地连接到数据库，并执行 SQL 命令。可访问的数据库类型有 Access、MySQL、SQL Server 等数据库。每个类型使用不同的数据驱动程序，引用相应的名称空间。ADO .NET 访问 SQL Server 数据库时，要求引用的名称空间为 System.Data.SqlClient。

.NET Framework 数据提供程序包含的核心对象：用于连接数据库的 Connection 对象，用于向数据库发送命令的 Command 对象，用于直接读取数据流的 DataReader 对象，用于向数据集填充并更新数据的 DataAdapter 对象。

（1）Connection 对象。在对数据库中的数据进行操作前，首先要建立数据库连接。Connection 对象提供一个数据源连接。Connection 对象的常用属性和方法如表 10.1 所示。

表 10.1 Connection 对象的常用属性和方法

名称	类型	说明
ConnectionString	属性	获取或者设置打开数据库的连接字符串
ConnectionTimeout	属性	获取在尝试建立连接时终止操作并生成错误之前所等待的时间，即超时时间
DataBase	属性	取得数据库服务器上要打开的数据库名称
DataSource	属性	取得数据源的服务器名或文件名
Password	属性	取得或设置密码

续表

名称	类型	说明
UserID	属性	取得或设置登录名
State	属性	取得目前连接的状态
Open	方法	使用 ConnectionString 所指定的属性设置打开一个数据库连接
Close	方法	关闭与数据库的连接

一旦初始化了一个连接对象，就可以调用 Open 方法打开连接，调用 Close 方法关闭连接。

（2）Command 对象。当连接到数据库之后，可以使用 Command 对象对数据库进行操作，如进行数据的增加、删除、修改、查询。可以用 SQL 语句来表达一个命令（Command），包括执行选择查询（Select Query）来返回记录集，执行行动查询（Action Query）来更新（增加、删除、修改）数据库记录，或者创建并修改数据库的表结构。Command 对象的常用属性和方法如表 10.2 所示。

表 10.2　Command 对象的常用属性和方法

名称	类型	说明
CommandText	属性	获取或者设置要对数据源执行的 SQL 语句和存储过程
Connection	属性	获取或设置 Command 对象的连接数据源
ExecuteNonQuery	方法	执行对数据库中表的增、删、改、查等操作，并返回受操作影响的行数
ExecuteReader	方法	执行返回行的命令
ExecuteScalar	方法	执行查询，并返回结果集中第一行的第一列，忽略其他列或行

（3）DataReader 对象。当执行命令返回结果集时，需要一个方法从结果集中提取数据。处理结果集的一种方法就是使用 DataReader 对象（也称为数据阅读器）。

DataReader 对象可以从数据库中得到只向前移动和只读的数据流，且每次只从数据库中提取一行数据。DataReader 除了读数据以外，不能做其他任何数据库操作。DataReader 对象的常用属性和方法如表 10.3 所示。

表 10.3　DataReader 对象的常用属性和方法

名称	类型	说明
FieldCount	属性	读取当前行中的列数
RecordsAffected	属性	获取执行 SQL 语句时修改的行数
HasRows	属性	判断 DataReader 是否包含数据
IsClosed	属性	获取一个布尔值，指出 DataReader 是否关闭
Read	方法	DataReader 读取下一条记录，如果读到数据则传回 True，否则传回 False
GetValue	方法	取得指定字段的当前数据
GetName	方法	取得指定字段的字段名称
IsDBNull	方法	用来判断字段是否为 Null 值
Close	方法	将 DataReader 对象关闭

使用 Connection 和 Command 对象建立好数据库连接并执行 SQL 命令后，可以使用 DataReader 对象逐行从数据库中读取数据，放进缓冲区进行处理。

（4）DataAdapter 对象。DataAdapter 对象（也称为数据适配器）的主要功能是从数据源中检索数据、填充 DataSet 对象或者把用户对 DataSet 对象的更改写入到数据源。使用 DataAdapter 可以实现 DataSet 和数据库之间的数据交换。DataAdapter 对象的常用属性和方法如表 10.4 所示。

表 10.4　DataAdapter 对象的常用属性和方法

名称	类型	说明
SelectCommand	属性	执行 SELECT 语句，从数据源中检索记录
UpdateCommand	属性	执行 UPDATE 语句，更新数据源中的数据
InsertCommand	属性	执行 INSERT 语句，向数据源中插入一条记录
DeleteCommand	属性	执行 DELETE 语句，删除数据源中的记录
Fill	方法	将从数据源读取的数据填充到 DataSet 对象中
Update	方法	将 DataSet 对象更改后的数据传送到相应的数据源中

注意：对于不同的.NET Framework 数据提供程序，连接的数据源不同，引用的名称空间也不相同，ADO .NET 的对象名称也不相同。例如使用 SQL Server 数据源，引用的名称空间为 System.Data.SqlClient，则使用的对象名分别为 SqlConnection、SqlCommand、SqlDataReader、SqlDataAdapter，即在 ADO .NET 的一般对象名称前加前缀 Sql。

2. 数据集

DataSet 对象是 ADO .NET 结构的核心组件，其作用在于实现独立于任何数据源的数据访问。DataSet 对象从数据源中检索得到数据并且保存在内存中，它可以包含表、表的约束、索引和关系。也可以说 DataSet 是内存中数据表的集合，可以把它看作是内存中的一个小型数据库，其数据源可以来自数据提供程序。DataSet 对象的常用属性和方法如表 10.5 所示。

表 10.5　DataSet 对象的常用属性和方法

名称	类型	说明
DataTable	属性	获取 DataSet 中包含的数据表的集合
DataRelation	属性	用于表示 DataSet 中数据表间可能存在的主外键关系
DataSetName	属性	获取或设置当前 DataSet 的名称
Clear	方法	清除 DataSet 包含的所有表中的数据，但不清除表结构
HasChanges	方法	判断当前 DataSet 是否发生了更改，包括添加行、修改行或删除行
Reset	方法	将 DataSet 重置为其初始状态

在 DataSet 中可以包含任意数量的 DataTable（数据表），且每个 DataTable 对应一个数据库的数据表（Table）或视图（View）。

DataSet 对象与数据源之间的交互由 DataAdapter 提供支持，所以 DataSet 对象总是与 DataAdapter 一起使用。

10.2 使用数据访问组件访问数据库

使用 ADO .NET 开发数据库应用程序，首先通过 Connection 对象在应用程序与数据库之间建立连接，然后通过 Command 对象以及 SQL 命令向数据库提供者发出操作命令，实现数据查询、增加、删除、修改等操作。再通过 DataReader 对象快速读取流数据，或者通过 DataAdapter 对象将数据填充到 DataSet 对象。最后通过窗体控件向用户显示操作结果。

10.2.1 ADO .NET 连接数据库的方式

ADO .NET 提供了两种连接数据库的方式：断开式和连接式，如图 10.3 所示。

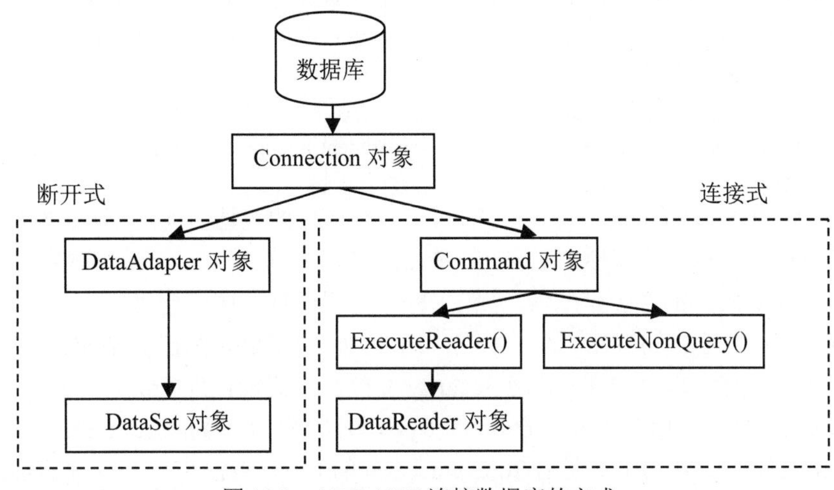

图 10.3 ADO .NET 连接数据库的方式

（1）断开式。断开式数据访问需要先建立连接，从数据库读取数据到 DataSet 缓存后再断开连接，应用程序直接对 DataSet 中的数据进行操作，待需要更新数据库时再打开连接进行更新。

这种连接方式在一次连接过程中，取得数据后，即可断开，用户对数据的操作都在内存中进行，不会改变数据库中的内容。在用户非常多的情况下，不会占用太多的连接池资源。但当访问的数据量很大时，内存有可能放不下。

断开式数据访问通过 DataAdapter 与 DataSet 对象组合实现数据库的查询或更新操作，且可以将查询的数据存储到 DataSet 对象进行进一步处理。

（2）连接式。连接式是指在应用程序运行时始终与数据库连接。整个过程需要先建立与数据库的连接，并在数据访问期间一直保持连接状态，直到访问结束才关闭连接。

连接式数据访问每次只在内存中加载一条数据，所以占用的内存是很小的。但数据库连接需要维护，当用户访问量大时，可能导致连接池异常。因此这种访问方式不利于多用户共同使用同一个数据库，而且对网络要求高。

连接方式工作通过 Command 对象访问数据库，利用 ExecuteReader()方法和 DataReader 对象进行查询；利用 ExecuteNonQuery()方法对数据库进行维护，如增加、删除、修改数据等操作。

10.2.2 使用 ADO .NET 对象访问数据库

ADO .NET 访问 SQL Server 数据库时，涉及多个相关对象，它们是 SqlConnection、SqlCommand、SqlDataAdapter、DataSet 等，这些对象位于 System.Data.SqlClient 名称空间。

1. 使用 SqlConnection 连接数据库

连接 SQL Server 数据库可以使用 SqlConnection 对象来指定需要连接的数据库服务器、数据库名称、用户名、密码以及其他参数。

Windows 身份验证模式的连接字符串格式：

```
<连接对象名>.ConnectionString="server=服务器名; database=数据库名; Integrated Security = true"
```

SQL Server 验证模式的连接字符串格式：

```
<连接对象名>.ConnectionString= "server=服务器名; database=数据库名; uId=用户名; pwd=密码"
```

其中，<连接对象名>为已声明的 SqlConnection 对象实例（以下简称对象）。例如访问 SQL Server 数据库 Student，实现方法为：

```
Dim cn As New SqlConnection                    ' 声明连接对象实例 cn
cn.ConnectionString = "Server=(local);Database=Student;Integrated Security=True"  ' 设置连接字符串
cn.Open()                                      ' 打开连接
```

以上代码段中，SqlConnection 是 SQL Server 系统连接的数据访问对象，cn 为 SqlConnection 对象实例。SqlConnection 的属性 ConnectionString 指定 Server、Database 等参数：参数 Server 指示要访问的 SQL Server 的计算机名，若应用程序与服务器在同一台机器上，可以使用(local)；参数 Database 指示要连接的数据库名，如 Student。如果应用程序使用 Windows NT 账户连接 SQL Server，应使用集成安全 Integrated Security 参数，其值设置为 True。

建立连接时，需要调用 SqlConnection 的 Open 方法来打开 ConnectionString 指定的数据库连接；当数据访问结束后，还要调用 SqlConnection 的 Close 方法来关闭打开的连接。

2. 使用 SqlCommand 读取数据

SqlCommand 对象用于对数据存储执行一个 SQL 命令。这个命令通常是查询、增加、删除和修改等操作。设置 SQL 命令的格式为：

```
<SqlCommand 对象名>.CommandText="SQL 命令"
<SqlCommand 对象名>.Connection = <已打开的连接对象名>
```

其中，<SqlCommand 对象名>是已声明的 SqlCommand 对象名。例如，下面的代码段为初始化一个 SqlCommand 对象。

```
Dim cmd As New SqlCommand                         ' 定义 SqlCommand 对象 cmd
cmd.CommandText = "SELECT * FROM StInfo"          ' 设置 SQL 命令字符串
cmd.Connection = cn           ' 设置 cmd 的 Connection 属性，cn 为已打开的连接对象
```

SqlCommand 对象的常用属性有：Connection 属性用来设置一个 SqlConnection 对象实例，以便连接数据源；CommandText 属性用来设置要执行的 SQL 语句、数据表名或存储过程，参见表 10.2。

SqlCommand 对象的方法 ExecuteScalar 用于执行查询，并返回查询结果集中第一行的第一列。如果使用 ExecuteNonQuery 方法，则用于执行更新操作，即 UPDATE、INSERT、DELETE 等 SQL 命令，返回值是命令影响的行数。

【例 10.1】读取 SQL Server 数据库 Student 的数据表 StInfo 的数据。

在窗体 Form1 中添加按钮 Button1，并输入以下代码：

```
Imports System.Data
Imports System.Data.SqlClient             ' 设置 ADO .NET 数据名称空间
Public Class Form1
  Private Sub Button1_Click(…) Handles Button1.Click     ' 省略了括号中的系统默认参数声明
    Dim cn As New SqlConnection
    cn.ConnectionString = "server=(local);database=Student;Integrated Security=True"
    cn.Open()                              ' 打开连接
    Dim cmd As New SqlCommand
    cmd.CommandText = " SELECT * FROM StInfo "         ' 设置 SQL 命令
    cmd.Connection = cn                    ' 设置 Connection 属性，sqlcn 为上面建立的连接对象
    Dim rv As String
    rv = cmd.ExecuteScalar()               ' 执行查询命令，返回第一行第一列的值
    Debug.Print(rv)
    cn.Close()                             ' 关闭连接
  End Sub
End Class
```

以上代码中，System.Data 名称空间是 DataSet 等对象必需的，System.Data.SqlClient 是 SqlConnection、SqlDataAdapter、SqlCommand 等对象必需的。声明的第一个对象是 cn，用来建立与 SQL Server 数据库的连接；声明的第二个对象为 cmd，用于从数据库中读取数据。

程序运行时，单击按钮 Button1，打开 cn 连接，cmd 执行查询命令，即时窗口输出第一条记录的第一列数据 0603170108。这里使用的访问方式是连接式，每次只能从数据库读取一行数据，操作结束后，要使用 cn 的 Close 方法关闭连接。

3. 使用 SqlDataAdapter 读取数据并填充到 DataSet

SqlDataAdapter 对象是数据库与内存中的数据对象（如 DataSet）之间的桥梁，它将从数据源查询的结果存储到 DataSet 或 DataTable 中，也可以将对 DataSet 或 DataTable 所做的修改返回到数据源中。

设置 SqlDataAdapter 对象的语句格式：

```
<SqlDataAdapter 对象名>. SelectCommand= New SqlCommand()
<SqlDataAdapter 对象名>. SelectCommand.Connection=<连接对象名>
<SqlDataAdapter 对象名>.SelectCommand.CommandText ="SQL 命令"
```

其中，<SqlDataAdapter 对象名>是已声明的 SqlDataAdapter 对象，其属性 SelectCommand 是一个 SqlCommand 对象，用于指定选取哪些数据以及如何选取这些数据。

例如，下面的代码段对已连接的数据库执行查询操作。

```
Dim dsDA As New SqlDataAdapter()                  ' 声明 SqlDataAdapter 对象 dsDA
dsDA.SelectCommand = New SqlCommand()             ' 设置 SelectCommand 属性为 SqlCommand 对象
dsDA.SelectCommand.Connection = cn                ' 设置连接对象，cn 为已打开的连接
dsDA.SelectCommand.CommandText = "SELECT * FROM StInfo"        ' 设置 SQL 命令
```

SqlDataAdapter 对象建立与数据库的连接后，通过 Fill 方法将数据从数据库读取填充到 DataSet 对象中。

Fill 方法的格式为：

```
<SqlDataAdapter 对象名>.Fill(<数据集对象名>, <数据表名>)
```

其中，参数<数据集对象名>指定要填充的数据集对象的名称；<数据表名>是一个字符串，指定本地数据集中建立的临时表的名称。

例如，将上面定义的dsDA读取的数据填充到ds数据集中，使用以下操作：

```
Dim ds As New DataSet()                ' 定义数据集对象 ds
dsDA.Fill(ds, "STable")                ' 将 StInfo 表中的数据填充到 ds 中，表名为 STable
```

现在数据已填充到内存中的数据集ds的STable表中，应用程序可以在独立于数据库的情况下处理它们。

4. 使用DataSet对象存储数据

要访问DataSet对象中的数据，可以使用以下语句：

```
<DataSet 对象名>.Tables("<数据表名>").Rows(n)("<列名>")
```

其中，参数<DataSet对象名>指定已填充数据的数据集对象名；<数据表名>指定要操作的数据的表名；<列名>指定要操作的字段名。该语句的功能是读取<DataSet对象名>数据集中的<数据表名>的第n+1行中<列名>的列值，n代表行号（数据表中行号从0开始）。

例如，在即时窗口输出上面例子中ds数据集中STable表的第1行的Stname列。

```
Debug.Print(ds.Tables("STable").Rows(0)("stname"))
```

运行时在输出窗口显示学生姓名“徐文文”。

【例10.2】将Student数据库的Dinfo表的前5条记录在客户端窗口显示出来。

在窗体Form1中，添加一个网格控件DataGridView1和一个按钮Button1，在窗体声明区和Button1_Click事件过程中输入以下代码。

```
Imports System.Data
Imports System.Data.SqlClient
Public Class Form1
    Private Sub Button1_Click(…) Handles Button1.Click
        Dim cn As New SqlConnection                 ' 定义连接对象 cn
        cn.ConnectionString = "server=(local);database=Student;Integrated Security=True"
        cn.Open()                                   ' 打开连接
        Dim ds As New DataSet                       ' 声明数据集对象 ds
        Dim dsDA As New SqlDataAdapter              ' 声明 SqlDataAdapter 对象 dsDA
        dsDA.SelectCommand = New SqlCommand         ' 设置 SelectCommand 属性
        dsDA.SelectCommand.CommandText = "SELECT TOP 5 * FROM Dinfo"
        dsDA.SelectCommand.Connection = cn
        dsDA.Fill(ds, "dinfo")                      ' 将数据填充到数据集对象 ds
        DataGridView1.DataSource = ds               ' 设置 DataGridView1 的数据源属性
        DataGridView1.DataMember = "Dinfo"          ' 设置 DataGridView1 的数据表属性
        cn.Close()                                  ' 关闭连接
    End Sub
End Class
```

以上代码中，SqlDataAdapter对象dsDA通过cn连接数据库，执行SQL命令，从数据库中读取Dinfo表的前5条记录，并将读取的数据通过Fill方法填充到DataSet对象ds中；ds作为数据的容器，将所有数据存储到内存中后，再断开与数据库的连接。

DataGridView控件可以显示数据集中的数据。设置DataGridView1的DataSource属性为数据集ds，表明DataGridView1的数据来源；设置DataGridView1的DataMember属性为Dinfo，表明DataGridView1使用数据源中的Dinfo表。

运行程序时，单击“显示数据”按钮，窗体以表格形式显示Dinfo表的数据，如图10.4所示。

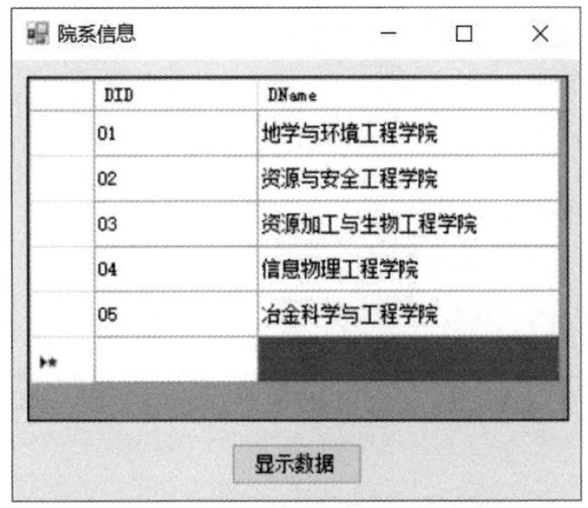

图 10.4　获取 DataSet 对象中的数据

可以看出，通过断开方式访问数据库的过程分为 4 个步骤：第一建立连接对象，第二创建 SqlDataAdapter 对象，第三为 SqlDataAdapter 设置访问数据库的 SQL 语句，第四通过 SqlDataAdapter 的 Fill 方法填充数据集对象。至此可以通过数据集对象操作数据了。

10.2.3　使用数据源配置向导访问数据库

连接数据库操作

“数据源配置向导”可以在数据库应用程序中创建和编辑数据源，建立与 SQL Server 数据库的连接。

下面以 Student 数据库为例，介绍 VB 2019 建立与数据库连接的方法。操作步骤如下：

（1）创建一个新项目。在 VB 2019 中，新建 WindowsApp1 项目。

（2）单击“项目”→“添加新数据源”命令，或者单击“数据源”窗口的“添加新数据源”按钮或“添加新数据源”链接，如图 10.5 所示。打开“数据源配置向导”对话框，如图 10.6 所示。

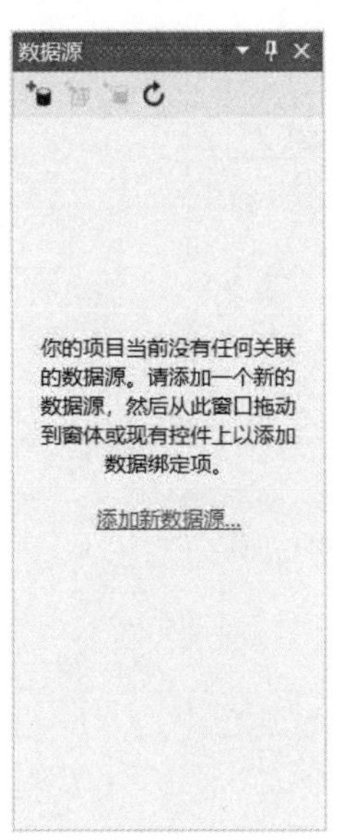

图 10.5　“数据源”窗口

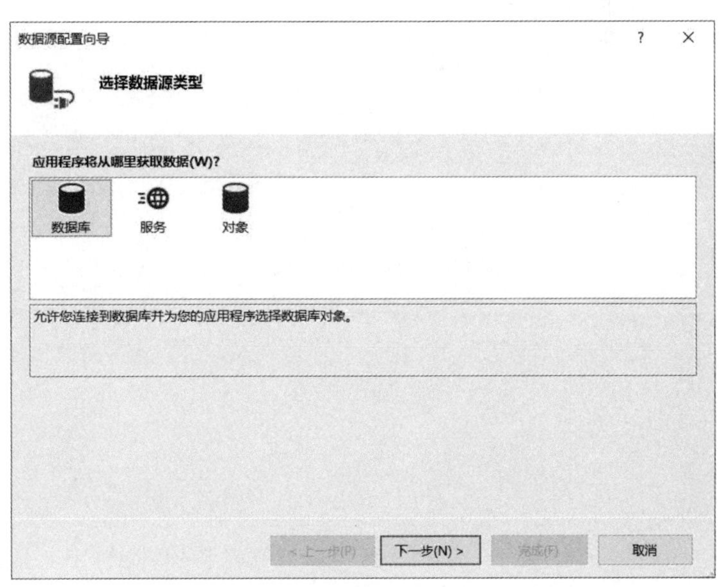

图 10.6　“数据源配置向导”对话框

（3）在该对话框中，选择“数据源类型”为“数据库”，单击“下一步”按钮，打开“选择数据库模型”对话框，如图 10.7 所示。

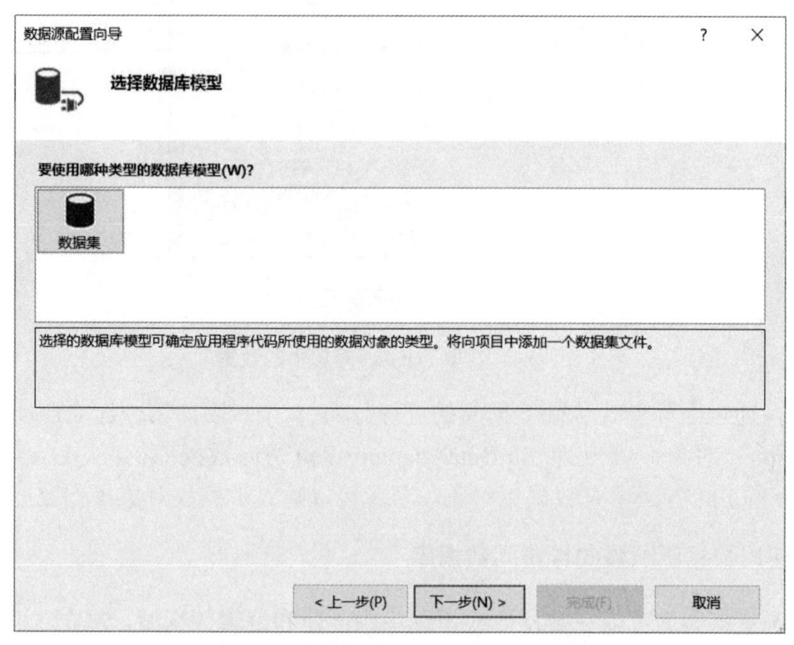

图 10.7 “选择数据库模型”对话框

（4）选择“选择数据库模型”为“数据集”，单击“下一步”按钮，打开“选择你的数据连接”对话框，如图 10.8 所示。

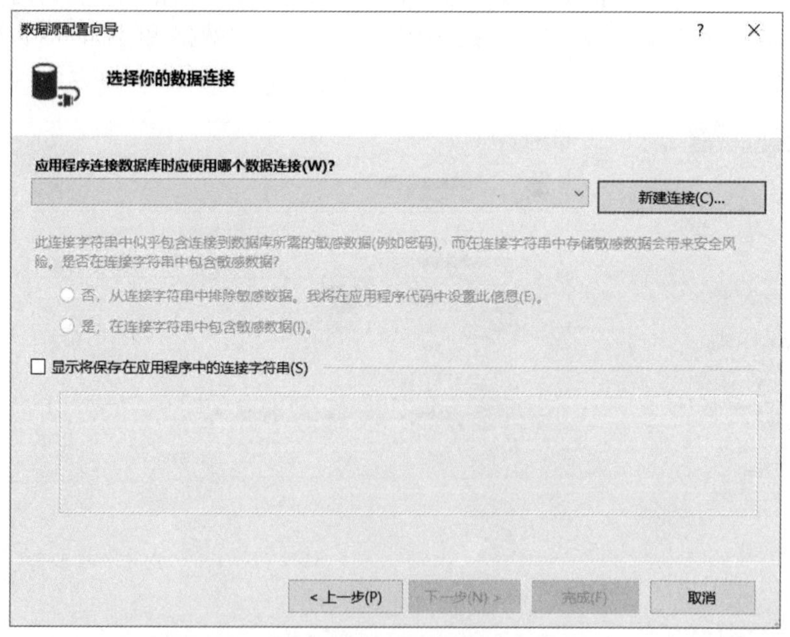

图 10.8 “选择您的数据连接”对话框

（5）单击“新建连接”按钮，打开“添加连接”对话框，如图 10.9 所示。

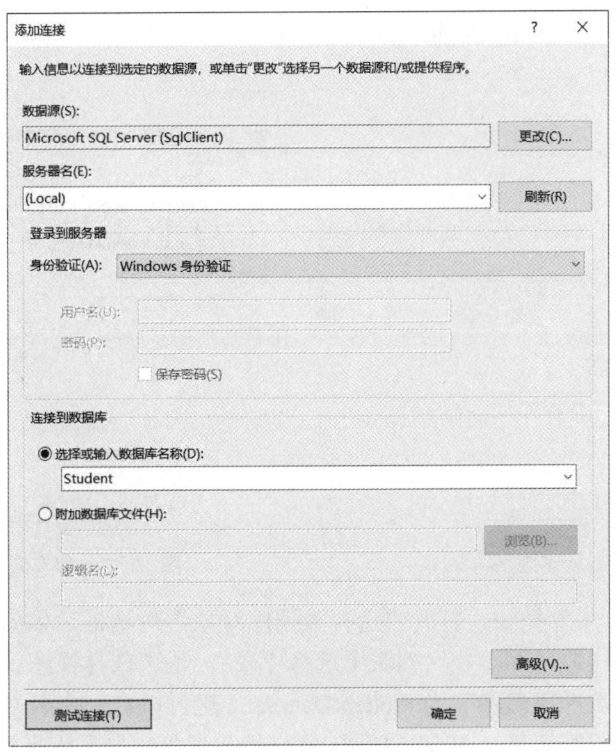

图 10.9　“添加连接”对话框

如果“数据源”不是 Microsoft SQL Server (SqlClient)，则单击“数据源”右侧的“更改”按钮，打开“更改数据源”对话框，如图 10.10 所示。

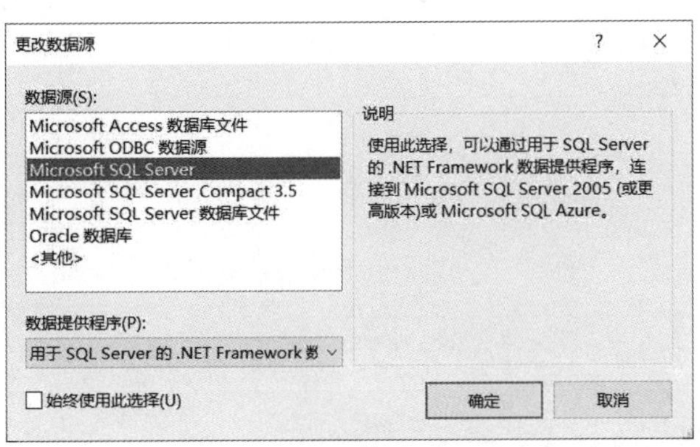

图 10.10　“更改数据源”对话框

在“数据源”列表中选择 Microsoft SQL Server 选项，单击“确定”按钮，返回“添加连接”对话框。在此对话框中，设置“服务器名”（可以是本地计算机名或者“(Local)”）、“登录到服务器”的身份验证方式（这里选择“使用 Windows 身份验证”），在“连接到数据库”区域的“选择或输入数据库名称”下拉列表中选择要连接的数据库（如 Student），单击“测试连接”按钮，弹出“测试连接成功”提示信息，表示成功建立与数据库的连接。

（6）单击“确定”按钮，返回“数据源配置向导”对话框，如图 10.11 所示，数据连接已完成配置。单击“下一步”按钮，将连接字符串保存到应用程序配置文件中，勾选“是，将连接保存为”复选项，如图 10.12 所示。

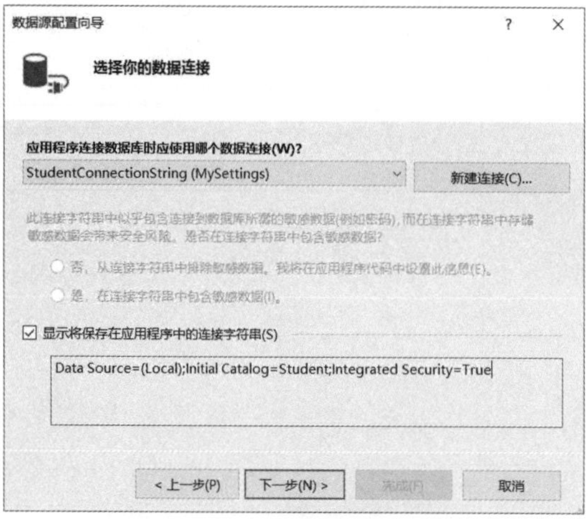

图 10.11　显示连接字符串

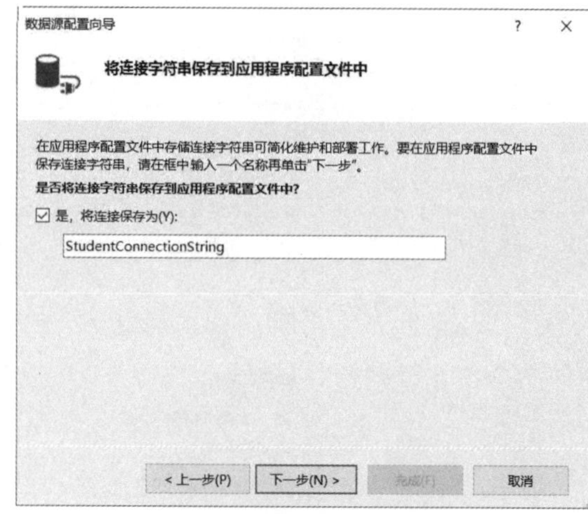

图 10.12　保存连接字符串提示

（7）单击“下一步”按钮，打开“选择数据库对象”对话框，如图 10.13 所示，在“你希望数据集中包含哪些数据库对象”列表中选择“表”，也可选择视图、存储过程等对象。

系统默认配置“数据集名称”为 StudentDataSet（也可以自行命名）。单击“完成”按钮，完成当前项目的数据源的创建，图 10.14 为配置好的数据集。如果没有显示“数据源”窗口，单击“视图”→“其他”→“数据源”命令，可以查看项目中已定义的数据源。

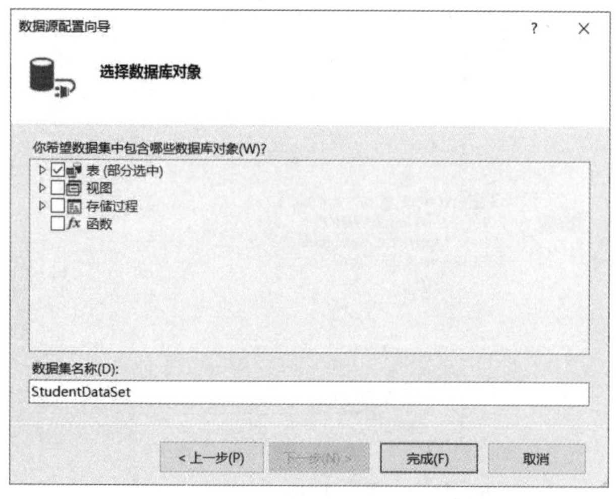

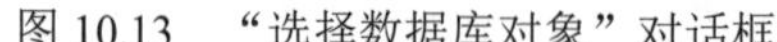
图 10.13　“选择数据库对象”对话框

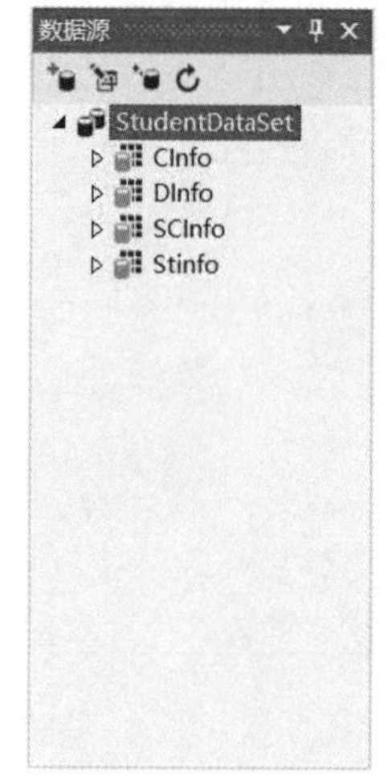

图 10.14　配置好的数据集

至此，在 WindowsApp1 项目的窗体中，可以访问 StudentDataSet 数据集中的数据了。

10.3　数据绑定

在设计应用程序界面时，往往需要将从数据库中检索出来的信息显示在窗体界面上。.NET 框架提供了一种“数据绑定”技术，可以实现将数据表的某个或者某些字段或者整个表绑定到窗体控件（如 TextBox、ComboBox、DataGridView 等控件），即利用窗体控件从数据访问组件中得到数据并在控件中自动显示出来，且内容将随着数据记录指针的变化而变化。

窗体控件的数据绑定一般分为两种方式：简单数据绑定和复杂数据绑定。

10.3.1　简单数据绑定

简单数据绑定就是一个窗体控件绑定单个数据字段，每个控件仅显示结果集中的一个字段值。例如，TextBox 控件的 Text 属性与 Student 数据库 StInfo 表中的姓名列进行绑定。

（1）利用控件的 DataBindings 属性实现绑定。一般格式如下：

```
<窗体控件名>. DataBindings.Add(<控件的属性名称>, <数据源>, <数据成员>)
```

其中，参数<控件的属性名称>是一个字符串，指定在控件的什么属性上显示绑定数据源中的内容，如 TextBox 控件的 Text 属性；<数据源>指定要绑定数据源，如 DataSet 对象；<数据成员>也是一个字符串，指定绑定<数据源>中的数据字段。

例如，在 TextBox1 控件显示数据集对象 ds（在 10.2.2 节例 10.2 中定义）中的 Dinfo 表的 Dname 字段的值，数据绑定语句为：

```
TextBox1.DataBindings.Add("Text", ds, "Dinfo.Dname")
```

程序执行的结果为：

院系名称　地学与环境工程学院

（2）利用 BindingSource 控件实现绑定。BindingSource 控件是.NET Framework 提供的控件，可以通过单击 VB .NET“工具箱”中的“数据”组的图标 BindingSource，将其添加到窗体的组件盘上。BindingSource 控件与数据源建立连接，然后将窗体控件与 BindingSource 控件建立绑定关系。

BindingSource 控件的常用属性和方法如表 10.6 所示。

表 10.6　BindingSource 控件的常用属性和方法

名称	类型	说明
Count	属性	获取 BindingSource 控件中的记录数
Current	属性	获取 BindingSource 控件中的当前记录
DataMember	属性	获取或设置当前绑定到的数据源中的特定数据表
DataSource	属性	获取或设置绑定到的数据源
Filter	属性	获取或设置用于筛选的表达式
Item	属性	获取或设置指定索引的记录
Position	属性	获取或设置数据表中的当前位置，从零开始索引
Find	方法	在数据源中查找指定的项

绑定数据集对象和窗体控件的方法是：

```
<BindingSource 对象名>. DataSource=<数据集对象名>
<BindingSource 对象名>. DataMember = "<数据表名>"
<窗体控件名>.DataBindings.Add("Text", <BindingSource 对象名>, "<字段名>")
```

例如，在窗体上添加绑定控件 BindingSource1，通过 BindingSource1 将数据集对象 ds 与文本框进行绑定，以显示院系名称。其语句如下：

```
BindingSource1.DataSource = ds
BindingSource1.DataMember = "Dinfo"
TextBox1.DataBindings.Add("Text", BindingSource1, "Dname")
```

执行以上代码，可以使 TextBox1 显示 Dinfo 表的当前记录的院系名称字段。

如果要筛选出 BindingSource 控件绑定数据表中的符合一定条件的记录，可以使用 Filter 属性进行筛选，其格式为：

```
<BindingSource 控件名>. Filter="<条件表达式>"
```

例如，从上面的 BindingSource1 中筛选出学院编号为 04 的记录，可以使用以下语句：

```
BindingSource1. Filter="Did='04' "
```

以上语句执行后，TextBox1 中显示的内容变为学院编号为 04 的院系名称“信息物理工程学院”。可以看出，这种方式简化了数据绑定过程。

如果要根据指定属性和关键字在 BindingSource 控件绑定的数据表中进行查找，并返回第一个匹配记录的编号，可以使用 Find 方法。其格式为：

```
<编号>=< BindingSource 控件名>.Find(<属性名>, <属性值>)
```

其中，<属性名>是在<BindingSource 控件名>绑定数据表中要查找的属性的名称；<属性值>为指定要查找的<属性名>对应的数据；<编号>为带有指定属性名和关键字的数据表的位置（从 0 开始编号的整数值）。

例如，在 BindingSource1 绑定的 StInfo 表中查找姓名为“曾莉娟”的学生记录，在 TextBox1 显示其所在班级。使用以下语句：

```
Dim index As Integer
index = BindingSource1.Find("Stname", "曾莉娟")    ' index 为按 StName 查找曾莉娟所在记录
If index >= 0 Then
    BindingSource1.Position = index              ' 定位 BindingSource1 的当前记录位置为 index
    TextBox1.Text = BindingSource1.Current(4)    ' 班级为 StInfo 表的第 4 列
End If
```

BindingSource 控件的其他属性与方法可以根据具体需要来使用。

（3）利用项目数据源实现数据绑定。设置方法如下：

1）选择一个窗体控件（如 TextBox1），在其“属性”窗口中单击(DataBindings)属性左侧的三角形按钮，展开该属性节点，再选择其下的 Text 属性项，单击右侧的下拉按钮，打开下拉列表，如图 10.15 所示。

2）在该下拉列表中，展开“其他数据源”→“项目数据源”→StudentDataSet→CInfo 节点（StudentDataSet 为 10.2.3 节中创建的数据集对象），选择字段 CName，如图 10.16 所示。

3）TextBox1 的 Text 属性值被设置为 CInfoBindingSource – Cname，同时在设计窗口的组件盘中添加了相应的绑定控件，如图 10.17 所示。所以 TextBox1 绑定的数据实质上是 StudentDataSet 数据集的 CinfoBindingSource 对象的 CName 字段。

图 10.17 中，CinfoBindingSource 为 BindingSource 控件对象，它将 StudentDataSet 数据集作为数据源，与文本框实现数据绑定。

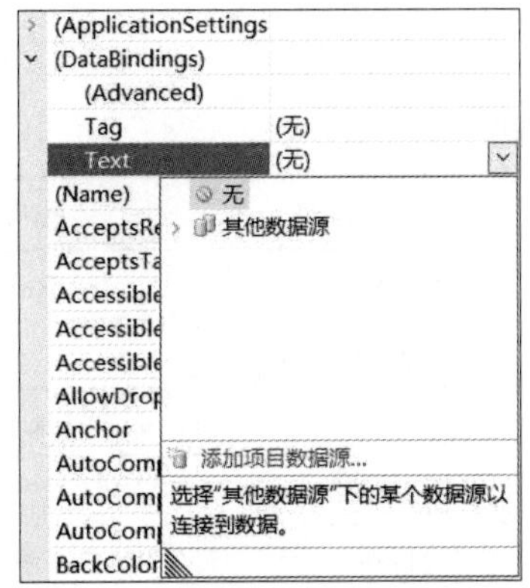

图 10.15　设置简单数据绑定控件属性

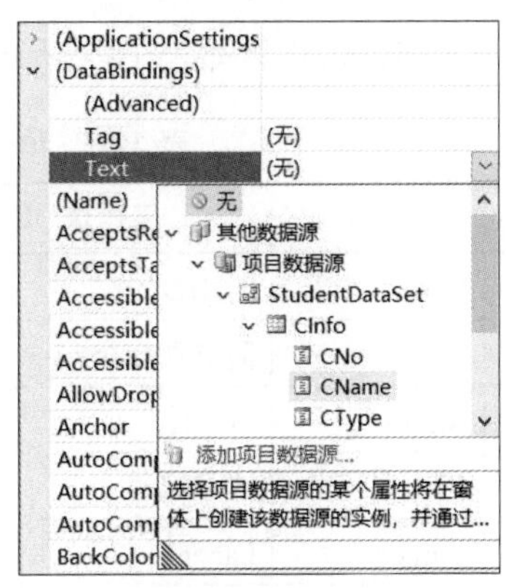

图 10.16　选择数据集中数据表字段

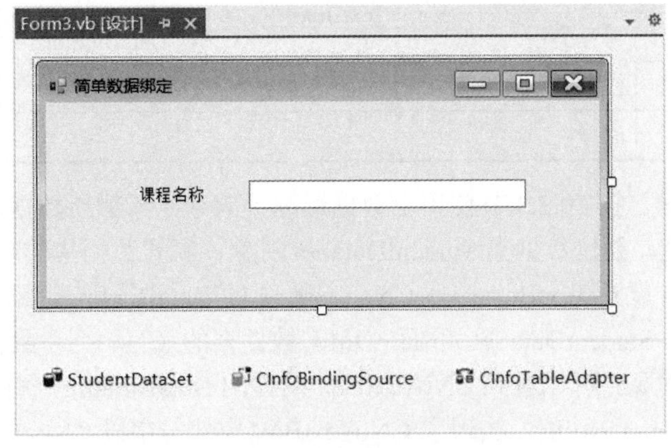

图 10.17　绑定过程生成的相关控件

如果在窗体上要显示 n 项数据，就需要使用 n 个窗体控件。VB .NET 中大部分的控件都提供了数据绑定功能，最常用的简单数据绑定是将数据绑定到文本框和标签。下面通过建立课程信息窗口来说明数据绑定的操作过程。

【例 10.3】设计一个窗体，创建数据集 StudentDataSet，以浏览 Student 数据库的课程信息表 CInfo 的数据。

本例按以下步骤设计：

（1）界面设计。创建一个窗体 frmBdc，在窗体上设置 4 个 TextBox 控件、4 个 Label 控件和一个 BindingNavigator 控件，窗体布局如图 10.18 示。

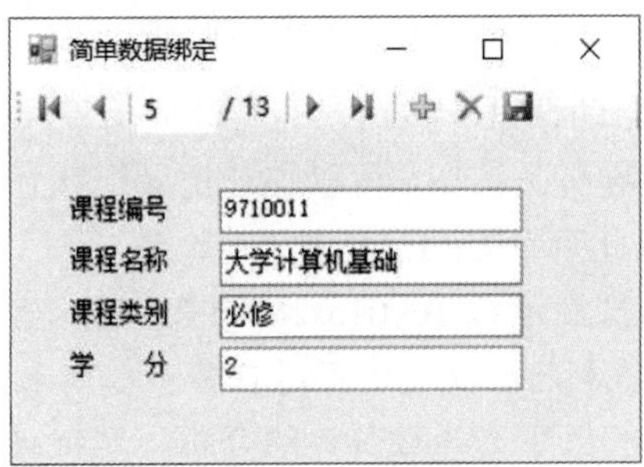

图 10.18　简单数据绑定示例

各控件的属性值设置如表 10.7 所示。

表 10.7　frmBdC 窗体的控件及属性值设置

控件	属性	属性值	控件	属性	属性值
Form	Name	frmBdC	TextBox	Name	CNoTextBox
	Text	简单数据绑定		DataBindings	CNo
Label	Name	Label1	TextBox	Name	CNameTextBox
	Text	课程编号		DataBindings	CName
Label	Name	Label2	TextBox	Name	CTypeTextBox
	Text	课程名称		DataBindings	CType
Label	Name	Label3	TextBox	Name	CreditTextBox
	Text	课程类别		DataBindings	Credit
Label	Name	Label4	BindingNavigator	Name	CInfoBindingNavigator
	Text	学分			

（2）创建数据集。按 10.2.3 节使用“数据源配置向导”添加新数据源的操作步骤建立与 Student 数据库的连接，创建数据集 StudentDataSet 对象，配置数据集的数据为数据表 CInfo。

（3）绑定数据。展开 TextBox 控件 CNoTextBox 的 DataBindings 属性，单击 Text 属性右侧的下拉按钮，选择 StudentDataSet 下面 CInfo 数据表的 CNo 列，组件盘上系统自动创建 CinfoBindingSource 对象，可以看到 CNoTextBox 控件的 DataBindings 属性的 Text 属性已设置为 CInfoBindingSource - CNo 值，实现了 CNoTextBox 控件与字段 CNo 的绑定。

使用同样的方法，将其他 3 个 TextBox 控件 DataBindings 属性的 Text 属性分别设置为 CInfo 表的 CName、CType、Credit 字段，使 3 个 TextBox 控件分别绑定这些字段。

（4）设置导航条。单击“工具箱”的“数据”控件组中的 BindingNavigator 控件图标，在窗体上创建 CInfoBindingNavigator 控件对象，它将自动停靠在窗体的顶部。选择 CInfoBindingNavigator 的 BindingSource 属性，设置其值为 CInfoBindingSource。

导航条 CInfoBindingNavigator、数据集 StudentDataSet、数据适配器 CInfoTableAdapter、数据源绑定控件 CInfoBindingSource 都以图标的形式放置在组件盘中，如图 10.19 所示。

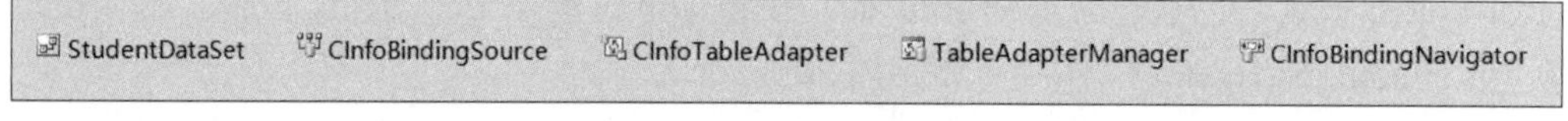

图 10.19　组件盘的控件

（5）运行项目。单击“启动调试”按钮，运行该应用程序，窗体一次显示一门课程的一条记录信息，通过窗体顶部的导航条按钮，可以移动记录指针到数据表的开始和末尾，或从一个记录移动到另一个记录，以此查看 Cinfo 表中其他记录。

提示：要将数据集中的字段显示在 TextBox 控件中，可以直接在“数据源”窗口选择对应字段（如学分 Credit 字段）拖拽到窗体上，还可以在其下拉列表中选择数据库字段在窗体上的显示方式，如图 10.20 所示，有数字选择控件、组合框、超链接等。

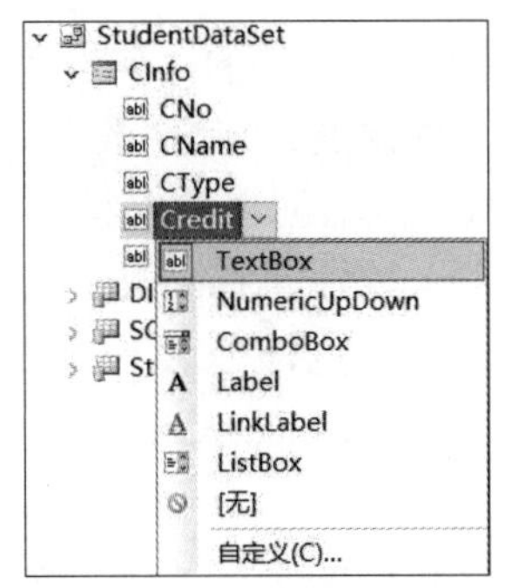

图 10.20　“数据源”下拉列表

至此已经设计出了一个最简单的数据库应用程序，可以看出，按此方法连接数据库绑定窗体控件，可以不编写程序代码，操作简单方便。

10.3.2　复杂数据绑定

复杂数据绑定是指允许将一个以上的数据元素绑定到一个窗体控件，使得该控件可以同时显示数据源中记录的多行或多列。支持复杂数据绑定的控件包括数据网格控件 DataGridView、列表框控件 ListBox 和组合框控件 ComboBox 等。其中 DataGridView 控件是“工具箱”的“数据”控件组中一个控件，用于显示任意类型的表格化数据：文本、数字、日期或者数组的内容，功能强大且方法灵活。

复杂数据绑定的语句格式：

<控件对象名>.DataSource=<数据源名>
<控件对象名>.DisplayMember=<数据成员 1>
<控件对象名>.ValueMember=<数据成员 2>

其中，<数据源名>为绑定控件名或数据集中的表名，<数据成员>为数据表的字段名。

【例 10.4】设计窗体，使用例 10.3 中创建的数据集 StudentDataSet 为数据源，在网格控件中显示 Student 数据库的学生信息表 StInfo 的数据。

本例设计步骤如下：

（1）界面设计。在当前项目中创建窗体 frmDataGridView，在窗体中添加网格控件 DataGridView1，用于显示数据，如图 10.21 所示。

学生信息-复杂数据绑定

StID	StName	StSex	Birthdate	Class	Telephone	PSTS	Address	Resume
0603210108	徐文文	男	2002/12/10	材料科学2101	0731_20223388	团员	湖南省长沙...	
0603210109	黄正刚	男	2003/12/26	材料科学2101	18518473582...	党员		
0603210110	张红飞	男	2003/3/29	材料科学2101	0370_74586321	团员	河南省焦作...	
0603210211	曾莉娟	女	2002/8/15	材料科学2102	13917773587...	团员	湖北省天门...	
0603210212	李晓红	女	2002/3/29	材料科学2102	0370_54586336		河南省焦作...	
2001200115	邓红艳	女	2001/7/3	法学2001	0770_35687957	无	广西桂林市...	
2001200206	金萍	女	2000/11/6	法学2002		团员	广西桂平市...	
2001200307	吴中华	男	2001/4/10	法学2003	0370_84586326	党员	河北省邯郸...	
2001200308	王铭	男	2002/9/9	法学2003	0371_64586366	团员		2018年获...
2001210103	郑远月	男	2001/6/18	法学2101	0731_888373...	团员	湖南省邵阳...	2019年获...

图 10.21　复杂数据绑定示例

（2）属性设计。选择 DataGridView1 控件的“属性”窗口中的 DataSource 属性，单击右侧的下拉按钮，打开数据源设置窗口，依次展开“其他数据源”→“项目数据源”→StudentDataSet 节点，选择 StInfo 列表项，在窗体上自动创建数据集对象实例 StudentDataSet 和绑定控件 StInfoBindingSource，将 DataGridView1 控件的 DataSource 属性值设置成 StInfoBindingSource。这样，StInfoBindingSourc 控件与 StInfo 表进行绑定，同时又与 DataGridView1 控件进行绑定。

（3）运行项目。程序运行时在窗体 frmDataGridView 的 DataGridView1 控件中可以浏览到 StInfo 表的所有数据列信息。

在窗体设计时，可以设置 DataGridView 控件的某些属性，从而自定义窗体上数据集的外观。例如，更改单元格的默认宽度、添加或删除列、更改网格或标题的背景色以及更改网格线的颜色等。操作方法是：右击 DataGridView1 控件，在弹出的快捷菜单中选择“编辑列”命令，打开“编辑列”对话框，如图 10.22 所示，可以在该对话框中进行各种外观设置。

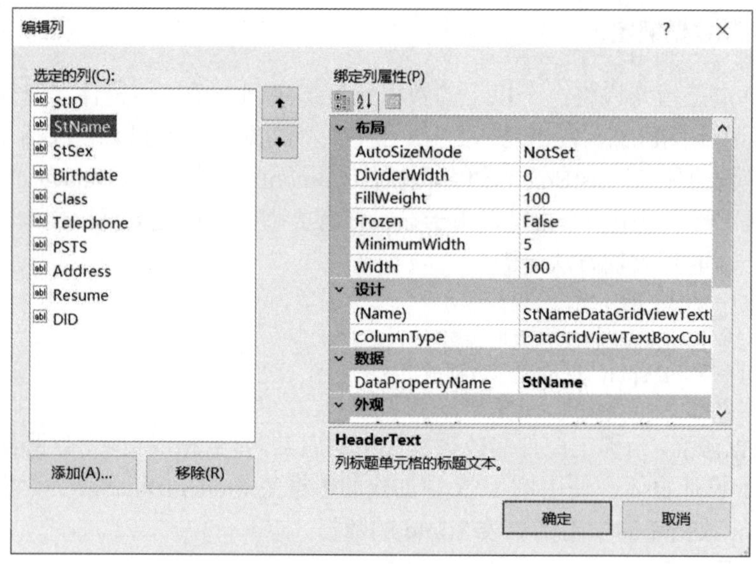

图 10.22　DataGridView 控件“编辑列”对话框

DataGridView 控件的单元格数据也可以进行获取与设置操作，其语句格式为：

```
<DataGridView 控件名>. Rows(<行号>).Cells(<列号>).Value
```

例如，获取上例中 DataGridView1 控件的第 3 行第 1 列的数据，使用以下语句：

```
TextBox1.Text =DataGridView1.Rows(3).Cells(1).Value
```

语句执行后在 TextBox1 中将显示“曾莉娟”。

ListBox 控件是一个数据绑定列表，它可以由一个绑定数据源中的一个字段自动填充。ComboBox 控件的功能与 ListBox 控件相同，以下拉列表框形式给用户提供数据。

【例 10.5】实现 ComboBox 控件数据绑定。设计窗体 Form1，使用例 10.3 的数据集对象 StudentDataSet 为 ComboBox 控件的数据源。程序执行时单击窗体上组合框中的学生姓名，自动获取该学生的学号存入文本框中。

本例设计步骤如下：

（1）界面设计。在新建项目的 Form1 窗体中，添加一个文本框、一个组合框和两个标签，控件布局如图 10.23 所示。

图 10.23　ComboBox 控件数据绑定

（2）属性设计与数据绑定。窗体 Form1 各控件的属性设置如表 10.8 所示。

表 10.8　ComboBox 窗体的控件及属性设置

控件	属性	属性值	控件	属性	属性值
TextBox	Name	TextBox1	DataSet	Name	StudentDataSet
Label	Name	Label1	ComboBox	Name	ComboBox1
	Text	学号		DataSource	StInfoBindingSource
	Name	Label2		DisplayMember	StName
	Text	姓名		ValueMember	StID

其中，用于显示学号的文本框 TextBox1 没有绑定，由程序运行时设置其数据。题目要求组合框 ComboBox1 绑定的是字段 StID，但显示的是字段 StName，为此将组合框的属性 DataSource 设置为绑定控件 StInfoBindingSource；显示在组合框中的数据为姓名字段 StName，由组合框的 DisplayMember 属性控制；返回值为学号字段 StID，由组合框的 ValueMember 属性控制，程序运行时由 SelectedValue 属性获取其值。

提示： ComboBox 控件的两个属性 MaxDropDownItems（值为项数）和 IntegralHeight（值为 False）可以控制组合框的下拉列表中显示的最多项数。

（3）代码设计。在 ComboBox1 控件的 SelectedIndexChanged 事件中加入以下代码：

```
Private Sub ComboBox1_SelectedIndexChanged(…) Handles ComboBox1.SelectedIndexChanged
    If ComboBox1.SelectedIndex >= 0 Then
        TextBox1.Text = ComboBox1.SelectedValue
    End If
End Sub
```

（4）运行项目。当用户单击 ComboBox1 控件的下拉列表的某项时，将使 TextBox1 的值设置为 ComboBox1.SelectedValue 属性值，而不是学生姓名，即在 ComboBox1 中选定的是与学生姓名相对应的学号值，参见图 10.23。

ComboBox1 控件的这种显示与绑定数据不同的特性，对于程序员编写应用程序有很大的好处，在后面的示例中可以用到。

10.4 数据库操作

数据库的操作涉及数据库的更新操作和查询操作。对于数据库的更新操作，最常见的就是对数据的添加、删除、修改；数据库的查询操作则是从数据库中找出满足条件的记录。任何数据库应用程序都离不开这些功能。

10.4.1 数据库的更新操作

实现数据库的更新操作可以使用 ADO .NET 中的一个重要对象 SqlCommand，这个对象的使用步骤如下：

（1）首先要构造一个对数据库进行操作的 SQL 命令字符串。

（2）将这个 SQL 命令字符串赋给 SqlCommand 对象的 CommandString 属性。

（3）打开与数据库的连接。

（4）执行 SqlCommand 对象的 ExecuteNonQuery 方法。ExecuteNonQuery 方法执行与 UPDATE、INSERT、DELETE 等语句有关的操作，返回值是命令影响的行数。

（5）关闭与数据库的连接。

下面分别介绍使用 SqlCommand 对象进行数据库记录的插入、删除、修改等操作。

1. 添加记录

要在数据库中为数据表添加记录，首先要在窗体上输入数据，构建 INSERT 命令，然后通过 SqlCommand 对象执行 INSERT 命令，插入一条记录。最后连接数据库，通过 ExecuteNonQuery 方法更新数据，并在 DataGridView 控件输出添加后的记录。

例如，在 Student 数据库的 Dinfo 表中添加记录：

27　管理院

SqlCommand 对象的 CommandText 属性字符串为：

```
strsql="INSERT INTO Dinfo VALUES('27','管理院')"
```

strsql 字符串中就是一条能在 SQL Server 中执行的数据插入语句。

【例 10.6】 设计窗体 Form1，单击“添加”按钮，为数据表 DInfo 添加记录。

本例设计步骤如下：

（1）界面设计。在窗体 Form1 中，添加 2 个 Button 控件、2 个 Label 控件、2 个 TextBox 控件、1 个 DataGridView 控件，窗体布局如图 10.24 所示。

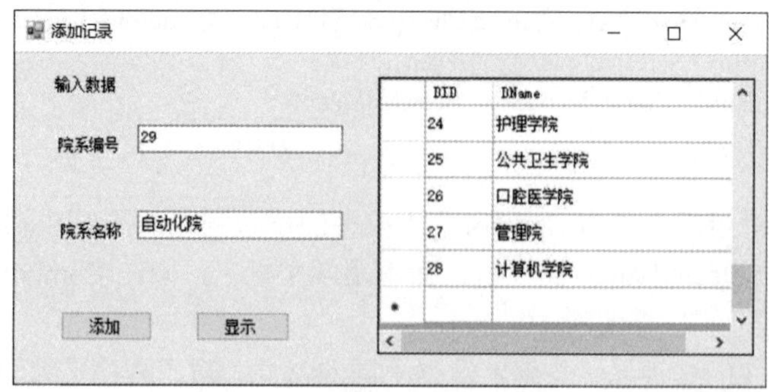

图 10.24　添加记录窗体界面

（2）属性设计与数据绑定。窗体 Form1 各控件的属性设置如表 10.9 所示，其中数据集为例 10.3 创建的 StudentDataSet。为了便于数据的输入，文本框都不与数据集进行绑定。

表 10.9　添加记录窗体的控件及属性设置

控件	属性	属性值	控件	属性	属性值
TextBox	Name	TextBox1	Button	Name	Button1
TextBox	Name	TextBox2		Text	添加
DataSet	Name	StudentDataSet	Button	Name	Button2
BindingSource	Name	DInfoBindingSource		Text	显示
	DataSource	StudentDataSet	Label	Name	Label1
	DataMember	DInfo		Text	学院编号
DataGridView	Name	DInfoDataGridView	Label	Name	Label2
	DataSource	DInfoBindingSource		Text	院系名称

添加数据集和网格控件的方法：在窗体 Form1 中，选择“数据源”的 StudentDataSet 的 Dinfo 节点图标，将其拖拽到窗体，系统自动生成网格控件 DInfoDataGridView，设置 DataSource 属性为 DInfoBindingSource、DataMember 属性为 DInfo，在组件盘中出现 DinfoBindingSource、StudentDataSet 和 DInfoTableAdapter 对象。

（3）代码设计。一些与代码有关的对象名称需要先声明。

```
' 以下名称空间在窗体声明区声明
Imports System.Data
Imports System.Data.SqlClient
' 以下对象在窗体类声明区声明
Dim cn As New SqlConnection
Dim cmd As New SqlCommand
```

在“添加”按钮 Button1 的 Click 事件中加入以下代码：

```
Private Sub Button1_Click(...) Handles Button1.Click     ' 省略了参数，由系统自动生成
    If  TextBox1.Text = "" Or TextBox2.Text = "" Then
        MsgBox("学院编号和院系名称都不能为空", , "提示")
        Exit Sub
    End If
    Dim strsql As String                                 ' strsql 为添加记录的 SQL 命令字符串
    strsql="INSERT INTO DInfo VALUES('" & Trim(TextBox1.Text) & "','" & TextBox2.Text & "')"
    cn.ConnectionString = "Data Source=(Local);Initial Catalog=Student;Integrated Security=True"
    cn.Open()                                            ' 打开连接
    cmd.CommandText = strsql
    cmd.Connection = cn
    cmd.ExecuteNonQuery()                                ' 执行 SQL 命令
    cn.Close()
    MsgBox("添加成功", , "添加记录")
End Sub
```

在“显示”按钮 Button2 的 Click 事件中加入以下代码：

```
Private Sub Button2_Click(...) Handles Button2.Click
    DInfoTableAdapter.Fill(StudentDataSet.DInfo)
End Sub
```

以上代码用于刷新网格控件，将数据重新从数据库填充到 StudentDataSet 数据集，同时刷新网格控件，使得添加记录出现在网格控件中。

（4）运行项目。按图 10.24 所示在文本框中输入对应数据，单击“添加”按钮，在 DInfo 数据表中就添加了一条记录，同时在右侧网格中可以看到添加的记录。

2. 修改记录

修改记录是将界面更改的数据返回数据库存储。可以通过 SqlDataAdapter 的 SelectCommand 对象执行 UPDATE 命令，修改一条记录。这里的关键操作是构建相应的 UPDATE 语句。

【例 10.7】设计窗体 Form1，单击“修改”按钮，为数据表 Dinfo 更新记录。

本例设计步骤如下：

（1）界面设计。在窗体 Form1 中添加 1 个网格控件、2 个按钮、2 个标签、2 个文本框，窗体布局如图 10.25 所示。

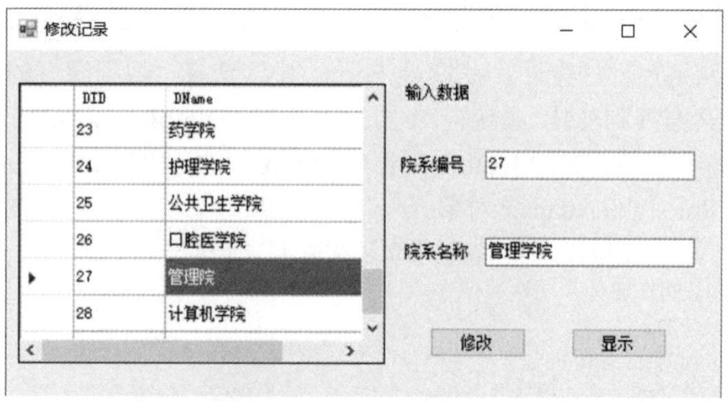

图 10.25 修改记录界面

为了便于数据修改，文本框不绑定数据源。用户单击网格控件中的某一行，即将该行数据显示在右侧的文本框中，用户修改后将数据修改到数据表中。

（2）属性设计与数据绑定。窗体 Form1 中各控件的属性设置如表 10.10 所示，其中数据集为例 10.3 创建的 StudentDataSet。

表 10.10 修改记录窗体的控件及属性设置

控件	属性	属性值	控件	属性	属性值
TextBox	Name	TextBox1	Button	Name	Button1
TextBox	Name	TextBox2		Text	修改
DataSet	Name	StudentDataSet	Button	Name	Button2
BindingSource	Name	DInfoBindingSource		Text	显示
	DataSource	StudentDataSet	Label	Name	Label1
	DataMember	DInfo		Text	学院编号
DataGridView	Name	DInfoDataGridView	Label	Name	Label2
	DataSource	DInfoBindingSource		Text	院系名称

添加数据集和网格控件的方法与例 10.6 相同。

（3）代码设计。

```
' 以下对象在窗体类声明区声明
Dim cn As New SqlConnection
Dim da As New SqlDataAdapter
Dim strdid As String
```

单击网格控件的某一行，将数据读入文本框，以便用户修改，代码为：

```
Private Sub DInfoDataGridView_CellClick(sender As Object, _
    e As System.Windows.Forms.DataGridViewCellEventArgs) Handles DInfoDataGridView.CellClick
    If e.RowIndex < 0 Then Exit Sub                  ' 如果选择的行不是有效记录行，则退出
    TextBox1.Text = DInfoDataGridView.Rows(e.RowIndex).Cells(0).Value      ' 获取学院编号
    TextBox2.Text = DInfoDataGridView.Rows(e.RowIndex).Cells(1).Value      ' 获取学院名称
    strdid = Trim(TextBox1.Text)                     ' strdid 用于保存要修改的记录的学院编号
End Sub
```

注意：网格控件的行与列都从 0 开始编号，参数 e 返回被选择的网格行号。

在“修改”按钮 Button1 的 Click 事件中加入以下代码：

```
Private Sub Button1_Click(…) Handles Button1.Click
    Dim strsql As String                    ' strsql 存放修改数据的 SQL 命令字符串
    strsql = "UPDATE Dinfo SET Did='" & TextBox1.Text & "',DName='" & TextBox2.Text & "'"
    strsql = strsql & " WHERE DID='" & strdid & "'"
    cn.ConnectionString = "Data Source=(Local);Initial Catalog=Student;Integrated Security=True"
    cn.Open()                                          ' 打开连接
    da.SelectCommand = New SqlCommand(strsql, cn)      ' 构造 SqlCommand 对象
    da.SelectCommand.ExecuteNonQuery()                 ' 执行 UPDATE 语句
    cn.Close()
    MsgBox("修改成功！", , "修改记录")
End Sub
```

以上代码与添加记录操作几乎相同，只有修改数据的 SQL 命令字符串不同。

修改的数据存入数据库后，需要更新网格控件的数据，可以在“显示”按钮 Button2 的 Click 事件中加入以下代码：

```
Private Sub Button2_Click(…) Handles Button2.Click
    DInfoTableAdapter.Fill(StudentDataSet.DInfo)
End Sub
```

（4）运行项目。将图 10.25 中“院系名称”输入框的数据修改为“管理学院”，单击“修改”按钮，即将 DInfo 数据表中当前记录的数据进行修改，单击“显示”更新网格中的数据。

3. 删除记录

删除记录是将选定记录删除并更新数据库。同添加记录一样，通过 SqlCommand 对象执行 DELETE 命令删除数据库的记录。关键是构建相应的 DELETE 语句。

【例 10.8】设计窗体 Form1，单击“删除”按钮，删除数据表 Dinfo 的当前记录。

本例设计步骤如下：

（1）界面设计。窗体按图 10.26 所示布局。

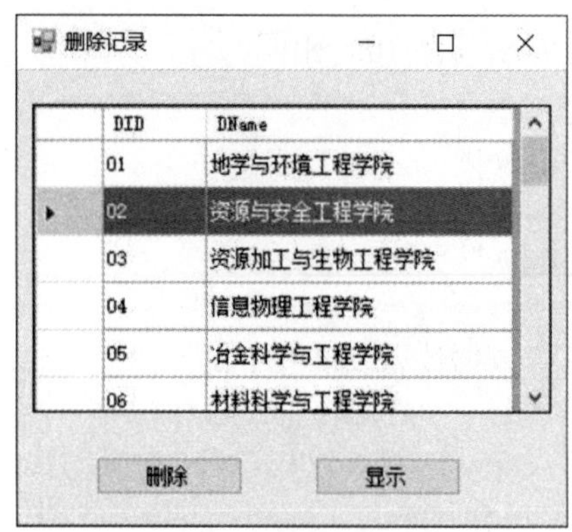

图 10.26　删除记录界面

（2）属性设计与数据绑定。添加数据集和网格控件的方法与例 10.6 相同，属性的设置可以参考表 10.10。

（3）代码设计。删除 Dinfo 表的当前记录可以看成是删除网格控件当前选定的行，因此需要获取将网格中当前选定行的第 0 列的值作为筛选条件。获取选定行的 DID 值表达式为：

```
DInfoDataGridView.CurrentRow.Cells(0).Value
```

程序代码如下：

```
' 窗体类声明区代码
Imports System.Data
Imports System.Data.SqlClient
' 窗体类代码
Public Class Form1
     Dim cn As New SqlConnection
     Dim cmd As New SqlCommand
     Dim strdid As String                    ' strdid 用于存放当前要删除记录的学院编号值
' 以下代码单击网格控件 DinfoDataGridView 的一行，给变量 strdid 赋值该行第 0 列的值
Private Sub DInfoDataGridView_CellClick(sender As Object, _
          e As System.Windows.Forms.DataGridViewCellEventArgs) _
          Handles DInfoDataGridView.CellClick
    strdid = DInfoDataGridView.CurrentRow.Cells(0).Value          ' 获取选定行的 DID 值
End Sub
' 以下代码删除选定记录
Private Sub Button1_Click(…) Handles Button1.Click
    Dim strsql As String                    ' strsql 为添加记录的 SQL 命令字符串
    strsql = "DELETE   DInfo WHERE DID='" & strdid & "'"
    cn.ConnectionString = "Data Source=(Local);Initial Catalog=Student;Integrated Security=True"
    cn.Open()                               ' 打开连接
    cmd.CommandText = strsql
    cmd.Connection = cn
    cmd.ExecuteNonQuery()                   ' 执行 SQL 命令
    cn.Close()
    MsgBox("删除成功", , "删除记录")
End Sub
```

按钮 Button2 的 Click 事件代码与例 10.7 的“显示”按钮代码相同。

4. 记录浏览

记录的浏览可以通过 ADO .NET 的导航条按钮操作，还可以使用 BindingSource 对象的 MoveFirst、MoveLast、MoveNext、MovePrevious 方法，分别控制记录指针移动到第一条记录、最后一条记录、下一条记录、前一条记录。

【例 10.9】控制记录指针移动示例。

本例设计步骤如下：

（1）界面设计。按照图 10.27 所示的布局窗体 Form1，在 Form1 上添加 4 个按钮、4 个标签和 4 文本框。

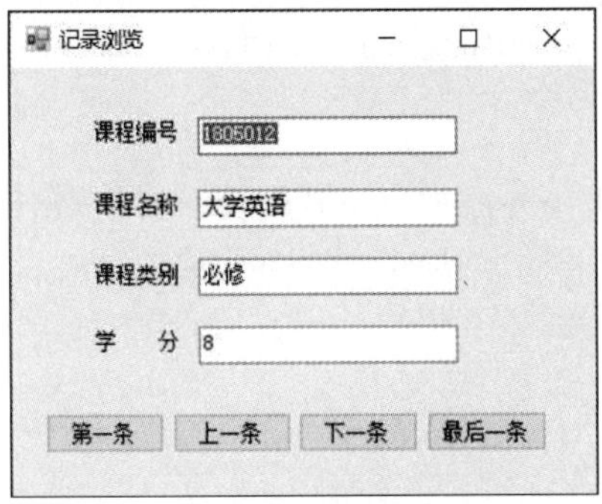

图 10.27　控件记录指针的移动示例

（2）属性设计。窗体控件及其属性值如表 10.11 所示。

表 10.11　浏览窗体的控件及属性值设置

控件	属性	属性值	控件	属性	属性值
DataSet	Name	StudentDataSet	Label	Name	CNameLabel
BindingSource	Name	CInfoBindingSource		Text	课程名称
	DataSource	StudentDataSet	Label	Name	CTypeLabel
	DataMember	CInfo		Text	课程类别
TextBox	Name	CNoTextBox	Label	Name	CreditLabel
	BindingSources	CInfoBindingSource - CNo		Text	学分
TextBox	Name	CNameTextBox	Button	Name	btnFirst
	BindingSources	CInfoBindingSource - CName		Text	第一条
TextBox	Name	CTypeTextBox	Button	Name	btnPrevious
	BindingSources	CInfoBindingSource - CType		Text	上一条
TextBox	Name	CreditTextBox	Button	Name	btnNext
	BindingSources	CInfoBindingSource - Credit		Text	下一条
Label	Name	CNoLabel	Button	Name	btnLast
	Text	课程编号		Text	最后一条

其中，数据集为例 10.3 创建的 StudentDataSet。

（3）代码设计。为 btnFirst 按钮的 Click 事件添加以下代码，单击该按钮使记录指针移动到第一条记录。

```
Private Sub btnFirst_Click(...) Handles btnFirst.Click
  CInfoBindingSource.MoveFirst()
End Sub
```

为 btnLast 按钮的 Click 事件添加以下代码，单击该按钮使记录指针移动到最后一条记录。

```
Private Sub btnLast_Click(...) Handles btnLast.Click
  CInfoBindingSource.MoveLast()
End Sub
```

为 btnNext 按钮的 Click 事件添加以下代码，单击该按钮使记录指针移动到下一条记录。

```
Private Sub btnNext_Click(...) Handles btnNext.Click
  CInfoBindingSource.MoveNext()
End Sub
```

为 btnPrevious 按钮的 Click 事件添加以下代码，单击该按钮使记录指针移动到上一条记录。

```
Private Sub btnPrevious_Click(...) Handles btnPrevious.Click
  CInfoBindingSource.MovePrevious()
End Sub
```

10.4.2 数据查询

VB .NET 中，可以通过 SqlDataAdapter 的 SelectCommand 对象执行 SELECT 语句查询数据库中的数据，或者通过项目数据源绑定控件的 Find 方法查找符合条件的记录，或者通过数据绑定控件的 Filter 属性筛选符合条件的记录。

【例 10.10】设计查询窗体，通过输入学生学号、姓名或所在班级名，查找 StInfo 表中符合条件的学生记录。

本例设计步骤如下：

（1）界面设计。创建窗体 Form1，窗体上添加一个 ComboBox 控件，用于选择 StInfo 表的列名（如学号 StId、姓名 StName、班级名 Class）；添加一个 TextBox 控件，用于输入要查询的对应字段值；添加一个 DataGridView 控件，用于显示查询的结果记录集，该窗体运行界面如图 10.28 所示。

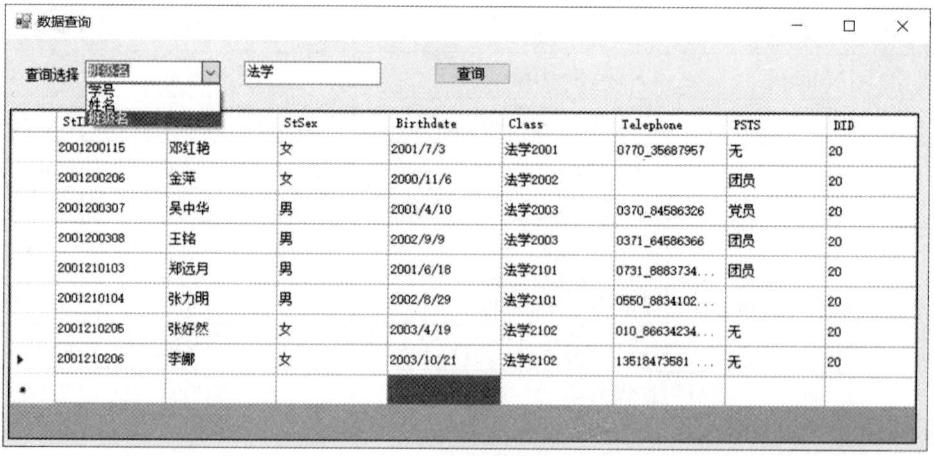

StI		StSex	Birthdate	Class	Telephone	PSTS	DID
2001200115	邓红艳	女	2001/7/3	法学2001	0770_35687957	无	20
2001200206	金萍	女	2000/11/6	法学2002		团员	20
2001200307	吴中华	男	2001/4/10	法学2003	0370_84586326	党员	20
2001200308	王铭	男	2002/9/9	法学2003	0371_64586366	团员	20
2001210103	郑远月	男	2001/6/18	法学2101	0731_8883734...	团员	20
2001210104	张力明	男	2002/8/29	法学2101	0550_8834102...		20
2001210205	张好然	女	2003/4/19	法学2102	010_86634234...	无	20
2001210206	李娜	女	2003/10/21	法学2102	13518473581 ...	无	20

图 10.28　数据查询界面

（2）属性设计。窗体 Form1 各控件及属性值设置如表 10.12 所示。其中，数据集为例 10.3 创建的 StudentDataSet，系统自动生成数据绑定对象 StInfoBindingSource、适配器对象 StInfoTableAdapter、网格对象 StInfoDataGridView。

表 10.12　查询窗体的控件及属性值设置

控件名称	属性	属性值	控件名称	属性	属性值
DataSet	Name	StudentDataSet	Label	Name	Label1
BindingSource	Name	StInfoBindingSource		Text	查询选择
	DataSource	StudentDataSet	TextBox	Name	TextBox1
	DataMember	StInfo	ComboBox	Name	ComboBox1
DataGridView	Name	StInfoDataGridView		Items	学号
	DataSource	StInfoBindingSource			姓名
Button	Name	Button1			班级名
	Text	查询			

（3）代码设计。当单击按钮 Button1 时，触发 Button1_Click 事件，将执行以下代码：

```
' 以下名称空间在窗体声明区声明
Dim qfName As String
Private Sub ComboBox1_SelectedIndexChanged(sender As System.Object, _
    e As System.EventArgs) Handles ComboBox1.SelectedIndexChanged
    Select Case ComboBox1.SelectedIndex
        Case 0
            qfName = "StId"
        Case 1
            qfName = "StName"
        Case 2
            qfName = "Class"
    End Select
End Sub
Private Sub Button1_Click(sender As System.Object, e As System.EventArgs) Handles Button1.Click
    StInfoBindingSource.Filter = qfName & " like '" & Trim(TextBox1.Text) & "%'"
End Sub
```

在 Button1_Click 事件代码中，先要确定查询的字段名。由于列表项值与字段名不一致，需要进行转换，Select Case…End Select 语句实现了这种转换，其测试表达式为 ComboBox1.SelectedIndex（即组合框的选定项索引值），当该属性值为 0 时，匹配 Case 0 项，将 StId 赋给变量 qfName，即将组合框显示的值“学号”转换为用于查询的字段名 StId；当该属性值为 1 时，将 StName 赋给变量 qfName，将组合框显示的值“姓名”转换为用于查询的字段名 StName；其他项同此操作。确定查询字段名后，再将 StInfoBindingSource 对象的 Filter 属性设置为条件表达式：

```
qfName & " like '" & Trim(TextBox1.Text) & "%'"
```

用于筛选满足条件的记录，并在网格控件 StInfoDataGridView 中显示出来。

（4）运行项目。运行时，在窗体的组合框中选择“班级名”选项，在文本框中输入“法学”，单击“查询”按钮，执行 Button1_Click 事件代码，qfName 变量的值变为 Class，筛选条件为“Class like '法学%'”，将它设置为 StInfoBindingSource 对象的 Filter 属性值，使之成为记录的查询条件，并更新到 DataGridView 控件，显示所有“法学”专业的学生记录，如图 10.28 所示。

同样，若要从两个数据表中选择数据构成数据集，并通过网格控件显示，可以使用 SQL 语句进行多表查询来实现。

【例 10.11】 查询所有选修了课程编号 CNo 为 9710011 课程的学生成绩，要求在 DataGridView 控件中显示学生的学号 Stid、姓名 Stname、性别 Stsex、课程编号 Cno、成绩 Score 等信息。

本例设计步骤如下：

（1）界面设计。题目要求的数据信息来源于两个表 StInfo 和 SCInfo，需要编写代码通过 SqlDataAdapter 的 SelectCommand 对象执行 SELECT 语句查询数据库获得数据源，而不能像例 10.9 一样使用鼠标拖拽一个表到窗体让系统自动生成数据绑定控件。因此窗体 Form1 布局为：一个按钮、一个 DataGridView 控件、一个 BindingSouce 控件，如图 10.29 所示。

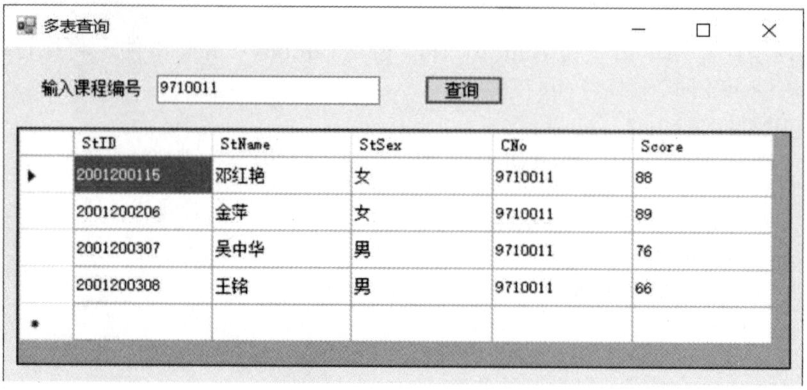

图 10.29　多表查询示例

（2）属性设计。DataGridView、BindingSouce 控件的数据源属性在代码中设置，其他控件及属性如表 10.13 所示。

表 10.13　多表查询窗体的控件及属性值设置

控件名称	属性	属性值	控件名称	属性	属性值
BindingSource	Name	BindingSource1	Label	Name	Label1
DataGridView	Name	DataGridView1		Text	输入课程编号
Button	Name	Button1	TextBox	Name	TextBox1
	Text	查询			

（3）代码设计。本例涉及 Student 数据库的两个表 StInfo 和 SCInfo，可通过 SELECT 语句从 StInfo 表中选择 StID、StName、StSex 字段，从 SCInfo 表中选择 Cno、Score 字段构成数据集，将该数据集设置为窗体 BindingSource 控件的 DataSourc 属性值，当 BindingSource 的 DataSourc 属性值变化时，与之关联的 DataGridView1 显示的数据也随之变化。

在窗体的常规声明区声明以下名称空间：

```
Imports System.Data
Imports System.Data.SqlClient
```

在窗体的类声明区声明以下对象及变量：

```
Dim da As New SqlDataAdapter          ' 定义适配器对象
Dim cn As New SqlConnection           ' 定义连接对象
Dim ds As New DataSet                 ' 定义数据集对象
Dim cnstr As String                   ' 定义连接字符串变量
Dim strsql As String                  ' 定义查询字符串变量
```

为了使 DataGridView1 控件在窗体一加载即显示所有查询的数据记录，在 Form1_Load 事件过程中添加以下代码：

```
Private Sub Form1_Load(…) Handles MyBase.Load
    cnstr = "Data Source=(Local);Initial Catalog=Student;Integrated Security=True"
    cn.ConnectionString = cnstr
    cn.Open()                                       ' 打开连接
    strsql = "SELECT StInfo.StID, StName, StSex, CNo, Score "
    strsql &= " FROM StInfo INNER JOIN SCInfo ON StInfo.StID = SCInfo.StID "
    da.SelectCommand = New SqlCommand(strsql, cn)   ' 设置查询语句，执行查询
    da.Fill(ds, "SStable")                          ' 将查询结果填充到 ds 数据
    BindingSource1.DataSource = ds                  ' 设置绑定控件属性
    BindingSource1.DataMember = "SStable"
    DataGridView1.DataSource = BindingSource1       ' 将查询结果绑定到网格控件显示
End Sub
```

在“查询”按钮 Button1 的 Click 事件中添加以下代码：

```
Private Sub Button1_Click(…) Handles Button1.Click
    BindingSource1.Filter = "CNo LIKE '" & Trim(TextBox1.Text) & "%'"
End Sub
```

窗体载入时，SqlDataAdapter 对象 da 按 SQL 命令字符串 strsql 检索的数据，填充到 DataSet 对象 ds 中。在文本框中输入要查询的课程编号 9710011，单击“查询”按钮，显示所有选修这门课程的学生成绩，如图 10.29 所示。

若 ds 中原来有记录，检索结果将添加在数据集的末尾。如果要去掉原有记录，可以使用以下语句清除数据集：

```
ds.Clear()
```

使用 SQL 命令还可以进行计算与统计。例如，按班级统计 StInfo 表中的各班人数，只需将以上代码段中查询字符串修改为：

```
selStr ="SELECT Class AS 班级, Count(*) AS 人数 FROM StInfo GROUP BY Class"
```

如果要在 SCInfo 与 CInfo 两个表之间建立关联并计算每门课程的平均成绩，同样通过 SQL 命令查询，代码如下：

```
selStr = "SELECT CName As 课程名称, SCInfo.CNo, AVG(Score) As 平均分 " _
  & " FROM SCInfo INNER JOIN CInfo " _
  & " ON SCInfo.CNo=CInfo.CNo " _
  & " GROUP BY CName, SCInfo.CNo " _
  & " ORDER BY CName"
```

10.5 数据库应用系统开发

SQL Server 中存储有大量的数据信息，其目的是为用户提供数据信息服务。但 SQL Server 不提供单独的、完全自给自足的应用程序开发环境，只作为后端来管理和运行数据库。因此数据库应用程序就成了访问 SQL Server 的数据，实现 SQL Server 对外提供数据信息服务的唯一途径。也就是说，数据库应用程序是一个允许用户添加、修改、删除并报告数据库中数据的程序。

数据库应用程序传统上是由程序员用一种或多种通用或专用的程序设计语言编写的，但是近年来出现了多种面向用户的数据库应用程序开发工具，VB .NET 就是一种强有力的数据库应用程序开发工具。

数据库应用系统通常要针对一个特定环境与目标，把与之相关的数据以某种数据模型进行存储，按照一些特定的规则对这些数据进行分析和整理，以实现数据的存储、组织和处理。例如，工资管理系统要能满足用户进行工资发放及其相关工作的需要，包括录入、计算、修改、统计、查询工资数据，打印工资报表等；又如销售管理系统要能帮助管理人员迅速掌握商品的销售及存货情况，包括对进货、销售、存量、销售总额的统计及进货预测等。

数据库应用系统的开发是一项软件工程。软件工程是开发、运行、维护和修正软件的一种系统方法，其目标是提高软件质量和开发效率，降低开发成本。

数据库应用系统的开发一般分为以下几个阶段：可行性研究、需求分析、概要设计、详细设计、代码设计、测试维护、系统交付。这些阶段的划分目前尚无统一的标准，各阶段间相互衔接，而且常常需要回溯修正。

在数据库应用系统的开发过程中，每个阶段的工作成果就是写出相应的文档。每个阶段都是在上一阶段工作成果的基础上继续进行，整个开发工程是有依据、有组织、有计划、有条不紊地展开工作。但根据应用系统的规模和复杂程度，在实际开发过程中往往要做一些灵活处理，有时把两个甚至 3 个过程合并进行，不一定完全刻板地遵守这样的过程，产生冗余的文档资料。

1. 可行性分析

可行性分析就是确定数据库项目是否能够开发和值得开发。在收集整理有关资料的基础上，明确应用系统的基本功能，划分数据库支持的范围。分析数据来源、数据采集的方式和范围，研究数据结构的特点，估算数据量的大小，确立数据处理的基本要求和业务的规范标准。

此阶段应写出详尽的可行性分析报告和数据库应用系统规划书，内容应包括系统的定位及其功能、数据资源及数据处理能力、人力资源调配、设备配置方案、开发成本估算、开发进度计划等。

2. 需求分析

开发任何一个数据库应用程序都是为了满足特定用户的特定需求。比如学生信息管理系统就是为了满足学校对学生信息的计算机管理需求。需求分析是整个数据库项目开发的起点，其结果是否准确地反映了用户的实际要求，将直接关系到后续流程的进行，并最终影响项目是否合理和实用。

系统的需求包括对数据的需求和处理的需求两方面的内容，它们分别是数据库设计和应用程序设计的依据。

对数据进行分析，建立 E-R 图来描述项目要处理的数据，并建立数据字典详细描述数据。处理需求的内容包括：功能需求，分析确定系统必须完成什么功能；性能需求，分析确定系统做得如何，包括数据精确度、响应时间等；运行需求，分析系统的运行环境、需要的软/硬件配置、故障的处理方法等；其他需求，可用性、可移植性、未来可能的扩充需求等。

需求分析大致可分三步来完成：

（1）需求信息的收集。一般以机构设置和业务活动为主干线，从高层、中层到低层逐步展开。

（2）需求信息的分析整理。对收集到的信息做分析整理工作。

（3）需求信息的评审。开发过程中的每一个阶段都要经过评审，确认任务是否全部完成，避免或纠正工作中出现的错误和疏漏。

需求分析阶段应写出一份既切合实际又具有预见的需求说明书，对项目的需求进行详细、规范的描述。

3. 概要设计

在需求明确，准备开始编码之前，要做概要设计。概要设计的任务是将需求分析的结果转化为数据结构和软件的系统结构。数据结构设计包括数据特征的描述、确定数据的结构特性及数据库的设计；软件结构设计是将一个复杂系统按功能进行模块划分、建立模块的层次结构及调用关系、确定模块间的接口及人机界面等。

概要设计开始考虑如何实现系统，但这里并不具体细化，是属于高层次的、脱离具体程序设计语言和实现环境的设计。

概要设计阶段应写出一份概要设计说明书。

4. 详细设计

详细设计前台应用系统又称为过程设计或模块设计。详细设计的任务是为概要设计得到的系统结构图中每一个模块确定使用的算法和数据结构，从数据的一致性、安全性、执行的效率等方面综合考虑，结合 SQL Server 数据库的体系结构设计项目数据库。但是详细设计不等于编码。

详细设计的内容包括：确定模块的算法并用流程图或者其他工具表示；确定模块的数据结构、模块间的数据接口，设计模块的测试用例；确定数据库结构（如数据文件、日志文件的存放、大小等）、数据表结构（如字段、类型、宽度等）；设计索引、视图、存储过程、触发器、事务等。

详细设计阶段应写出一份详细设计说明书。

5. 代码设计

这一阶段的工作任务就是依据前几个阶段的工作，结合具体的程序开发工具，建立数据库和数据表、定义各种约束并录入部分数据；具体设计系统菜单、系统窗体，定义窗体上的各种控件对象，编写对象对不同事件的响应代码，编写报表和查询等。

6. 测试维护

测试阶段的任务就是验证系统设计与实现阶段中所完成的功能能否稳定、准确地运行，这些功能是否全面地覆盖并正确地完成了委托方的需求，从而确认系统是否可以交付运行。测试工作一般由项目委托方或由项目委托方指定的第三方进行。

测试的内容包括：单元测试，测试模块是否存在错误；集成测试，测试模块之间的连接；

系统测试，整个系统进行联调；验收测试，在用户的参与下进行验收测试。

测试维护阶段应写出测试计划、测试分析报告、程序维护手册、程序问题报告、程序修改报告。

7. 系统交付

这一阶段的工作主要有两个方面：一是全部文档的整理交付；二是对所完成的软件（数据、程序等）打包并形成发行版本，使用户在满足系统所要求的支撑环境的任一台计算机上按照安装说明就可以安装运行。

一、选择题

1．为了访问 SQL Server 数据库中的数据，最好使用（　　）连接到数据库。

A．ODBC .NET 数据提供程序

B．OLE DB .NET 数据提供程序

C．XML .NET 数据提供程序

D．SQL Server .NET 数据提供程序

2．SqlDataAdapter 对象使用与（　　）属性关联的 SqlCommand 对象从数据源查询数据。

A．UpdateCommand　　B．InsertCommand

C．DelectCommand　　D．SelectCommand

3．关闭 SqlConnection 对象需要调用该对象的（　　）方法。

A．Open　　B．Exit

C．Close　　D．Quit

4．为了从数据源向数据集填充数据，适配器对象应该调用（　　）。

A．Fill 方法　　B．Update 方法

C．Open 方法　　D．Insert 方法

5．在 ADO .NET 中，执行下列语句将创建一个名为（　　）的数据集对象。

```
Dim ds As New DataSet()
```

A．无　　B．ds

C．NewDataSet　　D．DataSet1

6．ADO .NET 数据库应用程序在对数据库中的数据进行操作前，首先要借助（　　）对象来建立与数据库的连接。

A．Command　　B．Connection

C．DataSet　　D．DataAdapter

7．数据访问接口 ADO .NET 是 Microsoft 处理数据库信息的新技术，以下不是 ADO .NET 的核心对象的是（　　）。

A．Connection 对象　　B．Command 对象

C．DataSet 对象　　D．Object 对象

8. 在使用 ADO .NET 编写连接到 SQL Server 数据库应用程序时，从提高性能的角度考虑，应创建（　　）类的对象，并调用其 Open 方法连接到数据库。

A．OleDbConnection　　B．SqlConnection

C．OdbcConnection　　D．Connection

9．使用“项目数据源”绑定 TextBox 控件的(DataBindings)属性时，（　　）是系统在窗体组件中自动生成的数据访问控件。

A．DataGridView 控件　　B．BindingSource 控件

C．SqlConnection 控件　　D．SqlCommand 控件

10．可以同时显示多行多列数据的窗体控件是（　　）。

A．ComboBox 控件　　B．DataGridView 控件

C．TextBox 控件　　D．Label 控件

二、思考题

1．什么是.NET Framework 数据提供程序？.NET Framework 数据提供程序的包含哪些组件？

2．ADO .NET 提供了哪几种连接数据库的方式？

3．简述断开式查询的一般步骤。

4．DataSet 对象是 ADO .NET 结构的核心组件，其作用是什么？

5．什么是数据绑定？有哪几种类型？

6．SqlCommand 是一个实现数据库更新操作的 ADO .NET 对象，写出该对象的使用步骤。

7．数据库应用系统开发分为哪几个阶段？

8．要实现对 SQL Server 数据库的数据访问，需要包含哪些名称空间？

参考文献

[1] 严晖，刘卫国. 数据库技术与应用实践教程——SQL Server[M]. 北京：清华大学出版社，2007.

[2] 王小玲，杨长兴. 数据库技术与应用实践教程[M]. 北京：中国水利水电出版社，2012.

[3] 严晖，王小玲. 数据库技术与应用（SQL Server 2008 版）[M]. 2 版. 北京：中国水利水电出版社，2017.

[4] 严晖，周肆清. 数据库技术与应用实践教程（SQL Server 2008 版）[M]. 2 版. 北京：中国水利水电出版社，2017.

[5] 刘卫国. Visual Basic.NET 程序设计[M]. 北京：中国铁道出版社，2017.

[6] 龚沛曾. Visual Basic.NET 程序设计教程[M]. 3 版. 北京：高等教育出版社，2018.

[7] 郑阿奇，刘启分，顾韵华. SQL Server 2016 数据库教程[M]. 北京：电子工业出版社，2019.

[8] 王英英. SQL Server 2019 从入门到精通[M]. 北京：清华大学出版社，2021.

附录 1　SQL Server 2019 常用函数

函数	功能及语法
ABS	返回表达式的绝对值。返回的数据类型与表达式相同，可为 int、money、real、float 类型 语法：ABS(numeric_expression)
AVG	返回在某一集合中对数值表达式求得的平均值 语法：AVG(Set[, Numeric_Expression])
CAST	将一个类型的值转换为另一个类型的值 语法：CAST(expression AS data_type)
CHAR	将整型 ASCII 代码转换为字符 语法：CHAR(integer_expression)
CONVERT	将一个类型的值转换为另一个类型的值 语法：CONVERT(data_type(length), expression, [style])
COUNT	返回组中项目的数量 语法：COUNT([ALL | DISTINCT] expression | *)
DATEPART	返回代表指定日期的指定部分的整数 语法：DATEPART(datepart, date)
DAY	返回代表指定日期的天的部分的整数 语法：DAY(date)
FLOOR	返回小于或等于所给数字表达式的最大整数 语法：FLOOR(numeric_expression)
GETDATE	按 datetime 值的 Microsoft SQL Server 标准内部格式返回当前系统的日期和时间 语法：GETDATE()
LEFT	返回从字符串左边开始指定个数的字符 语法：LEFT(character_expression , integer_expression)
LEN	返回给定字符串表达式的字符（而不是字节）个数，其中不包含尾随空格 语法：LEN(string_expression)
LOWER	将大写字符数据转换为小写字符数据后返回字符表达式 语法：LOWER(character_expression)
LTRIM	删除起始空格后返回字符表达式 语法：LTRIM(character_expression)
MAX	返回在某一集合中对数值表达式求得的最大值 语法：MAX(Set[, Numeric Expression])
MIN	返回在某一集合中对数值表达式求得的最小值 语法：MIN(Set[, Numeric Expression])

续表

函数	功能及语法
MONTH	返回代表指定日期月份的整数 语法：MONTH(date)
POWER	返回给定表达式指定次方的值 语法：POWER(numeric_expression , y)
RAND	返回 0～1 之间的随机 float 值 语法：RAND([seed])，seed 是给出种子值或起始值的整型表达式（tinyint、smallint 或 int）
REPLACE	用第三个表达式替换第一个表达式中出现的所有第二个表达式给定的字符串 语法：REPLACE('string_expression1','string_expression2','string_expression3')
RIGHT	返回字符串中从右边开始指定个数 integer_expression 的字符 语法：RIGHT(character_expression , integer_expression)
ROUND	返回数字表达式并四舍五入为指定的长度或精度 语法：ROUND(numeric_expression , length [, function])
RTRIM	截断所有尾随空格后返回一个字符串 语法：RTRIM(character_expression)
SIGN	测试参数的正负号。返回：0，零值；1，正数；-1，负数。返回的数据类型与表达式相同 语法：SIGN(numeric_expression)
SIN	返回给定角度（以弧度为单位）的三角正弦值 语法：SIN(float_expression)
SQRT	返回给定表达式的平方根 语法：SQRT(float_expression)
STR	由数字数据转换来的字符数据 语法：STR(float_expression [, length [, decimal]])
SUBSTRING	从输入字符串中的 start 位置开始提取具有指定长度的子字符串 语法：SUBSTRING(input_string, start, length);
SUM	返回在某一集合中对数值表达式求得的和 语法：SUM(Set[, numeric_expression])
TAN	返回表达式的正切值 语法：TAN(float_expression)
UPPER	返回将小写字符转换为大写字符的表达式 语法：UPPER(character_expression)
YEAR	返回指定日期中的年份的整数 语法：YEAR(date)

附录 2　VB .NET 常用函数

函数	功能
Abs(N)	返回 N 的绝对值，其类型和参数相同，名称空间为 System.Math
Asc(C)	将字符转换成 ASCII 码值
C.IndexOf(S[, N])	在字符串 C 中查找第一个出现 S 串的位置，N 指示从第 N 个字符开始搜索，名称空间为 String 类
C.Insert (S[, N])	在字符串 C 中，将 S 插入第 N 个字符开始位置，名称空间 String 类
C.Remove(N1, N2)	在字符串 C 中，从 N1 位置开始删除 N2 个字符，名称空间 String 类
C. Replace(S1, S2)	在字符串 C 中，用 S2 替换 S1，名称空间 String 类
C.SubString(N1[, N2])	在字符串 C 中，获取从 N1 位置开始的 N2 个字符串子串，名称空间 String 类
Cos(N)	返回 N 弧度的余弦值，名称空间为 System.Math
Chr(N)	ASCII 码值转换成字符
Day(D)	返回一个值为 1～31 之间的整数，表示一个月中的某一日
Exp(N)	返回 e（自然对数的底）的幂，即 e^N，类型 Double，名称空间为 System.Math
Hex(N)	十进制数 N 转换为十六进制数值的 String
Hour(D)	返回一个值为 0～23 之间的整数，表示一天之中的某一钟点
InputBox(prompt[, title] [, default] [, xpos] [, ypos] [, helpfile, context])	在一个对话框中显示提示，等待用户输入正文或按下按钮，并返回包含文本框内容的 String
Fix(N)	返回 N 的整数部分
Format(x[, 格式说明符])	返回根据指定格式设置 x 的字符串。其中 x 是数值数据；格式说明符是一个由预定义说明符组成的字符串
Int(N)	返回不大于 N 的最大整数。如果 N 为正数，返回参数的整数部分；如果 N 为负数，则返回小于或等于 N 的第一个负整数
InStr(S1, S2)	在 S1 中找 S2 的位置，找不到为 0
IsDate(expression)	返回 Boolean 值，指出一个表达式是否可以转换成日期
IsDbNull (expression)	检查参数是否包含任何有效数据，是则返回 True，否则返回 False
IsNumeric(expression)	返回 Boolean 值，指出表达式的运算结果是否为数字
Lcase(string)	把字符串转换成小写字符。
Left(S, N)	返回字符串 S 左边 N 个字符，名称空间为 Microsoft. VisualBasic
Len(S)	计算字符串 S 的长度
Log(N)	返回自然对数，名称空间为 System.Math

续表

函数	功能
LTrim(S)、RTrim(S)	返回字符串，去掉前导空格（LTrim）、尾随空格（RTrim）
Max(N1,N2)	返回两个数中较大的一个数，名称空间为 System.Math
Mid(S, N1 [, N2])	获取字符串 S 中从 N1 开始的 N2 个字符
Min(N1,N2)	返回两个数中较小的一个数，名称空间为 System.Math
Minute(D)	返回一个值为 0～59 之间的整数，表示一小时中的某分钟
Month(D)	返回一个值为 1～12 之间的整数，表示一年中的某月
MsgBox(prompt[, buttons] [, title] [, helpfile, context])	在对话框中显示消息，等待用户单击按钮，并返回一个 Integer，告诉用户单击了哪一个按钮
Now	返回一个 Date，根据计算机系统设置的日期来指定
Oct(N)	十进制数 N 转换为八进制数的字符串
Replace(S, S1, S2)	在字符串 S 中用 S2 替代 S1
Right(S, N)	截取字符串 S 右边的 N 个字符，名称空间为 Microsoft. VisualBasic
Rnd[(N)]	返回一个（0, 1）随机数值，类型为 Double
Round(N)	对 N 四舍五入取整
Second(D)	返回一个值为 0～59 之间的整数，表示一分钟中的某一秒
Sin(N)	返回 N 弧度的正弦值，名称空间为 System.Math
Space(N)	返回 N 个空格组成的字符串
Sqrt(N)	返回 N 的平方根，类型为 Double，名称空间为 System.Math
Str(N)	数值转换为字符串
StrDup(N, C)	产生 N 个 C 字符组成的字符串
StrComp(string1, string2[, compare])	返回 Integer，是字符串比较的结果
Trim(S)	去掉字符串两边的空格
Ucase(string)	小写字母转换为大写字母
Val(string)	数字字符串转换为数值
WeekDay(D)	返回星期代号（1-7），星期日为 1，星期一为 2
Year(D)	返回日期 D 表示的年份，类型为整数